21世纪高等学校计算机类专业
核心课程系列教材

计算机组成原理

第2版

张晨曦 张惠娟 主　编
杨万春 王冬青 李江峰 刘真 副主编

清華大学出版社
北京

内容简介

本书系统、深入地论述了数字逻辑和计算机组成原理。全书共分 13 章，第 2～5 章为数字逻辑方面的内容，系统地讲述数字逻辑电路的分析和设计方法，包括数制与编码、布尔代数基础、组合逻辑电路、时序逻辑电路。其余章为计算机组成原理方面的内容，包括计算机系统概论、计算机执行程序的过程、指令系统、中央处理器、微程序控制器、运算方法与运算器、存储器、总线系统、输入/输出系统。本书强调设计，以 MIPS 的一个简单实现为例，逐步、系统地讲述了中央处理器的设计。

本书内容全面，层次性好，语言简练，通俗易懂，可作为高等院校计算机、自动化、电子工程等相关专业的教学用书，也可供相关领域的科技人员参考。

图书在版编目(CIP)数据

计算机组成原理/张晨曦，张惠娟主编. —2 版. —北京：清华大学出版社，2023.12
21 世纪高等学校计算机类专业核心课程系列教材
ISBN 978-7-302-65116-1

Ⅰ. ①计… Ⅱ. ①张… ②张… Ⅲ. ①计算机组成原理－高等学校－教材 Ⅳ. ①TP301

中国国家版本馆 CIP 数据核字(2023)第 239824 号

策划编辑：魏江江
责任编辑：王冰飞
封面设计：刘 键
责任校对：李建庄
责任印制：丛怀宇

出版发行：清华大学出版社
网 址：https://www.tup.com.cn，https://www.wqxuetang.com
地 址：北京清华大学学研大厦 A 座 **邮 编**：100084
社 总 机：010-83470000 **邮 购**：010-62786544
投稿与读者服务：010-62776969，c-service@tup.tsinghua.edu.cn
质量反馈：010-62772015，zhiliang@tup.tsinghua.edu.cn
课件下载：https://www.tup.com.cn，010-83470236
印 装 者：三河市龙大印装有限公司
经 销：全国新华书店
开 本：185mm×260mm **印 张**：23.5 **字 数**：572 千字
版 次：2015 年 12 月第 1 版 2023 年 12 月第 2 版 **印 次**：2023 年 12 月第1 次印刷
印 数：1～1500
定 价：59.80 元

产品编号：102784-01

第一作者简介

张晨曦，男，1960 年 9 月生，汉族，福建龙岩人。现任同济大学软件学院教授，博士生导师。国家级"中青年有突出贡献专家"，国家杰出青年基金获得者，上海市高校教学名师和上海市模范教师，全军优秀教师，全国高校计算机专业优秀教师。先后主持了一个国家 973 计划课题和 5 项国家自然科学基金项目。1988 年获博士学位，后一直在国防科技大学计算机学院工作，2005 年 9 月调入同济大学。

作为课程负责人，张晨曦建设的"计算机系统结构"课程先后被评为国家级精品课程(2008 年)、国家精品资源共享课(2013 年)、国家级一流本科课程(2023 年)。他主讲"计算机系统结构"课程和从事系统结构的研究近 40 年，进行了一系列的教学改革和课程建设，取得了突出的成绩。1992 年开发出了国内第一套系统结构 CAI 课件(含 30 个动画)，在清华大学、北京大学等全国 10 多所高校获得应用。2003 年完成教育部的新世纪网络课程建设工程项目"计算机体系结构网络课程"。2008 年开发出了国内第一套 200 多个用于本课程的动画课件，2009 年开发出了国内第一套系统结构实验模拟器。

张晨曦负责编写出版的《计算机系统结构教程》是"十一五"和"十二五"普通高等教育本科国家级规划教材，2002 年获全国普通高等学校优秀教材二等奖，2009 年被评为国家级精品教材，2011 年获上海市优秀教材一等奖，全国至少有 100 所大学采用了该教材。他一共编写出版了 15 部教材(均为第一作者)，其中 5 部"十一五"普通高等教育本科国家级规划教材，3 部"十二五"普通高等教育本科国家级规划教材。他撰写了专著两部(第二作者)，其中 *New Generation Computing* 由荷兰 North-Holland 出版社出版，另一部于 1992 年获"国家教委优秀专著特等奖"，1993 年获"全国优秀科技图书一等奖"。发表学术研究论文 100 多篇，其中在《中国科学》《计算机学报》等一级刊物上发表 10 多篇，在国外期刊和会议上发表 40 多篇。有 18 篇被国际著名八大检索工具收录。

张晨曦获部委级科学技术进步奖一等奖两项(排名第二)，二等奖一项(排名第一)；获部委级教学成果奖一、二、三等奖各一项。2021 年获全国计算机教育大会课程资源建设特等奖。

2007 年获宝钢优秀教师奖和上海市育才奖，2008 年获上海高校教学名师奖。1991 年被国家教委授予"做出突出贡献的中国博士"光荣称号，被评为湖南省科技青年"十佳"之一；1993 年被评为"全军优秀教师"，1993 年和 1995 年两次获"霍英东青年教师奖"；1995 年获第 4 届"中国青年科技奖"。

业余爱好：摄影。编著教材《摄影入门：教你轻松拍大片》(清华大学出版社)。

前　言

党的二十大报告中指出：教育、科技、人才是全面建设社会主义现代化国家的基础性、战略性支撑。必须坚持科技是第一生产力、人才是第一资源、创新是第一动力，深入实施科教兴国战略、人才强国战略、创新驱动发展战略，这三大战略共同服务于创新型国家的建设。高等教育与经济社会发展紧密相连，对促进就业创业、助力经济社会发展、增进人民福祉具有重要意义。

本书对《计算机组成原理》进行了更新，使之更能满足当前的教学要求。

本书在介绍"数字逻辑"核心内容的基础上，详细论述了计算机的主要功能部件及其相互连接，以及这些功能部件的功能与设计。全书共分 13 章：第 1 章为"计算机系统概论"，简单介绍计算机系统的硬件组成、多级层次结构以及计算机的性能指标等；第 2 章介绍数制与编码；第 3 章介绍布尔代数的基本概念、公式、定律和规则，论述了布尔函数的基本形式和布尔函数的化简；第 4 章介绍逻辑门电路和组合逻辑电路的分析与设计方法；第 5 章介绍时序逻辑电路的分析与设计方法；第 6 章用分步解析图详细介绍计算机中程序的执行过程；第 7 章讲述指令系统，首先介绍计算机指令系统的基本知识，然后讨论指令系统设计的有关问题，最后介绍典型的 RISC 处理器 MIPS 的指令系统；第 8 章阐述中央处理器，以一个类 MIPS 的模型机为例，详细讲解数据通路的建立以及控制器的设计，并介绍流水线技术；第 9 章讨论微程序控制器；第 10 章是"运算方法与运算器"，论述运算方法、运算器的组成以及设计；第 11 章阐述存储器系统，包括各种类型存储器的基本工作原理、并行存储器、磁表面存储器等；第 12 章阐述总线的工作原理及典型的总线实例，包括 PCI 总线、SCSI 总线、USB 总线等；第 13 章是"输入/输出系统"，阐述各种输入/输出方式以及中断系统。

为便于教学，本书提供丰富的配套资源，包括教学大纲和教学课件，扫描封底的文泉云盘防盗码，再扫描目录上方的二维码下载。

本书按层次和模块化结构组织教学内容，授课教师可以根据需要及课时的多少，对内容进行灵活的取舍。教学课时可以安排为 32～48 学时。

本书的大部分内容由同济大学的张晨曦编写。其余部分分工如下：同济大学的张惠娟负责编写第 12 章，山东交通学院的杨万春负责编写第 11 章，同济大学的王冬青负责编写第 13 章，同济大学的李江峰负责编写第 10 章，国防科技大学的刘真负责编写第 4 章和第 5 章。

本书可作为高等院校计算机、自动化、电子工程等相关专业的教学用书，也可供相关领域的科技人员参考。

本书直接或间接地引用了许多专家和学者的文献或著作，在此向他们表示衷心的感谢。

由于编者水平有限，书中难免有错误和不妥之处，敬请读者批评指正。

编　者

2023 年 10 月于上海

目 录

配套资源

第 1 章　计算机系统概论

1.1　引言

计算机在当今世界中已经是无处不在，而且几乎无所不能。人们的日常生活和工作，都离不开计算机。当人们用手机玩微信、打电话、用 PSP 玩游戏、自驾车出游、到银行取钱、乘飞机旅行时，不知不觉地，计算机都在默默地为人们工作着。它让人们的生活充满色彩，让人们的工作多出成果。它对于人类社会发展的影响是广泛而又极其深远的。

计算机系统是由硬件和软件两大部分组成的。这两部分密切配合，计算机才能正常工作和发挥作用，两者缺一不可。硬件是计算机系统的物质基础，少了它，再好的软件也无法运行；软件则像是计算机系统的灵魂，少了它，再好的硬件也毫无用途。它们只有并驾齐驱，才能充分发挥计算机的作用和效能。

人们看到的计算机实体，如显示器、主机机箱以及机箱内主板、CPU、内存条等都是硬件。软件则是看不见摸不着的，它是指可执行的程序，而可执行的程序则是由机器所能识别和执行的指令序列构成的。软件的载体可以是光盘、U 盘或硬盘等。

从理论上讲，对于计算机的某一具体功能来说，既可以用硬件实现，也可以用软件实现，即硬件和软件在逻辑功能上是等效的。但其实现成本和速度则会有比较大的差别。在设计一个计算机系统时，必须根据设计要求、现在及预计产品上市时的条件以及成本上的考虑，确定哪些功能由硬件实现，哪些功能由软件实现，即确定硬件和软件的功能分配。而这个软件和硬件的交界面称为计算机的系统结构，如图 1.1 所示。

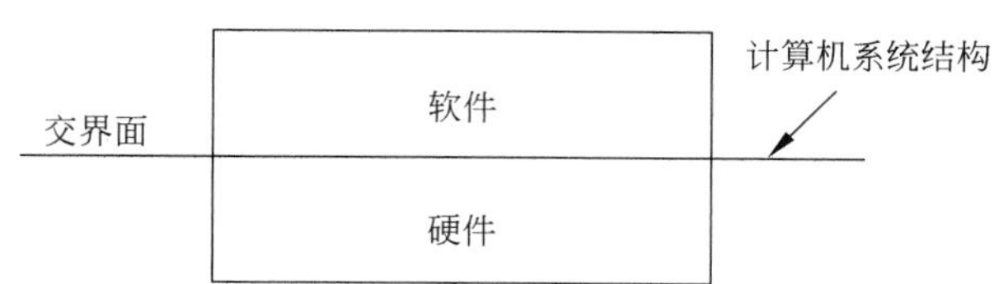

图 1.1　硬件和软件的功能分配

自第一台通用电子计算机诞生以来的七十多年中，计算机技术得到了飞速的发展，其速度之快，实在是令人赞叹。今天，用不到 5000 元人民币购买的个人计算机，其性能、主存和硬盘容量都已经超过二十多年前用 100 万美元购买的大机器。对于许多应用来说，现在的高性能微处理器的性能已经超过了 10 年前的超级计算机。这种惊人的发展一方面是得益于计算机硬件制造技术的发展，另一方面则是因为计算机系统结构的创新。本书首先论述数字逻辑的相关知识，然后系统地介绍计算机系统的硬件组成技术。

1.2 计算机系统的硬件组成

现代计算机系统的硬件结构如图1.2(a)所示,它由5个部件构成:运算器、存储器(内存)、控制器、输入设备、输出设备。运算器用于实现对数据的加工,包括算术运算和逻辑运算;存储器用于存储数据和程序;控制器是计算机的指挥控制中心,控制计算机各部件有序协调地工作;输入设备和输出设备实现外部世界与计算机之间的数据交换。

由于运算器和控制器在逻辑关系上联系紧密,而且往往又制作在同一块芯片上,构成了众所周知的CPU(Central Processing Unit,中央处理器),因此计算机系统一般是由3个部件构成的,即CPU、存储器、输入/输出设备(也称为I/O设备),如图1.2(b)所示。

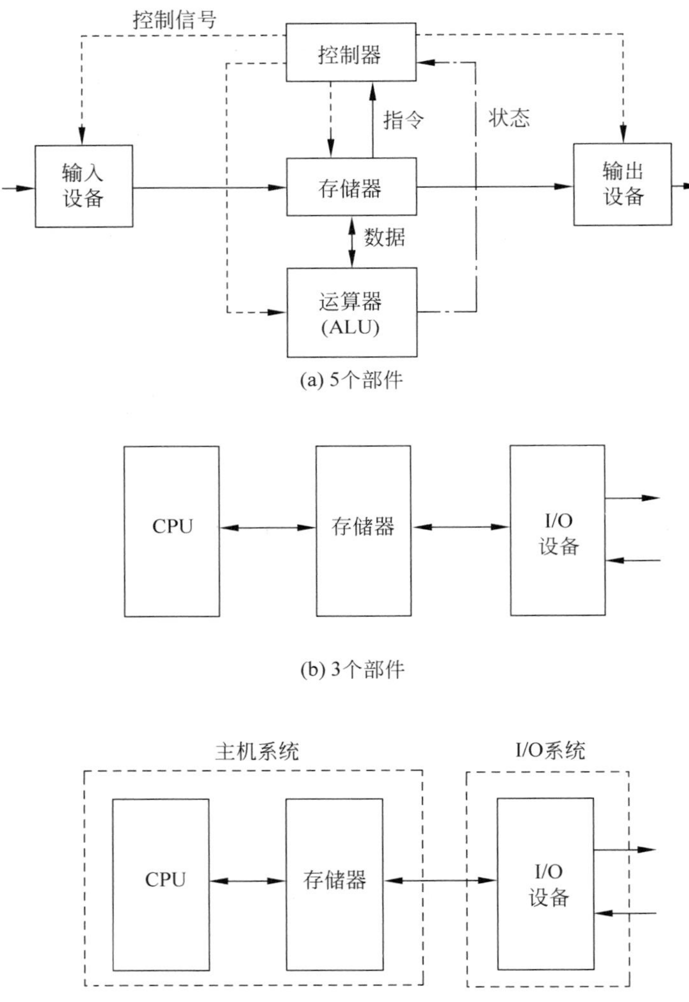

(a) 5个部件

(b) 3个部件

(c) 两个子系统

图1.2 现代计算机系统的硬件结构

存储器主要由两部分构成：内存储器(简称内存)和外存储器(简称外存或辅存)。内存有时也称为主存(主存储器)。

有时把“CPU＋内存”称为主机系统，而把输入输出设备及其相关的接口称为 I/O 系统，如图 1.2(c)所示。

早期的计算机采用的是如图 1.3 所示的结构。与图 1.2(a)相比，主要的区别是该结构以运算器为中心。这种结构是匈牙利数学家冯·诺依曼于 1946 年提出的，所以称为冯·诺依曼结构。虽然现代计算机在结构上已经有了很大的变化，但都可以看成是冯·诺依曼结构的改进，而且仍然是采用冯·诺依曼当时提出的存储程序原理。存储程序原理是指在计算机解题之前，要事先编制好程序，并与所需要的数据一起预先存入主存当中。当程序开始执行后，由控制器按照该程序自动地、连续地从存储器中取出指令并执行，直到获得所要求的结果。

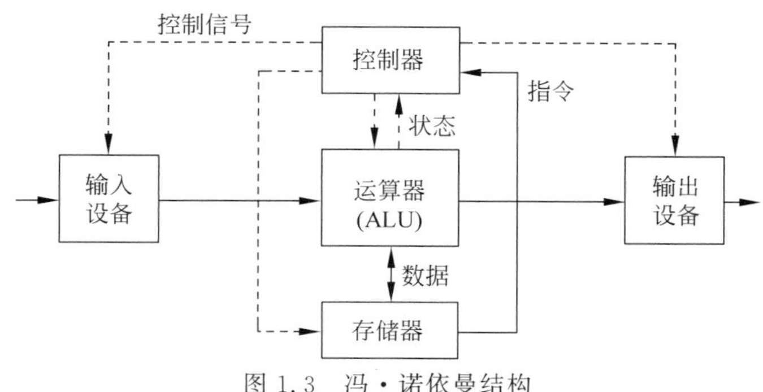

图 1.3　冯·诺依曼结构

图 1.4 是一个模型机硬件组织的示意图，模型机是指为了讲解方便而假想的一台简化了的计算机。下面分别介绍其各个部件。

1. 运算部件

运算部件是计算机的执行部件，用于对数据进行加工处理。该部件由两部分构成：运算器和通用寄存器组。运算器即算术逻辑单元，简称 ALU(Arithmetic and Logical Unit)。用于完成算术运算和逻辑运算。算术运算包括加、减、乘、除以及它们的复合运算。逻辑运算包括与、或、非、异或、比较、移位等。图 1.4 中共有 32 个寄存器：R0、R1、……、R31，用于暂存运算数据和中间结果。通用寄存器组简称 GPR(General Purpose Register)，它由几十个寄存器构成。

2. 内存

存储器是计算机的存储部件，用于存储程序和数据。

存储器有内部存储器和外部存储器之分。现在的内存一般用半导体技术实现，外存往往采用磁记录方式实现，如硬盘。

内存由大量的存储单元组成，构成一个按地址访问的一维线性空间。每个存储单元有一个唯一的编号(图 1.4 中存储体左边的编号)，就像街道门牌号那样。这个编号称为该存储单元的地址，用这个地址可以唯一地访问到该单元。

每个存储单元可以存放多个二进制位，其位数一般与计算机的字长相同，一般是字节的整数倍。对存储器可以进行访问操作，简称访存。访存操作有两种：“读”和“写”。“读”操

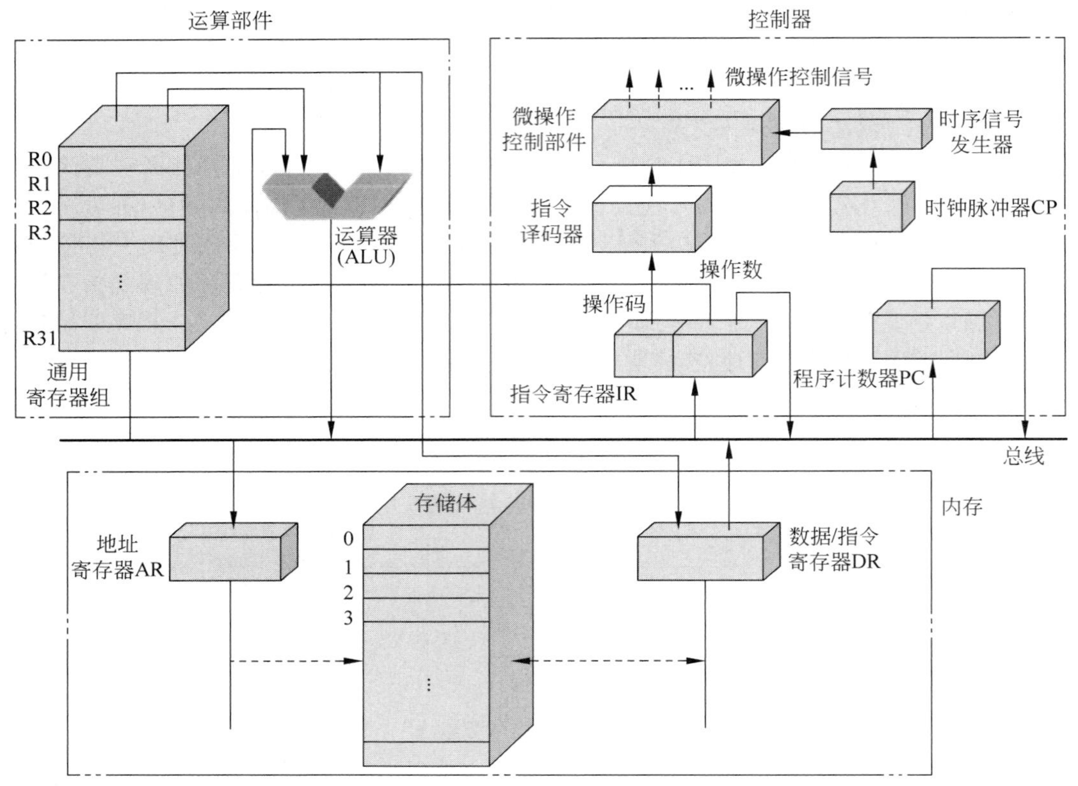

图 1.4　模型机硬件组织示意图

作把 AR 中的地址所对应的存储单元的内容读出来，放入 DR。“写”操作把 DR 中的数据写入 AR 中的地址所指定的存储单元。内存有两个重要的寄存器：地址寄存器 AR 和数据寄存器 DR。AR 存放访存地址，DR 存放从内存读出的数据或写入内存的数据。

3. 控制器

控制器是计算机的管理机构和指挥中心，它协调计算机的各个部件自动地工作。具体来说，就是按照程序中事先设计好的解题步骤，控制计算机各个部件有条不紊地工作。

它由以下 6 部分构成。

(1) 指令寄存器 IR(Instruction Register)：用于存放当前正在执行的指令。

(2) 程序计数器 PC(Program Counter)：用于存放当前正在执行的指令的地址。

(3) 指令译码器：对指令进行译码，即区分当前指令是什么指令，以便形成相应的控制信号。

(4) 时钟脉冲 CP(Clock Pulse)：CP 是协调计算机各部件操作的同步主时钟，其工作频率称为计算机的主频。

(5) 时序信号发生器：时序信号发生器的功能是按时间顺序周而复始地发出节拍信号。

(6) 微操作控制部件：微操作是指硬件电路中不可再细分的简单操作。例如，把一个寄存器中的数据放到公共数据通路上，寄存器接收其数据入口端的数据，计数器加 1 等。微操作在一个节拍内完成。任意一条指令的执行往往都要分解成许多微操作，这些微操作需按先后次序分配到各个节拍中完成。微操作控制部件根据指令的译码结果，结合 CP 以及时序信号发生器产生的节拍信号，产生该指令执行过程中各节拍所需要的微操作控制信号，并将它们发送给包括控制器本身在内的各个部件，使之协调、分步骤地进行操作，实现指令的执行。

4. 输入/输出设备

计算机的输入输出设备是计算机与外界联系的重要桥梁，是计算机系统中一个不可或缺的组成部分。

输入设备的作用是将程序和数据以计算机所能识别的形式输入到计算机内。常见的输入设备有键盘、鼠标、扫描仪、摄像机等。

输出设备的作用是将计算机处理的结果以人们所能接受或其他系统所要求的形式输出到外部世界（相对于该计算机而言）。常见的输出设备有显示器、打印机等。

1.3 计算机的软件系统

在计算机系统中，各种软件的有机组合构成了软件系统。计算机软件一般可分为系统软件与应用软件两大类。图 1.5 列出了常用的一些软件。

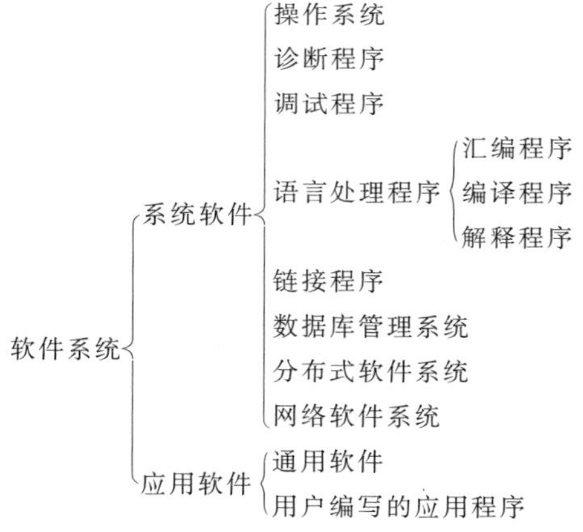

图 1.5　计算机软件系统的组成

1.3.1 系统软件

系统软件是一组保证计算机系统高效、正确地运行的基础软件，通常作为系统资源提供给用户使用，主要有以下几类。

1. 操作系统

操作系统是最主要的系统软件。它负责管理系统资源，为应用程序提供运行环境，为用户提供操作界面。操作系统的主要功能包括存储管理、处理机的进程/线程调度、设备管理、文件管理、网络通信管理、命令处理等。

2. 语言处理程序

计算机硬件只能识别和处理以二进制形式表示的机器代码,因此用任何其他语言编制的程序(称为源程序)都必须变换为机器语言程序后,才能由计算机硬件去执行和处理。完成这种变换的程序称为语言处理程序。通常有两种处理方式:解释和翻译。解释是用解释程序对源程序逐行进行处理,边分析边执行。而翻译则是用编译程序或汇编程序将源程序全部翻译成目标程序(机器代码)后,再去执行目标程序。

3. 数据库管理系统

在信息处理、情报检索以及各种管理系统中,用户经常需要建立数据库,查询、显示、修改数据库的内容,输出打印各种表格等。因此需要有一个数据库管理系统来专门为这方面的应用提供支持。数据库管理系统既可以认为是一个系统软件,也可以认为是一个通用的应用软件,用于实现对数据库的描述、管理和维护等。

4. 分布式软件系统

分布式软件主要用于建立分布式计算环境,管理分布式计算资源,控制分布程序的运行,提供分布式程序开发与设计工具等。它包括分布式操作系统、分布式编译系统、分布式数据库系统、分布式软件包等。

5. 网络软件系统

随着计算机网络,特别是互联网的广泛普及,上网已成了人们生活的一部分,如收发电子邮件、上博客、网上购物等。所以,提供接入计算机网络的功能几乎是现在每台计算机都必须具备的。网络软件系统就是用于支持这些网络活动和数据通信的系统软件。它包括网络操作系统、通信软件、网络协议软件、网络应用系统等。

6. 服务程序

一个完善的计算机系统往往配置有许多服务性的程序,为用户使用和维护计算机提供服务。这类程序可以包含很广泛的内容,如装入程序、编辑程序、调试程序、诊断程序等。这些程序或者被包含在操作系统之内,或者被操作系统调用。

1.3.2 应用软件

应用软件是指计算机系统的用户为解决某个应用领域中的各类问题而编制的程序。由于计算机已应用到各种领域,因而应用程序是多种多样、极其丰富的,如各种科学计算类程序、工程设计类程序、数据统计与处理程序、情报检索程序、企业管理程序、生产过程控制程序等。

这些程序可以是用户自己开发的,也可以是由他人(个人或组织)开发好并以应用软件包提供的。应用软件正向标准化、集成化方向发展。

还有一些具有通用性的应用软件,如文字处理软件、表格处理软件、图形处理软件等,也是非常重要的应用软件。

1.4 计算机的性能指标

怎样评价一台计算机的性能，是一个比较复杂的问题。全面衡量一台计算机的性能要考虑多项指标，而且与该计算机的组成与结构、软硬件配置等因素有关。下面仅介绍一些与硬件相关的性能指标。

1. 主频

主频是衡量计算机工作速度的主要指标之一。CPU 的工作节拍是由时钟来控制的，时钟不断产生固定频率的时钟脉冲，这个时钟的频率就是 CPU 的主频。主频通常用一秒钟内发出的电子脉冲数来表示，常用单位是赫(Hz)。一般来说，这个指标主要是用于评价具有相同或近似系统结构的计算机的性能。例如，以 Intel 80386 CPU 为核心的微机系统的时钟频率就有 25MHz、33MHz、50MHz 等多种，Pentium 微型计算机的 CPU 主频有 2.8GHz、3.5GHz 等。这些时钟频率值较好地反映了它们的性能。但在结构差距很大的机器之间，用主频来做比较就不是那么合理了。

另外，其他部件(如主存)的速度远不及主频的速度，存在很大的差距。这些部件的结构和处理速度对整个计算机系统的性能有较大的影响。

2. 运算速度

运算速度通常以每秒执行多少条指令或完成多少次浮点运算来表示。前者的计量单位为 MIPS(百万条指令/秒)，后者以 MFLOPS(百万次浮点运算/秒)为单位。它们分别反映了计算机的定点运算能力和浮点运算能力。

$$\text{MIPS}=\frac{\text{指令条数}}{\text{执行时间}}\times 10^{-6}$$

$$\text{MFLOPS}=\frac{\text{浮点运算次数}}{\text{执行时间}}\times 10^{-6}$$

运算速度可以用以下 3 个方法来计算。

(1) 混合比率计算法。对于每一条指令，计算其执行时间，并从应用程序中统计该指令出现的频度。然后计算所有指令的加权平均值，便可得指令的平均执行时间。该时间的倒数就是平均执行速度。

由于现代计算机的指令系统十分复杂，不少指令的执行时间并不固定，用固定的比例可能会严重偏离实际，故这种方法目前已经较少采用。

(2) 计算各种指令的执行速度。根据处理器的主频，求出其基本节拍周期时间，然后根据处理器的结构模型和指令操作流程，可推算出执行各种指令的基本拍数和每秒执行指令的条数。按这种方法得到的速度不是很精确，而且有时要做一些理想化的假设条件。

(3) 执行基准程序的运算速度。这是通过执行同一组基准程序，来测试和比较计算机的性能。为了能比较全面地反映计算机在各个方面的处理性能，通常采用一组测试程序。这组程序称为基准测试程序套件，它是由各种不同的真实应用程序构成的。

目前最成功和最常见的测试程序套件是SPEC系列,它是由美国的标准性能测试公司(Standard Performance Evaluation Corporation)创建的。它起源于20世纪80年代末,当时的目的是为工作站提供更好的基准测试程序。此后,随着计算机技术及其应用的发展,就陆续设计出了适合于各种类型应用的基准测试程序套件。并且先后推出了多个版本,如SPEC89、SPEC92、SPEC95、SPEC2000和SPEC CPU2006等。SPEC CPU2006有29个程序,其中整数程序12个(CINT2006)、浮点程序17个(CFP2006)。

3. 基本字长

基本字长是指直接参与运算的数据字的二进制位数。它决定了寄存器、ALU、数据总线等的位数,直接影响着硬件的造价。

字长标志着运算精度,位数越多,精度越高。下面来看看在保持相同精度的情况下,十进制位数与二进制位数的关系。假设十进制数的位数为i位,二进制数的位数为j位,令:

$$10^i = 2^j$$

两边取对数(以10为底),得:

$$i = j \times \lg 2$$

$$j = i/\lg 2 \approx 3.3 \times i$$

由此可见,要保证i位十进制数的精度,至少要采用$3.3\times i$位的二进制位数。

为了适应不同应用的需要,兼顾精度和硬件成本两个方面,许多计算机都允许变字长运算,如半字长、全字长、双字长等。例如,早期微型计算机字长多为8位和16位等,现在多为32位和64位。超级计算机的字长一般都是64位。

4. 主存容量

主存所能存储的信息的总量称为主存容量。CPU要执行的程序和要处理的数据都存放在主存中。主存的容量越大,可以存储的程序和数据就越多,处理问题的能力就越强。所以,计算机的处理能力在很大程度上取决于主存容量的大小。

通常用字节数来表示主存容量,如512MB,表示可存储512兆字节。在以字为单位的计算机中常用字数乘以字长来表示主存容量,如128M×32位。现在微型计算机的主存容量为4G、8G,甚至更大。

KB、MB、GB、TB的大小与名称如下。

KB——千字节,$1KB=2^{10}B=1024B$。

MB——兆字节(百万字节),$1MB=2^{20}B=1024KB$。

GB——吉字节(10亿字节),$1GB=2^{30}B=1024MB$。

TB——太字节(万亿字节),$1TB=2^{40}B=1024GB$。

5. 主存存取周期

主存的存取周期是指对主存连续两次访问所允许的最小时间间隔。存取周期反映了主存的性能,对整个计算机系统的性能有很大的影响。特别是随着CPU性能的迅速提高,CPU的速度与主存速度的差距越来越大。主存的存取周期更是一个重要的参数。现在的计算机主存的存取周期一般是十几纳秒到几十纳秒,甚至更小。

6. 所配置的外部设备及其性能指标

外部设备的配置也是影响整个系统性能的重要因素，所以在系统技术说明中常给出允许的配置情况。实际配置的外设情况，包括种类、数量、速度等，对计算机系统的总体性能有很大的影响。

1.5 计算机的发展简史

1.5.1 第一台计算机

世界上第一台电子数字计算机的英文全称是 Electronic Numerical Integrator and Computer（电子数字积分计算机），简称 ENIAC，是于 1946 年在美国宾夕法尼亚大学研究出来的。ENIAC 是个大家伙，它长 30.48m，宽 1m，占地面积 170m^2，总重量约 30 吨。制造它共用了约 18 000 个真空管，1500 个电子继电器，70 000 个电阻，18 000 个电容。虽然其计算速度只有每秒 5000 次加法运算，但它开创了计算领域的新纪元，是现代电子数字计算机的始祖。现在一般都把电子数字计算机简称为计算机。

ENIAC 虽然是第一台电子数字计算机，但它还不是存储程序的计算机，即程序不是存储在存储器中，而是要靠人工通过设置开关和插拔电线来把程序设置到计算机中。世界上第一台存储程序电子计算机 EDVAC（Electronic Discrete Variable Automatic Computer）诞生于 1950 年。它是由冯·诺依曼和莫尔学院合作研制的。

1.5.2 计算机的四代变化

七十多年来，计算机的发展突飞猛进，先后经历了四代（得到公认的观点）。每一代主要是以不同的器件技术为特征。当然，其系统结构和软件技术也各具特色，如表 1.1 所示。

表 1.1　四代计算机的特征

分　代	运算速度	器件技术	系统结构技术	软件技术	典型机器
第一代（1946—1954 年）	每秒几千次至几万次运算	电子管、继电器、延迟线	存储程序计算机、程序控制 I/O，定点运算	机器语言，汇编语言	ENIAC，ISA，IBM701
第二代（1955—1964 年）	每秒几十万次运算	晶体管、磁芯存储器	浮点数据表示、寻址技术、中断、I/O 处理机	高级语言和编译、批处理，监控系统	Univac LARC，CDC1604，IBM7030
第三代（1965—1979 年）	每秒几百万次运算	小规模和中规模集成电路，前期以磁芯存储器为主，后期以半导体存储器为主，微程序	流水线，Cache，先行处理，系列机	多道程序，分时操作系统，并行处理	IBM360/370 系列，CDC6600/7600 系列，DEC PDP-8 系列

续表

分　代	运算速度	器件技术	系统结构技术	软件技术	典型机器
第四代 (1980年至今)	每秒几千万次运算以上	大规模和超大规模集成电路,半导体存储器,高性能微处理器,高密度电路	向量处理,指令集并行,多处理机,多核,机群,大规模并行处理	并行处理,分布处理,大规模、可扩展并行	Cray-1,IBM 3090,DEC VAX9000,SGI Cray T3E,Sun E10000,IBM SP2,Intel Paragon

1.5.3 计算机发展的重大事件

表1.2列出了近几十年中国外电子计算机发展的重大事件。

表1.2 国外电子计算机发展大事记

年　份	大　事
1938	Konrad Zuse 建成了第一台二进制的机电式通用计算机 Z-1
1943	Alan Turing 等建成了一台真空管计算机
1946	J. W. Mauchley 教授等研制成功 ENIAC,这是第一台电子数字计算机
1947	由 IBM 公司和哈佛大学共同研制成自动机电式哈佛 Mark Ⅰ计算机
1948	曼彻斯特 Mark Ⅰ成为第一台存储程序的数字计算机
1950	冯·诺依曼和莫尔学院合作研制成功 EDVAC,这是世界上第一台存储程序电子计算机
1952	IBM 制成第一台军用的存储程序电子计算机 IBM 701
1954	Univac 1103A 成为第一台商业计算机,采用磁芯存储器
1956	采用晶体管的 Univac 商用计算机开发成功
1960	DEC 公司 11 月研制成 PDP-1,第一台具有显示器和键盘的商用计算机
1961	IBM 公司研制成 7030,号称超级计算机
1962	英国研制成 Atlas 计算机,首次采用虚拟存储器和流水操作
1964	IBM 宣布 System/360
1964	CDC 6600 研制成功,第一台商用超级计算机
1965	DEC 推出 PDP-8,采用晶体管线路
1968	Seymour Cray 设计成功 CDC 7600 超级计算机,40MFLOPS
1971	Intel 推出第一个微处理器芯片 4004
1972	DEC 推出 PDP-11
1975	第一台微型机 Altair 8800 研制成功
1976	Cray-1 研制成功,第一台向量结构超级计算机
1977	Tony 和 Commodore 推出商品微型机
1980	Apollo 公司研制成第一台工程工作站
1981	IBM 推出 PC
1982	Cray X-MP 推出,将两台 Cray-1 连接在一起
1982	日本启动“第五代”计算机项目
1985	Cray-2 和 Connection Machine 研制成功,性能均达每秒十亿次运算
1989	Cray-3 研制成功,采用砷化镓芯片
1991	Cray Y-MP C90 研制成功,采用 16 个处理机

在 2004 年以前的二十多年中，芯片上晶体管的数量大约是每 18 个月翻一番。CPU 的性能(主频)也差不多是如此，这就是人们所称的摩尔定律。近 10 多年来，由于 CPU 从单核走向了多核，虽然其主频没太多的提高，但其总体性能仍然是在飞速发展的。

1.5.4　微处理器的发展

微处理器芯片自 1971 年出现以来，在近 30 多年商用计算机的发展中起了巨大的作用。甚至可以说，微处理器的发展构成了计算机硬件发展的主线条。

Intel 是研制和生产微处理器的最大厂商，表 1.3 列出了 Intel 微处理器的发展演化。

表 1.3　Intel 微处理器的发展演化

型　　号	发布时间	主　　频	总线宽度	晶体管数	可寻址存储器
4004	1971 年	108kHz	4 位	2300	640B
8008	1972 年	108kHz	8 位	3500	16KB
8080	1974 年	2MHz	8 位	6000	64KB
8086	1978 年	5MHz、8MHz、10MHz	16 位	29 000	1MB
8088	1979 年	5MHz、8MHz	8 位	29 000	1MB
80 286	1982 年	6～12.5MHz	16 位	134 000	16MB
386TM DX	1985 年	16～33MHz	32 位	275 000	4GB
386TM SX	1988 年	16～33MHz	16 位	275 000	16MB
486TM DX	1989 年	25～50MHz	32 位	1 200 000	4GB
486TM SX	1991 年	16～33MHz	32 位	118.5 万	4MB
Pentium	1993 年	60～166MHz	32 位	310 万	4GB
Pentium Pro	1995 年	150～220MHz	64 位	550 万	64GB
Pentium Ⅱ	1997 年	200～300MHz	64 位	750 万	64GB
Pentium Ⅲ	1999 年	450～600MHz	64 位	960 万	64GB
Pentium 4	2000 年	1.3～1.8GHz	64 位	4200 万	64GB
Itanium	2001 年	733～800MHz	64 位	2500 万	64GB
Itanium 2	2002 年	0.9 ～1GHz	64 位	22 000 万	64GB

1971 年，Intel 公司开发出第一个微处理器芯片 Intel 4004。它是一个 4 位微处理器。主频为 108kHz。

1972 年，Intel 发布 8008。这是一个 8 位微处理器。

1974 年，Intel 发布 8080。这是第一个通用 8 位微处理器，主频为 2MHz。

1978 年，Intel 发布 8086。这是一个通用 16 位微处理器。

1985 年，Intel 推出了 32 位微处理器 80386。初期推出的 80386 DX 处理器集成了大约 27.5 万个电晶体，主频为 12.5MHz。此后 80386 处理器逐步提高到 20MHz、25MHz、33MHz，直至最后的 40MHz。

1995 年，Intel 推出了 64 位微处理器 Pentium Pro，主频分别为 133/66MHz(工程样品)、150/60MHz、166/66MHz、180/60MHz、200/66MHz。

1.6 计算机的分类与应用

1.6.1 计算机的分类

可以从不同的角度对计算机进行分类。常见的分类方法主要有以下几种。

1. 按信息的形式分类

计算机可分为模拟计算机和数字计算机。在模拟计算机中,信息是以模拟量的形式表示的。模拟量是指连续变化的信号。在数字计算机中,信息是以数字化的形式表示的。1946年的ENIAC计算机开辟了数字计算机的先河,引来了信息工业革命。它的工作原理是:用脉冲编码表示数字,处理的是数字信息(用的是0和1)。

2. 按计算机字长分类

计算机字长反映了计算机能同时处理的信息位的数量,可分为8位机、16位机、32位机、64位机等。

3. 按计算机应用范围分类

计算机按应用范围可分为专用机和通用机。专用机是针对某一特定应用领域设计的计算机。对该领域具有效率高、速度快的特点。但适应性差,用于解决其他领域的问题性能可能很差。通用机则是面向各种应用设计的计算机,人们平常所使用或看到的计算机大多都属于这类。它的特点是对许多应用性能都比较高,但对于某一特定应用领域来说,性能价格比一般不如面向该领域的专用机(假设采用同等软硬件技术)。

4. 按计算机的规模分类

按规模来分,计算机可分为超级计算机、巨型机、大型机、中型机、小型机、个人计算机(PC)和嵌入式计算机等(单片机是嵌入式计算机的一种)。这里规模包括运算速度、字长、存储容量、输入/输出能力、价格、体积、软件等多个方面。总的来说,按性能、复杂度以及功耗从高到低的次序,这些机型的排列次序为:超级计算机→巨型机→大型机→中型机→小型机→个人计算机→嵌入式计算机。不过目前巨型机、中小型机已不多见。常见的机型主要有超级计算机、大型机、服务器、个人计算机、嵌入式计算机,如图1.6所示。

超级计算机主要用于科学计算,其浮点运算速度一般在每秒万亿次以上。2014年世界上最快的超级计算机是我国国防科技大学研制的天河2。超级计算机往往包含数十万个以上的CPU核,存储容量大,结构复杂,价格昂贵。字长一般都是64位。单片机或嵌入式微处理器只用一片集成电路芯片构成,体积小,结构简单,价格便宜。但其性能指标较低,字长一般也只有8位、16位和32位。不过,由于够用即是好,所以嵌入式计算机的应用最广泛,几乎是无所不在。

需要说明的是,规模大小的概念是不断变化的。昔日的超级计算机,其性能可能还赶不

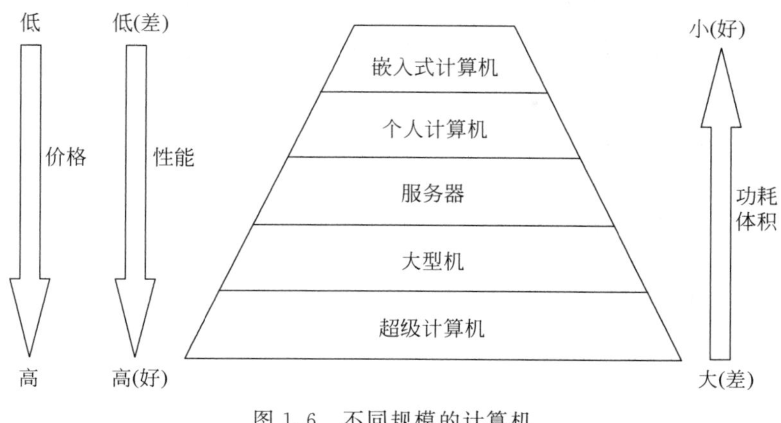

图 1.6　不同规模的计算机

上今日的微型机。明日的嵌入式微处理器,其性能可能相当于今天的大型机。

1.6.2　计算机的应用

在当今社会中,计算机和网络已经成了必不可少的重要组成部分。计算机已经渗透到了人类社会活动和日常生活的各个角落。计算机的应用可以归纳为以下几方面。

1. 科学计算

计算机的出现和发展,首先是为了解决科学技术和工程设计中大量的数学计算问题。所以科学计算是计算机应用最早且最重要的应用领域之一。科学计算的特点是计算量大、求解的问题复杂,如核反应堆方程式、卫星轨道、材料结构受力分析等的计算,飞机、汽车、船舶、桥梁等的设计。这些工作无法由人工完成,必须要由高性能的计算机进行处理。

2. 数据处理

数据处理是指非工程技术的大量数据的处理和管理等工作,包括各类报表和档案的分类与管理,企业的财务、人事、生产调度等信息的收录、整理、统计、检索等。它们的特点是要处理大量的数据,但计算却比较简单,处理的结果以表格和文件(数据库)形式存储、输出。

随着数据库软件技术的发展,数据处理已经成为计算机应用的重要领域,各种数据处理系统已经得到了广泛的应用。常见的数据处理系统有财务管理系统、物资管理系统、人事管理系统、办公自动化系统、银行储蓄系统、证券交易系统、数字地图系统、情报分析与检索系统等。

3. 现代控制及嵌入式系统

现代控制主要是指计算机通过传感设备控制某领域的操作或加工过程,大部分体现为工业生产的过程控制。现代控制技术可以提高生产的自动化程度,降低工人的劳动强度,促进产品质量和生产水平的全面上升,是一门涉及面很广的学科。现代控制系统采用标准的工控计算机软、硬件平台构成集成系统,具有适应性强、开放性好、扩展容易等优点。

近年来,嵌入式计算机系统的应用飞速发展,成了当今发展最快、应用最广、最有发展前景的主要技术之一,已被广泛应用于工业控制、通信、信息家电、医疗仪器、智能仪器仪表、汽车电子、航空航天等各个领域。嵌入式计算机是作为一个重要组成部分嵌入到宿主系统中,提供计算、控制和通信等方面的能力,使宿主系统的功能有很大的提升。嵌入式计算机的部分应用领域包括以下几方面。

(1) 信息电器:包括 Web 浏览、电子书籍、可视电话、网络游戏、个人数字助理、信息家电等。

(2) 移动设备和手持设备:包括智能手机、数字相机、商务通、条码扫描、电子记事本等。近几年,手机的发展势头很猛,几乎是人手一机,各种 App(应用软件),大家都玩得不亦乐乎。

(3) 交互式数字媒体:包括数字机顶盒、交互电视、视频游戏机等。

(4) 嵌入式控制设备:包括通信设备、存储设备、办公自动化设备、网络设备等。

4. 计算机辅助设计/计算机辅助制造

计算机辅助设计(CAD)是利用计算机帮助设计人员进行工程、产品、建筑等设计工作的过程和技术。设计人员通过计算机辅助设计系统(如 AutoCAD)输入任务需求,计算机就会自动产生设计结果。设计人员可以通过图形设备进行交互,按要求对设计作出判断和修改,最终完成设计工作。采用 CAD 技术,提高了设计的自动化水平,缩短了设计周期,减轻了设计人员的劳动强度,也极大地提高了设计质量。

CAD 技术的发展,也带动了计算机辅助制造(CAM)的进步。CAM 是指在制造业中,利用计算机辅助各种设备完成产品的加工、装配、检测和包装等过程的技术。CAM 的应用,对于显著地提高企业的生产效率,缩短工作周期,降低产品成本和提高产品质量发挥了重要作用。

5. 网络应用

随着计算机技术和网络通信技术的进一步发展,Internet 网络的应用全面推广,足不出户,点点鼠标,就可以获得全世界的信息资源。其他应用包括电子邮件、电子商务、企业 Web 应用系统、计算机远程网络教育、网络聊天、多媒体音视频点播、资源网格等。在网络应用中,需要计算机作为各种服务器,许多网络设备也需要依靠计算机提供各种功能。

习题 1

1.1 解释下列名词:

运算器	控制器	内存	输入设备
操作系统	MIPS	MFLOPS	

1.2 现代计算机由哪 5 个部件组成?画出其连接示意图。各部件的作用是什么?

1.3 简述评价计算机系统的性能有哪几个指标。

1.4 简述四代计算机的主要特征。

第 2 章　数制与编码

2.1　进位记数制与数制转换

2.1.1　进位记数制及其表示

所谓进位记数制，就是按进位方式实现记数的一种规则，简称进位制。在日常生活中人们就是按这种进位制记数的，如十进制、十二进制、十六进制等。

对于任何一个数，可以用不同的进位制来表示。先从熟悉的十进制开始，分析各种进位制的特点和表示方法。

十进制有 10 个数字符号，即 0、1、2、3、4、5、6、7、8、9。将若干这样的符号并列在一起可以表示一个十进制数，每位不超过"9"，由低位向高位进位是"逢十进一"。这是十进制的特点。

这里要引两个术语：一个叫"基数"，它表示某种进位制所具有的数字符号的个数，如十进制的基数为"10"；另一个叫"位权"或"权"，它表示某种进位制的数中不同位置上数字的单位数值，如十进制数 135.79，最左位为百位（1 代表 100），权为 10^2；第二位为十位（3 代表 30），权为 10^1；第三位为个位（5 代表 5），权为 10^0；小数点右边第一位为十分位（7 代表 7/10），权为 10^{-1}；第二位为百分位（9 代表 9/100），权为 10^{-2}。

基数和权是进位制的两个要素，根据基数和权的概念，可以将任何一个数表示成多项式的形式。例如：

$$135.79 = 1\times10^2 + 3\times10^1 + 5\times10^0 + 7\times10^{-1} + 9\times10^{-2}$$

对于一个一般的十进制数 N，它可表示成

$$(N)_{10} = (d_{n-1}d_{n-2}\cdots d_1d_0.d_{-1}d_{-2}\cdots d_{-m})_{10} \tag{2.1}$$

或

$$(N)_{10} = d_{n-1}(10)^{n-1} + d_{n-2}(10)^{n-2} + \cdots + d_1(10)^1 + d_0(10)^0 + d_{-1}(10)^{-1} + d_{-2}(10)^{-2} + \cdots + d_{-m}(10)^{-m} = \sum_{i=-m}^{n-1} d_i(10)^i \tag{2.2}$$

式中，n 表示整数部分的位数；m 表示小数部分的位数；10 表示基数，$(10)^i$ 为第 i 位的权；d_i 表示各个数字符号，在十进制中有

$$d_i \in \{0,1,2,3,4,5,6,7,8,9\}$$

通常，可把式(2.1)称为并列表示法，把式(2.2)称为多项式表示法或按权展开式。

在数字系统中使用的进位制并不限于十进制。广义地，一个 R 进制的数 N 可表示成

$$
\begin{aligned}
(N)_R &= (r_{n-1}r_{n-2}\cdots r_1 r_0 . r_{-1}r_{-2}\cdots r_{-m})_R \\
&= r_{n-1}R^{n-1} + r_{n-2}R^{n-2} + \cdots + r_1R^1 + r_0R^0 + r_{-1}R^{-1} + r_{-2}R^{-2} + \cdots + r_{-m}R^{-m} \\
&= \sum_{i=-m}^{n-1} r_i R^i
\end{aligned}
$$

式中,n 表示整数的位数;m 表示小数的位数;R 为基数,在十进制中 R 应写成 10;r_i 是 R 进制中各个数字符号,即有

$$r_i \in \{0,1,2,\cdots,R-1\}$$

数制是人类在实践中创造的。对于一个数,原则上讲人们可以用任何一种进位制来记数或进行算术运算。但是,不同的进位制的运算方法及难易程度各不相同。因此,选择什么样的进位制来表示数,对数字系统的性能影响很大。在数字系统中,常用二进制来表示数和进行运算。这是因为二进制只有 0 和 1 两个数字符号,容易用物理状态来表示;二进制运算规则简单,便于进行算术运算;此外,采用二进制来表示数可以节省设备,其运算逻辑电路的设计也比较方便。

二进制算术运算十分简单,规则如下:

加法规则　　$0+0=0$,　$0+1=1+0=1$,　$1+1=10$

乘法规则　　$0\times0=0$,　$0\times1=1\times0=0$,　$1\times1=1$

下面举几个二进制数四则运算的例子,从中领会它的运算规则。

(1) 两个二进制数相加,采用"逢二进一"的法则。

```
        1 1 0 1
+)      1 0 0 1
---------------
      1 0 1 1 0
```

(2) 两个二进制数相减,采用"借一当二"的法则。

```
        1 1 0 1
-)      0 1 1 0
---------------
        0 1 1 1
```

(3) 两个二进制数相乘,其方法与十进制乘法运算相似,但采用二进制运算规则。

```
              1 0 1 1
         ×)   1 1 0 1
         ------------
              1 0 1 1
            0 0 0 0
          1 0 1 1
        1 0 1 1
---------------------
      1 0 0 0 1 1 1 1
```

(4) 两个二进制数相除,其方法与十进制除法运算相似,但采用二进制运算规则。

```
          1010     ……  商
1101/ 10001001
      1101
      --------
         10000
          1101
      --------
           111     ……  余数
```

虽然数字系统广泛采用二进制，但当二进制数的位数很多时，书写和阅读很不方便，容易出错。为此，人们通常采用二进制的缩写形式——八进制和十六进制。

八进制的基数 $R=8$，每位可取 8 个不同的数字符号(即 0、1、2、3、4、5、6、7)，其进位规则是"逢八进一"。

十六进制的基数 $R=16$，每位可取 16 个不同的数字符号(即 0、1、2、3、4、5、6、7、8、9、A、B、C、D、E、F)，其进位规则是"逢十六进一"。

表 2.1 列出了当基数 R 为 10、2、8 和 16 时表示数值 0～20 的不同进位制数。

表 2.1　不同基数的进位制数

$R=10$	$R=2$	$R=8$	$R=16$
0	0	0	0
1	1	1	1
2	10	2	2
3	11	3	3
4	100	4	4
5	101	5	5
6	110	6	6
7	111	7	7
8	1000	10	8
9	1001	11	9
10	1010	12	A
11	1011	13	B
12	1100	14	C
13	1101	15	D
14	1110	16	E
15	1111	17	F
16	10000	20	10
17	10001	21	11
18	10010	22	12
19	10011	23	13
20	10100	24	14

2.1.2　数制转换

在计算机和其他数字系统中普遍采用二进制，采用二进制的数字系统只能处理二进制数或用二进制编码形式表示的其他进位制数，而信息本身可能是其他进位制数，因此需要进行不同进位制数之间的转换。例如，人们习惯于使用十进制数，所以在用计算机进行信息处理时，首先必须把十进制数转换成二进制数才能被计算机所接收，然后进行运算，运算结果又必须从二进制转换成人们习惯的十进制数。

下面研究不同进位制之间的相互转换的方法。

1. 直接转换法

由于一位八进制的8个数字符号正好相应于3位二进制数的8种不同组合,因此八进制与二进制之间有简单的对应关系:

八进制	0	1	2	3	4	5	6	7
二进制	000	001	010	011	100	101	110	111

这样,八进制与二进制之间数的转换就极为方便。

【例2.1】 将二进制数11010.1101转换为八进制数。

$$\underbrace{011}_{3}\ \underbrace{010}_{2}\ .\ \underbrace{110}_{6}\ \underbrace{100}_{4}$$

所以$(11010.1101)_2=(32.64)_8$

由二进制转换成八进制的方法是:以小数点为界,将二进制数的整数部分从低位开始,小数部分从高位开始,每3位分成一组、头尾不足3位的补0;然后将每组的3位二进制数转换为一位八进制数。

【例2.2】 将八进制数357.6转换为二进制数。

$$\begin{array}{cccccc} 3 & 5 & 7 & . & 6 \\ \downarrow & \downarrow & \downarrow & & \downarrow \\ 011 & 101 & 111 & . & 110 \end{array}$$

所以$(357.6)_8=(11101111.11)_2$。

同理,由于一位十六进制的16个数字符号正好相应于4位二进制数的16种不同的组合,因此,十六进制与二进制之间有简单的对应关系:

十六进制	0	1	2	3	4	5	6	7	8	9	A	B	C	D	E	F
二进制	0000	0001	0010	0011	0100	0101	0110	0111	1000	1001	1010	1011	1100	1101	1110	1111

这样,十六进制与二进制之间数的转换也很方便。

【例2.3】 将二进制数1010110110.110111转换为十六进制数。

$$\underbrace{0010}_{2}\ \underbrace{1011}_{B}\ \underbrace{0110}_{6}\ .\ \underbrace{1101}_{D}\ \underbrace{1100}_{C}$$

所以$(1010110110.110111)_2=(2B6.DC)_{16}$。

【例2.4】 将十六进制数5D.6E转换为二进制数。

$$\begin{array}{ccccc} 5 & D & . & 6 & E \\ \downarrow & \downarrow & & \downarrow & \downarrow \\ 0101 & 1101 & . & 0110 & 1110 \end{array}$$

所以$(5D.6E)_{16}=(1011101.0110111)_2$。

由此可见,采用八进制和十六进制要比用二进制书写简短,易读易记,而且转换也方便,因此,计算机工作者普遍采用八进制或十六进制来书写和表达。

2. 多项式替代法

下面先来看一个简单例子。

【例2.5】 将二进制数1101.101转换成十进制数。

先把二进制数的并列表示法展开成多项式表示法，则有

$$(1101.101)_2=[1\times(10)^{11}+1\times(10)^{10}+0\times(10)^1+1\times(10)^0+1\times(10)^{-1}+0\times(10)^{-10}+1\times(10)^{-11}]_2$$

再把等式右边的二进制数替代成十进制数，则得

$$(1101.101)_2=[1\times2^3+1\times2^2+0\times2^1+1\times2^0+1\times2^{-1}+0\times2^{-2}+1\times2^{-3}]_{10}$$

在十进制中计算等式右边之值，得

$$(1101.101)_2=(8+4+1+0.5+0.125)_{10}=(13.625)_{10}$$

这一方法可以推广到任意两个 α、β 进制数之间的转换，其方法是：先将 α 进制的数在 α 进制中按权展开，然后替代成相应 β 进制中的数，最后在 β 进制中计算即可得 β 进制的数。

【例 2.6】　$(123.4)_8=(?)_{10}$

$$\begin{aligned}(123.4)_8&=[1\times(10)^2+2\times(10)^1+3\times(10)^0+4\times(10)^{-1}]_8\text{（展开）}\\&=(1\times8^2+2\times8^1+3\times8^0+4\times8^{-1})_{10}\quad\text{（替代）}\\&=(64+16+3+0.5)_{10}\text{（在十进制中计算）}\\&=(83.5)_{10}\end{aligned}$$

由以上两例可看出，多项式替代法由于要在 β 进制中进行计算，当它为十进制时，计算较方便，而当它为其他进制时，计算就很不方便。因此，这种方法用于"α 进制→十进制"较方便。

3. 基数乘/除法

基数乘/除法分为基数乘法和基数除法两种。对于整数的转换，采用基数除法；对于小数的转换，采用基数乘法。下面分别介绍这两种方法。

（1）基数除法。

【例 2.7】　将十进制整数 25 转换为二进制数，即 $(25)_{10}=(?)_2$

下面来推导转换的方法。设转换结果为

$$\begin{aligned}(25)_{10}&=(k_{n-1}k_{n-2}\cdots k_1k_0)_2\\&=(k_{n-1}2^{n-1}+k_{n-2}2^{n-2}+\cdots+k_12^1+k_02^0)_{10}\end{aligned}\tag{2.3}$$

在十进制中计算，将式(2.3)两边除以 2，则得

$$12+\frac{1}{2}=(k_{n-1}2^{n-2}+k_{n-2}2^{n-3}+\cdots+k_12^0)+\frac{k_0}{2}$$

两数相等，则它们整数部分和小数部分必定分别相等，故有

$$12=k_{n-1}2^{n-2}+k_{n-2}2^{n-3}+\cdots+k_12^0\tag{2.4}$$

$$\frac{1}{2}=\frac{k_0}{2}\qquad k_0=1$$

将式(2.4)两边同除以 2，可得

$$6=(k_{n-1}2^{n-3}+k_{n-2}2^{n-4}+\cdots+k_22^0)+\frac{k_1}{2}$$

故有

$$6=k_{n-1}2^{n-3}+k_{n-2}2^{n-4}+\cdots+k_22^0$$

$$0=\frac{k_1}{2} \quad k_1=0$$

可见,所要求的二进制数$(k_{n-1}k_{n-2}\cdots k_1k_0)_2$的最低位$k_0$是十进制数 25 除以 2 所得余数;次低位$k_1$是所得商 12 再除以 2 所得的余数;以此类推,继续用 2 除,直到商为 0 为止,于是,各次所得的余数即为要求的二进制数$k_0 \sim k_{n-1}$之值。此法又称为除 2 取余法。

可以将上述过程写成简单算式如下:

除法	余数	
2 | 25		低位
2 | 12	$1=k_0$	↑
2 | 6	$0=k_1$	
2 | 3	$0=k_2$	
2 | 1	$1=k_3$	
0	$1=k_4$	高位

所以,转换结果为$(25)_{10}=(11001)_2$。

上述将十进制整数转换为二进制整数的方法可以推广到任何两个α、β进制数之间的转换。其方法是:先将α进制的整数在α进制中连续除以β,求得各次余数$(k_i)_\alpha$;然后将各余数替代成β进制中相应的数字符号$(k_{i'})_\beta$。最后按照并列表示法列出即得β进制的整数。

【例 2.8】 $(785)_{10}=(?)_8$

除法	余数	
8 | 785		低位
8 | 98	1	↑
8 | 12	2	
8 | 1	4	
0	1	高位

所以$(785)_{10}=(1421)_8$。

【例 2.9】 $(687)_{10}=(?)_{16}$

除法	余数	
16 | 687		低位
16 | 42	15	↑
16 | 2	10	
0	2	高位

因为

$$(15)_{10}=(\mathrm{F})_{16},(10)_{10}=(\mathrm{A})_{16},(2)_{10}=(2)_{16}$$

所以$(687)_{10}=(2\mathrm{AF})_{16}$。

(2) 基数乘法。

【例 2.10】 将十进制小数 0.6875 转换为二进制数,即$(0.6875)_{10}=(?)_2$

设转换结果为

$$\begin{aligned}(0.6875)_{10}&=(0.k_{-1}k_{-2}\cdots k_{-m})_2\\&=(k_{-1}2^{-1}+k_{-2}2^{-2}+\cdots+k_{-m}2^{-m})_{10}\end{aligned} \tag{2.5}$$

在十进制中计算,将式(2.5)两边乘以 2,则得

$$1.3750=k_{-1}+(k_{-2}2^{-1}+k_{-3}2^{-2}+\cdots+k_{-m}2^{-m+1})$$

两数相等,则它们整数部分和小数部分必定分别相等,故有

$$k_{-1}=1$$

$$0.3750=k_{-2}2^{-1}+k_{-3}2^{-2}+\cdots+k_{-m}2^{-m+1} \tag{2.6}$$

将式(2.6)两边再分别乘以 2,可得

$$0.75 = k_{-2} + (k_{-3}2^{-1} + \cdots + k_{-m}2^{-m+2})$$

故有

$$k_{-2} = 0$$

$$0.75 = k_{-3}2^{-1} + k_{-4}2^{-2} + \cdots + k_{-m}2^{-m+2}$$

可见,所要求的二进制数$(0.k_{-1}k_{-2}\cdots k_{-m})_2$的最高位$k_{-1}$是十进制数 0.6875 乘 2 所得的整数部分;其小数部分再乘以 2 所得的整数部分即为k_{-2}之值;以此类推,继续用 2 乘,每次所得的乘积整数部分即为要求的二进制数$k_{-3}\sim k_{-m}$之值。此法又称为乘 2 取整法。

可以将上述过程写成简单算式如下:

```
  0.6875
 ×     2          整数
 ———————
  1.3750     …… 1=k_-1     高位
  0.3750                     │
 ×     2                     │
 ———————                     │
  0.7500     …… 0=k_-2       │
  0.7500                     │
 ×     2                     │
 ———————                     │
  1.5000     …… 1=k_-3       │
  0.5000                     │
 ×     2                     ↓
 ———————
  1.0000     …… 1=k_-4     低位
```

所以,转换结果为$(0.6875)_{10} = (0.1011)_2$。

上述将十进制小数转换为二进制小数的方法可以推广到任何两个 α、β 进制小数之间的转换,其方法是:先将 α 进制的小数在 α 进制中连续乘以 β 求得各次乘积的整数部分$(k_i)_\alpha$;然后将各整数替代成 β 进制中相应的数字符号$(k_{i'})_\beta$;最后按照并列表示法列出即得 β 进制的小数。

利用基数乘/除法可以将一个十进制混合小数很方便地转换为任何 β 进制的数。只要将整数部分和纯小数部分按上述规则分别进行转换,然后将所得的数组合起来即可。

【例 2.11】　$(78.12)_{10} = (?)_5$

整数部分

```
5 |78        余数      低位
  5 |15    …… 3         ↑
    5 |3   …… 0         │
       0   …… 3        高位
```

小数部分

```
  0.12
 ×   5        整数
 ——————                 高位
  0.60      …… 0          │
  0.60                    │
 ×   5                    ↓
 ——————
  3.00      …… 3        低位
```

所以$(78.12)_{10} = (303.03)_5$。

【例 2.12】 $(45.3)_{10}=(?)_{16}$

整数部分

```
16|45     余数      低位
16| 2   ……13       ↑
   0  …… 2        高位
```

小数部分

```
    0.3
 ×  16     整数     高位
 -------              |
    4.8    …… 4       |
    0.8               |
 ×  16                |
 -------              |
   12.8    …… 12      |
    0.8               |
 ×  16                |
 -------              ↓
   12.8    …… 12     低位
    ⋮
```

将十进制数替换成十六进制数字符号,有

$$(13)_{10}=(\mathrm{D})_{16}\quad (4)_{10}=(4)_{16}$$

$$(2)_{10}=(2)_{16}\quad (12)_{10}=(\mathrm{C})_{16}$$

所以$(45.3)_{10}=(\mathrm{2D.4CC}\cdots)_{16}$。

2.2 带符号数的表示方法

计算机中的数值数据是用二进制来表示的,这种用二进制编码表示的数据称为机器数,而把与机器数对应的实际数据称为真值。

机器数包括无符号数和带符号数两种。

(1) 无符号数。无符号数是指没有符号的整数,即正整数。由于不需要表示符号,所以没有符号位,全部数位都可以用来表示数值的大小。无符号数的小数点被默认为在数的最后。

例如,10010110 表示 96H(十进制数 150)。

字长为 n 位的无符号数的表示范围是 $0\sim(2^n-1)$。如机器字长 16 位,无符号数的表示范围为 0~65 535。

(2) 带符号的数。对于带符号的数值数据,其符号"+"和"−"也要数码化。通常人们用"0"表示正号"+",用"1"表示负号"−",用机器数的最高位来表示符号位。

在计算机中,常用原码、补码和反码 3 种不同的表示方法来表示带符号的机器数。

2.2.1 原码表示法

原码表示法是一种简单、直观的机器数表示方法,与真值最为接近。符号位后的数值部分就是真值的绝对值。

1. 原码的定义

设 X 为二进制数，数值部分的位数为 n。当 X 为纯小数 $\pm 0.X_1X_2\cdots X_n$ 时，其原码 $[X]_{原}$ 定义为：

$$[X]_{原}=\begin{cases}X, & 0\leqslant X<1\\ 1-X=1+|X|, & -1<X\leqslant 0\end{cases}$$

当 X 为纯整数 $\pm X_1X_2\cdots X_n$ 时，其原码 $[X]_{原}$ 定义为：

$$[X]_{原}=\begin{cases}X, & 0\leqslant X<2^n\\ 2^n-X=2^n+|X|, & -2^n<X\leqslant 0\end{cases}$$

根据定义可知，不管 X 是纯小数还是纯整数，X 的原码 $[X]_{原}$ 是一个 $n+1$ 位的机器数 $X_SX_1X_2\cdots X_n$，其中 X_S 为符号位，小数点的位置没有标出来。我们约定，如果是纯小数，其位置在数值的最高位之前；如果是纯整数，其位置在数值的最低位之后。

【例 2.13】 已知 ① $X=+0.1101$；② $X=-0.1101$；③ $X=+1101$；④ $X=-1101$。$n=4$；求 X 的原码 $[X]_{原}$。

解：① $[X]_{原}=0.1101$

② $[X]_{原}=1-X=1.1101$

③ $[X]_{原}=01101$

④ $[X]_{原}=2^4-X=10000+1101=11101$

2. 原码的特点

(1) 原码表示直观、易懂，与真值的转换容易。

(2) 真值 0 既可以看成是正数，也可以看成是负数，因此会有两种不同的表示形式。

$$[+0]_{原}=000\cdots0,\quad [-0]_{原}=100\cdots0$$

这给使用带来了不便。

(3) 用原码实现乘、除运算的规则很简单，但实现加减运算比较复杂。规则如下。

① 两数相加时，首先要判断两数的符号位，若两数同号，则将两数的绝对值相加，结果的符号位与两数的相同；若两数异号，则将两数的绝对值相减，结果的符号位与绝对值大的数相同。

② 两数相减时，首先要判断两数的符号位，若两数同号，则将两数的绝对值相减；若两数异号，则将两数的绝对值相加。最后要根据两数的绝对值的大小以及加减结果的符号位来确定最终结果的符号。

为了简化加减运算，人们提出了补码表示法。

2.2.2 补码表示法

1. 模和同余

补码的表示是基于模的概念。模是指一个计量器的容量，可用 M 表示。

例如，大家所熟悉的钟表，是以 12 为计数循环的，模 $M=12$。又如一个 4 位的二进制计数器,它的计数范围为0～15,当计数器从0计到15之后,再加1,计数值又变为0。这个计数器的容量 $M=2^4=16$,即模为16。

同余的概念是指两整数 A 和 B 除以同一正整数 M,所得余数相同。这时称 A 和 B 对 M 同余,即 A 和 B 在以 M 为模时是相等的,可写成:

$$A=B(\mathrm{mod}\ M)$$

也可表示为:

$$A=B+kM \quad (k\ 为整数)$$

对钟表来说,其模 $M=12$,故3点和15点、5点和17点是同余的,它们可以写作:

$$3=15(\mathrm{mod}\ 12),\qquad 5=17(\mathrm{mod}\ 12)$$

$$3=3+12(\mathrm{mod}\ 12),\quad 5=17-12(\mathrm{mod}\ 12)$$

利用模和同余的概念,在进行算术运算时可以使减法运算转化成加法运算。现举例说明。

假设当前时针停在7点,现在要将时针调到5点,可以由两种方法实现:

(1) 将时针倒拨2格(2小时):

$$7-2=5 \qquad\qquad 做减法$$

(2) 将时针正拨10格(10小时):

$$7+10=17=5(\mathrm{mod}\ 12) \qquad\qquad 做加法$$

从上可得:

$$7-2=7+10(\mathrm{mod}\ 12)$$

因为−2和10对模12是同余的,所以我们说它们具有互补关系,−2与10对模12互补,也可以说−2的补码是10(以12为模)。

因此一个数减去小于模的另一个数,可以用加上模与该数的绝对值之差来代替,即减法运算可以转换成加法运算。如前面的7−2可以变为7+10,也即7−2=7+(−2的补码)。

例如,$9-5=9+(-5)=9+(12-5)=9+7=4(\mathrm{mod}\ 12)$,7为−5的补码。

又如,$65-25=65+(-25)=65+(100-25)=65+75=40(\mathrm{mod}\ 100)$,75为−25的补码。

2. 补码的定义

设 X 为二进制数,数值部分的位数为 n。当 X 为纯小数 $\pm 0.X_1X_2\cdots X_n$ 时,其补码 $[X]_{补}$ 定义为(模为2):

$$[X]_{补}=\begin{cases}X & 0\leqslant X<1\\ 2+X=2-|X| & -1\leqslant X\leqslant 0\end{cases}\quad(\mathrm{mod}\ 2)$$

当 X 为纯整数 $\pm X_1X_2\cdots X_n$ 时,其补码 $[X]_{补}$ 定义为(模为 2^{n+1}):

$$[X]_{补}=\begin{cases}X & 0\leqslant X<2^n\\ 2^{n+1}+X=2^{n+1}-|X| & -2^n\leqslant X\leqslant 0\end{cases}\quad(\mathrm{mod}\ 2^{n+1})$$

【例2.14】 已知① $X=+0.1101$;② $X=-0.1101$;③ $X=+1101$;④ $X=-1101$。$n=4$;求 X 的补码 $[X]_{补}$。

解:① $[X]_{补}=0.1101$

② $[X]_{补}=2+X=1.0011$

③ $[X]_{补}=01101$

④ $[X]_{补}=2^5+X=100000-1101=10011$

3. 补码的特点

(1) 补码的符号位表示方法与原码相同,其数值部分的表示与数的正负有关。对于正数,数值部分与真值形式相同;对于负数,将真值的数值部分按位将"1"变为"0","0"变为"1"(通常称这个过程为按位变反),且在最低位加 1。

例如,例 2.14 中的②和④:

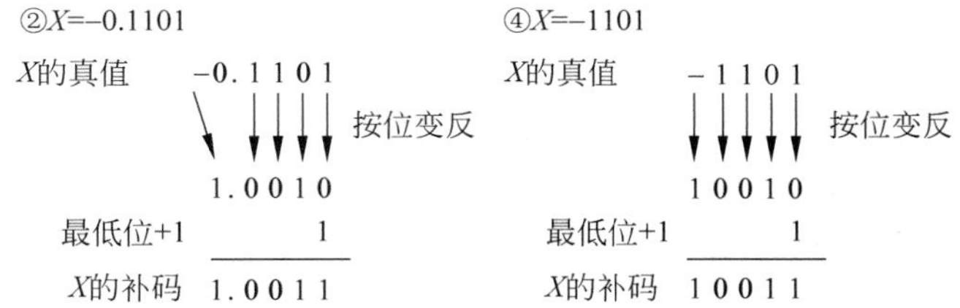

(2) 在补码表示中,真值 0 的表示形式是唯一的。

$$[+0]_{补}=[-0]_{补}=000\cdots00$$

(3) 补码的加减运算规则简单。我们将在第 10 章中详细论述。

根据补码的定义以及模和同余的概念可得:符号位与数值位部分一样参加运算。符号运算后如有进位产生,则把这个进位舍去不要,相当于舍去一个模。

$$[X+Y]_{补}=[X]_{补}+[Y]_{补}$$

$$[X-Y]_{补}=[X]_{补}+[-Y]_{补}$$

(4) 如果已知$[Y]_{补}$,则将$[Y]_{补}$按位变反,且在最低位加 1,就得到了$[-Y]_{补}$。

【例 2.15】 已知 ① $Y=+0.1101$;② $Y=-0.1101$;③ $Y=+1101$;④ $Y=-1101$。$n=4$;求 $[-Y]_{补}$。

解: ① $[Y]_{补}=0.1101$　　　$[-Y]_{补}=1.0011$

② $[Y]_{补}=1.0011$　　　$[-Y]_{补}=0.1101$

③ $[Y]_{补}=01101$　　　$[-Y]_{补}=10011$

④ $[Y]_{补}=10011$　　　$[-Y]_{补}=01101$

2.2.3 反码表示法

1. 反码的定义

设 X 为二进制数,数值部分的位数为 n。当 X 为纯小数 $\pm 0.X_1X_2\cdots X_n$ 时,其反码 $[X]_{反}$ 定义为:

$$[X]_{补}=\begin{cases}X, & 0\leqslant X<1\\ 2-2^{-n}+X, & -1<X\leqslant 0\end{cases}\quad(\bmod\ (2-2^{-n}))$$

当 X 为纯整数 $\pm X_1X_2\cdots X_n$ 时,其反码 $[X]_{反}$ 定义为:

$$[X]_{补}=\begin{cases}X & 0\leqslant X<2^n\\ 2^{n+1}-1+X & -2^n<X\leqslant 0\end{cases}\quad (\bmod\ (2^{n+1}-1))$$

【例 2.16】 已知 ① $X=+0.1101$；② $X=-0.1101$；③ $X=+1101$；④ $X=-1101$。$n=4$；求 X 的反码 $[X]_{反}$。

解：① $[X]_{反}=0.1101$

② $[X]_{反}=2-2^{-4}+X=1.0010$

③ $[X]_{反}=01101$

④ $[X]_{反}=2^5-1+X=100000-1-1101=10010$

2. 反码的特点

(1) 反码的符号位表示方法与原码相同,其数值部分的表示与数的正负有关。对于正数,数值部分与真值形式相同;对于负数,将真值的数值部分按位变反。

(2) 真值0有两种不同的表示形式。

$$[+0]_{反}=000\cdots0,\quad [-0]_{反}=111\cdots1$$

(3) 反码的加减运算比补码的复杂,在计算机中也很少采用反码表示,因此在此不再详细论述。

表2.2列出了8位二进制整数的无符号数、原码、补码、反码表示的真值。

表2.2　无符号数、原码、补码、反码表示的真值

二进制表示	无符号数	原码	补码	反码
0000 0000	0	+0	+0	+0
0000 0001	1	+1	+1	+1
⋮	⋮	⋮	⋮	⋮
0111 1111	127	+127	+127	+127
1000 0000	128	−0	−128	−127
1000 0001	129	−1	−127	−126
⋮	⋮	⋮	⋮	⋮
1111 1110	254	−126	−2	−1
1111 1111	255	−127	−1	−0

从表2.2中可以看出,对于8位二进制整数而言,无符号数的表示范围为[0,255],原码和反码的表示范围为[−127,+127],而补码的表示范围为[−128,+127]。补码的表示范围比原码和反码的要宽,可以多表示一个数。n 位纯整数的补码可以表示到 -2^n。

2.2.4　移码表示法

除了前面介绍的3种带符号的机器数的表示法以外,在浮点数据表示中,常常使用移码表示阶码。

1. 移码的定义

这里只讨论纯整数移码,因为它比较常用。

设 X 为 n 位的二进制数，真值为 $+X_1X_2\cdots X_n$ 或 $-X_1X_2\cdots X_n$。

纯整数移码的定义：$[X]_{移}=2^n+X \quad -2^n\leqslant X<2^n$

从定义可知，不管真值 X 是正数还是负数，移码就是在真值的基础上加一常数（2^n），这个常数称为偏移值。相当于 X 在数轴上向正方向偏移了若干单位，如图 2.1 所示。这就是“移码”一词的由来。

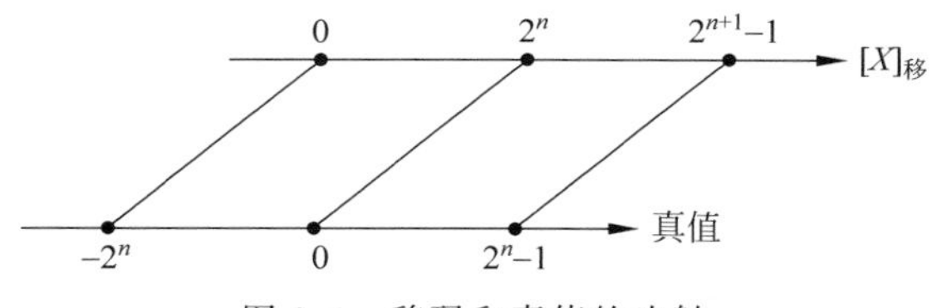

图 2.1　移码和真值的映射

【例 2.17】 已知 ① $X=+1101$；② $X=-1101$；$n=4$；求 X 的移码 $[X]_{移}$。

解：① $[X]_{移}=2^4+X=10000+1101=11101$

② $[X]_{移}=2^4+X=10000-1101=00011$

2. 移码的特点

(1) 移码与补码的关系。根据整数补码和整数移码的定义，可得：

当 $0\leqslant X<2^n$ 时

$$[X]_{移}=[X]_{补}+2^n$$

当 $-2^n\leqslant X<0$ 时

$$[X]_{移}=[X]_{补}-2^n$$

移码与补码数值部分相同，符号位相反，即只需要将 $[X]_{补}$ 的符号位变反，就得到 $[X]_{移}$。

再看一下例 2.17：① $X=+1101$；$[X]_{补}=01101$；$[X]_{移}=11101$

② $X=-1101$；$[X]_{补}=10011$；$[X]_{移}=00011$

(2) 从上述结果中可知，移码表示法中，数的最高位（符号位）如果为“0”，表示该数为负数；如果为“1”，表示该数为正数。

(3) 采用移码的目的是从机器数的形式上直接判断两数真值的大小。而常用的补码就很难。

2.3　数的定点表示与浮点表示

实际中使用的数通常既有整数部分又有小数部分，那么怎么来表示小数点呢？

在计算机中，没有一个专门的符号来表示小数点，而是按约定的方式隐含规定小数点在数的某一个位置。根据小数点的位置是否固定，有两种数据格式：定点表示和浮点表示。

2.3.1　数的定点表示

在这种表示方法中，小数点的位置是固定不变的。通常把小数点固定在数值部分的最高位之前,或把小数点固定在数值部分的最低位之后。前者用来表示纯小数,称为定点小数;而后者则用于表示纯整数,称为定点整数,如图 2.2 所示。

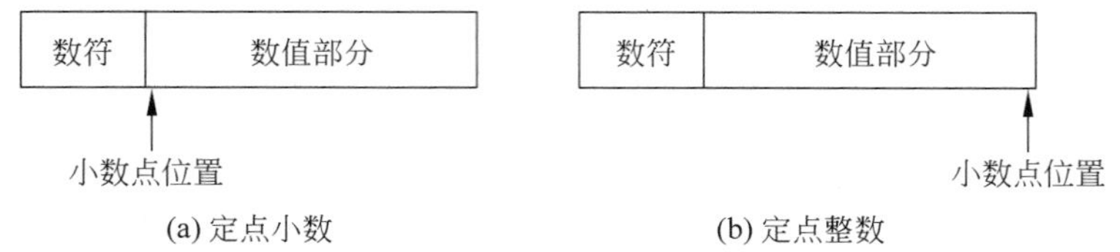

(a) 定点小数　　(b) 定点整数

图 2.2　定点数的表示方法

在 2.2 节例子中的数据就都是定点数。

对于数值部分为 n 位的机器数(不包含符号位)而言,定点小数原码的表示范围为 $-(1-2^{-n})\sim(1-2^{-n})$;定点小数补码的表示范围为 $-1\sim(1-2^{-n})$。定点整数原码的表示范围为 $-(2^n-1)\sim(2^n-1)$;定点整数补码的表示范围为 $-2^n\sim(2^n-1)$。

2.3.2　数的浮点表示

在科学计算中,经常会遇到非常大和非常小的数值,若用有限位的定点数来表示,很难满足数值范围和表示精度的要求。为此,引进浮点数据表示。浮点表示是指小数点的位置不固定,视需要而浮动。

浮点数的一般表示形式为:

$$X=M\times 2^E$$

其中:E 称为阶码,用定点整数表示。阶码的值决定了数中小数点的实际位置。M 称为尾数或有效值,用定点小数表示。阶码和尾数可以采用原码、补码、反码中任意一种编码方法来表示,但阶码通常采用移码。

例如,$X=+0.01100101\times 2^{-101}$　　阶码 -101;尾数 $+0.01100101$

　　$Y=-0.11010011\times 2^{+110}$　　阶码 $+110$;尾数 -0.11010011

在计算机中,通常用约定的四部分来表示一个浮点数:

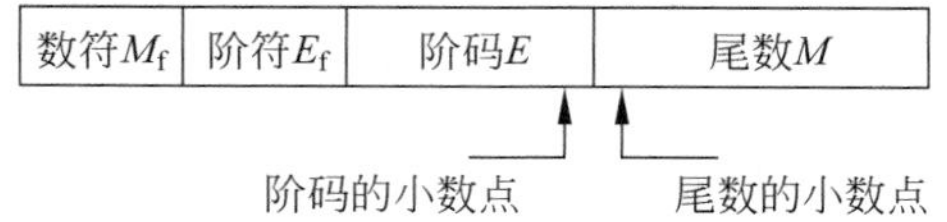

1. 规格化浮点数

当一个数用浮点表示法来表示的时候,其表示形式并不是唯一的。例如,$X=+0.01100101\times 2^{-101}$,我们可将 X 的尾数往左移一位(相当于小数点向右移一位),相应阶码减 1,得到 $X=+0.11001010\times 2^{-110}$,$X$ 的数值并没有改变。同样,也可将 X 的尾数往右移一位(相当于小数点向左移一位),相应阶码加 1,得到 $X=+0.001100101\times 2^{-100}$,$X$ 的数值同样没有改变。但如果 X 的尾数的位数固定为 8 位,则右移出去的最低位 1 被丢弃,造成精度的损失。

为了保证浮点数的精度以及表示形式的唯一,引进规格化浮点数。

当浮点数的基数为 2 时，如果其尾数 M 满足 $\frac{1}{2}\leqslant|M|<1$，则该浮点数为规格化浮点数，否则称其为非规格化浮点数。

【例 2.18】 分别将十进制数 -54、$+\frac{13}{128}$ 转换成规格化浮点数表示。阶码用移码，尾数用补码，其浮点数格式如下：

1 位 M_f	1 位 E_f	4 位阶码	10 位尾数

其中 M_f 为数符，E_f 为阶符。

解：$(-54)_{10}=(-110110)_2=-0.1101100000\times 2^{110}$

1	1 0110	0010100000

$\left(+\frac{13}{128}\right)_{10}=(+0.0001101000)_2=+0.1101000000\times 2^{-11}$

0	0 1101	1101000000

2. 浮点数的表示范围

设浮点数的阶码为 m 位，尾数为 n 位，数符和阶符各一位，则浮点数的表示范围如图 2.3 所示。

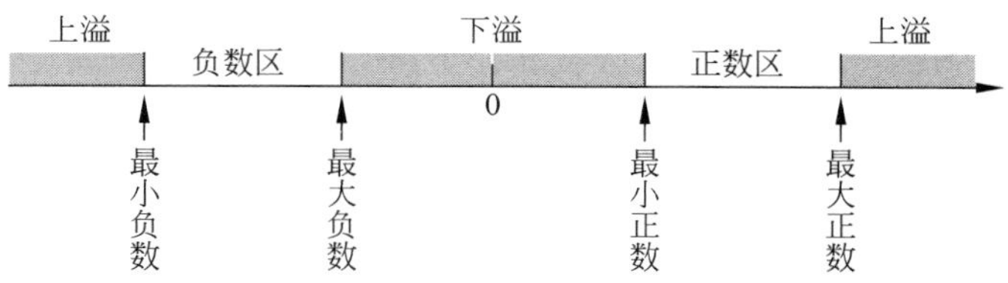

图 2.3　浮点数的表示范围

浮点数所能表示数的范围处于最大正数到最小正数、最大负数到最小负数之间。如果阶码采用移码，尾数采用补码，浮点表示所对应的最大正数、最小正数、最大负数、最小负数如表 2.3 所示。

表 2.3　几个典型的浮点数

典型数据	浮点形式				真　值
	数符	阶符	阶码	尾数	
非规格化最小正数	0	0	00…0	00…01	$+2^{-n}\times 2^{-2^m}$
规格化最小正数	0	0	00…0	10…00	$+2^{-1}\times 2^{-2^m}$
最大正数	0	1	11…1	11…11	$+(1-2^{-n})\times 2^{+(2^m-1)}$
非规格化最大负数	1	0	00…0	11…11	$-2^{-n}\times 2^{-2^m}$
规格化最大负数	1	0	00…0	01…11	$-(2^{-1}+2^{-n})\times 2^{-2^m}$
最小负数	1	0	11…1	00…00	$-1\times 2^{+(2^m-1)}$

当阶码和尾数的位数确定以后,浮点数所能表示的数的范围就确定了,即图2.3中所示的正数区和负数区。如果一个数超出了数的表示范围,则称为溢出。若该数处于最小正数和最大负数之间,称为下溢;若该数大于最大正数或小于最小负数,则称为上溢。

从浮点表示中可以看到,尾数的位数决定了数据表示的精度,增加其位数可以增加有效数字的位数;而阶码的位数决定了数据表示的范围。

3. IEEE 754 标准

在以前的计算机中,由于不同的机器所采用的基数、尾数位数和阶码位数不同,因此所表示的浮点数差别比较大,甚至使同一软件在不同的机器上执行的结果不相同。这显然是不合理的,而且也不利于软件的移植。为此,IEEE于1985年提出了一个浮点数据表示标准——IEEE 754。

当今流行的计算机几乎都采用IEEE 754浮点数标准。在这个标准中,每个浮点数均由数符 S,阶码 E,尾数 M 三部分组成:

数符 S	阶码 E	尾数 M

该标准规定:

① 两种基本浮点格式,单精度浮点格式和双精度浮点格式。

② 两种扩展浮点格式,扩展单精度浮点格式和扩展双精度浮点格式,如表2.4所示。对于两种扩展格式,该标准没有作具体规定,但指定了最小精度和大小。

表 2.4 IEEE 754 标准浮点数基本格式

基本格式	数符位数	阶码位数(含1位符号位)	尾数位数	总位数
单精度浮点数	1	8	23	32
双精度浮点数	1	11	52	64
扩展单精度浮点数	1	≥11	31	≥43
扩展双精度浮点数	1	≥15	≥63	≥79

下面以单精度浮点数格式为例,介绍IEEE 754浮点数标准。

数符 S:0表示正数,1表示负数。

阶码 E:由一位符号位和7位数值组成。采用偏移值为127的移码,即

$$阶码 = 127 + 数值$$

并且规定阶码的取值范围为1~254,阶码值0和255用于表示特殊数值。

尾数 M:23位,采用原码,采用规格化表示。由于对于规格化数原码来说,其尾数的最左边一位必定为1(特殊值和非规格化数除外),所以可以把这个1丢掉,而把其后的23位放入尾数字段中。这样,IEEE 754中的23位尾数实际上是表示了24位的有效数字。

IEEE 754单精度浮点数的特征参数如表2.5所示。

表2.6给出了+19.5(二进制表示为10011.1或 1.00111×2^4)的单精度浮点数格式。注意,在尾数中省去了最高位的1。另外,由于要加上偏移量127,因此阶码4被表示为1000 0011,即131。

表 2.5　IEEE 754 单精度浮点数的特征参数

特征参数	特征值	特征参数	特征值
符号位数	1	尾数位数	23
阶码位数	8	尾数个数	2^{23}
阶码偏移值	127	最大规格化数	2^{128}
阶码取值范围(移码)	1～254	最小规格化数	2^{-126}
阶码取值范围(真值)	−126～127	可表示十进制数范围	$10^{-38}\sim10^{38}$
阶码个数	254	最小非规格化数	$2^{-149}\approx10^{-45}$

0、±∞ 和 NaN(Not a Number，非数)是几个特别值，IEEE 754 中规定了其表示方法，如表 2.6 所示。0 的尾数和阶码都是全 0。无穷大的尾数为全 0，阶码为全 1(十进制 255)，而符号位则表明是 +∞ 还是 −∞。NaN 的尾数是一个非 0 的任意值，阶码为全 1。

表 2.6　IEEE 754 标准单精度浮点数举例和特别值的表示

数值	符号	尾数	阶码
+19.5	0	001 1100 0000 0000 0000 0000	1000 0011
0	0	000 0000 0000 0000 0000 0000	0000 0000
±∞	0 或 1	000 0000 0000 0000 0000 0000	1111 1111
NaN	0 或 1	非 0 的任意值	1111 1111
非规格化数	0 或 1	非 0 的任意值	0000 0000

2.4　常用的其他编码

2.4.1　十进制数的二进制编码

在数字计算机中，十进制数除了转换成二进制数参加运算外，还可以直接用十进制数进行输入和运算，这种方法就是将十进制的 10 个数字符号分别用若干位二进制代码来表示。例如：

　　　　　1　　3　.　5　　9

表示成　0001　0011　.　0101　1001

这种用若干二进制代码来表示一位十进制数字符号的方法通常称为二-十进制编码。编码既具有二进制数的形式又具有十进制数的特点。下面介绍常用的几种二-十进制编码。

1. 8421(BCD)码

这是最常用的一种二-十进制编码，它常简称为 BCD 码。它是将十进制的每个数字符号用 4 位二进制数表示，这 4 位二进制数的各位的权从左到右分别为 8、4、2、1。这样用二进制数的 0000～1001 来分别表示十进制的 0～9，如表 2.7 所示。必须注意，BCD 码中没有 1010～1111 这 6 种代码，这与通常的 4 位二进制数是不同的。

表 2.7 常用的二-十进制编码表

十进制数	BCD 码	余 3 码	2421 码
0	0000	0011	0000
1	0001	0100	0001
2	0010	0101	0010
3	0011	0110	0011
4	0100	0111	0100
5	0101	1000	1011
6	0110	1001	1100
7	0111	1010	1101
8	1000	1011	1110
9	1001	1100	1111

8421(BCD)码的主要特点如下。

(1) 它是一种有权码,因而根据代码的组成便可知道它所代表的值。设 8421(BCD)码的各位为 $a_3a_2a_1a_0$,则它所代表的值为

$$N=8a_3+4a_2+2a_1+1a_0$$

(2) 编码简单直观,它与十进制数之间的转换只要直接按位进行就可。例如

$$(91.76)_{10}=(\underline{1001}\quad\underline{0001}\ .\ \underline{0111}\quad\underline{0110})_{BCD}$$

$$(\underline{0110}\quad\underline{0000}\quad\underline{0001}\ .\underline{0010})_{BCD}=(601.2)_{10}$$

表 2.7 给出的常用二-十进制编码表中,除了 8421(BCD)码外,还有 2421 码和余 3 码。

2. 余 3 码

余 3 码也是一种被广泛采用的二-十编码。对应于同样的十进制数字,余 3 码比相应的 BCD 码多出 0011,所以叫余 3 码,如表 2.7 所示。一个十进制数用余 3 码表示时,只要按位表示成余 3 码即可。例如

$$(90.61)_{10}=(1100\ 0011\ .1001\ 0100)_{余3}$$

余 3 码的特点如下。

(1) 它是一种对 9 的自补码。从表 2.7 可以看出,每一个余 3 码只要自身按位取反,便可得到其对 9 之补码。例如,十进制数字 5 的余 3 码为 1000,5 对 9 之补是 9－5＝4,而 4 的余 3 码是 0111,它正好是 5 的余 3 码 1000 按位取反而得。余 3 码的这种自补性,给十进制运算带来方便,这是余 3 码被广泛采用的原因之一。

(2) 两个余 3 码相加,所产生的进位相应于十进制数的进位,但所产生的和要进行修正后才是正确的余 3 码。修正的方法是:如果没有进位,则和需要减 3;如果发生了进位,则和需要加 3。例如:

$$\begin{array}{r} 2 \\ +)\ 3 \\ \hline 5 \end{array}\qquad \begin{array}{r} 0101 \\ +)\ 0110 \\ \hline 1011 \\ -)\ \ \ 11 \\ \hline 1000 \end{array}\qquad \begin{array}{r} 9 \\ +)\ 1 \\ \hline 10 \end{array}\qquad \begin{array}{r} 1100 \\ +)\ 0100 \\ \hline \boxed{1}\,0000 \\ +)\ \ \ 11 \\ \hline 0011 \end{array}$$

3. 2421 码

2421 码和 BCD 码相似，它也是一种有权码，所不同的是 2421 码的权从左到右分别为 2、4、2、1。设 2421 码中的各位为 $a_3a_2a_1a_0$，则它所代表的值为：

$$N = 2a_3 + 4a_2 + 2a_1 + 1a_0$$

需要指出的是，2421 码的编码方案不止一种，表 2.7 中给出的只是其中的一种方案，这种方案的 2421 码的特点是它也是一种对 9 的自补码，所以在十进制运算中用得也较普遍。

除上述 3 种常用的二-十编码外，还有 5421 码、4421 码、4221 码等 4 位编码以及 5 中取 2 码、移位计数器码等 5 位编码，就不一一介绍了。

2.4.2　字符代码

在计算机应用中，为了实现人-机通信，需要直接处理十进制数字、英文字母和专用符号。此时，必须对十进制数字、英文字母和专用符号进行编码，才能被计算机所识别和处理。这些数字、字母和专用符号统称为字符，这些字符的编码称为字符代码。在我国获得广泛使用的字符代码有五单位的和七单位的两种。

五单位字符代码是用 5 位二进制数来表示不同的字符，它是由电报用的电传打字机的电传码稍加修改而成的。由于 5 位代码只能组成 32 种字符，而仅仅字母和数字符号就有 36 个，所以规定每个五单位字符代码既可表示一个数字也可表示一个字母。究竟这个代码在本次使用时代表什么，由前一个操作是号码键还是字母键来区分。因此，这种字符代码使用起来十分不便，需要频繁地使用号码键和字母键，增加了操作的困难。这种五单位字符代码在早期的计算机(如国产 DJS-130 机)中曾获得广泛应用。

七单位字符代码是用 7 位二进制数来表示不同的字符。这是目前应用最广泛的一种字符代码。7 位二进制代码可以表示 128 种不同的字符，这在一般计算机中已是足够用了。国际上通用的一种国际标准码 ASCII 码(俗称阿斯克码)是一种七单位代码，它原为美国用于信息交换的标准代码(American Standard Code for Information Interchange)，后来被国际标准化组织所采用。阿斯克码有 128 个字符，其中包括 26 个大写的英文字母和 26 个小写的英文字母，10 个数字符号，34 个专用符号，总共 96 个，称为图形字符，此外还有 32 个控制字符，它的编码方法如表 2.8 所示。我国用于信息交换的国家标准码为 GB/T 1988—1998。为了与国际标准码具有互换性，国家标准码基本上采用了 ASCII 码的编码方案。除少数图形字符有区别(如 $ 改成￥)外，两者基本上是一致的，表 2.9 为我国通用代码表。

表 2.8　7 位 ASCII 码编码表

低 4 位代码	高 3 位代码($a_7a_6a_5$)							
($a_4a_3a_2a_1$)	000	001	010	011	100	101	110	111
0000	NUL	DLE	SP	0	@	P	`	p
0001	SOH	DC1	!	1	A	Q	a	q
0010	STX	DC2	“	2	B	R	b	r

续表

低 4 位代码 ($a_4a_3a_2a_1$)	高 3 位代码($a_7a_6a_5$)							
	000	001	010	011	100	101	110	111
0011	ETX	DC3	#	3	C	S	c	s
0100	EOT	DC4	$	4	D	T	d	t
0101	ENQ	NAK	%	5	E	U	e	u
0110	ACK	SYN	&	6	F	V	f	v
0111	BEL	ETB	‘	7	G	W	g	w
1000	BS	CAN	(	8	H	X	h	x
1001	HT	EM	)	9	I	Y	i	y
1010	LF	SUB	*	:	J	Z	j	z
1011	VT	ESC	+	;	K	[	k	{
1100	FF	FS	,	<	L	\	l	|
1101	CR	GS	-	=	M	]	m	}
1110	SO	RS	.	>	N	^	n	~
1111	SI	US	/	?	O	_	o	DEL

注：

NUL： 空白　SOH： 序始　STX： 文始　ETX： 文终

EOT： 送毕　ENQ： 询问　ACK： 承认　BEL： 告警

BS： 退格　HT： 横表　LF： 换行　VT： 纵表

FF： 换页　CR： 回车　SO： 移出　SI： 移入

DLE： 转义　DC1： 机控 1　DC2： 机控 2　DC3： 机控 3

DC4： 机控 4　NAK： 否认　SYN： 同步　ETB： 组终

CAN： 作废　EM： 载终　SUB： 取代　ESC： 扩展

FS： 卷隙　GS： 群隙　RS： 录隙　US： 原隙

SP： 间隔　DEL： 抹掉

表 2.9　我国通用代码表(GB/T 1988—1998)

低 4 位代码 ($b_4b_3b_2b_1$)	高 3 位代码($b_7b_6b_5$)							
	000	001	010	011	100	101	110	111
0000	NUL	TC$_7$	SP	0	@	P	`	p
0001	TC$_1$	DC$_1$	!	1	A	Q	a	q
0010	TC$_2$	DC$_2$	“	2	B	R	b	r
0011	TC$_3$	DC$_3$	#	3	C	S	c	s
0100	TC$_4$	DC$_4$	¥	4	D	T	d	t
0101	TC$_5$	TC$_8$	%	5	E	U	e	u
0110	TC$_6$	TC$_9$	&	6	F	V	f	v
0111	BEL	TC$_{10}$	‘	7	G	W	g	w
1000	FE$_0$	CAN	(	8	H	X	h	x
1001	FE$_1$	EM	)	9	I	Y	i	y
1010	FE$_2$	SUB	*	:	J	Z	j	z

续表

<table>
<tr><td rowspan="2">低 4 位代码
($b_4b_3b_2b_1$)</td><td colspan="8">高 3 位代码($b_7b_6b_5$)</td></tr>
<tr><td>000</td><td>001</td><td>010</td><td>011</td><td>100</td><td>101</td><td>110</td><td>111</td></tr>
<tr><td>1011</td><td>FE_3</td><td>ESC</td><td>+</td><td>;</td><td>K</td><td>[</td><td>k</td><td>{</td></tr>
<tr><td>1100</td><td>FE_4</td><td>IS_4</td><td>,</td><td><</td><td>L</td><td>\</td><td>l</td><td>|</td></tr>
<tr><td>1101</td><td>FE_5</td><td>IS_3</td><td>-</td><td>=</td><td>M</td><td>]</td><td>m</td><td>}</td></tr>
<tr><td>1110</td><td>SO</td><td>IS_2</td><td>.</td><td>></td><td>N</td><td>^</td><td>n</td><td>~</td></tr>
<tr><td>1111</td><td>SI</td><td>IS_1</td><td>/</td><td>?</td><td>O</td><td>_</td><td>o</td><td>DEL</td></tr>
</table>

计算机中实际表示一个字符用 8 位二进制代码，称为一个字节。通常在 7 位标准码的左边最高位填入奇偶校验位，它可以是奇校验，也可以是偶校验。这种编码的好处是低 7 位仍然保持 7 位标准码的编码，高位奇偶校验位不影响计算机的内部处理和输入输出规则。此外，还有直接采用 8 位二进制代码进行编码的 EBCDIC 码，称为扩充的 BCD 码。这里就不多介绍了，需要时读者可查阅有关资料。

2.4.3　可靠性编码

代码在形成或传输过程中难免会发生错误，为了减少这种错误，人们采用了可靠性编码的方法。它使代码本身具有一种特征或能力，使得代码在形成中不易出错，或者这种代码出错时容易发现，甚至能查出出错的位置并予以纠正。目前，常用的可靠性代码有格雷(Gray)码、奇偶校验码、海明码和循环冗余校验码等。

1. 格雷(Gray)码

Gray 码有多种形式，但它们都有一个共同特点，即从一个代码变为相邻的另一代码时，只有一位发生变化。表 2.10 给出一种典型的 Gray 码。

从表 2.10 可以看到，任何相邻的十进制数，它们的 Gray 码都仅有一位之差。例如，从 7→8，二进制码是 0111→1000，4 位均发生变化，而 Gray 码是 0100→1100，只有一位发生变化。这一特点有什么意义呢？在用普通二进制码作加 1 计数时，如从 7→8，4 位都要发生变化。如果 4 位变化不是同时发生的(实际上是不会完全同时发生的)，那么在计数过程中就可能出现短暂的粗大误差。如第一位先置 1，然后再其他位置 0，就会出现 0111→1111 的粗大误差，Gray 码是从编码的形式上杜绝了出现这种错误的可能。

表 2.10　典型的 Gray 码

十 进 制 数	二 进 制 码	典型的 Gray 码
0	0000	0000
1	0001	0001
2	0010	0011
3	0011	0010
4	0100	0110
5	0101	0111

续表

十进制数	二进制码	典型的 Gray 码
6	0110	0101
7	0111	0100
8	1000	1100
9	1001	1101
10	1010	1111
11	1011	1110
12	1100	1010
13	1101	1011
14	1110	1001
15	1111	1000

Gray 码是一种无权码,因而很难从某个代码识别它所代表的数值。但是,Gray 码与二进制码之间有简单的转换关系。设二进制码为

$$B = B_n B_{n-1} \cdots B_1 B_0$$

其对应的 Gray 码为

$$G = G_n G_{n-1} \cdots G_1 G_0$$

则有

$$\begin{cases} G_n = B_n \\ G_i = B_{i+1} \oplus B_i \end{cases}$$

式中,$i=0,1,\cdots,n-1$;符号$\oplus$表示异或运算或模 2 加运算,其规则是

$$0 \oplus 0 = 0, \quad 0 \oplus 1 = 1, \quad 1 \oplus 0 = 1, \quad 1 \oplus 1 = 0$$

例如,把二进制码 0111 和 1100 转换成 Gray 码:

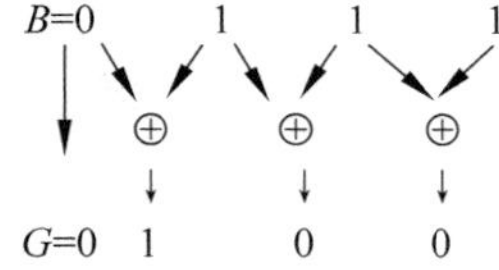

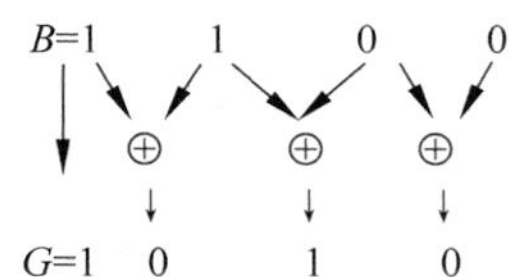

反过来,如果已知 Gray 码,也可以用类似方法求出对应的二进制码,其方法如下:

$$\begin{cases} B_n = G_n \\ B_i = B_{i+1} \oplus G_i \quad (i < n) \end{cases}$$

例如,把 Gray 码 0100 和 1010 转换成二进制码:

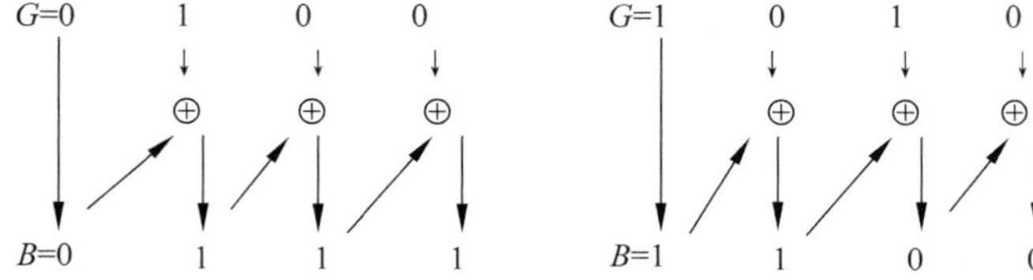

Gray 码可被用作二-十进制编码。表 2.11 给出十进制数的两种 Gray 码。其中修改的 Gray 码又叫余 3 Gray 码,它具有循环性,即十进制数的头尾两个数(0 与 9)的 Gray 码也只有一位不同,构成一个"循环",所以 Gray 码有时也称为循环码。

表 2.11　十进制数的两种 Gray 码

十进制数	典型 Gray 码	修改 Gray 码
0	0000	0010
1	0001	0110
2	0011	0111
3	0010	0101
4	0110	0100
5	0111	1100
6	0101	1101
7	0100	1111
8	1100	1110
9	1101	1010

2. 奇偶校验码

奇偶校验码是一种简单有效的校验码，通常应用于主存的读写校验、ASCII 码字符传送过程中的检查等。

(1) 奇偶校验码的编码方法。奇偶校验码是在 n 位有效信息位的最前面或最后面增加一位二进制校验位 P，形成 $n+1$ 位的奇偶校验码。如果 $n+1$ 位的奇偶校验码中"1"的个数为奇数，则称为奇校验；如果"1"的个数为偶数，则称为偶检验。

例如，① 8 位二进制信息 00101011，它的奇校验码为 001010111，偶校验码为 001010110。

② 8 位二进制信息 00101010，它的奇校验码为 001010100，偶校验码为 001010101。

这里假定校验位位于校验码的最后面。

设 n 位有效信息位为 $X_nX_{n-1}\cdots X_2X_1$，在其后增加一位二进制校验位 P，那么它们之间的关系为：

奇校验：$P=X_n\oplus X_{n-1}\oplus\cdots\oplus X_2\oplus X_1\oplus 1$

偶校验：$P=X_n\oplus X_{n-1}\oplus\cdots\oplus X_2\oplus X_1$

(2) 奇偶校验码的校验方法。对奇偶校验码的检验很简单，只需检测编码中"1"的个数为奇数还是偶数。如果奇校验码中"1"的个数为偶数，或者偶校验码中"1"的个数为奇数，则编码出错了。

校验方程为：

奇校验：$E=\overline{X_n\oplus X_{n-1}\oplus\cdots\oplus X_2\oplus X_1\oplus P}$

偶校验：$E=X_n\oplus X_{n-1}\oplus\cdots\oplus X_2\oplus X_1\oplus P$

如果 $E=0$，则编码正确；如果 $E=1$，则编码出错。

奇偶校验码只能发现一位或奇数个位出错，不能发现偶数个位同时出错。而且即使发现了错误，也不能确定具体是哪一位错了，因而不能纠正错误。因为计算机中一位出错的概率大大高于多位同时出错的概率，所以奇偶校验码还是得到了广泛的应用。

3. 海明检验码

海明校验码是由Richard Hamming于1950年提出的，它实际上是一种以奇偶校验为基础的多重奇偶校验码，能发现多位错误，并能纠正错误。

海明校验码的实现原理是：在n位有效信息位中增加k位校验位，形成一个$n+k$位的编码，然后把编码中的每一位分配到k个奇偶校验组中。每一组只包含一位检验位，组内按照奇校验或偶校验的规则求出该组中的校验位。

在海明校验码中，有效信息位的位数n与校验位数k满足如下关系：

$$2^k-1\geqslant n+k$$

n与k的对应关系如表2.12所示。

表2.12　海明校验码中有效信息位数与校验位数的关系

n	最小k值	n	最小k值
1～4	3	27～57	6
5～11	4	58～119	7
12～26	5		

(1) 校验码的编码方法。海明校验码的编码过程可分为3个步骤进行。

① 确定有效信息位与校验位在编码中的位置。

设最终形成的$n+k$位海明校验码为$H_{n+k}H_{n+k-1}\cdots H_2H_1$，各位的位号按从右到左的顺序依次为$1,2,\cdots,n+k$，则每个校验位$P_i$所在的位号为$2^{i-1}$，$i=1,2,\cdots,k$。有效信息位按原排列顺序依次安排在其他位置上。

例如，设7位有效信息位为$X_7X_6X_5X_4X_3X_2X_1$，$n=7$，根据表2.12可知，校验位位数$k=4$，这样构成的海明校验码为11位。4个校验位$P_4P_3P_2P_1$应分别位于位号为2^{i-1}的位置上，$i=1、2、3、4$，即位号为2^0、2^1、2^2、2^3。

11位海明校验码的编码排列为：

位号：	11	10	9	8	7	6	5	4	3	2	1
编码：	H_{11}	H_{10}	H_9	H_8	H_7	H_6	H_5	H_4	H_3	H_2	H_1
	X_7	X_6	X_5	P_4	X_4	X_3	X_2	P_3	X_1	P_2	P_1

② 将$n+k$位海明校验码中的每一位分到k个奇偶校验组中。分组的方法如下。

将校验码中的每一位的位号M写成k位二进制数的形式$M_{k-1}M_{k-2}\cdots M_1M_0$。对于编码中的任何一位$H_M$，依次按从右至左(即从低位到高位)的顺序查看其$M_{k-1}M_{k-2}\cdots M_1M_0$的每一位$M_j(j=0,1,\cdots,k-1)$，若该位为“1”，则将$H_M$分到第$j$组。

仍然用上面的例子来看看分组的情况，共分为4组。将位号11～1写成4位二进制数的形式。分组结果如表2.13所示。

表 2.13　11 位海明校验码的分组结果

位号	11	10	9	8	7	6	5	4	3	2	1
位号对应的二进制数	1011	1010	1001	1000	0111	0110	0101	0100	0011	0010	0001
编码	X_7	X_6	X_5	P_4	X_4	X_3	X_2	P_3	X_1	P_2	P_1
第 0 组	X_7		X_5		X_4		X_2		X_1		P_1
第 1 组	X_7	X_6			X_4	X_3			X_1	P_2	
第 2 组					X_4	X_3	X_2	P_3			
第 3 组	X_7	X_6	X_5	P_4							

③ 根据分组结果,每一组按奇校验或偶校验求出校验位,形成海明校验码。若采用奇校验,则每一组中“1”的个数为奇数；若采用偶校验,则每一组中“1”的个数为偶数。

在上面的例子中,若采用奇校验,则

$$P_1=\overline{X_7 \oplus X_5 \oplus X_4 \oplus X_2 \oplus X_1}$$
$$P_2=\overline{X_7 \oplus X_6 \oplus X_4 \oplus X_3 \oplus X_1}$$
$$P_3=\overline{X_4 \oplus X_3 \oplus X_2}$$
$$P_4=\overline{X_7 \oplus X_6 \oplus X_5}$$

若采用偶校验,则

$$P_1=X_7 \oplus X_5 \oplus X_4 \oplus X_2 \oplus X_1$$
$$P_2=X_7 \oplus X_6 \oplus X_4 \oplus X_3 \oplus X_1$$
$$P_3=X_4 \oplus X_3 \oplus X_2$$
$$P_4=X_7 \oplus X_6 \oplus X_5$$

【例 2.19】 在上面的例子中,若 7 位有效信息位为 $X_7X_6X_5X_4X_3X_2X_1=1001101$,求其海明校验码。

解：若采用奇校验,则

$$P_1=\overline{X_7 \oplus X_5 \oplus X_4 \oplus X_2 \oplus X_1}=\overline{1 \oplus 0 \oplus 1 \oplus 0 \oplus 1}=0$$
$$P_2=\overline{X_7 \oplus X_6 \oplus X_4 \oplus X_3 \oplus X_1}=\overline{1 \oplus 0 \oplus 1 \oplus 1 \oplus 1}=1$$
$$P_3=\overline{X_4 \oplus X_3 \oplus X_2}=\overline{1 \oplus 1 \oplus 0}=1$$
$$P_4=\overline{X_7 \oplus X_6 \oplus X_5}=\overline{1 \oplus 0 \oplus 0}=0$$

将这些校验位与有效信息位一起排列,可得 11 位海明校验码为 10001101110。

若采用偶校验,则

$$P_1=X_7 \oplus X_5 \oplus X_4 \oplus X_2 \oplus X_1=1 \oplus 0 \oplus 1 \oplus 0 \oplus 1=1$$
$$P_2=X_7 \oplus X_6 \oplus X_4 \oplus X_3 \oplus X_1=1 \oplus 0 \oplus 1 \oplus 1 \oplus 1=0$$
$$P_3=X_4 \oplus X_3 \oplus X_2=1 \oplus 1 \oplus 0=0$$
$$P_4=X_7 \oplus X_6 \oplus X_5=1 \oplus 0 \oplus 0=1$$

将这些校验位与有效信息位一起排列,可得 11 位海明校验码为 10011100101。

(2) 检验码的校验方法。在信息传输过程中,将校验位与有效信息位一起形成的海明校验码进行保存和传送。当接收方接收到校验码后,需要对其进行校验,以判断该校验码是否出错。

校验的方法是：将 $n+k$ 位海明校验码按编码时采用的方法，重新再分成 k 个组。若采用奇校验，则每一组中“1”的个数应该为奇数；若采用偶校验，则每一组中“1”的个数应该为偶数。如果不满足，则表示该校验码出错了，具体实现方法如下。

在分成的 k 个组中，将每一组中所有的信息位异或起来，得到 k 位校验结果 $E_{k-1}E_{k-2}\cdots E_1E_0$。通常称 $E_{k-1}E_{k-2}\cdots E_1E_0$ 为指误字。

若奇校验中 $\bar{E}_{k-1}\bar{E}_{k-2}\cdots\bar{E}_1\bar{E}_0=00\cdots00$ 或偶校验中 $E_{k-1}E_{k-2}\cdots E_1E_0=00\cdots00$，则该校验码正确，没有出错。否则结果有错，这时 $\bar{E}_{k-1}\bar{E}_{k-2}\cdots\bar{E}_1\bar{E}_0$ 或 $E_{k-1}E_{k-2}\cdots E_1E_0$ 代码所对应的十进制数就是校验码中出错信息位的位号。纠正的方法很简单，只需将该位变反即可。

对上面例子中的 11 位校验码进行校验，根据表 2.13 的分组情况，得 4 位校验结果：

$$E_0=X_7\oplus X_5\oplus X_4\oplus X_2\oplus X_1\oplus P_1$$
$$E_1=X_7\oplus X_6\oplus X_4\oplus X_3\oplus X_1\oplus P_2$$
$$E_2=X_4\oplus X_3\oplus X_2\oplus P_3$$
$$E_3=X_7\oplus X_6\oplus X_5\oplus P_4$$

【例 2.20】 在例 2.19 中，采用奇校验的 11 位海明校验码应为 10001101110。若接收到的代码为 10001101110 和 10001111110，分别检验它们有无错误？若有，判别出错位置。

解：① 若接收到的代码为 10001101110，则得到检验结果为：

$$E_0=X_7\oplus X_5\oplus X_4\oplus X_2\oplus X_1\oplus P_1=1\oplus 0\oplus 1\oplus 0\oplus 1\oplus 0=1$$
$$E_1=X_7\oplus X_6\oplus X_4\oplus X_3\oplus X_1\oplus P_2=1\oplus 0\oplus 1\oplus 1\oplus 1\oplus 1=1$$
$$E_2=X_4\oplus X_3\oplus X_2\oplus P_3=1\oplus 1\oplus 0\oplus 1=1$$
$$E_3=X_7\oplus X_6\oplus X_5\oplus P_4=1\oplus 0\oplus 0\oplus 0=1$$

因为 $\bar{E}_3\bar{E}_2\bar{E}_1\bar{E}_0=0000$，所以收到的海明校验码没有错。

② 若接收到的代码为 10001111110，则得到检验结果为：

$$E_0=X_7\oplus X_5\oplus X_4\oplus X_2\oplus X_1\oplus P_1=1\oplus 0\oplus 1\oplus 1\oplus 1\oplus 0=0$$
$$E_1=X_7\oplus X_6\oplus X_4\oplus X_3\oplus X_1\oplus P_2=1\oplus 0\oplus 1\oplus 1\oplus 1\oplus 1=1$$
$$E_2=X_4\oplus X_3\oplus X_2\oplus P_3=1\oplus 1\oplus 1\oplus 1=0$$
$$E_3=X_7\oplus X_6\oplus X_5\oplus P_4=1\oplus 0\oplus 0\oplus 0=1$$

因为 $\bar{E}_3\bar{E}_2\bar{E}_1\bar{E}_0=0101$，不为全“0”，表示收到的校验码有错。因为 $\bar{E}_3\bar{E}_2\bar{E}_1\bar{E}_0$ 为 0101，指出是第 5 位信息出错，将第 5 位信息(即 X_2)变反，就得到正确的代码。

前面讲的海明校验码只能发现一位错误，并指出是哪一位错了。若代码中出现多位错误，它就没有办法了。

可以在前面讲的海明校验码的基础上，再增加一位校验位，使得有效信息位的位数 n 与校验位数 k 满足如下关系：

$$2^{k-1}\geqslant n+k$$

校验码的编码方法与上面的一样，这样构成的校验码通常称为扩展的海明校验码。它除了能发现并纠正一位出错以外，还能发现两位出错，但不能指出是哪两位。关于扩展的海明校验码，这里不再讨论。

4. 循环冗余校验码

循环冗余校验码简称 CRC 码(Cyclic Redundancy Check)，是一种检错纠错能力很强的校验码，可以发现并纠正信息存储和传送过程中连续出现的多位错误，因而常用于计算机通信、网络通信、辅助存储器等领域中。CRC 码是在 n 位有效信息位后拼接 k 位校验位构成（图 2.4），通过数学运算建立有效信息位与校验位之间的关系，形成一个 $n+k$ 位的代码。该校验码常被称为$(n+k, n)$码。

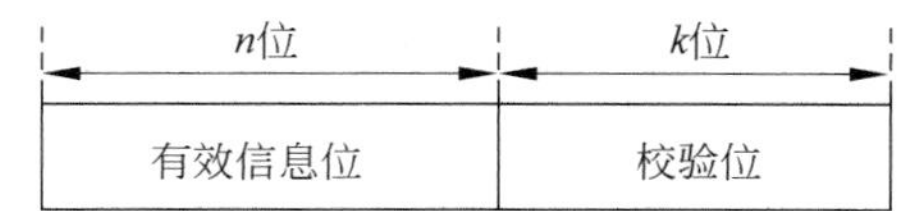

图 2.4 循环冗余校验码的格式

1）模 2 运算

CRC 码是基于模 2 运算建立编码规律的，因此首先介绍一下模 2 运算。模 2 运算是以按位模 2 相加的四则运算，运算时不考虑进位和借位。

（1）模 2 加减：就是按位作异或运算，模 2 加与模 2 减的结果一样。运算规则为：

$$0\pm0=0 \quad 0\pm1=1\pm0=1 \quad 1\pm1=0$$

【例 2.21】 按模 2 加减规则，求 1100＋1010、1010－0111、1010＋1010。

解： 1100＋1010＝0110　1010－0111＝1101　1010＋1010＝0000

（2）模 2 乘：与一般二进制乘法唯一不同的就是最后按模 2 加求部分积之和。

【例 2.22】 按模 2 乘规则，求 1010×101。

解： 1010×101＝100010

具体算式如图 2.5(a)所示。

（3）模 2 除：每一次都是按模 2 减求余数。若余数（初始为被除数）最高位为 1，则商“1”；若余数最高位为 0，则商“0”。当余数的位数小于除数位数时，除法结束。

【例 2.23】 按模 2 除规则，求 10010÷101。

解： 10010÷101＝101　余数为 11

具体算式如图 2.5(b)所示。

```
   1010
×   101
-------
   1010
  0000
 1010
-------
 100010
```

(a) 模2乘

```
        101
     ------
101 / 10010
      101
     ------
       011
       000
     ------
        110
        100
     ------
         11
```

(b) 模2除

图 2.5 模 2 乘除法

2）CRC 的编码方法

设待编码的 n 位有效信息位为 $C_nC_{n-1}\cdots C_2C_1$，循环冗余校验码的编码步骤如下。

（1）将 n 位有效信息位表示为多项式 $M(x)$ 的形式：

$$M(x)=C_nx^{n-1}+C_{n-1}x^{n-2}+\cdots+C_2x+C_1$$

例如，8 位有效信息位 11010011 可以表示为：$M(x)=x^7+x^6+x^4+x+1$。

(2) 选择一个 $k+1$ 位的生成多项式 $G(x)$,然后按模 2 除,用 $M(x)\cdot x^k$ 除以 $G(x)$,得到 k 位余数 $R(x)$和商 $Q(x)$。

$$\frac{M(x)\cdot x^k}{G(x)}=Q(x)+\frac{R(x)}{G(x)}$$

(3) 得到的 k 位余数就是所求的校验位,将它拼接在 n 位有效信息位的后面,即得到 $n+k$ 位的 CRC 码。

【例 2.24】 选择生成多项式 $G(x)=x^3+x+1$,即为 1011。将 4 位有效信息 1100 编码成 7 位 CRC 码。

解:$M(x)=x^3+x^2=1100$

$M(x)\cdot x^3=x^6+x^5=1100000$ (即 1100 左移 3 位)

模 2 除:$M(x)\cdot x^3/G(x)=1100000/1011=1110+010/1011$,即 $R(x)=010$

得到 7 位的 CRC 码为 1100010,这种 CRC 码称为(7,4)码。

3) CRC 的校验方法

CRC 码的校验方法很简单,将收到的 CRC 码用原来的生成多项式 $G(x)$去除。若得到的余数为 0,则接收到的代码没有错;若余数不为 0,则表示接收到的代码中的某一位出错了。因为不同的位出错,所对应的余数不同,所以根据余数就能判定是哪一位错了,将相应位变反就得到正确的代码。

对应于例 2.24 中的生成多项式 $G(x)=x^3+x+1$,表 2.14 列出了(7,4)码的出错模式。

表 2.14 (7,4)码的出错模式(生成多项式 $G(x)=1011$)

	D_7	D_6	D_5	D_4	D_3	D_2	D_1	余数	出错位
正确码	1	1	0	0	0	1	0	000	无
错误码	1	1	0	0	0	1	1	001	1
	1	1	0	0	0	0	0	010	2
	1	1	0	0	1	1	0	100	3
	1	1	0	1	0	1	0	011	4
	1	1	1	0	0	1	0	110	5
	1	0	0	0	0	1	0	111	6
	0	1	0	0	0	1	0	101	7

从表 2.14 中可以看出,如果得到的余数为 100,则表示第 3 位 D_3 错了;如果得到的余数为 111,则表示第 6 位 D_6 错了。

当有效信息位数 n 和生成多项式都不变时,更换不同的待测码字,余数与出错位的对应关系不变。如在例 2.24 中将 4 位有效信息码 1100 换成 1101,出错模式与表 2.14 一样。而对于同一个有效信息码,若采用不同的生成多项式,则出错模式是不一样的。

4) CRC 码的生成多项式

在循环冗余校验码中,生成多项式起着非常重要的作用。但并非任何一个 $k+1$ 位的多项式都能作为生成多项式用,它应满足下列要求:

(1) 任何一位出错都应使余数不为 0;

(2) 不同位出错应使余数不同;

(3) 对余数继续作模 2 除法,应使余数循环。

生成多项式的选择主要靠经验，这里不作进一步的论述。但已有 3 种多项式成为标准而被广泛运用，它们分别是：

$$CRC_{12} = x^{12} + x^{11} + x^3 + x^2 + x + 1$$

$$CRC_{16} = x^{16} + x^{15} + x^2 + 1$$

$$CRC_{CCITT} = x^{16} + x^{12} + x^5 + 1$$

习题 2

2.1　已知下列二进制数，试用二进制运算规则求 $A+B$、$A-B$、$C\times D$、C/D。

$A=10110100$，　$B=1011110$，　$C=1010101$，　$D=110$

2.2　将十进制数 2127 转换成二进制、八进制、十六进制数。

2.3　将下列各数转换成十进制数(小数取 4 位)。

$(101.1)_2$，$(101.1)_3$，$(101.1)_5$，$(101.1)_{16}$

2.4　数制转换：

$(78.8)_{16}=(?)_{10}$，$(0.375)_{10}=(?)_2$，$(65634.21)_8=(?)_{16}$，$(121.02)_{16}=(?)_4$

2.5　如何判断一个 7 位二进制正整数 $A=a_1a_2a_3a_4a_5a_6a_7$ 是否是 4 的倍数？

2.6　设机器字长为 8 位(含一位符号位)，已知十进制整数 X，分别求$[X]_{原}$、$[X]_{反}$、$[X]_{移}$、$[X]_{补}$。

(1) $X=+79$　(2) $X=-56$　(3) $X=-0$　(4) $X=-1$

2.7　已知$[X]_{补}$，求 X 的真值。

(1) $[X]_{补}=0.1110$　(2) $[X]_{补}=1.1110$　(3) $[X]_{补}=0.0001$　(4) $[X]_{补}=1.1111$

2.8　已知 X 的二进制真值，求$[X]_{补}$，$[-X]_{补}$，$[2X]_{补}$，$[X/2]_{补}$，$[-X/4]_{补}$。

(1) $X=+0101101$ (2) $X=-1001011$　(3) $X=-1111111$　(4) $X=-0001010$

2.9　已知 X 的真值，求 $[X]_{补}$，$[-X]_{补}$，$[X/2]_{补}$，$[-X/2]_{补}$。

(1) $X=+0.0101$　(2) $X=-0.1011$　(3) $X=+0.1011$ (4) $X=-0.1101$

2.10　完成下列代码之间转换：

(1) $(0001\ 1001\ 1001\ 0001.0111)_{BCD}=(?)_{10}$

(2) $(137.9)_{10}=(?)_{余3}$

(3) $(1011001110010111)_{余3}=(?)_{BCD}$

2.11　试写出下列二进制数的典型 Gray 码？

111000，10101010

2.12　将 $X=-19/64$ 表示成定点数(8 位)以及浮点规格化数(12 位)，形式如下。对于定点数分别用原码、补码和反码的形式表示；对于浮点数，阶码用移码，尾数用补码。

2.13 将十进制数20.59375转换成IEEE 754标准的32位单精度浮点数格式。

2.14 设计算机字长32位，采用原码定点表示，尾数31位，数符1位，问：

(1) 当表示定点整数时，最大正数是多少？最大负数是多少？

(2) 当表示定点小数时，最大正数是多少？最大负数是多少？

2.15 有一个字长为32位的浮点数，阶码10位，用移码表示；尾数22位，用补码表示，格式如下：

数符 M_f	阶符 E_f	阶码 E	尾数 M

写出规格化浮点数所能表示的数的范围。

2.16 若采用奇偶校验，下列数据的奇偶校验位分别是什么？

(1) 1010011　　(2) 1011011

2.17 设有一个7位有效信息位0110001，分别求其采用奇校验和偶校验的海明校验码。

2.18 下面是两个采用偶校验的海明校验码，判断它们是否有错？如果有错，请纠正。

(1) 10111010011　　(2) 10001010110

2.19 选择生成多项式 $G(x)=x^3+x+1$，将4位有效信息1101编码成7位CRC码。

2.20 某CRC码的生成多项式为 $G(x)=x^3+x+1$，请判断下列CRC码是否存在错误。

(1) 0000000　　(2) 1111101　　(3) 1001111　　(4) 1000110

第3章　布尔代数基础

布尔代数得名于英国数学家乔治·布尔(George Boole,1815—1864)。为了研究人的逻辑思维规律,他在1847年发表的《逻辑的数学分析》和1854年发表的《思维规律的研究》两部著作中,首先提出了这种代数的基本概念和性质。此后,大约经过100年之久,于1938年才由克劳德·香农(Claude E. Shannon)将布尔代数应用于电话继电器的开关电路中。至今,布尔代数已成为分析和设计开关电路的重要数学工具。

本章不是从数学的角度去研究布尔代数,而是从应用的角度介绍布尔代数的一些基本概念、基本定理、布尔函数的基本形式以及布尔函数的化简方法,以使读者掌握分析和设计数字逻辑网络所需的数学工具。

3.1　布尔代数的基本概念

计算机或其他数字系统无论多么复杂,它们都是由若干种最简单的、最基本的电路(如门电路、触发器等)所组成的。这些电路的工作具有下列基本特点:从电路内部看,或是管子导通,或是管子截止;从电路的输入输出看,或是电平的高低,或是脉冲的有无。由于这种电路工作在开关状态,故称为开关电路。开关电路的工作状态可以用二元布尔代数来描述,故二元布尔代数通常称为开关代数,或称为逻辑代数。因此,逻辑代数只是布尔代数的一种特例。在本书中,如无特别说明,布尔代数均指逻辑代数。

3.1.1　布尔变量及其基本运算

布尔代数和普通代数一样,用字母代表变量,布尔代数的变量称为布尔变量。和普通代数不同的是,布尔变量只有两种取值,即0或1。并且,常量0和1没有普通代数中的0和1的意义,它只表示两种可能,即命题的“假”和“真”,信号的“无”和“有”等。

布尔代数中的变量运算只有“或”“与”“非”3种基本运算,任何复杂的逻辑运算都可以通过这3种基本运算来实现。

1. “或”运算

“或”运算又称为逻辑加。两个变量“或”运算的逻辑关系可表示为

$$F=A+B$$

式中,“+”号是“或”运算符。上式读作“F 等于 A 或 B”,或者“F 等于 A 加 B”,其意思是变量 A 和 B 中只要有一者取值为1,则 F 就为1;若 A 和 B 全为0,则 F 为0。其逻辑关系可以用真值表来描述,如表3.1所示。

2. “与”运算

“与”运算又称为逻辑乘。两个变量的“与”运算的逻辑关系可表示为:

$$F=A\cdot B$$

式中“·”号表示“与”运算符。通常,“与”运算符可以省略。上式读作“F 等于 A 与 B”,或者“F 等于 A 乘 B”。其含义是只有当变量 A 与 B 都为 1 时;F 才为 1;否则,F 就为 0。其逻辑关系可以用真值表来描述,如表 3.2 所示。

表 3.1 “或”运算

A	B	F
0	0	0
0	1	1
1	0	1
1	1	1

表 3.2 “与”运算

A	B	F
0	0	0
0	1	0
1	0	0
1	1	1

3. “非”运算

“非”运算又称为逻辑取反。对一个变量的“非”运算的逻辑关系可表示为:

$$F=\overline{A}$$

式中“¯”号表示“非”运算符。上式读作“F 等于 A 的非”,其意思是若 A 为 1,则 F 为 0;反之,若 A 为 0,则 F 为 1。“非”运算的逻辑关系可以用表 3.3 所示的真值表来描述。

表 3.3 “非”运算

A	F
0	1
1	0

综合上述对布尔变量及其 3 个基本运算的定义,我们可以对布尔代数下个定义:

布尔代数是一个由布尔变量集 K,常量 0、1 以及“或”“与”“非” 3 种运算符所构成的代数系统,记为

$$B=(K,+,\cdot,-,0,1)$$

其中,布尔变量集 K 是指布尔代数中的所有可能变量的集合,它可用任何字母表示,但每一个变量的取值只可能为常量 0 或 1,而且布尔代数中的变量只有“或”“与”“非” 3 种运算。

3.1.2 布尔函数及其表示方法

布尔代数中的函数定义与普通代数中函数定义十分相似,可以叙述如下。

设($x_1,x_2,\cdots,x_n$)为布尔代数的一组布尔变量,其中每个变量取值为 0 或 1,则当把 n 序列($x_1,x_2,\cdots,x_n$)映射到 $B=\{0,1\}$时,这个映射就是一个布尔函数。

从另一个角度,把布尔函数与逻辑网络联系起来,布尔函数可以这样叙述:

设某一逻辑网络的输入变量为 $x_1,x_2,\cdots,x_n$,输出变量为 F,如图 3.1 所示。对应于变量 $x_1,x_2,\cdots,x_n$ 的每一组确定值,F 就有唯一确定的值,则称 F 是变量 $x_1,x_2,\cdots,x_n$ 的布尔函数。记为

$$F=f(x_1,x_2,\cdots,x_n)$$

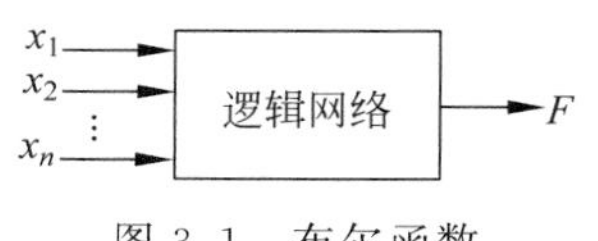

图 3.1　布尔函数

注意，布尔代数中函数的取值也只可能是 0 或 1，这与普通代数是不同的。

布尔函数的表示方法有 3 种形式：布尔表达式、真值表和卡诺图。这与普通代数中用公式、表格和图解这 3 种方法来表示函数十分类似。

1. 布尔表达式

布尔表达式是由布尔变量和“或”“与”“非” 3 种运算符所构成的式子，这是一种用公式表示布尔函数的方法。例如，要表示这样一个函数关系：当两个变量 A 和 B 取值相同时，函数取值为 0；否则，函数取值为 1。此函数称为异或函数，可以用下列布尔表达式来表示：

$$F=f(A,B)=\bar{A}B+A\bar{B}$$

显然，只要将 A 和 B 的 4 种可能取值代入这表达式，验证是正确的。

与异或函数相反，当两个变量 A 和 B 取值相同时，函数取值为 1；否则，函数取值为 0。此函数称为同或函数。通常，异或运算用符号$\oplus$表示；同或运算用$\odot$表示。因此，异或函数、同或函数可分别表示成：

$$F=\bar{A}B+A\bar{B}=A\oplus B;\ F=\bar{A}\bar{B}+AB=A\odot B$$

2. 真值表

真值表是由输入变量的所有可能取值组合及其对应的输出函数值所构成的表格，这是一种用表格表示布尔函数的方法。例如，对于前面的异或函数，可以用表 3.4 所示的真值表来表示。

表 3.4　异或函数的真值表

A	B	F
0	0	0
0	1	1
1	0	1
1	1	0

真值表中的变量为两个，共有 2^2 种取值组合，所以该表由 4 行组成。当变量为 n 个时，真值表就由 2^n 行组成。显然，随着变量数目的增加，真值表的行数将急剧增加。因此，一般当变量数目不超过 4 个时，用真值表表示函数比较方便。

3. 卡诺图

卡诺图是由表示逻辑变量的所有可能取值组合的小方格所构成的图形，如图 3.2 所示。图中分别表示了二变量及三变量的卡诺图。

利用卡诺图，可以很方便地表示一个函数。只要在那些使函数值为 1 的变量取值组合所对应的小方格上标记1,便得该函数的卡诺图。例如,对于异或函数,可以用图3.3所示的卡诺图来表示。

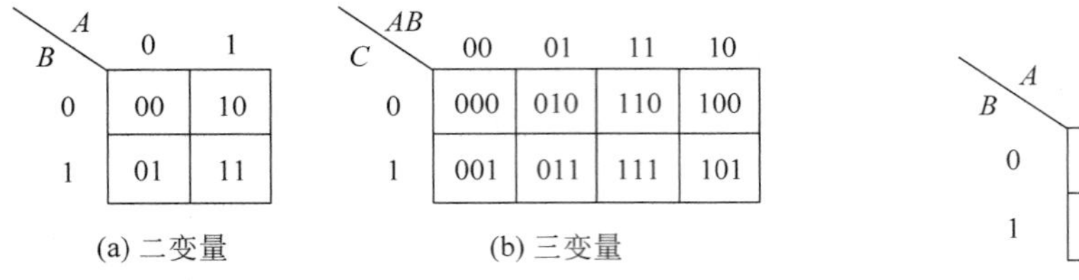

(a) 二变量　　(b) 三变量

图3.2　卡诺图　　图3.3　异或函数的卡诺图

卡诺图可以看成是真值表的重新排列,真值表的每一行用一个小方格来表示。当变量为两个时,真值表有4行,相应的卡诺图有4个方格;当变量为 n 个时,卡诺图有 2^n 个方格。卡诺图的这种方格排列方式比真值表更紧凑,而且便于进行函数的化简。

3.1.3　布尔函数的"相等"概念

布尔函数和普通代数一样,也有函数相等的问题。两个函数相等的定义如下。

设有两个布尔函数

$$F=f(x_1,x_2,\cdots,x_n)$$
$$G=g(x_1,x_2,\cdots,x_n)$$

其变量都为 $x_1,x_2,\cdots,x_n$。如果对应于变量 $x_1,x_2,\cdots,x_n$ 的任何一组变量取值,F 和 G 的值都相同,则称 F 和 G 是相等的,记为 $F=G$。

显然,若两个布尔函数相等,则它们的真值表一定相同;反之,若两个布尔函数的真值表完全相同,则此两个函数相等。因此,要证明两个布尔函数是否相等,只要分别列出它们的真值表,看其是否相同。

例如,已知下列两个函数

$$F=\overline{xy},\quad G=\bar{x}+\bar{y}$$

列出 F 和 G 的真值表,如表3.5所示。由表可知,它们的真值表完全相同,故 F 和 G 是相等的,即有

$$\overline{xy}=\bar{x}+\bar{y}$$

表3.5　$F=\overline{xy}$ 和 $G=\bar{x}+\bar{y}$ 的真值表

x	y	xy	$F=\overline{xy}$	$\bar{x}$	$\bar{y}$	$G=\bar{x}+\bar{y}$
0	0	0	1	1	1	1
0	1	0	1	1	0	1
1	0	0	1	1	1	1
1	1	1	0	0	0	0

3.2 布尔代数的公式、定理和规则

3.2.1 布尔代数的基本公式

根据布尔变量的取值只有 0 和 1，以及布尔变量仅有的 3 种运算的定义，不难推出下列基本公式。

(1) 交换律

$$A+B=B+A$$
$$A\cdot B=B\cdot A$$

(2) 结合律

$$(A+B)+C=A+(B+C)$$
$$(A\cdot B)\cdot C=A\cdot(B\cdot C)$$

(3) 分配律

$$A\cdot(B+C)=A\cdot B+A\cdot C$$
$$A+B\cdot C=(A+B)(A+C)$$

(4) 0-1 律

$$\begin{cases}A+0=A\\A+1=1\end{cases}$$
$$\begin{cases}A\cdot 0=0\\A\cdot 1=A\end{cases}$$

(5) 互补律

$$A+\overline{A}=1$$
$$A\cdot\overline{A}=0$$

(6) 等幂律

$$A+A=A$$
$$A\cdot A=A$$

(7) 吸收律

$$\begin{cases}A+AB=A\\A+\overline{A}B=A+B\end{cases}$$
$$\begin{cases}A(A+B)=A\\A(\overline{A}+B)=AB\end{cases}$$

(8) 对合律(双重否定律)

$$\overline{\overline{A}}=A$$

以上是布尔代数的基本公式。其中交换律、结合律、分配律、0-1 律、互补律和对合律可以作为布尔代数的公理。公理是代数系统的基本出发点，是客观存在的抽象，它无须证明，

但它可以用客观存在来验证。以此为基础,可以推得布尔代数的等幂律与吸收律。例如,等幂律的证明如下:

$$
\begin{aligned}
A + A &= (A + A) \cdot 1 && (\text{0-1 律}) \\
&= (A + A)(A + \overline{A}) && (\text{互补律}) \\
&= A + A \cdot \overline{A} && (\text{分配律}) \\
&= A + 0 && (\text{互补律}) \\
&= A && (\text{0-1 律})
\end{aligned}
$$

又如,吸收律的证明如下:

$$
\begin{aligned}
A + \overline{A}B &= (A + \overline{A})(A + B) && (\text{分配律}) \\
&= 1 \cdot (A + B) && (\text{互补律}) \\
&= A + B && (\text{0-1 律})
\end{aligned}
$$

必须指出,上述基本公式中,有些公式与普通代数中的相同,如交换律、结合律,但有些公式却是布尔代数中所特有的,如分配律。

3.2.2 布尔代数的主要定理

定理 3.1 德·摩根(De Morgan)定理。

(1) $\overline{x_1 + x_2 + \cdots + x_n} = \bar{x}_1 \cdot \bar{x}_2 \cdot \cdots \cdot \bar{x}_n$

(2) $\overline{x_1 \cdot x_2 \cdot \cdots \cdot x_n} = \bar{x}_1 + \bar{x}_2 + \cdots + \bar{x}_n$

这就是说,n 个变量的“或”的“非”等于各变量的“非”的“与”,n 个变量的“与”的“非”等于各变量的“非”的“或”。

当变量数目较少时,该定理可很容易用真值表证明。当变量为 n 个时,则可以用数学归纳法证明。

德·摩根定理是布尔代数中一个很重要且经常使用的定理,它提供了一种变换布尔表达式的简便方法。由于它具有反演特性,即把变量的与运算改成或运算,或运算改成与运算,所以又称为反演律。

定理 3.2 香农(Shannon)定理。

$$\overline{f(x_1, x_2, \cdots, x_n, 0, 1, +, \cdot)} = f(\bar{x}_1, \bar{x}_2, \cdots, \bar{x}_n, 1, 0, \cdot, +)$$

这就是说,任何函数的反函数(或称补函数),可以通过对该函数的所有变量取反,并将常量 1 换为 0,0 换为 1,运算符“+”换为“·”,“·”换为“+”而得到。

证明 根据德·摩根定理,任何函数的反函数可写成

$$
\begin{aligned}
&\overline{f(x_1, x_2, \cdots, x_n, 0, 1, +, \cdot)} \\
&= \overline{f_1(x_1, x_2, \cdots, x_n, 0, 1, +, \cdot) + f_2(x_1, x_2, \cdots, x_n, 0, 1, +, \cdot)} \\
&= \overline{f_1(x_1, x_2, \cdots, x_n, 0, 1, +, \cdot)} \cdot \overline{f_2(x_1, x_2, \cdots, x_n, 0, 1, +, \cdot)}
\end{aligned}
$$

或写成

$$
\begin{aligned}
&\overline{f(x_1, x_2, \cdots, x_n, 0, 1, +, \cdot)} \\
&= \overline{f_1(x_1, x_2, \cdots, x_n, 0, 1, +, \cdot) \cdot f_2(x_1, x_2, \cdots, x_n, 0, 1, +, \cdot)} \\
&= \overline{f_1(x_1, x_2, \cdots, x_n, 0, 1, +, \cdot)} + \overline{f_2(x_1, x_2, \cdots, x_n, 0, 1, +, \cdot)}
\end{aligned}
$$

其中，f_1 和 f_2 是 f 的两个部分函数。对 f_1 和 f_2 重复上述过程，直到使 f 中的每个变量都用德·摩根定理。由于每对 f(或 f 的部分函数)应用一次德·摩根定理，就将部分函数(或子部分函数)取反，并将"与""或"运算变换一次，以求得函数 f(或部分函数)的反函数 $\bar{f}$，因此，当对 f 的每个变量进行德·摩根变换后，其结果必然是 $f(\bar{x}_1,\bar{x}_2,\cdots,\bar{x}_n,1,0,\cdot,+)$，证毕。

香农定理实际上是德·摩根定理的推广，它可以用在任何复杂函数。

【例 3.1】 已知函数 $F=\bar{A}B+A\bar{B}(C+\bar{D})$，求其反函数 $\bar{F}$。

$$\bar{F}=\overline{\bar{A}B+A\bar{B}(C+\bar{D})}=\overline{\bar{A}B}\cdot\overline{A\bar{B}(C+\bar{D})}$$
$$=(A+\bar{B})\cdot(\overline{A\bar{B}}+\overline{C+\bar{D}})=(A+\bar{B})((\bar{A}+B)+\bar{C}D)$$

利用香农定理，可以直接写出

$$\bar{F}=(A+\bar{B})\cdot(\bar{A}+B+\bar{C}D)$$

定理 3.3　展开定理。

(1)　$f(x_1,x_2,\cdots,x_i,\cdots,x_n)$

$=x_i f(x_1,x_2,\cdots,1,\cdots,x_n)+\bar{x}_i f(x_1,x_2,\cdots,0,\cdots,x_n)$

(2)　$f(x_1,x_2,\cdots,x_i,\cdots,x_n)$

$=(x_i+f(x_1,x_2,\cdots,0,\cdots,x_n))\cdot(\bar{x}_i+f(x_1,x_2,\cdots,1,\cdots,x_n))$

这就是说，任何布尔函数都可以对它的某一变量 x_i 展开，或展开成(1)所示的"与-或"形式，或展开为(2)所示的"或-与"形式。

证明　将 $x_i=1,\bar{x}_i=0$ 代入上式，再将 $x_i=0,\bar{x}_i=1$ 代入上式，则两种情况下等式均成立。证毕。

由展开定理可得下列两个推理。

推理 3.1

(a) $x_i f(x_1,\cdots,x_i,\cdots,x_n)=x_i f(x_1,\cdots,1,\cdots,x_n)$

(b) $x_i+f(x_1,\cdots,x_i,\cdots,x_n)=x_i+f(x_1,\cdots,0,\cdots,x_n)$

推理 3.2

(a) $\overline{x_i}f(x_1,\cdots,x_i,\cdots,x_n)=\overline{x_i}f(x_1,\cdots,0,\cdots,x_n)$

(b) $\overline{x_i}+f(x_1,\cdots,x_i,\cdots,x_n)=\overline{x_i}+f(x_1,\cdots,1,\cdots,x_n)$

下面举例说明展开定理的应用。

【例 3.2】 证明公式 $AB+\bar{A}C+BC=AB+\bar{A}C$(包含律)。

用展开定理，等号左边可展开成

$$左边=A(1\cdot B+0\cdot C+BC)+\bar{A}(0\cdot B+1\cdot C+BC)$$
$$=A(B+BC)+\bar{A}(C+BC)=AB+\bar{A}C=右边$$　证毕

【例 3.3】 将函数 $F=\bar{A}\bar{B}+AC$ 表示成"或-与"形式。

由展开定理，可得

$$F=[A+(1\cdot\bar{B}+0\cdot C)]\cdot[\bar{A}+(0\cdot\bar{B}+1\cdot C)]=(A+\bar{B})(\bar{A}+C)$$

3.2.3　布尔代数的重要规则

布尔代数有 3 个重要规则，即代入规则、反演规则和对偶规则，现分别叙述如下。

1. 代入规则

任何一个含有变量 x 的等式,如果将所有出现 x 的位置,都代之以一个布尔函数 F,则等式仍然成立。这个规则称为代入规则。

由于任何一个布尔函数也和任何一个变量一样,只有 0 或 1 两种取值,显然,以上规则是成立的。

【例 3.4】 已知等式 $\overline{A+B}=\bar{A}\cdot\bar{B}$,函数 $F=B+C$,若用 F 代入此等式中的 B,则有

$$\overline{A+(B+C)}=\bar{A}\cdot\overline{B+C}$$

$$\overline{A+B+C}=\bar{A}\cdot\bar{B}\cdot\bar{C}$$

据此可以证明 n 变量的德・摩根定理的成立。

2. 对偶规则

任何一个布尔函数表达式 F,如果将表达式中的所有的“+”改成“・”,“・”改成“+”,“1”改成“0”,“0”改成“1”,而变量保持不变,则可得到一个新的函数表达式 F_d,我们称 F_d 为 F 的对偶函数,这一规则称为对偶规则。例如,下列为几个原函数及其对偶函数:

$$F=\bar{A}B+A\bar{B}\bar{C} \qquad F_d=(\bar{A}+B)(A+\bar{B}+\bar{C})$$

$$F=A(\bar{B}+CD)+E \qquad F_d=[A+\bar{B}(C+D)]\cdot E$$

$$F=(A+0)\cdot(B+C\cdot 1) \qquad F_d=A\cdot 1+B\cdot(C+0)$$

$$F=A+\overline{B+\bar{C}+\overline{D+\bar{E}}} \qquad F_d=A\cdot\overline{B\cdot\bar{C}\cdot\overline{D\cdot\bar{E}}}$$

需要注意的是,在运用对偶规则求对偶函数时,必须按照先“与”后“或”的顺序,否则容易写错,如 $F=\bar{A}B+A\bar{B}\bar{C}$,若求出对偶函数 $F_d=\bar{A}+B\cdot A+\bar{B}+\bar{C}$,是错误的。因此,要特别注意原来函数中的“与”项,当这些“与”项变为“或”项时,应加括号。

从上面这些例子可以看出,如果 F 的对偶函数为 F_d,则 F_d 的对偶函数就是 F。也就是说,F 和 F_d 互为对偶函数,即 $(F_d)_d= F$。

由布尔代数的基本公式可以看出,它们都是成对出现的互为对偶的等式。由此证明一个规则:如果两个函数的表达式相等,则它们的对偶函数也相等,即如果函数 $F=G$,则其对偶函数 $F_d=G_d$。

3. 反演规则

任何一个布尔函数表达式 F,如果将表达式中的所有的“+”改成“・”,“・”改成“+”,“1”改成“0”,“0”改成“1”,原变量改成反变量,反变量改成原变量,则可得函数 F 的反函数(或称补函数)$\bar{F}$,这个规则称为反演规则。

实际上,反演规则就是香农定理。运用反演规则可以很方便地求一个函数的补函数。例如,下列为几个原函数及其补函数:

$$F=\bar{A}B+A\bar{B}\bar{C} \qquad \bar{F}=(A+\bar{B})(\bar{A}+B+C)$$

$$F=A(\bar{B}+CD)+E \qquad \bar{F}=[\bar{A}+B(\bar{C}+\bar{D})]\cdot\bar{E}$$

$$F=(A+0)\cdot(B+C\cdot 1) \qquad \bar{F}=\bar{A}\cdot 1+\bar{B}\cdot(\bar{C}+0)$$

$$F=A+\overline{B+\bar{C}+\overline{D+\bar{E}}} \qquad \bar{F}=\bar{A}\cdot\overline{\bar{B}\cdot C\cdot\overline{\bar{D}\cdot E}}$$

与求对偶函数一样，求补函数需要注意的是，在运用反演规则时，必须按照先“与”后“或”的顺序进行变换。因此，特别要注意原来函数中的“与”项，当这些“与”项变换为“或”项时，应加括号。

把上述补函数的例子与前面对偶函数的例子对照一下，可以看出，补函数和对偶函数之间在形式上只差变量的“非”。因此，若已求得一函数的对偶函数，只要将所有变量取反便得该函数的补函数；反之亦然。

3.3 布尔函数的基本形式

一个布尔函数的表达式可以有多种表示形式，本节讨论几种基本形式，它们是进行布尔函数化简的基础。

3.3.1 函数的“积之和”与“和之积”形式

根据展开定理，任何一个 n 变量函数总可以展开成“与-或”形式，或者“或-与”形式。其中“与-或”形式又称为“积之和”形式，而“或-与”形式又称为“和之积”形式。

所谓“积之和”，是指一个函数表达式中包含若干个“积”项，其中每个“积”项可有一个或多个以原变量或反变量形式出现的字母，这些“积”项的“和”就表示了一个函数。例如，一个三变量函数为

$$F(A,B,C)=\overline{A}+B\overline{C}+A\overline{B}C$$

其中，$\overline{A}$、$B\overline{C}$、$A\overline{B}C$ 均为“积”项。这些积项的和，就表示了函数的“积之和”形式。

所谓“和之积”，是指一个函数表达式中包含若干个“和”项，其中每个“和”项可有一个或多个以原变量或反变量形式出现的字母，这些“和”项的“积”就表示一个函数。例如，一个四变量函数为

$$F(A,B,C,D)=(A+B)(C+\overline{D})(\overline{A}+B+C)$$

其中，$(A+B)$、$(C+\overline{D})$、$(\overline{A}+B+C)$ 均为“和”项，这些“和”项的“积”就构成了函数的“和之积”形式。

当然，布尔函数还可表示成其他形式。例如，上述四变量函数还可表示成

$$F(A,B,C,D)=(AC+B)(CD+\overline{D})=(AC+B)CD+(AC+B)\overline{D}$$

这种表示形式既不是“积之和”形式，又不是“和之积”形式，但它可以转换成后两种形式。

一个函数可以有多种表示形式，那么能不能找到统一的表示形式呢？有两种统一的标准形式。

3.3.2 函数的“标准积之和”与“标准和之积”形式

1. 标准积之和

所谓标准积，是指函数的积项包含了函数的全部变量，其中每个变量都以原变量或反变

量的形式出现，且仅出现一次。标准积项通常称为最小项。

一个函数可以用最小项之和的形式来表示，称为函数的“标准积之和”形式。例如，一个三变量函数为

$$F(A,B,C)=\overline{A}B\overline{C}+\overline{A}BC+A\overline{B}\overline{C}+ABC$$

它由4个最小项组成，这是函数的“标准积之和”形式。

由最小项的定义可知，3个变量最多可组成8个最小项：$\overline{A}\overline{B}\overline{C}$、$\overline{A}\overline{B}C$、$\overline{A}B\overline{C}$、$\overline{A}BC$、$A\overline{B}\overline{C}$、$A\overline{B}C$、$AB\overline{C}$、$ABC$。为了叙述和书写方便，通常用 m_i 表示最小项，其下标 i 是这样确定的：把最小项中原变量记为1，反变量记为0，当变量顺序确定后，可以按顺序排列成一个二进制数。那么，与这个二进制数相对应的十进制数就是最小项的下标 i。表3.6列出了3个变量的全部最小项和最大项。

表 3.6　三变量的所有最小项和最大项

A　B　C	最　小　项	最　大　项
0　0　0	$m_0=\overline{A}\overline{B}\overline{C}$	$M_0=A+B+C$
0　0　1	$m_1=\overline{A}\overline{B}C$	$M_1=A+B+\overline{C}$
0　1　0	$m_2=\overline{A}B\overline{C}$	$M_2=A+\overline{B}+C$
0　1　1	$m_3=\overline{A}BC$	$M_3=A+\overline{B}+\overline{C}$
1　0　0	$m_4=A\overline{B}\overline{C}$	$M_4=\overline{A}+B+C$
1　0　1	$m_5=A\overline{B}C$	$M_5=\overline{A}+B+\overline{C}$
1　1　0	$m_6=AB\overline{C}$	$M_6=\overline{A}+\overline{B}+C$
1　1　1	$m_7=ABC$	$M_7=\overline{A}+\overline{B}+\overline{C}$

因此，上述函数 $F(A,B,C)$ 可以写成

$$F(A,B,C)=\overline{A}B\overline{C}+\overline{A}BC+A\overline{B}\overline{C}+ABC=m_2+m_3+m_4+m_7=\sum m(2,3,4,7)$$

其中，符号“$\sum$”表示各最小项求“或”，括号内的十进制数字表示各最小项的下标。

最小项有下列3个主要性质。

(1) 对于任意一个最小项，只有一组变量取值使其值为1。

(2) 任意两个不同的最小项之积必为0，即

$$m_i \cdot m_j=0 \qquad (i\neq j)$$

(3) n 变量的所有 2^n 个最小项之和必为1，即

$$\sum_{i=0}^{2^n-1} m_i=1$$

用展开定理可以证明，任一个 n 变量的函数都有一个且仅有一个最小项表达式，即“标准积之和”形式。下面介绍求函数的“标准积之和”的两种常用的方法。

方法一：代数演算法，即通过反复使用公式 $x+\overline{x}=1$ 和 $x(y+z)=xy+xz$ 而求得“标准积之和”的方法。例如，设 $F(A,B,C)=\overline{A}B+A\overline{B}\overline{C}+BC$，则得

$$\begin{aligned}F(A,B,C)&=\overline{A}B(C+\overline{C})+A\overline{B}\overline{C}+BC(A+\overline{A})\\&=\overline{A}BC+\overline{A}B\overline{C}+A\overline{B}\overline{C}+ABC+\overline{A}BC\end{aligned}$$

$$=\overline{A}B\overline{C}+\overline{A}BC+A\overline{B}\overline{C}+ABC=m_2+m_3+m_4+m_7$$
$$=\sum m(2,3,4,7)$$

方法二：列表法，即列出函数的真值表，使函数取值为 1 的那些最小项，就构成了函数的“标准积之和”形式。例如，函数 $F(A,B,C)=\overline{A}B+A\overline{B}\overline{C}+BC$ 的真值表列于表 3.7。根据真值表可以很方便地写出函数的表达式为

$$F(A,B,C)=m_2+m_3+m_4+m_7=\sum m(2,3,4,7)$$

式中，m_2、m_3、m_4 和 m_7 是相应于真值表中使函数取值为 1 的那些最小项。

表 3.7　函数的真值表与最小项

A　B　C	F(A,B,C)	最　小　项
0　0　0	0	
0　0　1	0	
0　1　0	1	$m_2=\overline{A}B\overline{C}$
0　1　1	1	$m_3=\overline{A}BC$
1　0　0	1	$m_4=A\overline{B}\overline{C}$
1　0　1	0	
1　1　0	0	
1　1　1	1	$m_7=ABC$

2. 标准和之积

所谓标准和，是指函数的和项包含了全部变量，其中每个变量都以原变量或反变量形式出现，且仅出现一次。标准和项通常又称为最大项。

一个函数可以用最大项之积的形式表示，我们把这种形式称为函数的“标准和之积”形式。例如，一个三变量函数为

$$F(A,B,C)=(A+B+C)(A+B+\overline{C})(\overline{A}+B+\overline{C})(\overline{A}+\overline{B}+C)$$

它由 4 个最大项组成，这就是函数的“标准和之积”形式。

同样，3 个变量最多可组成 8 个最大项，如表 3.6 所示。通常，最大项用 M_i 来表示，其下标 i 是这样确定的：当最大项的各变量按一定次序排好后，把其中的原变量记为 0，反变量记为 1，便得到一个二进制数，与该二进制数相应的十进制数就是最大项的下标 i。

这样，上述函数 $F(A,B,C)$ 可以写成

$$F(A,B,C)=(A+B+C)(A+B+\overline{C})(\overline{A}+B+\overline{C})(\overline{A}+\overline{B}+C)$$
$$=M_0M_1M_5M_6=\prod M(0,1,5,6)$$

其中，符号“Π”表示各最大项相“与”，括号内的十进制数表示各最大项的下标。

最大项具有下列 3 个主要性质：

(1) 对于任意一个最大项，只有一组变量取值可使其值为 0。

(2) 任意两个不同的最大项之和必为 1，即

$$M_i+M_j=1\quad(i\neq j)$$

(3) n 变量的所有 2^n 个最大项之积必为 0，即

$$\prod_{i=0}^{2^n-1} M_i = 0$$

同样地用展开定理可以证明,任何 n 变量的函数都有一个且仅有一个最大项表达式,即"标准和之积"形式。求函数的"标准和之积"的方法也有两种方法:

方法一:代数演算法,即通过反复地使用公式 $x \cdot \bar{x}=1$ 和 $x+yz=(x+y)(x+z)$ 而求得"标准和之积"的方法。例如

$$F=\bar{A}B+A\bar{B}\bar{C}+BC=(\bar{A}B+A)(\bar{A}B+\bar{B})(\bar{A}B+\bar{C})+BC$$
$$=(\bar{A}+A)(B+A)(\bar{A}+\bar{B})(B+\bar{B})(\bar{A}+\bar{C})(B+\bar{C})+BC$$
$$=(A+B)(\bar{A}+\bar{B})(\bar{A}+\bar{C})(B+\bar{C})+BC$$
$$=((A+B)(\bar{A}+\bar{B})(\bar{A}+\bar{C})(B+\bar{C})+B)((A+B)(\bar{A}+\bar{B})(\bar{A}+\bar{C})(B+\bar{C})+C)$$
$$=((A+B+B)(\bar{A}+\bar{B}+B)(\bar{A}+\bar{C}+B)(B+\bar{C}+B))\cdot$$
$$((A+B+C)(\bar{A}+\bar{B}+C)(\bar{A}+\bar{C}+C)(B+\bar{C}+C))$$
$$=(A+B)(\bar{A}+B+\bar{C})(B+\bar{C})(A+B+C)(\bar{A}+\bar{B}+C)$$

由于表达式中第一项缺少变量 C,所以要加上 $C\cdot\bar{C}$;第三项缺少变量 A,所以要加 $A\cdot\bar{A}$,即

$$F=(A+B+C\cdot\bar{C})(\bar{A}+B+\bar{C})(A\cdot\bar{A}+B+\bar{C})(A+B+C)(\bar{A}+\bar{B}+C)$$
$$=(A+B+C)(A+B+\bar{C})(\bar{A}+B+\bar{C})(\bar{A}+\bar{B}+C)$$
$$=M_0M_1M_5M_6=\prod M(0,1,5,6)$$

可见,用这种方法是比较麻烦的。

方法二:列表法,即列出函数的真值表,那些使函数取值为0的最大项,就构成了函数的"标准和之积"形式。例如,上述函数的真值表列于表3.8,根据真值表可以很方便地写出表达式为

$$F(A,B,C)=M_0M_1M_5M_6=\prod M(0,1,5,6)$$

表3.8 函数的真值表与最大项

A B C	F(A,B,C)	最 大 项
0 0 0	0	$M_0=A+B+C$
0 0 1	0	$M_1=A+B+\bar{C}$
0 1 0	1	
0 1 1	1	
1 0 0	1	
1 0 1	0	$M_5=\bar{A}+B+\bar{C}$
1 1 0	0	$M_6=\bar{A}+\bar{B}+C$
1 1 1	1	

比较表3.7和表3.8,可以得出两点结论:

(1) 同一个函数既可以表示成"标准积之和"的形式,又可表示成"标准和之积"的形式。

对于本例，有

$$F(A,B,C)=\bar{A}B+A\bar{B}\bar{C}+BC=\sum m(2,3,4,7)=\prod M(0,1,5,6)$$

(2) 同一函数的最大项与最小项是互斥的，即如果真值表中的某一行作为函数的最小项，那么它就不可能是同一函数的最大项；反之亦然。一般有 $m_i=\bar{M}_i$ 或者 $M_i=\bar{m}_i$。换句话说，一个布尔函数的最小项的集合与它的最大项的集合，互为补集。因此，若已知一布尔函数的“标准积之和”形式，就可以很容易写出该函数的“标准和之积”形式。例如，已知函数的“标准积之和”形式为

$$F(A,B,C)=\sum m(1,3,4,6,7)$$

则该函数的“标准和之积”形式为

$$F(A,B,C)=\prod M(0,2,5)$$

3.4　不完全确定的布尔函数

前面所讨论的布尔函数都是属于完全确定的布尔函数。也就是说，它们的每一组输入变量的取值，都能得到一个完全确定的函数值(0 或 1)。如果布尔函数有 n 个变量，函数就有 2^n 个最小项(或最大项)，其中每一项都有确定的值。

在实际应用中，有时只要求某些最小项(或最大项)有确定的值，而对其余最小项(或最大项)的取值不感兴趣，它们既可为 0，也可为 1，即随意取值。通常，把这种可以随意取值的最小项(或最大项)称为随意项，或无关项，记为 d。这种具有随意项的布尔函数称为不完全确定的布尔函数。

在数字系统的设计中，这种不完全确定的布尔函数是经常遇到的。例如，如果逻辑电路的输入是二进制编码的十进制数，4 位二进制输入共有 16 种不同的状态，其中只有 10 种是允许的，有确定的输出；而其余 6 种是不允许的，因此它们的输出结果是人们不关心的，换句话说，结果可以是任意的。在设计中，可以充分利用这些任意项，使设计得到简化。

【例 3.5】 设计一个奇偶判别电路，其输入为一位十进制的 BCD 码。当输入为偶数时，电路输出为 0；当输入为奇数时，电路输出为 1，如图 3.4 所示。

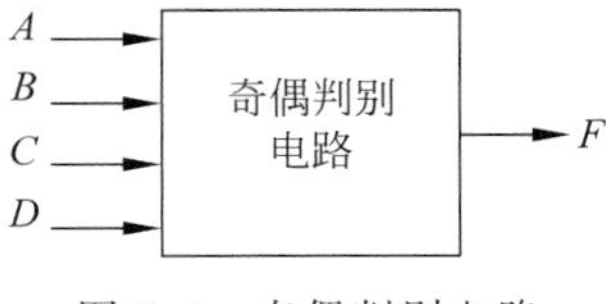

图 3.4　奇偶判别电路

根据设计要求可以列出描述该电路的布尔函数真值表，如表 3.9 所示。其中，第 10～15 行是不确定的，所以这是一个不完全确定的布尔函数，函数的表达式为：

$$F(A,B,C,D)=\sum m(1,3,5,7,9)+\sum d(10,11,12,13,14,15)$$

式中，d 表示随意项，可取 0，也可取 1。

表 3.9 BCD 码奇偶判别电路真值表

十进制数 r	BCD				$F(A,B,C,D)$
	A	B	C	D	
0	0	0	0	0	0
1	0	0	0	1	1
2	0	0	1	0	0
3	0	0	1	1	1
4	0	1	0	0	0
5	0	1	0	1	1
6	0	1	1	0	0
7	0	1	1	1	1
8	1	0	0	0	0
9	1	0	0	1	1
10	1	0	1	0	d
11	1	0	1	1	d
12	1	1	0	0	d
13	1	1	0	1	d
14	1	1	1	0	d
15	1	1	1	1	d

为了使设计的电路简单,可以将函数化简。下面分两种情况来考虑。

(1) 如果不考虑随意项(即取 $d=0$),则有

$$
\begin{aligned}
F(A,B,C,D) &= \sum m(1,3,5,7,9) \\
&= \bar{A}\bar{B}\bar{C}D + \bar{A}\bar{B}CD + \bar{A}B\bar{C}D + \bar{A}BCD + A\bar{B}\bar{C}D \\
&= \bar{A}\bar{B}D(C+\bar{C}) + \bar{A}BD(C+\bar{C}) + \bar{B}\bar{C}D(\bar{A}+A) \\
&= \bar{A}\bar{B}D + \bar{A}BD + \bar{B}\bar{C}D \\
&= \bar{A}D + \bar{B}\bar{C}D
\end{aligned} \tag{3.1}
$$

(2) 如果考虑随意项,且取随意项 11、13、15 的值为 1,其余随意项取值为 0,则有

$$
\begin{aligned}
F(A,B,C,D) &= \sum m(1,3,5,7,9) + \sum_{d=1} d(11,\ 13,\ 15) \\
&= \sum m(1,3,5,7,9,11,13,15) = D
\end{aligned} \tag{3.2}
$$

式(3.1)比式(3.2)要简单得多。由此可见,对随意项合理赋值,可以使函数大为简化。因而其相应的逻辑电路也简单了。

3.5 布尔函数的化简

由 3.3 节讨论知道,同一个布尔函数可以有多种表示形式。一种形式的函数表达式相应于一种逻辑电路,尽管它们的形式不同,但其逻辑功能是相同的。函数表达式有简有繁,相应的逻辑电路也有简有繁,人们希望用尽可能少的逻辑门来完成同样的逻辑功能,这就要求函数表达式是最简单的。因此,如何使函数的表达式最简单,即函数的化简,成为逻辑设

计的一个关键问题。因为函数越简单，所设计的电路就不仅简单、经济，而且出现故障的可能性也越小，可靠性就越好。

在函数的各种不同形式的表达式中，“与或”表达式是最基本的，其他形式的表达式都可由它变换而得。例如

$$F(A,B,C)=\bar{A}\bar{B}+AC \qquad (\text{“与或”形式})$$

$$=(\bar{A}+C)(A+\bar{B}) \qquad (\text{“或与”形式})$$

$$=\overline{\bar{A}\bar{B}\cdot\overline{AC}} \qquad (\text{“与非”形式})$$

$$=\overline{\overline{\bar{A}+C}+\overline{A+\bar{B}}} \qquad (\text{“或非”形式})$$

$$=\overline{A\bar{C}+\bar{A}B} \qquad \text{“与或非”形式}$$

因此，将从“与或”表达式出发来讨论函数的化简方法。

什么是函数的最简“与或”式呢？一个最简“与或”式应同时满足以下两个条件。

(1) 该式中的“与”项最少。

(2) 该式中的每个“与”项的变量也最少。

这样，用逻辑门来实现布尔函数时，所需的“与”门数目最少，而且每个“与”门的输入端数目也最少。

本节讨论布尔函数的几种常用的化简方法，以及用不同门电路来实现布尔函数的方法。这些方法是组合逻辑网络设计的基础，应熟练掌握。

3.5.1　代数化简法

所谓代数化简法，就是运用布尔代数的基本公式、定理和规则来化简布尔函数的一种方法。这种方法没有固定的步骤可以遵循，主要是凭对布尔代数的公式、定理和规则的熟练运用程度。尽管如此，我们还是可以总结出一些适用于大多数情况的方法。这些方法的基本思想是对布尔函数进行等式变换，使表达式的“与”项减少，或使“与”项中的变量减少，以达到化简函数的目的。下面介绍化简“与或”表达式的几种常用的方法。

1. 并项法

利用公式 $AB+A\bar{B}=A$，将两项合并为一项，并消去一个变量。例如

$$A\bar{B}C+A\bar{B}\bar{C}=A\bar{B}$$

$$AB\bar{C}+A\overline{B\bar{C}}=A$$

2. 吸收法

利用吸收律 $A+AB=A$，消去多余的项。例如

$$\bar{B}+A\bar{B}D=\bar{B}$$

$$A\bar{B}+A\bar{B}CD(E+F)=A\bar{B}$$

还可以利用吸收律 $A+\bar{A}B=A+B$，消去多余的变量。例如

$$\bar{A}+AB+DE=\bar{A}+B+DE$$

$$AB+\bar{A}C+\bar{B}C=AB+(\bar{A}+\bar{B})C=AB+\overline{AB}C=AB+C$$

3. 配项法

利用 $A\cdot 1=A$ 和 $A+\bar{A}=1$,为某一项配上其所缺的一个变量,以便用其他方法进行化简。例如

$$AB+\bar{A}C+BC=AB+\bar{A}C+(A+\bar{A})BC=AB+\bar{A}C+ABC+\bar{A}BC$$

$$=(AB+ABC)+(\bar{A}C+\bar{A}BC)=AB+\bar{A}C \qquad \text{(吸收法)}$$

还可以利用公式 $A+A=A$,为某项配上其所能合并的项。例如

$$ABC+AB\bar{C}+A\bar{B}C+\bar{A}BC$$

$$=(ABC+AB\bar{C})+(ABC+A\bar{B}C)+(ABC+\bar{A}BC)$$

$$=AB+AC+BC$$

4. 消去冗余项法

等式 $AB+\bar{A}C+BC=AB+AC$ 可以作为一个基本公式使用,它称为包含律,其中 BC 称为冗余项。利用这个公式,去寻找一个表达式的冗余项,然后消去冗余项。例如

$$A\bar{B}+AC+ADE+\bar{C}D=A\bar{B}+(AC+\bar{C}D+ADE)=A\bar{B}+AC+\bar{C}D$$

$$AB+\bar{B}C+AC(D+E)=AB+\bar{B}C$$

以上介绍了几种常用的方法。在实际应用中可能遇到比较复杂的函数,只要熟练掌握布尔代数的公式和定理,灵活运用上述方法,总能找到化简的办法。下面是几个综合运用上述方法化简布尔函数的实例。

【例3.6】 化简 $F=AD+A\bar{D}+AB+\bar{A}C+BD+ACEF+\bar{B}EF+DEFG$

$$F=AD+A\bar{D}+AB+\bar{A}C+BD+ACEF+\bar{B}EF+DEFG$$

$$=A+AB+\bar{A}C+BD+ACEF+\bar{B}EF+DEFG \qquad \text{(并项法)}$$

$$=A+\bar{A}C+BD+\bar{B}EF+DEFG \qquad \text{(吸收法)}$$

$$=A+C+BD+\bar{B}EF+DEFG \qquad \text{(吸收法)}$$

$$=A+C+BD+\bar{B}EF \qquad \text{(消去冗余项)}$$

【例3.7】 化简 $F=A\bar{B}+B\bar{C}+\bar{B}C+\bar{A}B$

$$F=A\bar{B}+B\bar{C}+\bar{B}C+\bar{A}B$$

$$=A\bar{B}+B\bar{C}+(A+\bar{A})\bar{B}C+\bar{A}B(C+\bar{C}) \qquad \text{(配项法)}$$

$$=(A\bar{B}+A\bar{B}C)+(B\bar{C}+\bar{A}B\bar{C})+(\bar{A}\bar{B}C+\bar{A}BC)$$

$$=A\bar{B}+B\bar{C}+\bar{A}C \qquad \text{(吸收法)}$$

【例3.8】 化简或与表达式

$$F=(\bar{B}+D)(\bar{B}+D+A+G)(C+E)(\bar{C}+G)(A+E+G)$$

可以利用对偶规则,先求出 F 的对偶式:

$$F_d=\bar{B}D+\bar{B}DAG+CE+\bar{C}G+AEG$$

然后,利用与或式的化简方法进行化简,则得

$$F_d=\bar{B}D+CE+\bar{C}G$$

最后,对 F_d 再求对偶式,则得

$$F=(F_d)_d=(\bar{B}+D)(C+E)(\bar{C}+G)$$

由本例可见，与或表达式的化简是基础，其他形式的表达式都可先变换为与或表达式进行化简，然后再变换成所需的形式。

从以上的例子可以看出，代数化简法不仅使用不便，而且难以判断所得之结果是否为最简。因此，代数化简法一般适用于函数表达式较为简单的情况。当函数较为复杂时，往往采用比较方便的、有规则的卡诺图法。

3.5.2 卡诺图化简法

卡诺图化简法是将布尔函数用卡诺图来表示，在卡诺图上进行函数的化简的方法。这是一种很简单、直观的方法。

1. 卡诺图的构成

卡诺图是真值表的图形化。我们可以把真值表看成是由最小项构成的一个纵列。一个函数由若干最小项构成，则在相应的最小项上填 1，其余填 0。

例如，设有函数 $F(A,B,C)=\sum m(2,3,5,7)$，该函数的真值表如表 3.10 所示。

表 3.10　$F(A,B,C)=\sum m(2,3,5,7)$ 的真值表

$A\ B\ C$	$F(A,B,C)$	最　小　项
0　0　0	0	m_0
0　0　1	0	m_1
0　1　0	1	m_2
0　1　1	1	m_3
1　0　0	0	m_4
1　0　1	1	m_5
1　1　0	0	m_6
1　1　1	1	m_7

该函数可以进行化简，即

$$\begin{aligned}F(A,B,C)&=\bar{A}B\bar{C}+\bar{A}BC+A\bar{B}C+ABC\\&=\bar{A}B(\bar{C}+C)+AC(\bar{B}+B)\\&=\bar{A}B+AC\end{aligned}$$

其中，最小项 $\bar{A}B\bar{C}$ 和 $\bar{A}BC$（或者 $A\bar{B}C$ 和 ABC）只有一个变量互补，其余变量相同，称这样的最小项为相邻最小项，它们可以合并消去一个变量。因此，化简的实质是两个相邻最小项的合并。

从真值表上很难直观地看出最小项的相邻关系的。例如，相邻最小项 m_5 和 m_7 在位置上并不相邻。那么，能不能把最小项排成一种图，可以直观地从图上看出最小项的相邻关系呢？可以的。从 Gray 码的特点知道，两个相邻代码之间只有一位不同。因此，只要把真值表中的最小项重新排列，把它们排列成矩阵形式，并且使矩阵的横方向和纵方向的布尔变量的取值按 Gray 码的顺序排列，这样构成的图形就是卡诺图。图 3.5 表示了二变量、三变量和四变量的卡诺图的构成。

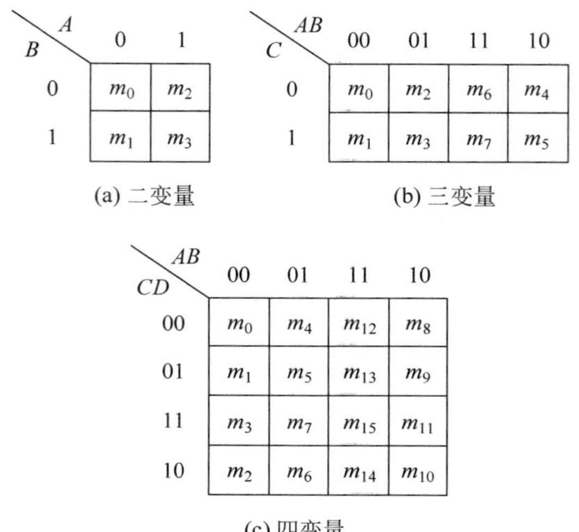

(a) 二变量　(b) 三变量

(c) 四变量

图 3.5　卡诺图的构成

从卡诺图可以看出，任意两个相邻的最小项在图上是相邻的。并且，图中最左列的最小项与最右列的相应最小项也是相邻的；位于最上面一行的最小项与最下面一行的相应最小项也是相邻的。因此，每个二变量的最小项有两个最小项与它相邻；每个三变量的最小项有 3 个最小项与它相邻；每个四变量的最小项有 4 个最小项与它相邻。可以证明每个 n 变量的最小项有 n 个最小项与它相邻。

五变量的卡诺图如图 3.6 所示。图中方格内的数字为最小项的下标。它可以看成是由两个四变量的卡诺图构成的，只要把右边部分的四变量卡诺图重合到左边部分的四变量卡诺图上来，就可找出各最小项的相邻关系。例如，最小项 3 与最小项 1、2、7、11 及 19 是相邻的。

DE \ ABC	000	001	011	010	100	101	111	110
00	0	4	12	8	16	20	28	24
01	1	5	13	9	17	21	29	25
11	3	7	15	11	19	23	31	27
10	2	6	14	10	18	22	30	26

图 3.6　五变量卡诺图

六变量卡诺图如图 3.7 所示，它可以看成是由 4 个四变量卡诺图构成的。在寻找各最小项的相邻关系时，除了要注意左、右两个四变量卡诺图的重合关系外，还要注意上、下两个四变量卡诺图的重合关系。例如，最小项 3 除与最小项 1、2、7、11、19 相邻外，还与最小项 35 相邻。

变量多于 6 个时，卡诺图就显得很庞大，在实际应用中已失去它的优越性，一般就很少用它了。

2. 布尔函数在卡诺图上的表示

从卡诺图的构成方法可知，卡诺图实际是真值表的重新排列，使最小项排列得更紧凑、

DEF \ ABC	000	001	011	010	100	101	111	110
000	0	4	12	8	16	20	28	24
001	1	5	13	9	17	21	29	25
011	3	7	15	11	19	23	31	27
010	2	6	14	10	18	22	30	26
100	32	36	44	40	48	52	60	56
101	33	37	45	41	49	53	61	57
111	35	39	47	43	51	55	63	59
110	34	38	46	42	50	54	62	58

图 3.7　六变量卡诺图

更便于化简。因此，根据卡诺图与真值表的对应关系，就可以知道布尔函数在卡诺图上的表示方法。

如果布尔函数是以真值表的形式或者以"标准积之和"的形式给出的，我们只要在卡诺图上找出那些与给定布尔函数的最小项相对应的方格，并标以 1，就得到该函数的卡诺图。例如，三变量函数

$$F(A,B,C)=\sum m(2,3,5,7)$$

其卡诺图如图 3.8 所示。

如果布尔函数是"与或"表达式，则要将各"与项"分别标在卡诺图上。例如，给定函数的表达式为

$$F(A,B,C)=AB+A\overline{C}$$

只要在 AB 为 11 的列标以 1，并在 A 为 1、C 为 0 的对应方格中标上 1，便可得到如图 3.9 所示的卡诺图。

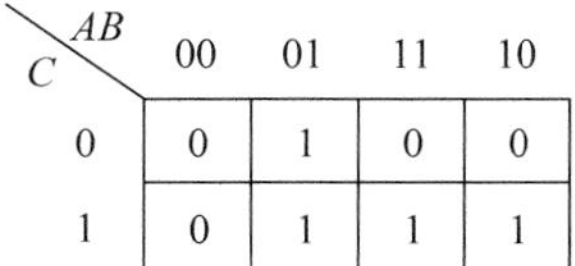

C \ AB	00	01	11	10
0	0	1	0	0
1	0	1	1	1

图 3.8　$F(A,B,C)=\sum m(2,3,5,7)$ 的卡诺图

C \ AB	00	01	11	10
0	0	0	1	1
1	0	0	1	0

图 3.9　$F(A,B,C)=AB+A\overline{C}$ 的卡诺图

CD \ AB	00	01	11	10
00	1	0	0	1
01	1	1	0	0
11	1	1	0	0
10	1	0	0	1

图 3.10　$F(A,B,C,D)=\overline{A}BD+\overline{B}\overline{D}+\overline{A}\overline{B}D$ 的卡诺图

又如，给定四变量函数为

$$F(A,B,C,D)=\overline{A}BD+\overline{B}\overline{D}+\overline{A}\overline{B}D$$

其卡诺图如图 3.10 所示。

3. 卡诺图的性质

卡诺图化简布尔函数的基本原理是基于卡诺图的性质。前面已指出，化简的实质是相邻最小项的合并。卡诺图的一个明显优点是它能利用人的直观的阅图能力，方便

地表示出所有相邻最小项。卡诺图具有下列性质。

性质 3.1　卡诺图上任何两个(2^1 个)标 1 的相邻最小项,可以合并为一项,并消去一个变量。

例如,在图 3.10 中,最小项 $m_1=\overline{A}\,\overline{B}\,\overline{C}D$ 和 $m_3=\overline{A}\,\overline{B}CD$ 相邻,所以它们可以合并;最小项 $m_5=\overline{A}B\overline{C}D$ 和 $m_7=\overline{A}BCD$ 相邻,所以它们也可以合并,即有

$$\overline{A}\,\overline{B}\,\overline{C}D+\overline{A}\,\overline{B}CD=\overline{A}\,\overline{B}D,\quad \overline{A}B\overline{C}D+\overline{A}BCD=\overline{A}BD$$

性质 3.2　卡诺图上任何 4 个(2^2 个)标 1 的相邻最小项,可以合并为一项,并消去两个变量。

例如,在图 3.10 中,最小项 m_1、m_3、m_5 和 m_7 彼此相邻,这 4 个最小项可以合并,即有

$$(m_1+m_3)+(m_5+m_7)=\overline{A}\,\overline{B}D+\overline{A}BD=\overline{A}D$$

这种合并,在卡诺图中表示为把 4 个 1 圈在一起。

在四变量卡诺图中,4 个标 1 的小方格相邻的典型情况如图 3.11 所示。

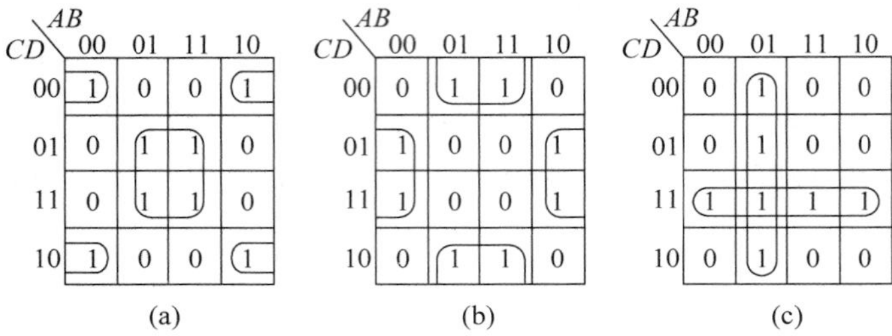

图 3.11　4 个相邻最小项合并的情况

在图 3.11(a)中,最小项 m_0、m_2、m_8、m_{10} 相邻,而最小项 m_5、m_7、m_{12}、m_{15} 也相邻。它们合并后,可得函数表达式为

$$F(A,B,C,D)=\overline{B}\,\overline{D}+BD$$

根据同样道理,将图 3.11(b)中的相邻最小项合并后,可得函数表达式为

$$F(A,B,C,D)=B\overline{D}+\overline{B}D$$

将图 3.11(c)中的相邻最小项合并后,结果为

$$F(A,B,C,D)=\overline{A}B+CD$$

性质 3.3　任何 8 个(2^3 个)标 1 的相邻最小项,可合并为一项,并消去 3 个变量。

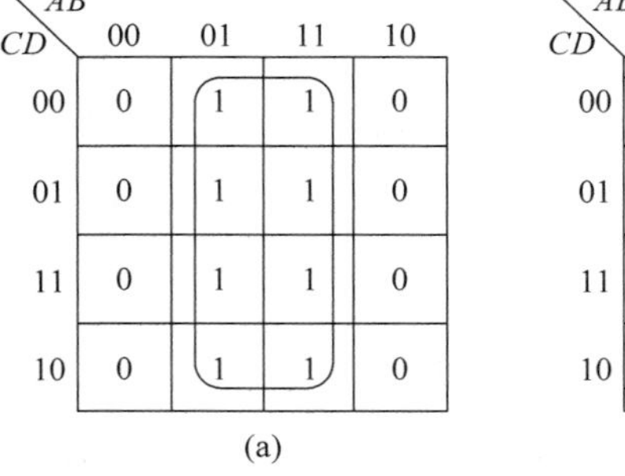

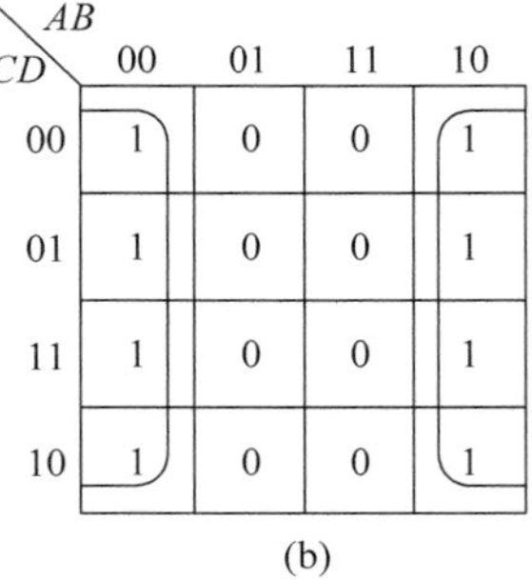

图 3.12　8 个相邻最小项合并的情况

图 3.12 表示了 8 个相邻最小项合并的情况。其中，图 3.12(a)所示的 8 个最小项合并后，结果为

$$F(A,B,C,D)=B$$

图 3.12(b)中的 8 个最小项合并后，结果为

$$F(A,B,C,D)=\overline{B}$$

由上述性质可知，相邻最小项的数目必须为 2^i 个才能合并成一项，并消去 i 个变量。包含的最小项数目越多，消去的变量也越多，从而所得到的逻辑表达式就越简单。

4. 卡诺图化简的基本步骤

在讨论用卡诺图化简的具体方法之前，先定义几个概念。

蕴涵项　在函数的任何与或表达式中，每个与项称为该函数的蕴涵项(Implicant)。显然，在函数的卡诺图中，任一标 1 的最小项以及由 2^i 个相邻最小项所形成的圈都是函数的蕴涵项。

质蕴涵项　如果函数的某一蕴涵项不是该函数中其他蕴涵项的一个子集，则此蕴涵项称为质蕴涵项(Prime Implicant)。从卡诺图上看，所谓质蕴涵项，就是大得不能再大的圈。例如，在图 3.13 中，BD、$A\overline{C}\overline{D}$ 和 $AB\overline{C}$ 都是质蕴涵项，而 BCD、$\overline{A}B\overline{C}D$ 等都不是质蕴涵项。

必要质蕴涵项　如果函数的一个质蕴涵项，至少包含了一个其他任何质蕴涵项都不包含的标 1 最小项，则此质蕴涵项称为必要质蕴涵项(Essential Prime Implicant)。例如，在图 3.13 中，BD、$A\overline{C}\overline{D}$ 是必要质蕴涵项，而 $AB\overline{C}$ 就不是必要质蕴涵项。

根据以上定义，可以给出用卡诺图化简布尔函数的基本步骤如下。

(1) 将布尔函数正确地标到卡诺图上，并在图上找出所有质蕴涵项。

(2) 求出所有必要质蕴涵项。

(3) 求函数的最小覆盖(即函数的最简表达式)。

下面通过具体例子来说明上述步骤。

【例 3.9】　用卡诺图法化简函数

$$F(A,B,C,D)=\sum m(0,3,4,5,7,11,13,15)$$

(1) 作 F 的卡诺图，并求得所有质蕴涵项为 BD、CD、$\overline{A}\,\overline{C}\,\overline{D}$、$\overline{A}B\overline{C}$，如图 3.14 所示。

(2) 求出所有必要质蕴涵项为 CD、BD、$\overline{A}\,\overline{C}\,\overline{D}$。

(3) 由于必要质蕴涵项的集合已覆盖了函数的所有最小项，因此函数的最简与或式为

$$F(A,B,C,D)=BD+CD+\overline{A}\,\overline{C}\,\overline{D}$$

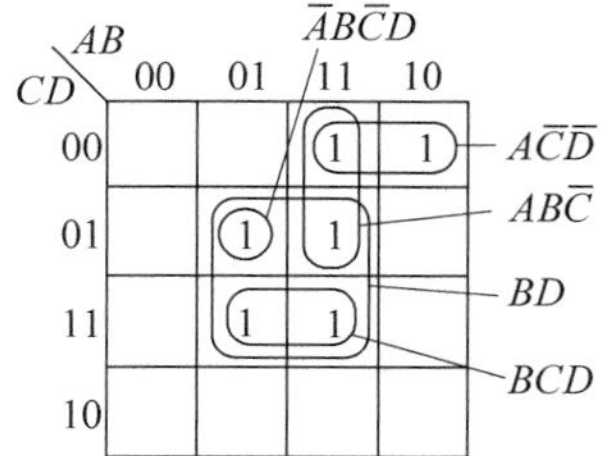

图 3.13　卡诺图中的质蕴涵项

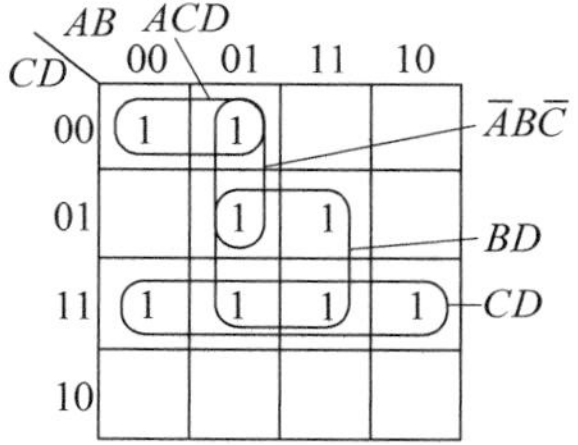

图 3.14　例 3.9 的卡诺图

【例 3.10】 用卡诺图化简布尔函数

$$F(A,B,C,D)=\sum m(0,5,6,8,15)+\sum d(1,2,3,7,10,12,13)$$

这是含有随意项 d 的情况。利用随意项求质蕴涵项时,如果它对化简有利,则取 $d=1$;如果它对化简不利,则取 $d=0$。

(1) 作函数的卡诺图,求出所有质蕴涵项为 $\overline{A}\,\overline{B}$、$\overline{A}D$、$\overline{A}C$、$BD$、$\overline{B}\,\overline{D}$,如图 3.15 所示。

(2) 求出所有必要质蕴涵项为 $\overline{A}C$、BD、$\overline{B}\,\overline{D}$。注意,在求必要质蕴涵项时,只要考虑 1 的覆盖。

(3) 求函数的最小覆盖。本例中必要质蕴涵项已覆盖了卡诺图中所有标 1 的最小项。因此,布尔函数的最简与或式为

$$F(A,B,C,D)=\overline{A}C+BD+\overline{B}\,\overline{D}$$

【例 3.11】 用卡诺图化简布尔函数

$$F(A,B,C,D)=\sum m(0,4,6,7,8,9,11,12,13,15)$$

(1) 求出所有质蕴涵项为 $\overline{C}\,\overline{D}$、$A\overline{C}$、$AD$、$\overline{A}B\overline{D}$、$\overline{A}BC$、$BCD$,如图 3.16 所示。

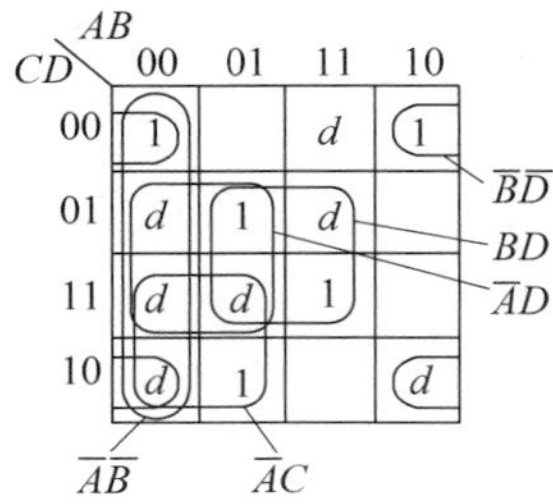

图 3.15 例 3.10 的卡诺图

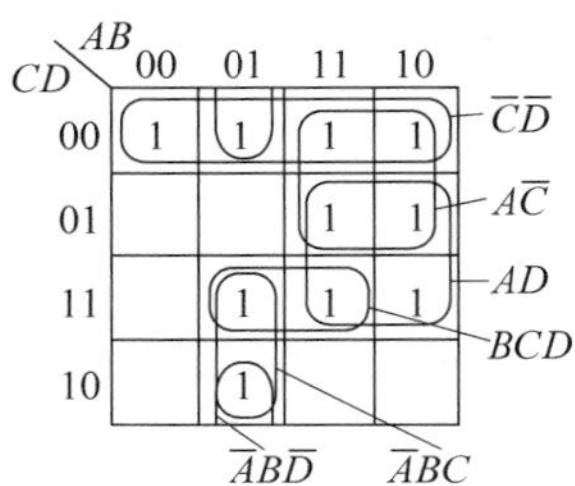

图 3.16 例 3.11 的卡诺图

(2) 求出所有必要质蕴涵项为 $\overline{C}\,\overline{D}$、$AD$。

(3) 求函数的最小覆盖。本例中必要质蕴涵项只覆盖了函数的 8 个最小项,还剩下两个最小项 m_6、m_7 未被覆盖。由观察可知,在几个非必要质蕴涵项中,选择 $\overline{A}BC$ 这一项即可覆盖 m_6、m_7。因此,该函数的最简与或式为

$$F(A,B,C,D)=AD+\overline{C}\,\overline{D}+\overline{A}BC$$

这说明,在一个最简与或式中,并非每个质蕴涵项都是必要的,其中可能包含所选择的质蕴涵项。这一点应引起注意。

必须指出,由于卡诺图化简法带有试凑性质,因此,当读者已对卡诺图应用自如时,就不必按上述步骤去做,可以在卡诺图上一次画出最小覆盖。

【例 3.12】 用卡诺图化简函数

$$F(A,B,C,D)=\sum m(0,1,3,4,7,12,13,15)$$

作出 F 的卡诺图如图 3.17(a)所示。该函数有 8 个质蕴涵项,它们相互交连,找不出哪个是必要质蕴涵项,这种情况通常称为循环结构。对于这类循环结构,通常可选取一个最大的质蕴涵圈作为必要质蕴涵项,以打破循环结构。本例中,由于各个质蕴涵圈的大小相等,故可任选一个质蕴涵项作为必要质蕴涵项。图 3.17(b)为其中的一种解,可得 F 的最简表达式为

$$F(A,B,C,D)=\bar{A}\bar{B}\bar{C}+\bar{A}CD+ABD+B\bar{C}\bar{D}$$

同理,可得另一个最简表达式为

$$F(A,B,C,D)=\bar{A}\bar{B}D+BCD+AB\bar{C}+\bar{A}\bar{C}D$$

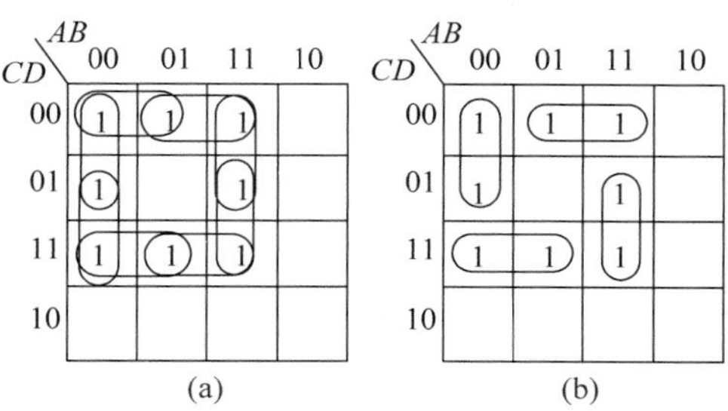

图 3.17　例 3.12 的卡诺图

【例 3.13】 化简五变量函数

$$F(A,B,C,D,E)=\sum m(2,4,5,6,7,12,13,18,20,21,22,23,24,25,28,29)$$

五变量布尔函数可用两个四变量卡诺图来表示,相重叠的最小项是相邻的,可以合并。画出函数 F 的卡诺图如图 3.18 所示。重叠部分的质蕴涵项为 $\bar{B}D\bar{E}$、$\bar{B}C$ 和 $C\bar{D}$;不重叠的质蕴涵项为 $AB\bar{D}$。这几个都为必要质蕴涵项,且覆盖了函数的全部标 1 最小项。因此,函数的最简表达式为

$$F(A,B,C,D,E)=\bar{B}D\bar{E}+\bar{B}C+C\bar{D}+AB\bar{D}$$

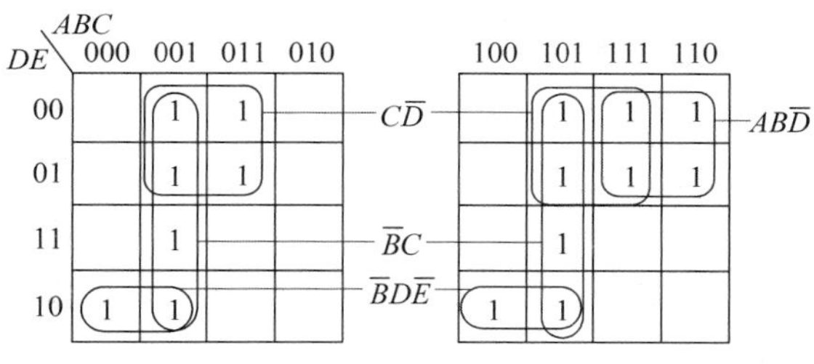

图 3.18　例 3.13 的卡诺图

由上述例子可见,用卡诺图化简布尔函数简单明了,形象直观,容易掌握。

3.5.3　列表化简法

上节介绍的卡诺图化简法是手算常用的方法,它的缺点是:由于要靠人对图形的识别能力,因此不便于机器实现;而且,当函数的变量增多时(如多于 6 个),这种方法就逐渐失去它的优越性。

本节介绍一种更有规律的、系统的方法,即列表化简法。这一方法是由 W. V. Quine 和 E. J. McCluskey 在 1956 年研究发表的,故也称奎恩-麦克拉斯基法,简称 Q-M 法。这种方法的基本步骤与卡诺图法是相同的,即先找出布尔函数的所有质蕴涵项,然后找出其中的必要质蕴涵项,最后求函数的最小覆盖。所不同的是,列表化简法完成上述步骤是通过约定形式的表格,按照一定规则求得的。下面分别讨论列表法的这几个步骤。

1. 用列表法确定布尔函数的所有质蕴涵项

用列表法找布尔函数的所有质蕴涵项的基本思想是这样的：首先将布尔函数用最小项来表示，并把最小项表示成二进制数形式。例如

m_4：$\bar{A}B\bar{C}\bar{D}$ 表示成0100。

m_5：$\bar{A}B\bar{C}D$ 表示成0101。

然后进行两两比较，如果两个二进制数只有一位不同，就可合并。例如

0100
0101 〉合并为010–

其中，“－”表示该位置上的变量被消去；同理，对于带有“－”的两个二进制数，若只有一位不相同(0与1)，则此二进制数又可进一步合并，得到带有两个“－”的二进制数。例如：

0100
0101 〉010–
0110
0111 〉011–
010–, 011– 〉01– –

就这样逐次合并只有一位数值不同的两个二进制数，所得到的不能再合并的二进制数，其对应的乘积项，即为质蕴涵项。

下面举例说明用列表法求质蕴涵项的过程。

【例3.14】 求下列函数的全部质蕴涵项：

$$F(A,B,C,D)=\sum m(1,3,4,5,10,11,12,13)$$

为便于对照，以弄懂合并的原理，不妨先给出卡诺图上合并的情况，如图3.19所示。

用Q-M法求质蕴涵项过程如下：

第一步，列出最小项的二进制数形式，如表3.11所示。

表3.11 最小项的二进制形式

m_i	A	B	C	D
1	0	0	0	1
3	0	0	1	1
4	0	1	0	0
5	0	1	0	1
10	1	0	1	0
11	1	0	1	1
12	1	1	0	0
13	1	1	0	1

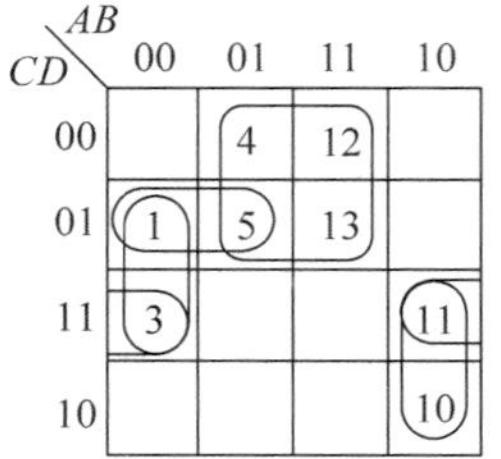

图3.19 例3.14的卡诺图

可以看出，两个二进制数可以合并有如下规律：只有二进制数中1的个数相差1的两数才能合并，而1的个数相同或相差2和2以上的两数不能合并。这一规律启示我们，如果把上述二进制数按1的个数分组，那么，只有在相邻组之间才有合并的可能性，组内和隔组之间则不必考虑合并可能，这样可以大大地减少合并的工作量。

第二步，按 1 的个数分组列表，并在相邻组之间进行搜索合并。凡是能合并的两个项，则在其后面打“√”，表示它们不是质蕴涵项，并将合并结果列于另一栏中。如此继续，直到无法合并为止。最后，那些没有打“√”的项，就是质蕴涵项 P_i。以上过程如表 3.12 所示。

表 3.12　求质蕴涵项 P_i

m_i	A	B	C	D		m_i	A	B	C	D		m_i	A	B	C	D	
1	0	0	0	1	√	1,3	0	0	—	1	P_2	4,5 12,13	—	1	0	—	P_1
4	0	1	0	0	√	1,5	0	—	0	1	P_3						
3	0	0	1	1	√	4,5	0	1	0	—	√						
5	0	1	0	1	√	4,12	—	1	0	0	√						
10	1	0	1	0	√	3,11	—	0	1	1	P_4						
12	1	1	0	0	√	5,13	—	1	0	1	√						
11	1	0	1	1	√	10,11	1	0	1	—	P_5						
13	1	1	0	1	√	12,13	1	1	0	—	√						

最后，求得全部质蕴涵项为

$$P_1 = B\bar{C},\quad P_2 = \bar{A}\bar{B}D,\quad P_3 = \bar{A}\bar{C}D,\quad P_4 = \bar{B}CD,\quad P_5 = A\bar{B}C$$

该结果与图 3.19 卡诺图上合并结果相同。

2. 用质蕴涵表确定必要质蕴涵

所谓质蕴涵表，就是函数的各个质蕴涵覆盖函数的相应最小项的情况表。下面通过例子来说明如何列质蕴涵表，以及如何用质蕴涵表来确定必要质蕴涵。

【例 3.15】　已知函数

$$F(A,B,C,D) = \sum m(1,3,4,5,10,11,12,13)$$

求得它的全部质蕴涵为 $B\bar{C}$、$\bar{A}\bar{B}D$、$\bar{A}\bar{C}D$、$\bar{B}CD$、$A\bar{B}D$。列质蕴涵表如表 3.13 所示。表中，各纵列代表函数所包含的最小项，各横行是函数的质蕴涵项。每一个质蕴涵项所覆盖的最小项，都在表中行列交叉处用记号“×”标出，例如，质蕴涵项 $B\bar{C}$ 可覆盖最小项 4、5、12、13。因此，在 $B\bar{C}$ 这一行的最小项 4、5、12、13 列下标上“×”号。其他各行按同样方法标上记号。

表 3.13　质蕴涵表

P_j	m_i							
	1	3	4	5	10	11	12	13
√ $B\bar{C}$			⊗	×			⊗	⊗
$\bar{A}\bar{B}D$	×	×						
$\bar{A}\bar{C}D$	×			×				
$\bar{B}CD$		×				×		
√ $A\bar{B}D$					⊗	×		
覆盖情况			×	×	×	×	×	×

必要质蕴涵是按下列步骤求得的。

(1) 逐列检查表 3.13 中标有“×”号的情况，凡只标有一个“×”号的列，则在该“×”的外面打一个圈,即⊗。例如,表中最小项4、10、12、13各列都只有一个“×”,故都加上圈。

(2) 找出包含有⊗号的各行,这些行的质蕴涵项就是必要质蕴涵项,并在其前加上标记“√”。例如,表中 $B\overline{C}$ 和 $A\overline{B}D$ 就为必要质蕴涵项。

(3) 在表的最后一行覆盖情况一栏中,标上必要质蕴涵项覆盖最小项的情况。凡能被必要质蕴涵项覆盖的最小项,在最后一行的该列上打“×”号。

由表3.13可知,本例中必要质蕴涵项 $B\overline{C}$ 和 $A\overline{B}D$,没有覆盖 F 的全部最小项。因此,接着要做的下一步是求 F 的最小覆盖。

3. 求函数的最小覆盖

一般来说,必要质蕴涵覆盖函数的最小项的情况有两种可能:一种是必要质蕴涵已覆盖了函数的所有最小项,对于这种情况,函数的化简工作就已完成,即函数的最小覆盖就是所有必要质蕴涵项。另一种是必要质蕴涵没有覆盖函数的所有最小项,对于这种情况,还需要选择适当的质蕴涵项,以覆盖剩下的最小项。那么,覆盖剩余的最小项所需的质蕴涵应该怎样选择才能使函数表达式最简呢?下面介绍两种常用的选取所需质蕴涵的方法。

1) 行列消去法

在质蕴涵表中,去掉必要质蕴涵项和已被其覆盖的最小项,剩下的部分称为简化的质蕴涵表。下面的两个规则——优势行规则和优势列规则,能从简化的质蕴涵表中选取所需的质蕴涵。

① 优势行规则。设质蕴涵 P_i 和 P_j 是简化质蕴涵表中的两行,其中 P_j 行中的“×”完全包含在 P_i 行中,则称 P_i 为优势行,P_j 为劣势行,记作 $P_i \supset P_j$。这时,在简化质蕴涵表中可以消去劣势行 P_j(这是因为选取了优势行 P_i 后,不仅可覆盖劣势行 P_j 所覆盖的最小项,而且还可覆盖其他最小项)。

例如,由表3.13去掉必要质蕴涵项和被它所覆盖的最小项,得到简化的质蕴涵表如表3.14所示。表中,P_3 相对于 P_2 来说是劣势行,即 $P_2 \supset P_3$,可消去 P_3;同理,P_4 相对于 P_2 来说也是劣势行,即 $P_2 \supset P_4$,可消去 P_4。最后只剩下 P_2。

② 优势列规则。设最小项 m_i 和 m_j 是简化质蕴涵表中的两列,其中 m_j 列中的“×”完全包含在 m_i 列之中,则称 m_i 为优势列,m_j 为劣势列,记作 $m_i \supset m_j$。这时,在简化质蕴涵表中可以消去优势列 m_i(这是因为选取了覆盖劣势列的质蕴涵后,一定能覆盖优势列,反之则不一定)。

例如,设表3.15为简化质蕴涵表,表中的 m_2 和 m_3 相对于 m_1 来说是劣势列,即 $m_2 \subset m_1$,$m_3 \subset m_1$,故可消去优势列 m_1。

表3.14　简化的质蕴涵表

P_j	m_i	
	1	3
P_2	×	×
P_3	×	
P_4		×

表3.15　优势列举例

P_j	m_i		
	m_1	m_2	m_3
P_1	×	×	
P_2	×		×
P_3	×		

这种优势行规则和优势列规则可以反复交替使用，使简化的质蕴涵表进一步简化，以便求得所需的质蕴涵项。

【例 3.16】 用行列消去法求所需质蕴涵项，设简化的质蕴涵表如表 3.16 所示。

表 3.16　简化的质蕴涵表

P_j	m_i			
	m_2	m_4	m_6	m_{10}
P_2	×		×	
P_3	×			×
P_4		×	×	
P_5		×		
P_6				×

表中，根据优势行规则，有 $P_4 \supset P_5$，$P_3 \supset P_6$，故可消去 P_5 和 P_6；又根据优势列规则，由于 $m_4 \subset m_6$，$m_{10} \subset m_2$，故可消去 m_2 和 m_6。最后，求得所需质蕴涵为 P_3 和 P_4，它们覆盖了简化质蕴涵表的所有最小项 m_2、m_4、m_6 和 m_{10}。

2）布尔代数法

所谓布尔代数法，就是从简化质蕴涵表列出布尔表达式，从中选出最简的所需质蕴涵项。

例如，对于表 3.14 的简化质蕴涵表，要覆盖最小项 m_1，可选取质蕴涵项 P_2 或 P_3；要覆盖最小项 m_3，可选取质蕴涵项 P_2 或 P_4。因此，若要同时覆盖 m_1 和 m_3，可以用如下布尔表达式来表示：

$$(P_2+P_3)(P_2+P_4)=P_2+P_2P_4+P_2P_3+P_3P_4=P_2+P_3P_4$$

该式表明，同时覆盖 m_1 和 m_3 的方案有两个，即选用 P_2 或选用 P_3P_4，其中选用 P_2 最简单；该结果与行列消去法所得结果相同。

又如，对于表 3.16 的简化质蕴涵表，若要同时覆盖最小项 m_2、m_4、m_6 和 m_{10}，则有

$$\begin{aligned}(P_2+P_3)(P_4+P_5)(P_2+P_4)(P_3+P_6)&=(P_3+P_2P_6)(P_4+P_2P_5)\\&=P_3P_4+P_2P_3P_5+P_2P_4P_6+P_2P_5P_6\end{aligned}$$

该式表明，可供选取的所需质蕴涵集有 4 个，其中只有 P_3P_4 最简单。所以，用布尔代数法求得所需质蕴涵项为 P_3 和 P_4，其结果与行列消去法所得结果相同。

最后，我们举两个综合性的例子，将前面所讲的连贯起来，以说明用 Q-M 列表法化简一个布尔函数的全过程。

【例 3.17】 化简布尔函数

$$F(A,B,C,D)=\sum m(2,4,6,8,9,10,12,13,15)$$

① 求函数的所有质蕴涵，如表 3.17 所示。

求得所有质蕴涵为

$P_1=A\overline{C}$，$P_2=\overline{A}C\overline{D}$，$P_3=\overline{B}C\overline{D}$，$P_4=\overline{A}B\overline{D}$，$P_5=B\overline{C}\overline{D}$，$P_6=A\overline{B}\overline{D}$，$P_7=ABD$

表 3.17　求质蕴涵项 P_i

m_i	A	B	C	D		m_i	A	B	C	D		m_i	A	B	C	D	
2	0	0	1	0	√	2,6	0	—	1	0	P_2	8,9 12,13	1	—	0	—	P_1
4	0	1	0	0	√	2,10	—	0	1	0	P_3						
8	1	0	0	0	√	4,6	0	1	—	0	P_4						
6	0	1	1	0	√	4,12	—	1	0	0	P_5						
9	1	0	0	1	√	8,9	1	0	0	—	√						
10	1	0	1	0	√	8,10	1	0	—	0	P_6						
12	1	1	0	0	√	8,12	1	—	0	0	√						
13	1	1	0	1	√	9,13	1	—	0	1	√						
15	1	1	1	1	√	12,13	1	1	0	—	√						
						13,15	1	1	—	1	P_7						

② 求必要质蕴涵,如表 3.18 所示。

表 3.18　质蕴涵表

m	2	4	6	8	9	10	12	13	15
√　P_1				×	⊗		×	×	
P_2	×		×						
P_3	×					×			
P_4		×	×						
P_5		×					×		
P_6				×		×			
√　P_7								×	⊗
覆盖情况				×	×		×	×	×

由表 3.18 可确定 P_1 和 P_7 为必要质蕴涵。

③ 求函数的最小覆盖。

去掉表 3.18 中的 P_1 和 P_7 行,以及已被 P_1 和 P_7 覆盖的最小项 m_8、m_9、m_{12}、m_{13} 和 m_{15},得到简化的质蕴涵表,如表 3.16 所示。

利用前面讲的行列消去法或用代数法求得所需质蕴涵为 P_3 和 P_4,因此,函数的最简表达式为

$$F(A,B,C,D)=P_1+P_7+P_3+P_4=A\overline{C}+ABD+\overline{B}C\overline{D}+\overline{A}B\overline{D}$$

【例 3.18】 化简不完全确定的布尔函数

$$F(A,B,C,D)=\sum m(1,3,4,5,10,11,12)+\sum d(2,13)$$

对于不完全确定的布尔函数的化简,要注意两点:一是在列表求所有质蕴涵时,应该令 $d=1$,以尽量利用随意项进行合并;二是在列质蕴涵表时,应令 $d=0$,即随意项的覆盖问题可不必考虑,以有利于得到最简式。

① 求所有质蕴涵项。令所有随意项为 1,如表 3.19 所示。

表 3.19　求质蕴涵项 P_i

m_i	A	B	C	D		m_i	A	B	C	D		m_i	A	B	C	D	
1	0	0	0	1	√	1,3	0	0	—	1	P_3	2,3 10,11	—	0	1	—	P_1
2	0	0	1	0	√	1,5	0	—	0	1	P_4	4,5 12,13	—	1	0	—	P_2
4	0	1	0	0	√	2,3	0	0	1	—	√						
3	0	0	1	1	√	2,10	—	0	1	0	√						
5	0	1	0	1	√	4,5	0	1	0	—	√						
10	1	0	1	0	√	4,12	—	1	0	0	√						
12	1	1	0	0	√	3,11	—	0	1	1	√						
11	1	0	1	1	√	5,13	—	1	0	1	√						
13	1	1	0	1	√	10,11	1	0	1	—	√						
						12,13	1	1	0	—	√						

求得所有质蕴涵项为

$$P_1=\bar{B}C,\quad P_2=B\bar{C},\quad P_3=\bar{A}\bar{B}D,\quad P_4=\bar{A}\bar{C}D$$

② 求必要质蕴涵。令所有的随意项为 0,即在质蕴涵表中不必列随意项,如表 3.20 所示。

由表 3.20 可确定必要质蕴涵为 P_1 和 P_2。

表 3.20　质蕴涵表

P_j	m_i						
	1	3	4	5	10	11	12
√P_1		×			⊗	⊗	
√P_2			⊗	×			⊗
P_3	×	×					
P_4	×			×			
覆盖情况		×	×	×	×	×	×

③ 求函数的最小覆盖。

去掉质蕴涵表中被必要质蕴涵覆盖的最小项后,只剩下最小项 m_1 未被覆盖,直接从表 3.20 可以选取 P_3 或 P_4 作为所需质蕴涵。因此,函数的最简表达式为

$$F(A,B,C,D)=P_1+P_2+P_3=\bar{B}C+B\bar{C}+\bar{A}\bar{B}D$$

或者　$F(A,B,C,D)=P_1+P_2+P_4=\bar{B}C+B\bar{C}+\bar{A}\bar{C}D$

以上介绍的都是单个布尔函数的化简,然而在逻辑设计中。经常会遇到多输出布尔函数。所谓多输出布尔函数,就是同样的布尔变量输入得到多个输出的函数。我们当然可以利用卡诺图或列表法单独地化简每个输出函数。然而有时这样得到的电路不一定是最简单的。有时被某个输出函数使用的一些项可以被其他输出函数共享,从而可以减少总的门数。因此我们在化简多输出函数时要考虑尽量多地找出所有的输出函数的公共项,而不是仅仅考虑单个输出函数的化简。

习题 3

3.1　下列函数当变量($A,B,C,\cdots$)哪些取1时,F的值为1:

(1) $F=AB+\bar{A}C$　　(2) $F=A\bar{B}+\bar{A}B$

(3) $F=\bar{A}\bar{B}+AB$　　(4) $F=ABC+AB\bar{C}+A\bar{B}C+\bar{A}BC$

(5) $F=(A+\bar{B}+\bar{A}B)(A+\bar{B})\bar{A}B$

(6) $F=(A+B+C)(A+B+\bar{C})(A+\bar{B}+C)(A+\bar{B}+\bar{C})$

(7) $F=(A+\bar{B}\bar{C})\bar{D}+\overline{(A+\bar{B})CD}$　　(8) $F=(A\oplus B)C+\bar{A}(B\oplus C)$

3.2　用真值表验证下列等式:

(1) $\overline{A+B}=\bar{A}\cdot\bar{B}$　　(2) $A\bar{B}+\bar{A}B=(\bar{A}+\bar{B})(A+B)$

(3) $(\bar{A}+\bar{B})(A+B)=\overline{AB+\overline{AB}}$　　(4) $AB+A\bar{B}+\bar{A}B+\bar{A}\bar{B}=1$

(5) $A\oplus B\oplus C=A\odot B\odot C$　　(6) $(A\oplus B)C=A\oplus(B\oplus C)$

3.3　用基本公式和基本规则证明下列等式:

(1) $BC+D+\bar{D}(\bar{B}+\bar{C})(AD+B)=B+D$

(2) $AB+A\bar{B}+\bar{A}B+\bar{A}\bar{B}=1$

(3) $(A+B)(A+\bar{B})(\bar{A}+B)(\bar{A}+\bar{B})=0$

(4) $ABC+\bar{A}\bar{B}\bar{C}=\overline{A\bar{B}+B\bar{C}+\bar{A}C}$

(5) $A\bar{B}+B\bar{C}+C\bar{A}=\bar{A}B+\bar{B}C+\bar{C}A$

(6) $AB+BC+AC=(A+B)(B+C)(A+C)$

(7) $(AB+\bar{A}\bar{B})(BC+\bar{B}\bar{C})(CD+\bar{C}\bar{D})=\overline{A\bar{B}+B\bar{C}+C\bar{D}+D\bar{A}}$

(8) $A\oplus B\oplus C=A\odot B\odot C$

(9) $(x\oplus y)\oplus z=x\oplus(y\oplus z)$

3.4　用展开定理将下式各式化简成为$A(\cdots)+\bar{A}(\cdots)$形式及$[A+(\cdots)][\bar{A}+(\cdots)]$形式,括号中$A$及$\bar{A}$均不出现:

(1) $F=AG+(A+B)C+\bar{A}D+(\bar{A}+F)E$

(2) $F=(A+\bar{B})(\bar{A}+C)(\bar{D}+E+AF)(G+\bar{H}+\bar{A}J)$

3.5　写出下列表达式的对偶式:

(1) $F=(A+B)(\bar{A}+C)(C+DE)+F$　　(2) $F=\overline{\overline{A\bar{B}}\cdot\overline{C\bar{D}}\cdot\overline{D\bar{A}\bar{B}}}$

(3) $F=\overline{\overline{\bar{A}+B+\overline{B+C}}+\overline{A+C+\overline{B+C}}}$　　(4) $F=B\overline{(A\oplus B)}+B(A\oplus C)$

(5) $F=\overline{(C\odot A)\oplus(B\oplus\bar{D})}$

3.6　求下列函数的补函数:

(1) $F=[(\bar{x}_1x_2+\bar{x}_3)x_4+\bar{x}_5]x_6$　　(2) $F=S[\bar{W}+I(T+\bar{C})]+H$

(3) $F=A[\bar{B}+(C\bar{D}+\bar{E}F)G]$　　(4) $F=A\bar{B}+B\bar{C}+C(\bar{A}+D)$

3.7　将下列函数转换为由“标准积之和”形式表示的函数：

(1) $F(A,B,C)=A\bar{B}C+\bar{A}B+AC+AB\bar{C}$

(2) $F(A,B,C)=\bar{A}+A\bar{C}+BC+A\bar{B}C$

(3) $F(A,B,C)=B(A+\bar{B}+\bar{C})(\bar{A}+\bar{C})C$

(4) $F(A,B,C)=ABC+\bar{A}\bar{B}\bar{C}$

(5) $F(A,B,C)=(\bar{A}B+C)[(\bar{A}\bar{B}+B)C+A]$

3.8　用“标准和之积”形式表示 3.7 题中的函数。

3.9　用代数运算法求下列各函数的“标准积之和”形式及“标准和之积”形式：

(1) $F(A,B,C,D)=AB\bar{C}\bar{D}+ABCD$

(2) $F(A,B,C,D)=\bar{A}BCD+A\bar{B}CD+ACD+\bar{B}CD$

(3) $F(A,B,C,D)=B\bar{C}\bar{D}+\bar{A}B+AB\bar{C}D+BC$

(4) $F(A,B,C)=\bar{C}+\bar{A}B+\bar{B}C+ABC$

(5) $F(A,B,C,D)=\bar{A}(\bar{B}+C)(A+\bar{C})(A+B+C+D)(A+C+\bar{D})$

3.10　设 $F(A,B,C,D,E)=\sum m(0,1,3,7,8,9,12,15,16,17,20,28,29,30,31)$，试用最大项表示这个函数。

3.11　求 3.10 题中所给函数的补函数，并以最大项表示之。

3.12　证明 $A\bar{B}\bar{C}+\bar{A}B\bar{C}+\bar{A}\bar{B}C+ABC=A\oplus B\oplus C$。

3.13　设 A、B、C 为逻辑变量，试回答：

(1) 若已知 $A+B=A+C$，则 $B=C$，对吗？

(2) 若已知 $AB=AC$，则 $B=C$，对吗？

(3) 若已知 $A+B=A+C$，且 $AB=AC$，则 $B=C$，对吗？

3.14　用代数化简法将下列函数化简为“与或”表达式：

(1) $F=\bar{A}\bar{B}C+\bar{A}BC+ABC+AB\bar{C}$

(2) $F=A\bar{B}+B+BCD$

(3) $F=ABC+\bar{A}+\bar{B}+\bar{C}$

(4) $F=\bar{A}\bar{B}+(AB+A\bar{B}+\bar{A}B)C$

(5) $F=\overline{A[B+\bar{C}(D+\bar{E})]}$

(6) $F=\overline{(A+B\bar{C})(\bar{A}+\bar{D}\bar{E})}$

(7) $F=(X+Y+Z+\bar{W})(V+X)(\bar{V}+Y+Z+\bar{W})$

(8) $F=\overline{\overline{ABC+\bar{A}\bar{B}}+BC}$

(9) $F=\overline{ABC(A+B+C)}$

(10) $F=\overline{(\bar{A}\bar{B}+ABC)(A\bar{B}C)}$

3.15　用卡诺图法将下列函数化为最简“与或”表达式：

(1) $F(A,B,C)=\sum m(0,1,2,4,5,7)$

(2) $F(A,B,C,D)=\sum m(0,1,2,3,4,6,7,8,9,11,15)$

(3) $F(A,B,C,D)=\sum m(3,4,5,7,9,13,14,15)$

(4) $F(A,B,C,D)=\sum m(0,1,2,5,6,7,8,9,13,14)$

(5) $F(A,B,C,D)=\sum m(0,2,3,5,7,8,10,11)+\sum d(14,15)$

(6) $F(A,B,C,D,E)=\sum m(0,3,4,6,7,8,11,15,16,17,20,22,25,27,29,30,31)$

(7) $F(A,B,C,D,E)=\sum m(0,1,2,3,4,5,6,7,16,17,20,21)+\sum d(24,25,27,28,30)$

(8) $F(A,B,C,D,E)=\prod M(0,1,2,3,8,9,16,17,20,21,24,25,28,29,30,31)\cdot \prod d(13,14,19)$

3.16 用 Q-M 法求下列函数的所有质蕴涵:

(1) $F(A,B,C,D)=\sum m(0,1,2,3,6,7,8,9,10,13,14,15)$

(2) $F(A,B,C,D)=\sum m(0,1,2,3,6,7,9,10,14,15)+\sum d(8,13)$

(3) $F(A,B,C,D,E)=\sum m(0,2,4,9,11,14,15,16,17,19,23,25,29,31)$

3.17 求下列函数的最简“或与”式:

(1) $F(A,B,C,D)=\sum m(4,5,6,13,14,15)$

(2) $F(A,B,C,D)=\sum m(4,5,6,13,14,15)+\sum d(8,9,10)$

3.18 某单位有 5 位外语人员:A 会英语和法语,B 会英语和俄语,C 会俄语和日语,D 会德语,E 会日语和法语。

(1) 外地有一外事活动,要求英、俄、日、德、法 5 种外语,求最经济的出差方案。

(2) 试写出这 5 人中两两进行外语会话的条件(这里指只有两人在场的会话)。

3.19 已知 $F=F(A,B,C,D)$的全部质蕴涵为 $\bar{A}\bar{B}\bar{C}$、$\bar{A}\bar{C}\bar{D}$、$\bar{B}D$、CD、$\bar{A}B\bar{D}$、BC、AD、AC。求 F 的最简与或式。要求:列质蕴涵表,找必要质蕴涵,列简化的质蕴涵表,找最小质蕴涵覆盖。

3.20 用 Q-M 法化简下列函数:

(1) $F(A,B,C,D,E)=\prod M(0,1,2,3,8,9,10,11,17,19,21,23,25,27,29,31)$

(2) $F(A,B,C,D,E)=\prod M(0,2,4,6,8,10,12,14,16,18,20,22,25,27,29,31)\cdot \prod d(5,7,13,15,24,26,28,30)$

3.21 用公式和定理化简下列函数:

(1) $F(A,B,C)=ABC+\bar{A}\bar{B}C+\bar{A}B\bar{C}+A\bar{B}\bar{C}+\bar{A}\bar{B}\bar{C}$

(2) $F(A,B,C)=AC+ABC+A\bar{C}+\bar{A}\bar{B}\bar{C}+BC$

3.22 用卡诺图化简如下函数,并列出它们的质蕴涵项和必要质蕴涵项:

(1) $F(x_1,x_2,x_3,x_4)=\sum m(0,1,4,7,9,10,13)+\sum d(2,5,8,12,15)$

(2) $F(X_1,X_2,X_3,X_4)=\prod M(0,13,15)\cdot \prod d(3,7,9,10,12,14)$

3.23 用卡诺图化简如下四变量函数:

$$F(A,B,C,D)=F_1(A,B,C,D)\oplus F_2(A,B,C,D)$$

其中,$F_1=\bar{A}D+BC+\bar{B}\bar{C}\bar{D}+\sum d(2,11,13)$

$F_2=\prod M(0,2,4,8,9,10,14)\cdot\prod d(1,7,13,15)$

3.24　用两函数卡诺图之对应单元相加的方法求两函数的布尔和 F_1+F_2。其中

$$F_1(x_1,x_2,x_3,x_4)=\sum m(0,3,10,12,15)+\sum d(5,6,9)$$

$$F_2(x_1,x_2,x_3,x_4)=\sum m(0,2,5,10,15)+\sum d(1,6,12)$$

3.25　用两函数卡诺图的对应单元相乘的方法求两函数的布尔积 $F_1\cdot F_2$。其中

$$F_1(x_1,x_2,x_3,x_4)=\sum m(0,2,12,14)+\sum d(3,5,9,15)$$

$$F_2(x_1,x_2,x_3,x_4)=\sum m(5,6,10,12)+\sum d(1,2,8,9,15)$$

3.26　化简下列多输出函数：

(1) $F_1(A,B,C,D)=A+D+\overline{A}\overline{C}D$

$F_2(A,B,C,D)=\overline{C}\overline{D}+ABD+\overline{B}\overline{C}D$

$F_3(A,B,C,D)=\overline{B}\overline{D}+ABCD+\overline{A}\overline{B}\overline{C}$

(2) $F_1(A,B,C,D)=\sum m(2,3,4,5,6,7,11,14)+\sum d(9,10,13,15)$

$F_2(A,B,C,D)=\sum m(0,1,3,4,5,7,11,14)+\sum d(8,10,12,13)$

第 4 章　组合逻辑电路

通常将数字系统的逻辑电路分为两大类，一类称为组合逻辑电路，另一类称为时序逻辑电路。所谓组合逻辑电路，是指没有从输出到输入的反馈，且由功能完全的门系列构成的电路，即不含记忆元件（能存储信息，如触发器）的逻辑电路是组合逻辑电路。包含记忆元件的逻辑电路是时序逻辑电路。本章主要讨论组合逻辑的相关知识。组合逻辑的结构模型如图 4.1 所示。设 X 是所有输入变量（$x_1, x_2, \cdots, x_n$）的集合，Y 是所有输出变量（$y_1, y_2, \cdots, y_n$）的集合，$Y=F(X)$。输出不向输入反馈。组合逻辑电路也称为组合网络。

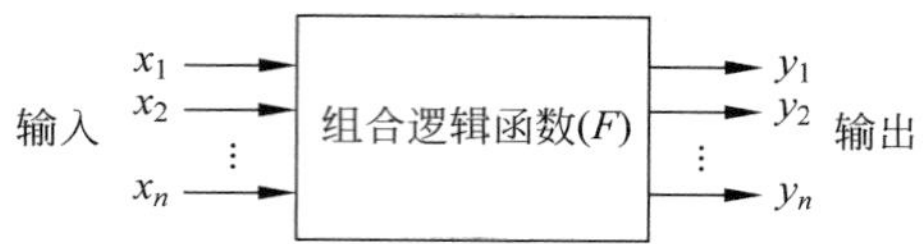

图 4.1　组合逻辑的结构模型

本章在前面章节的基础上讲述如何分析和设计组合逻辑电路。主要讨论中、小规模的组合电路的分析和设计方法，以及介绍一些常用的组合电路。

4.1　常用逻辑门的图形符号

在数字逻辑电路中，把能实现基本逻辑运算的单元电路称为逻辑门电路，包括基本的与门、或门、非门以及复合逻辑与非、或非和与或非门等，这些都是构成数字系统最核心的单元。

在讨论组合电路的分析和设计方法之前，先给出常用逻辑门的图形符号汇总图，如表 4.1 所示，包括我国最新的国标符号、国际常用的图形符号以及我国较早的部颁符号，方便大家查阅。本书统一采用国标符号。

表 4.1　常用逻辑门的图形符号

逻　辑　门	国 标 符 号	国际常用符号	我国部颁符号	输出表达式
“与”门	A, B — & — F	A, B — F	A, B — F	$F=A \cdot B$
“或”门	A, B — ≥1 — F	A, B — F	A, B — + — F	$F=A+B$
“非”门	A — 1 — F	A — F	A — F	$F=\overline{A}$

续表

逻辑门	国标符号	国际常用符号	我国部颁符号	输出表达式
“与非”门	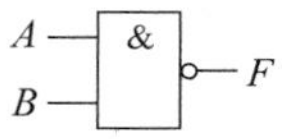	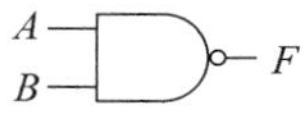	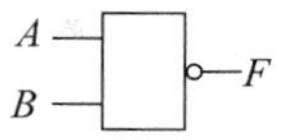	$F=\overline{A\cdot B}$
“或非”门	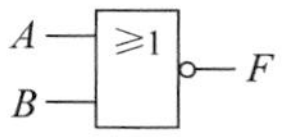	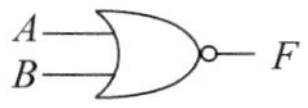	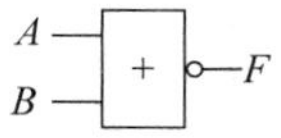	$F=\overline{A+B}$
“异或”门	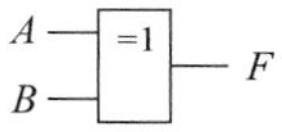	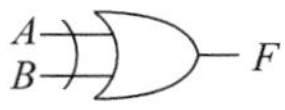	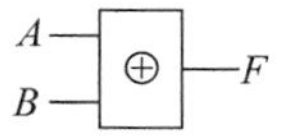	$F=A\oplus B=A\bar{B}+\bar{A}B$
“与或非”门	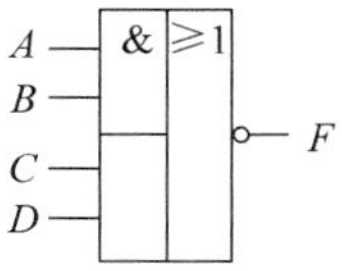	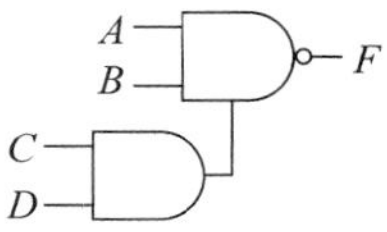	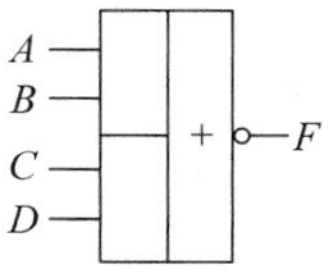	$F=\overline{AB+CD}$

4.2　布尔函数的实现

大家已经知道,布尔函数和逻辑电路之间存在一一对应关系。布尔函数表达式的基本运算是“与”“或”“非”,因而,任何布尔函数都可以用与门、或门、非门所构成的逻辑电路来实现。但是,随着半导体集成电路的产生和发展,实际的逻辑电路已不仅用与门、或门、非门作为基本逻辑单元,也采用复合门作为基本逻辑门。常用的复合门电路有与非门、或非门和与或非门等。

下面分别介绍用与非门、或非门和与或非门实现布尔函数的方法。

4.2.1　用与非门实现布尔函数

用与非门实现布尔函数时,首先将函数化成最简“与或”形式;然后再对表达式二次取反,得到函数的“与非-与非”表达式;最后用与非门实现。

【例 4.1】 用与非门实现函数

$$F(A,B,C,D)=AB\bar{D}+AC+A\bar{C}D+AD$$

首先,将函数化成最简“与或”形式。画出函数的卡诺图,如图 4.2(a)所示。由卡诺图化简得表达式

$$F(A,B,C,D)=AB+AC+AD$$

再将上述表达式二次取反,则有

$$F(A,B,C,D)=\overline{\overline{AB+AC+AD}}=\overline{\overline{AB}\cdot\overline{AC}\cdot\overline{AD}}$$

这是函数的二级“与非”表达式。用与非门来实现该表达式,其逻辑电路图如图 4.2(b)所示。

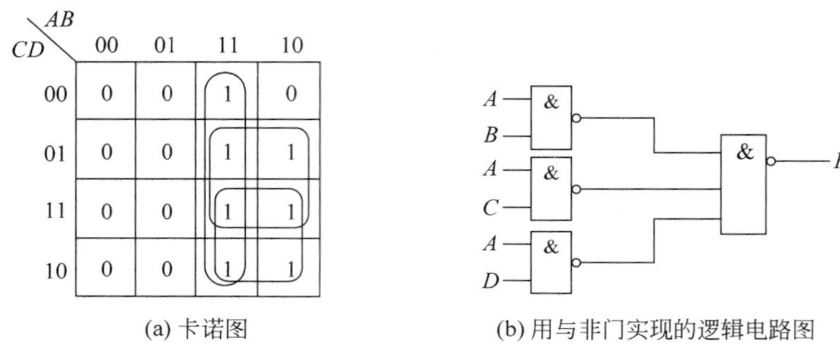

(a) 卡诺图　　(b) 用与非门实现的逻辑电路图

图 4.2　用与非门实现布尔函数示例

4.2.2　用或非门实现布尔函数

用或非门实现布尔函数时，首先将函数化成最简“或与”形式；然后再对表达式二次取反，得到函数的“或非-或非”表达式；最后用或非门画出逻辑图。

【例 4.2】　用或非门实现函数

$$F(A,B,C,D)=AB\overline{D}+AC+A\overline{C}D+AD$$

首先将函数化简成“或与”形式。画出函数的卡诺图，如图 4.3(a)所示。图中，标 1 方格表示原函数 F 的各个最小项，而标 0 方格表示补函数 $\overline{F}$ 的各个最小项(或原函数的最大项)。因此，求得补函数 $\overline{F}$ 的最简“与或”式为

$$\overline{F}(A,B,C,D)=\overline{A}+\overline{B}\,\overline{C}\,\overline{D}$$

再对该式两边取一次反，即可求得函数 F 的“或与”表达式为

$$F(A,B,C,D)=A(B+C+D)$$

然后，再对上述表达式二次取反，即可得函数的“或非-或非”表达式为

$$F(A,B,C,D)=\overline{\overline{A(B+C+D)}}=\overline{\overline{A}+\overline{B+C+D}}$$

最后，用或非门来实现该表达式，其逻辑电路如图 4.3(b)所示。

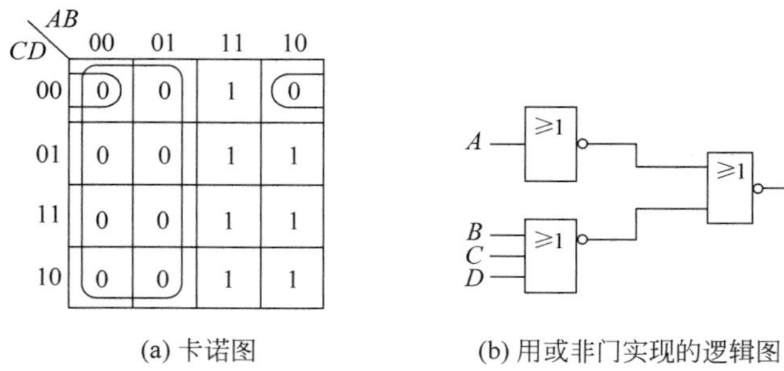

(a) 卡诺图　　(b) 用或非门实现的逻辑图

图 4.3　用或非门实现布尔函数示例

4.2.3　用与或非门实现布尔函数

用与或非门实现逻辑函数时，首先将函数化简成原函数 F 的最简“与或”式以及补函数

$\overline{F}$ 的最简"与或"式；然后再对 F 的表达式二次取反，对 $\overline{F}$ 的表达式一次取反，即得 F 的两个"与或非"表达式；最后用与或非门实现该函数，比较两者，取较简单的一个。

【例 4.3】 用与或非门实现函数

$$F(A,B,C,D)=AB\overline{D}+AC+A\overline{C}D+AD$$

首先求 F 和 $\overline{F}$ 的最简"与或"式。由前面图 4.2(a)，求得 F 的最简"与或"式为

$$F(A,B,C,D)=AB+AC+AD$$

再由前面的图 4.3(a)，求得 $\overline{F}$ 的最简"与或"式为

$$\overline{F}(A,B,C,D)=\overline{A}+\overline{B}\,\overline{C}\,\overline{D}$$

然后，对 F 的最简式二次取反，则得

$$F(A,B,C,D)=\overline{\overline{AB+AC+AD}}$$

再对补函数 $\overline{F}$ 的最简式一次取反，则得

$$F(A,B,C,D)=\overline{\overline{A}+\overline{B}\,\overline{C}\,\overline{D}}$$

最后，用与或非门来实现上述两个表达式，其逻辑图如图 4.4 所示。比较两者，可见图 4.4(b)比图 4.4(a)简单。但是，如果有时要求同时得到 F 及 $\overline{F}$ 时，也可采用图 4.4(a)的方案。

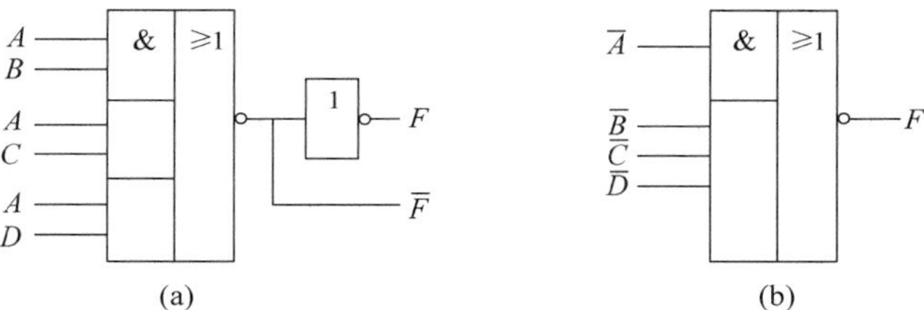

图 4.4 用与或非门实现布尔函数示例

4.3 组合电路的分析

当人们研究某一给定的逻辑电路时，常常会遇到这样一些问题：需要采取电路的设计思想；或者需要更换电路的某些组件；或者需要评价电路的技术经济指标等。这就要求对给定的逻辑电路进行分析。

组合网络的分析方法，一般可概括为以下几个步骤。

(1) 根据给定的逻辑电路图，写出布尔函数表达式。

(2) 将得到的布尔函数表达式化简。

(3) 由简化的布尔函数表达式列出真值表。

(4) 判断该电路所能完成的逻辑功能，作出简要的文字描述，或进行改进设计。

下面举例说明组合逻辑网络的分析过程。

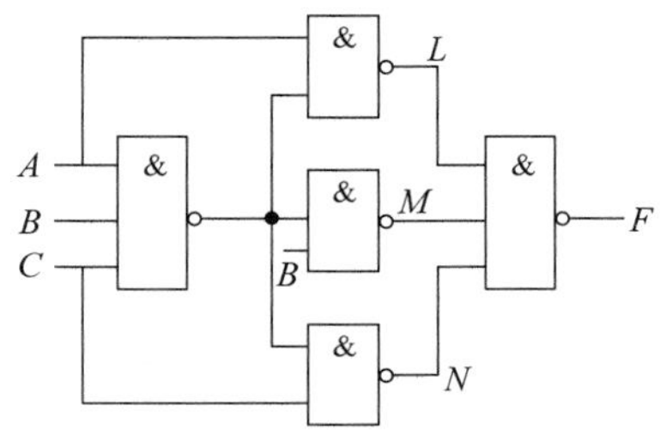

图 4.5 非一致电路的逻辑图

【例 4.4】 分析图 4.5 所示逻辑电路的逻辑功能。

① 由图写出布尔函数表达式。

为了分析方便，可先写出各个门的输出表达式，再

写出总的布尔表达式,则有

$$L=\overline{A\cdot\overline{ABC}},\quad M=\overline{B\cdot\overline{ABC}},\quad N=\overline{C\cdot\overline{ABC}}$$

$$F=\overline{L\cdot M\cdot N}=\overline{L}+\overline{M}+\overline{N}=A\cdot\overline{ABC}+B\cdot\overline{ABC}+C\cdot\overline{ABC}$$

② 化简表达式。

$$\begin{aligned}F&=A\cdot\overline{ABC}+B\cdot\overline{ABC}+C\cdot\overline{ABC}\\&=A\cdot(\overline{A}+\overline{B}+\overline{C})+B\cdot(\overline{A}+\overline{B}+\overline{C})+C(\overline{A}+\overline{B}+\overline{C})\\&=A\overline{B}+A\overline{C}+\overline{A}B+B\overline{C}+\overline{A}C+\overline{B}C\end{aligned}$$

用卡诺图化简法,如图4.6所示。最后,可得

$$F=A\overline{B}+B\overline{C}+C\overline{A}$$

或

$$F=\overline{A}B+\overline{B}C+\overline{C}A$$

③ 列真值表,如表4.2所示。

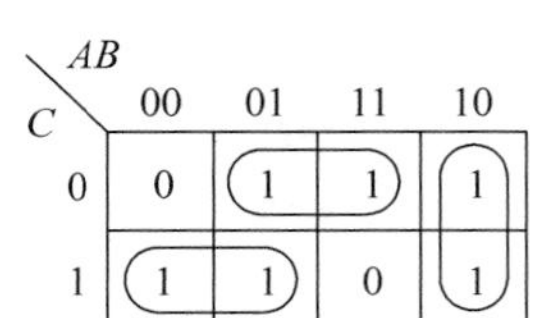

图4.6 非一致电路的卡诺图

表4.2 非一致电路的真值表

A B C	F
0 0 0	0
0 0 1	1
0 1 0	1
0 1 1	1
1 0 0	1
1 0 1	1
1 1 0	1
1 1 1	0

④ 由真值表可知,只要输入 A、B、C 的取值不一样,输出 F 就为1;否则,当 A、B、C 取值一样时,F 为0,所以这是一个三变量的非一致电路。电路无反变量输入,这是它的特点。

【例4.5】 分析图4.7(a)所示的逻辑电路。

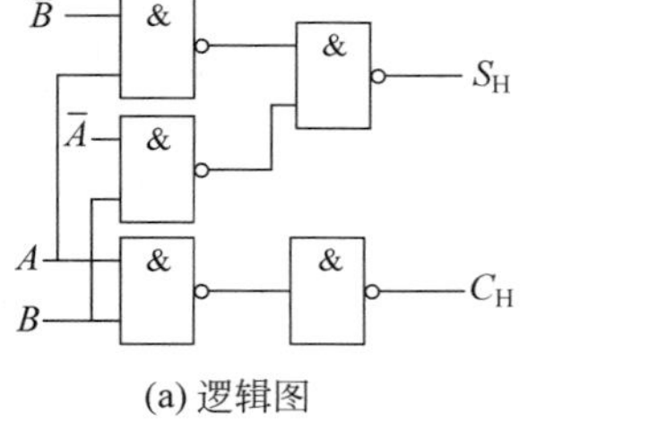

(a) 逻辑图

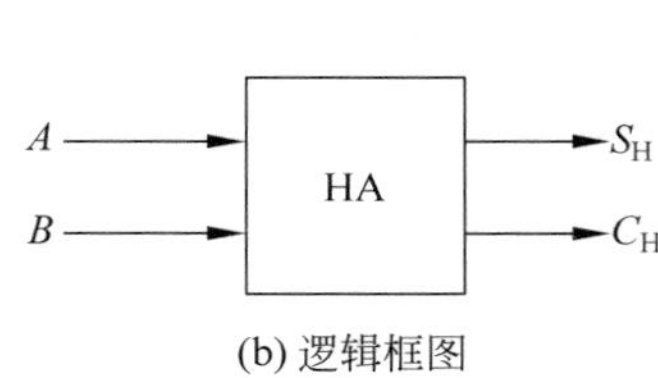

(b) 逻辑框图

图4.7 半加器

① 由图4.7(a)写出布尔函数表达式。

$$S_H=\overline{\overline{\overline{A}B}\cdot\overline{A\overline{B}}}=\overline{A}B+A\overline{B}=A\oplus B,\quad C_H=\overline{\overline{AB}}=AB$$

② 化简函数。函数形式已是最简。

③ 列真值表,如表4.3所示。

④ 电路逻辑功能的描述。由真值表可知，该电路是求 A、B 的和以及进位，分别是 S_H、C_H。

把能对两个一位二进制数进行相加而求得"和"及"进位"的逻辑电路称为半加器，它的逻辑框图如图 4.7(b)所示。其中，A、B 分别为两个一位二进制数的输入；S_H，C_H 分别为相加形成的"和"及"进位"。半加器还可以用异或门、与门实现，逻辑图如图 4.8 所示。

表 4.3　半加器的真值表

A	B	S_H	C_H
0	0	0	0
0	1	1	0
1	0	1	0
1	1	0	1

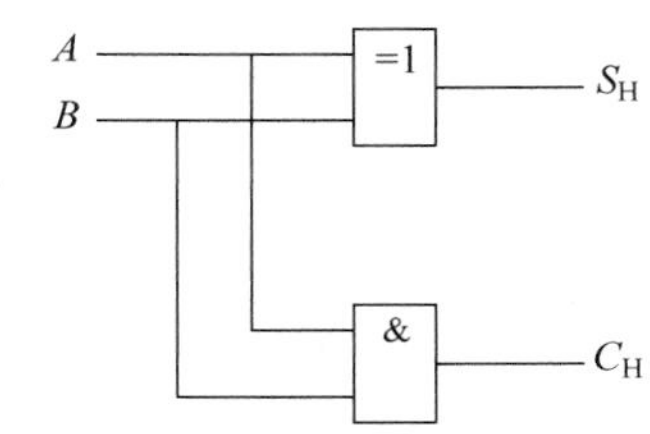

图 4.8　用异或门、与门实现半加器的逻辑图

4.4　组合电路的设计

组合逻辑电路的设计过程正好与分析过程相反，它是根据给定的逻辑功能要求，找出用最少逻辑门来实现该逻辑功能的电路。

组合逻辑电路的设计，一般可分为以下几个步骤。

(1) 根据设计的逻辑要求列出真值表。

(2) 根据真值表写出布尔函数表达式。

(3) 化简函数表达式。

(4) 根据给定的逻辑门，画出逻辑图。

这 4 个设计步骤中，最关键的是第一步，即根据逻辑要求列真值表。任何逻辑问题，只要能列出它的真值表，就能把逻辑电路设计出来。然而，由于逻辑要求往往是用文字描述的，一般很难做到全面而确切，有时甚至是含糊不清的。因此，对设计者来说建立真值表不是一件很容易的事，它要求设计者对设计的逻辑问题有一个全面的理解，对每一种可能的情况都能作出正确的判断。列真值表的困难犹如算术中把文字题列成算式一样。

要列真值表，首先必须从对问题的文字描述中搞清什么作为变量，什么作为函数，以及它们之间的关系。然后，采用穷举法，列出变量可能出现的所有情况，逐一加以分析，最后综合起来即为真值表。

下面举几个例子，说明组合逻辑电路的设计过程。

【例 4.6】　设两个一位二进制数为 x_1 和 y_1，试设计比较器，如 $x_1>y_1$，输出 1，否则输出 0。

① 根据逻辑要求列真值表。

显然，这里变量为 x_1 和 y_1，而 $x_1>y_1$ 比较结果为输出，根据题意，列出真值表如表 4.4 所示。

② 由真值表写出函数表达式：$F=\sum m(2)=x_1\bar{y}_1$，该式已为最简。

③ 画出逻辑电路图。如用与门来实现,且输入信号中原变量和反变量都存在,电路图如图4.9所示。

表4.4　$x_1>y_1$ 的真值表

x_1	y_1	$F(x_1, y_1)$
0	0	0
0	1	0
1	0	1
1	1	0

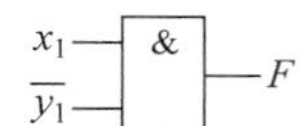

图4.9　$x_1>y_1$ 比较器的逻辑图

【例4.7】　设 x 和 y 是两个两位的二进制数,其中 $x=x_1x_2$,$y=y_1y_2$。试设计比较器,如 $x>y$,输出1,否则输出0。

① 根据逻辑要求列真值表。这个问题的变量有4个,即 x_1、x_2、y_1、y_2,而 $x>y$ 比较结果为输出。比较两个数的大小,先从高位开始,即先比较 x_1、y_1,如果 $x_1=1$,$y_1=0$,则不管 x_2、y_2 怎样,肯定 $x>y$,即 $F=1$;反之,$x_1=0$,$y_1=1$,肯定 $x<y$,即 $F=0$;只有当 $x_1=y_1$ 时,才需要再比较 x_2、y_2,当 $x_2>y_2$ 时,$x>y$ 成立,即 $F=1$。

通过以上分析,可列出真值表,如表4.5所示。这是一个部分真值表,表中只列出使 F 为1的那些输入组合。d 表示变量可取0,也可取1。

表4.5　$x_1x_2>y_1y_2$ 的真值表

x_1	y_1	x_2	y_2	$F(x_1, y_1)$
1	0	d	d	1
0	0	1	0	1
1	1	1	0	1

② 由真值表写出函数表达式:$F=\sum m(2,8,9,10,11,14)$,卡诺图如图4.10所示。

③ 化简:由卡诺图化简得 $F=x_1\overline{y}_1+x_2\overline{y}_1\overline{y}_2+x_1x_2\overline{y}_2$。

④ 画出逻辑电路图。如用与非门来实现,且输入信号中原变量和反变量都存在,$F=\overline{\overline{x_1\overline{y}_1}\cdot\overline{x_2\overline{y}_1\overline{y}_2}\cdot\overline{x_1x_2\overline{y}_2}}$,电路图如图4.11所示。

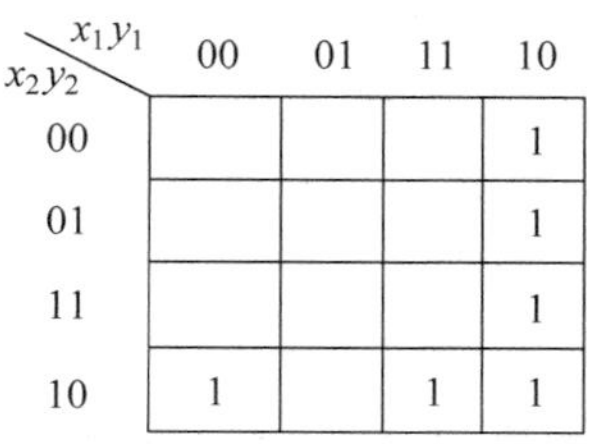

图4.10　例4.7的卡诺图

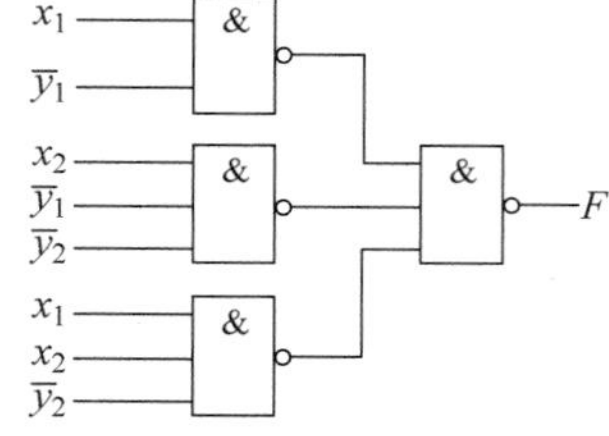

图4.11　用与非门实现 $x>y$ 比较器的逻辑图

【例4.8】　设计一个操作码形成器,如图4.12所示。当按下+、−、×各个操作键时,要求分别产生加法、减法和乘法的操作码01、10和11。

① 根据逻辑要求列真值表。

根据题意,所要设计的线路有3个输入,即+、−、× 3个按键,分别用变量 A、B、C 来表示；输出函数为 F_1 和 F_2。当按下某一按键时，相应输入变量的取值为 1；否则，取值为 0。在正常操作下，每次只允许按下一个按键，而不允许同时按下两个或两个以上按键。因此，A、B、C 3 个变量中同时有两个或两个以上取值为 1 的情况，就作为随意项处理。

由以上分析，可列出表 4.6 所示的真值表。

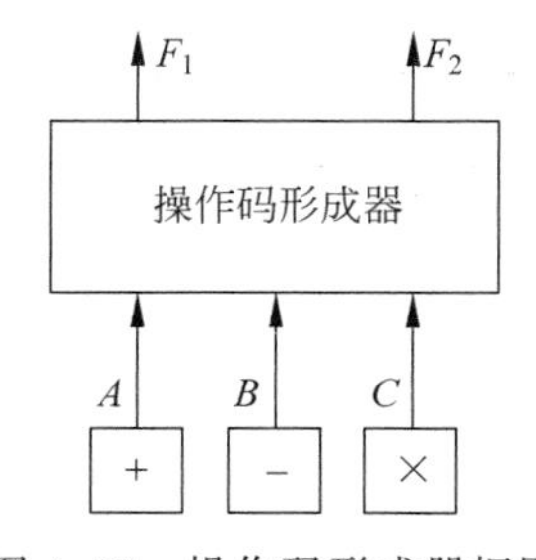

图 4.12　操作码形成器框图

表 4.6　操作码形成器真值表

A	B	C	F_1	F_2
0	0	0	0	0
0	0	1	1	1
0	1	0	1	0
0	1	1	d	d
1	0	0	0	1
1	0	1	d	d
1	1	0	d	d
1	1	1	d	d

② 由真值表写出函数表达式：$F_1=\sum m(1,2)+\sum d(3,5,6,7)$，$F_2=\sum m(1,4)+\sum d(3,5,6,7)$，卡诺图如图 4.13 所示。

③ 化简：由卡诺图化简得 $F_1=B+C$，$F_2=A+C$。

④ 画出逻辑电路图。如用或门来实现，电路图如图 4.14 所示。

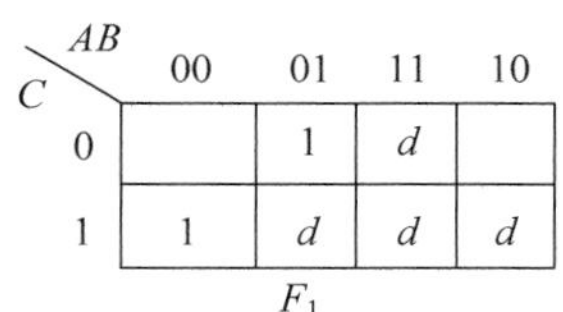

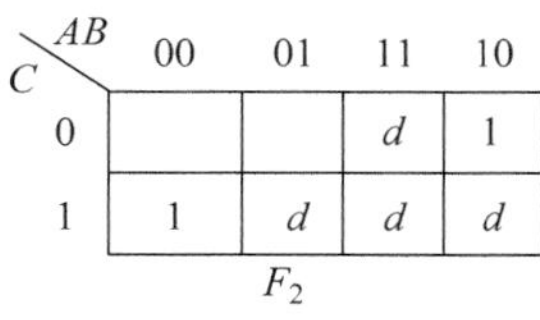

图 4.13　操作码形成器卡诺图

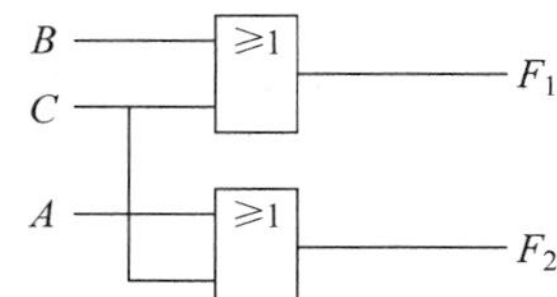

图 4.14　用或门实现操作码形成器的逻辑图

4.5　常用组合电路

4.5.1　加法器

数字计算机能进行各种信息处理，其中最常用的是各种算术运算，而加法是最基本的算术运算。实现二进制加法运算的逻辑电路，通常称为加法器，下面围绕加法器的设计进行讨论，并介绍一些常用的加法器件。

1. 全加器(Full Adder)

能对两个一位二进制数相加并考虑低位来的进位，即相当于 3 个一位二进制数的相加，得到“和”及“进位”的逻辑电路，称为全加器，它的框图如图 4.15 所示，其中，A_i 和 B_i 分别

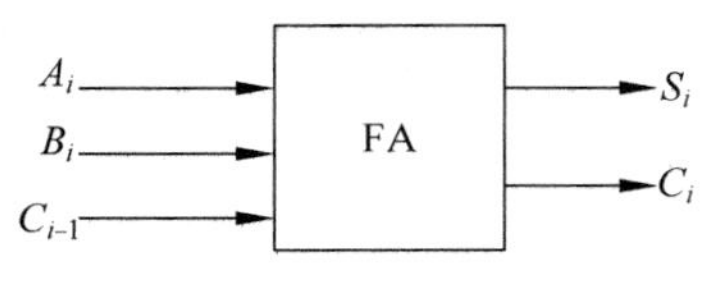

图 4.15 全加器逻辑框图

为两个一位二进制数的输入；C_{i-1} 为低位来的进位输入；S_i 和 C_i 分别为相加后形成的“和”及向高位的“进位”输出。

要设计一位全加器，设计步骤如下。

(1) 列真值表，如表 4.7 所示。

表 4.7 全加器真值表

A_i	B_i	C_{i-1}	S_i	C_i
0	0	0	0	0
0	0	1	1	0
0	1	0	1	0
0	1	1	0	1
1	0	0	1	0
1	0	1	0	1
1	1	0	0	1
1	1	1	1	1

(2) 写出函数的表达式：

$$S_i = \sum m(1,2,4,7), \quad C_i = \sum m(3,5,6,7)$$

(3) 化简。

画出 S_i 和 C_i 的卡诺图，如图 4.16 所示。

由卡诺图可得

$$S_i = \overline{A}_i\overline{B}_iC_{i-1} + \overline{A}_iB_i\overline{C}_{i-1} + A_i\overline{B}_i\overline{C}_{i-1} + A_iB_iC_{i-1}$$
$$C_i = A_iB_i + A_iC_{i-1} + B_iC_{i-1} \tag{4.1}$$

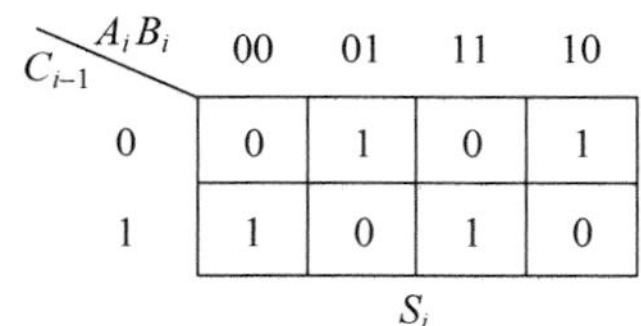

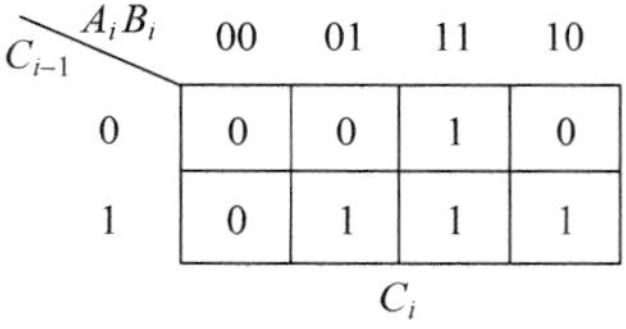

图 4.16 全加器的卡诺图

(4) 画逻辑图。

根据给定的不同类型门电路，将布尔函数 S_i 和 C_i 变换成不同形式。

方案一：用或非门实现全加器。将 S_i 和 C_i 用最简或与式表示，由图 4.16 卡诺图可得

$$\overline{S}_i = \overline{A}_i\overline{B}_i\overline{C}_{i-1} + \overline{A}_iB_iC_{i-1} + A_iB_i\overline{C}_{i-1} + A_i\overline{B}_iC_{i-1}$$
$$\overline{C}_i = \overline{A}_i\overline{B}_i + \overline{A}_i\overline{C}_{i-1} + \overline{B}_i\overline{C}_{i-1} \tag{4.2}$$

式(4.2)取反后得：

$$S_i = (A_i + B_i + C_{i-1})(A_i + \overline{B}_i + C_{i-1})(\overline{A}_i + \overline{B}_i + C_{i-1})(\overline{A}_i + B_i + \overline{C}_{i-1})$$
$$C_i = (A_i + B_i)(A_i + C_{i-1})(B_i + C_{i-1}) \tag{4.3}$$

比较式(4.1)和式(4.3)可发现，它们互为对偶式，即 $(S_i)_d = S_i$，$(C_i)_d = C_i$，这种函数称为自对偶函数。这是布尔函数中的特例。

由式(4.3)画逻辑图，如图 4.17 所示。

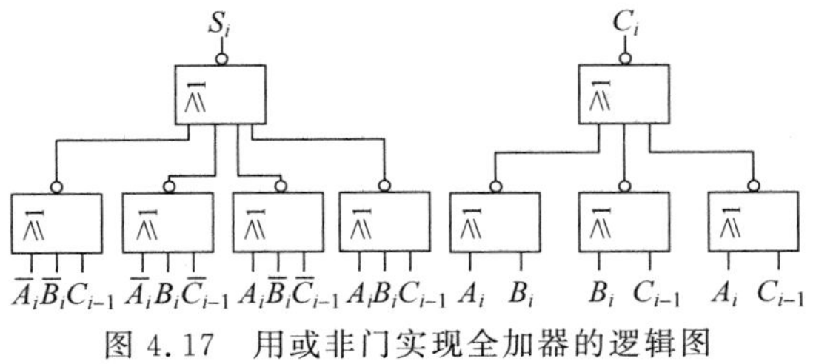

图 4.17　用或非门实现全加器的逻辑图

方案二：用与或非门实现全加器。由式(4.2)可得：

$$S_i = \overline{\overline{A}_i\overline{B}_i\overline{C}_{i-1} + \overline{A}_iB_iC_{i-1} + A_iB_i\overline{C}_{i-1} + A_i\overline{B}_iC_{i-1}}$$

$$C_i = \overline{\overline{A}_i\overline{B}_i + \overline{A}_i\overline{C}_{i-1} + \overline{B}_i\overline{C}_{i-1}} \tag{4.4}$$

根据式(4.4)可画出用与或非门构成的全加器，但这种全加器在构成多位加法器时，需加级间耦合门，如由低位的 C_{i-1} 经倒相器形成 $\overline{C}_{i-1}$，再形成 C_i，这样增加了进位形成的时间。因此，这种全加器电路在实际中很少用。

下面介绍一种用与或非门的常用电路，其 S_i 和 C_i 的表达式如下：

$$\begin{aligned}\overline{S}_i &= \overline{A_i\overline{C}_i + B_i\overline{C}_i + C_{i-1}\overline{C}_i + A_iB_iC_{i-1}} \\ \overline{C}_i &= \overline{A_iB_i + A_iC_{i-1} + B_iC_{i-1}}\end{aligned} \tag{4.5}$$

$$\begin{aligned}S_i &= \overline{\overline{A}_iC_i + \overline{B}_iC_i + \overline{C}_{i-1}C_i + \overline{A}_i\overline{B}_i\overline{C}_{i-1}} \\ C_i &= \overline{\overline{A}_i\overline{B}_i + \overline{A}_i\overline{C}_{i-1} + \overline{B}_i\overline{C}_{i-1}}\end{aligned} \tag{4.6}$$

根据式(4.5)和式(4.6)，用与或非门构成的全加器如图 4.18 所示。由图可见，当输入为原变量 A_i、B_i、C_{i-1} 时，输出为补函数 $\overline{S}_i$、$\overline{C}_i$；当输入为反变量 $\overline{A}_i$、$\overline{B}_i$、$\overline{C}_{i-1}$ 时，输出为原函数 S_i、C_i。用这种电路构成多位加法器时，可以省去级间耦合门，因此，这种方案电路简单，进位速度快，是一种非常简单而实用的方案。实现全加器的方案还有很多，例如用半加器、与非门等，这里不一一列举。

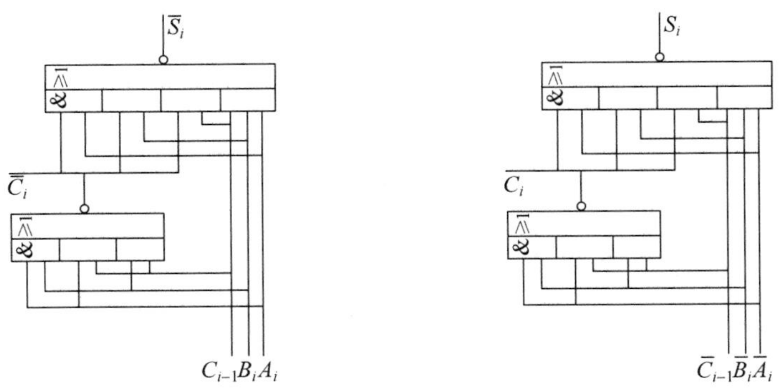

图 4.18　用与或非门实现全加器的逻辑图

2. 多位加法器

以上介绍了完成两个一位二进制数相加的逻辑电路。如果有两个 n 位二进制数相加，

就需 n 位全加器,这样构成的逻辑电路称为多位并行加法器。按照进位方式的不同,并行加法器分为行波进位加法器和先行进位加法器两种。下面分别讨论这两种加法器的设计。

(1) 行波进位加法器。行波进位加法器的逻辑框图如图4.19所示。这种加法器的构成比较简单,只要把 n 位全加器串联起来,低位全加器的进位输出连到相邻的高位全加器的进位输入。

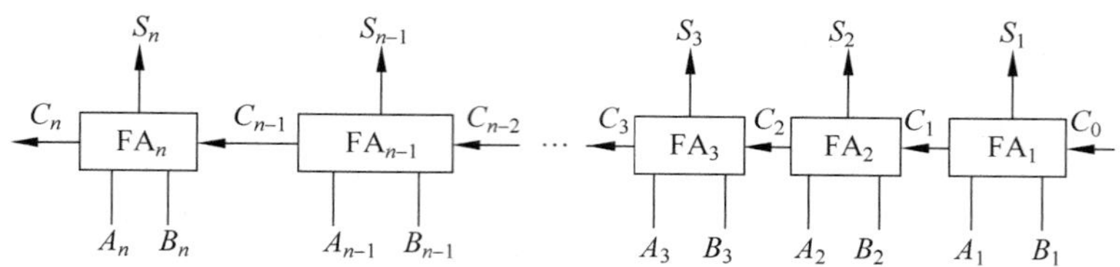

图4.19 行波进位加法器

由图4.19可见,这样构成的加法器,尽管各位相加是并行的,但其进位信号是由低位向高位逐级传递的,好像行波一样。这样,要形成高位的和,要等低位的进位形成后才能确定。正如我们做手算加法那样,要从低位逐级求出进位,最后才求得高位的和及进位。因此,这种加法器,由于进位是串行的,形成进位的速度很慢,加法器的速度主要受进位传递时间的限制。

若每级全加器形成进位的延时为 $2t_{pd}$,则在最坏情况下,从 FA_1 的输入到产生高位进位 C_n 需要时间为 $2t_{pd}\times n$。当 n 增大时,完成一次加法所需时间也随之增加。

(2) 先行进位加法器。为了提高加法速度,在逻辑设计上采用所谓先行进位的方法,即每一位的进位根据各位的输入同时预先形成,而不需要等到低位的进位送来后才形成。

先行进位的原理是这样的:根据进位表达式

$$C_i=A_iB_i+(A_i\oplus B_i)C_{i-1}$$

可以知道,进位由两部分组成,A_iB_i 表示当 $A_i=1$ 且 $B_i=1$ 时,进位 $C_i=1$,它只与本位的输入 A_i、B_i 有关,与低位来的进位 C_{i-1} 无关;$(A_i\oplus B_i)C_{i-1}$ 表示当 A_i、B_i 中有一个为1时,当低位来进位信号,则 $C_i=1$。令

$$G_i=A_iB_i,\quad P_i=(A_i\oplus B_i)C_{i-1}$$

则

$$C_i=G_i+P_iC_{i-1} \tag{4.7}$$

称 G_i 为第 i 位的进位生成项;称 P_i 为进位传递条件。同时,可以把 S_i 写成

$$S_i=A_i\oplus B_i\oplus C_{i-1}=P_i\oplus C_{i-1} \tag{4.8}$$

式(4.7)和式(4.8)是先行进位的并行加法器的两个基本公式。由这两个公式可以写出各位全加器的表达式,即有

$$\begin{cases}S_1=P_1\oplus C_0\\ C_1=G_1+P_1C_0\end{cases}$$

$$\begin{cases}S_2=P_2\oplus C_1\\ C_2=G_2+P_2C_1=G_2+P_2G_1+P_2P_1C_0\end{cases}$$

$$\begin{cases}S_3 = P_3 \oplus C_2 \\ C_3 = G_3 + P_3 C_2 = G_3 + P_3 G_2 + P_3 P_2 G_1 + P_3 P_2 P_1 C_0\end{cases}$$

$$\begin{cases}S_4 = P_4 \oplus C_3 \\ C_4 = G_4 + P_4 C_3 = G_4 + P_4 G_3 + P_4 P_3 G_2 + P_4 P_3 P_2 G_1 + P_4 P_3 P_2 P_1 C_0\end{cases}$$

$$\cdots\cdots$$

$$\begin{cases}S_n = P_n \oplus C_{n-1} \\ C_n = G_n + P_n C_{n-1} = G_n + P_n G_{n-1} + P_n P_{n-1} G_{n-2} + \cdots + \\ \qquad P_n P_{n-1} \cdots P_2 G_1 + P_n P_{n-1} \cdots P_2 P_1 C_0\end{cases}$$

其中 C_0 为来自外部进位输入；$G_i = A_i B_i$，$P_i = A_i \oplus B_i (i=1,2,\cdots,n)$是各位的进位生成项和进位传递条件，由各位的数据输入确定。

由这些表达式，可画出 n 位先行进位加法器的逻辑图。图 4.20 为四位先行进位加法器的逻辑图。从图可见，利用先行进位方法，各位进位都只经过三级门延时（约 $4t_{pd}$，假定异或门延时为 $2t_{pd}$），而形成各位和 S_i 需经四级门延时（约 $6t_{pd}$），即先形成进位，再形成和。

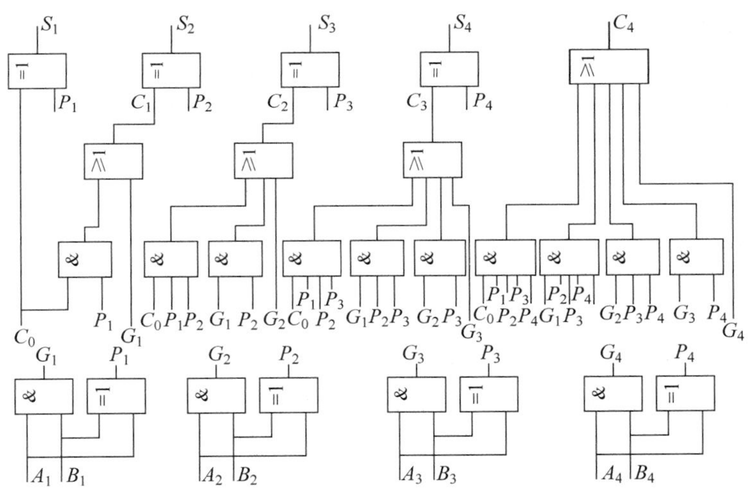

图 4.20　4 位先行进位加法器

显然，进位传递时间的节省是以逻辑电路的复杂性为代价的。随着位数的增加，所需电路元件也迅速增加，而且门电路的扇入和扇出数也会增大。扇入和扇出是反映门电路的输入端数目和输出驱动能力的指标。扇入是指一个门电路所能允许的输入端个数。扇出是指一个门电路所能驱动的同类门的数目。因此，当位数较多时，为避免门电路的扇入扇出增大的问题，通常采用折中的办法，即将字长 n 位分为若干组。例如，一个 16 位并行加法器，电路可分为四组，每组 4 位。每组内采用先行进位，组间采用串行进位。

4.5.2　十进制数字的七段显示

十进制数字的七段显示电路主要用在直接用十进制数进行输入、运算和输出的场合，如台式计算机、计算器、计分器及其他数字式仪器仪表中，这种逻辑电路用得很普遍。下面结合具体例子讨论这种逻辑电路的设计方法。

1. BCD码编码器

BCD码编码器的输入为10线十进制数字,10根输入线D_0、D_1、……、D_9分别表示数字0、1、……、9;输出为4线BCD码B_8、B_4、B_2、B_1,如图4.21所示。

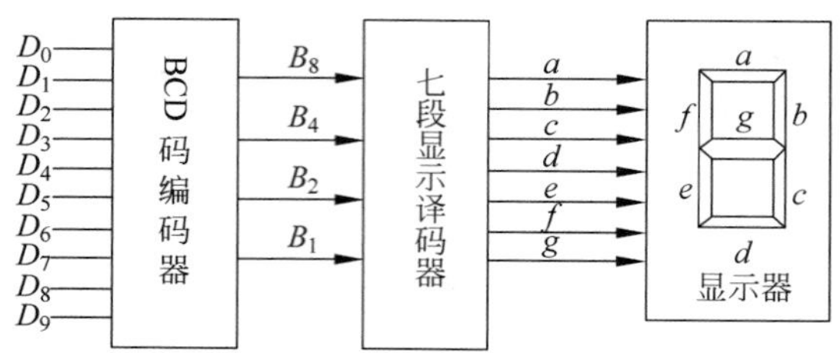

图4.21　BCD码编码器和七段译码器框图

BCD码编码器的设计步骤如下。

(1) 列真值表。输入变量有10个:$D_0 \sim D_9$。由于输入变量之间是互斥的,即每次只允许一个变量取值为1,这时输出才有确定值。列出部分真值表,如表4.8所示。

表4.8　BCD码编码器真值表

	D_9	D_8	D_7	D_6	D_5	D_4	D_3	D_2	D_1	D_0	B_8	B_4	B_2	B_1
0	0	0	0	0	0	0	0	0	0	1	0	0	0	0
1	0	0	0	0	0	0	0	0	1	0	0	0	0	1
2	0	0	0	0	0	0	0	1	0	0	0	0	1	0
3	0	0	0	0	0	0	1	0	0	0	0	0	1	1
4	0	0	0	0	0	1	0	0	0	0	0	1	0	0
5	0	0	0	0	1	0	0	0	0	0	0	1	0	1
6	0	0	0	1	0	0	0	0	0	0	0	1	1	0
7	0	0	1	0	0	0	0	0	0	0	0	1	1	1
8	0	1	0	0	0	0	0	0	0	0	1	0	0	0
9	1	0	0	0	0	0	0	0	0	0	1	0	0	1

(2) 列函数表达式:

$$B_1 = D_1 + D_3 + D_5 + D_7 + D_9, \quad B_2 = D_2 + D_3 + D_6 + D_7,$$

$$B_4 = D_4 + D_5 + D_6 + D_7, \quad B_8 = D_8 + D_9$$

(3) 表达式已为最简。如果用或非门和与非门混合使用,且考虑公用部分,表达式可变换为

$$B_1 = \overline{\overline{D_1 + D_9} \cdot \overline{D_3 + D_7} \cdot \overline{D_5 + D_7}}, \quad B_2 = \overline{\overline{D_3 + D_7} \cdot \overline{D_2 + D_6}}$$

$$B_4 = \overline{\overline{D_5 + D_7} \cdot \overline{D_4 + D_6}}, \quad B_8 = \overline{\overline{D_8 + D_9}}$$

(4) 画出逻辑图,如图4.22所示。

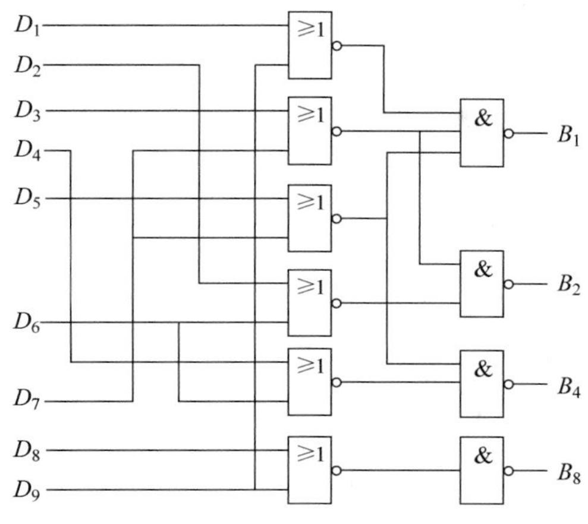

图 4.22　BCD 码编码器逻辑图

2. BCD-七段译码器的设计

BCD-七段译码器的输入为 BCD 码 B_8、B_4、B_2 和 B_1，输出为七段显示器的输入代码 a～g，如图 4.21 所示。

BCD-七段译码器的设计步骤如下。

(1) 列真值表。输入变量为 4 个：B_8、B_4、B_2 和 B_1，输出函数有 7 个：a～g。注意，输入取值 0000～1001 这 10 种为合法码，输出有确定值；其余 6 种取值为非法码，输出无确定值，用 d 表示，真值表如表 4.9 所示。

表 4.9　BCD-七段译码器真值表

	B_8	B_4	B_2	B_1	a	b	c	d	e	f	g
0	0	0	0	0	1	1	1	1	1	1	0
1	0	0	0	1	0	1	1	0	0	0	0
2	0	0	1	0	1	1	0	1	1	0	1
3	0	0	1	1	1	1	1	1	0	0	1
4	0	1	0	0	0	1	1	0	0	1	1
5	0	1	0	1	1	0	1	1	0	1	1
6	0	1	1	0	0	0	1	1	1	1	1
7	0	1	1	1	1	1	1	0	0	0	0
8	1	0	0	0	1	1	1	1	1	1	1
9	1	0	0	1	1	1	1	0	0	1	1
10	1	0	1	0	d	d	d	d	d	d	d
11	1	0	1	1	d	d	d	d	d	d	d
12	1	1	0	0	d	d	d	d	d	d	d
13	1	1	0	1	d	d	d	d	d	d	d
14	1	1	1	0	d	d	d	d	d	d	d
15	1	1	1	1	d	d	d	d	d	d	d

(2) 列函数表达式并化简。输出函数有 7 个,如果按多输出函数化简法,将十分麻烦。实际上,这种情况下可按单输出函数化简,用卡诺图法化简,分别画出 7 个函数的卡诺图,如图 4.23 所示。

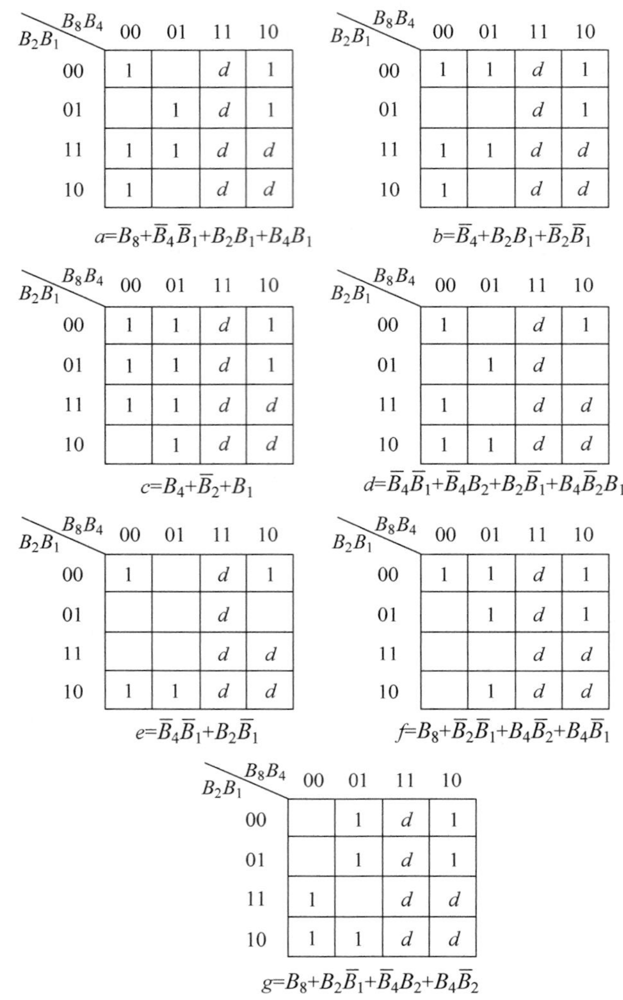

图 4.23　BCD-七段译码器卡诺图

由卡诺图得到 7 个函数的表达式为

$$a=B_8+\overline{B}_5\overline{B}_1+B_2B_1+B_5B_1,\quad b=\overline{B}_5+B_2B_1+\overline{B}_2\overline{B}_1$$

$$c=B_5+\overline{B}_2+B_1,\quad d=\overline{B}_5\overline{B}_1+\overline{B}_5B_2+B_2\overline{B}_1+B_5\overline{B}_2B_1$$

$$e=\overline{B}_5\overline{B}_1+B_2\overline{B}_1,\quad f=B_8+\overline{B}_2\overline{B}_1+B_5\overline{B}_2+B_5\overline{B}_1$$

$$g=B_8+B_2\overline{B}_1+\overline{B}_5B_2+B_5\overline{B}_2$$

(3) 画出逻辑图。如用与非门实现上述函数,并考虑公用部分。其逻辑图如图 4.24 所示。

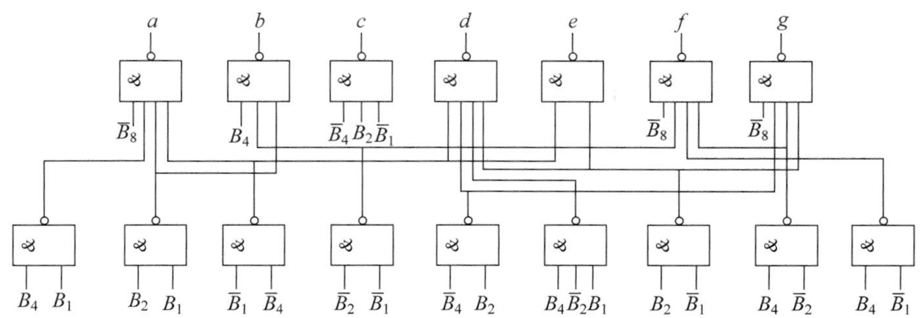

图 4.24　BCD-七段译码器逻辑图

4.5.3　二进制比较器

二进制比较器是用来完成两个二进制数的大小比较的逻辑电路，简称比较器。又称为数值比较器或数字比较器。

4.4 节已经举例说明一位和两位比较器的电路设计，这里不再赘述。

4.6　二进制译码器

所谓译码器，从广义来说就是把一种代码转换为另一种代码的逻辑电路。如前面讲过的将 8421BCD 码转换成七段显示器输入代码的逻辑电路就是一种译码器。这里所讲的是计算机中最常用的一种译码器，为区别于其他译码器，我们称它为二进制译码器，它在计算机中常用作指令译码、存储器地址译码等。

4.6.1　二进制译码器的功能和组成

二进制译码器有 n 个输入，2^n 个输出。对应于每一种输入组合，2^n 个输出中只有一个输出为 1，其余全为 0，或者只有一个输出为 0，其余全为 1。例如，$n=3$ 时，译码器的框图和真值表如图 4.25 所示。图中，A_1、A_2 和 A_3 为输入，$Y_0 \sim Y_7$ 为输出。

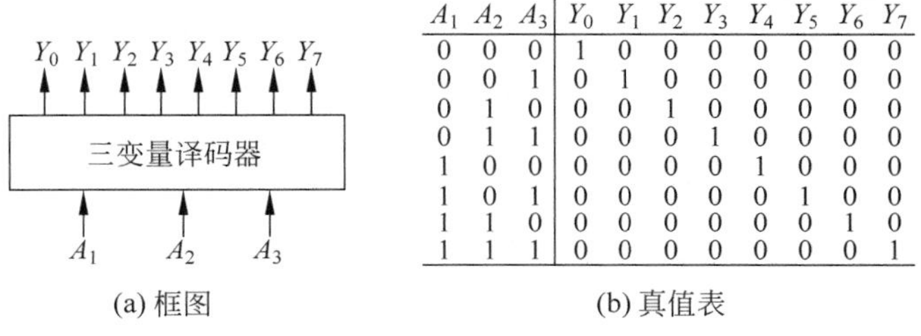

(a) 框图

A_1	A_2	A_3	Y_0	Y_1	Y_2	Y_3	Y_4	Y_5	Y_6	Y_7
0	0	0	1	0	0	0	0	0	0	0
0	0	1	0	1	0	0	0	0	0	0
0	1	0	0	0	1	0	0	0	0	0
0	1	1	0	0	0	1	0	0	0	0
1	0	0	0	0	0	0	1	0	0	0
1	0	1	0	0	0	0	0	1	0	0
1	1	0	0	0	0	0	0	0	1	0
1	1	1	0	0	0	0	0	0	0	1

(b) 真值表

图 4.25　三变量译码器的框图和真值表

从真值表可知,对应于一组变量输入,在 8 个输出中只有一个为 1,其余 7 个为 0。把输入变量看作三位代码,而输出为 8 位代码,常常称为 3 入-8 出译码器。

组成译码器的形式很多,常见的有如下几种。

1. 用与门构成的译码器

根据译码器的真值表,可写出三输入变量译码器的表达式:

$$Y_0=\overline{A}_1\overline{A}_2\overline{A}_3,\quad Y_1=\overline{A}_1\overline{A}_2A_3,\quad Y_2=\overline{A}_1A_2\overline{A}_3,\quad Y_3=\overline{A}_1A_2A_3,$$

$$Y_4=A_1\overline{A}_2\overline{A}_3,\quad Y_5=A_1\overline{A}_2A_3,\quad Y_6=A_1A_2\overline{A}_3,\quad Y_7=A_1A_2A_3$$

根据这些表达式,可画出用与门构成的译码器,如图 4.26(a)所示。

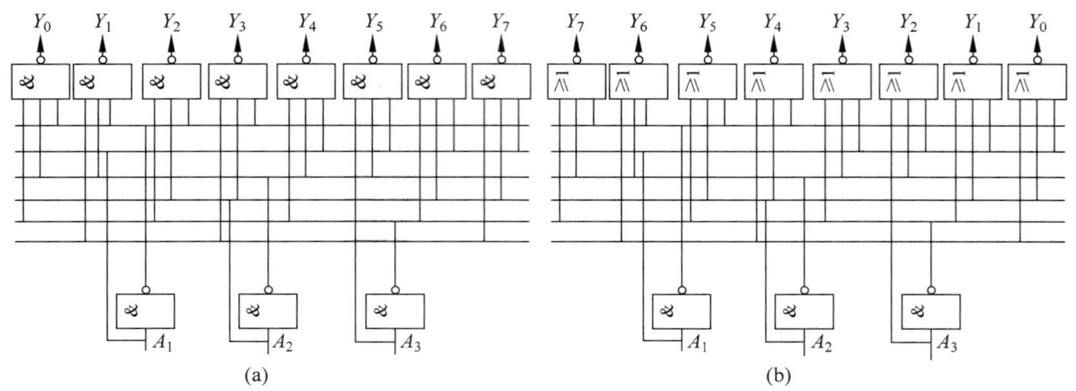

图 4.26 三变量译码器逻辑图

2. 用或非门构成的译码器

输出表达式还可写成:

$$Y_0=\overline{A_1+A_2+A_3},\quad Y_1=\overline{A_1+A_2+\overline{A}_3},\quad Y_2=\overline{A_1+\overline{A}_2+A_3},\quad Y_3=\overline{A_1+\overline{A}_2+\overline{A}_3},$$

$$Y_4=\overline{\overline{A}_1+A_2+A_3},\quad Y_5=\overline{\overline{A}_1+A_2+\overline{A}_3},\quad Y_6=\overline{\overline{A}_1+\overline{A}_2+A_3},\quad Y_7=\overline{\overline{A}_1+\overline{A}_2+\overline{A}_3}$$

根据这些表达式,可画出用或非门构成的译码器,如图 4.26(b)所示。

多种译码器已经做成集成电路,所以设计者不用自己做译码器,而是直接使用。

4.6.2 用中规模集成译码器进行设计

常用的中规模集成译码器有双 2-4 译码器 74139、3-8 译码器 74138 等。为了充分利用封装的全部引线端并增强其逻辑功能,集成译码器常常带有若干个"使能端"。"使能端"的作用有两个: 一是便于扩展译码器的输入变量数; 二是在"使能端"加选通脉冲可以消除由于输入倒相门的延时带来的险态。

图 4.27(a)是 3-8 译码器 74138 的逻辑图。其中 E_1、$\overline{E}_{2A}$、$\overline{E}_{2B}$ 为"使能端"。当 $E_1=1$,$\overline{E}_{2A}$、$\overline{E}_{2B}$ 均为 0 时,译码器处于工作状态; 当 $E_1=0$ 或者当 E_{2A}、E_{2B} 中有一个为 1 时,译码器处于禁止状态。其逻辑功能列于图 4.27(c)的功能表中。注意,这里是低电平输出。$E_2=\overline{E}_{2A}+\overline{E}_{2B}$。图 4.27(b)为逻辑符号,使能输入 G_1、$G_{2A'}$、$G_{2B'}$ 相当于图 4.27(a)中的 E_1、

$\overline{E}_{2A}$、$\overline{E}_{2B}$。因为逻辑符号较复杂,因此下面采用逻辑框图来说明,便于大家理解。

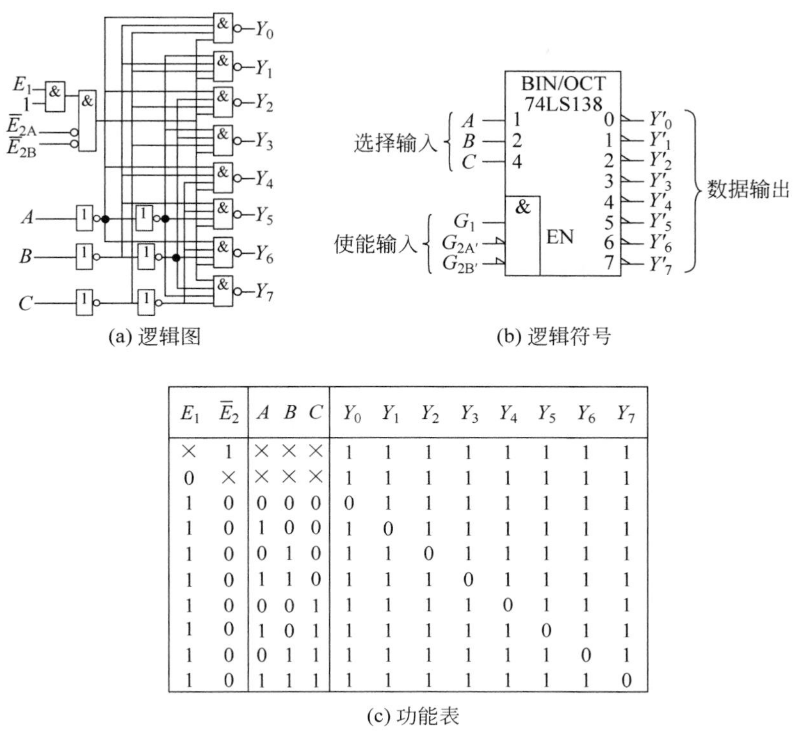

(a) 逻辑图

(b) 逻辑符号

E_1	$\overline{E}_2$	A	B	C	Y_0	Y_1	Y_2	Y_3	Y_4	Y_5	Y_6	Y_7
×	1	×	×	×	1	1	1	1	1	1	1	1
0	×	×	×	×	1	1	1	1	1	1	1	1
1	0	0	0	0	0	1	1	1	1	1	1	1
1	0	1	0	0	1	0	1	1	1	1	1	1
1	0	0	1	0	1	1	0	1	1	1	1	1
1	0	1	1	0	1	1	1	0	1	1	1	1
1	0	0	0	1	1	1	1	1	0	1	1	1
1	0	1	0	1	1	1	1	1	1	0	1	1
1	0	0	1	1	1	1	1	1	1	1	0	1
1	0	1	1	1	1	1	1	1	1	1	1	0

(c) 功能表

图 4.27　带"使能端"的三变量集成译码器 74138

下面通过例子说明译码器在设计中的应用。

【例 4.9】 用三变量译码器构成四变量译码器。

将"使能端"作为变量输入端,可以将两块三变量译码器扩展成四变量译码器,如图 4.28 所示。

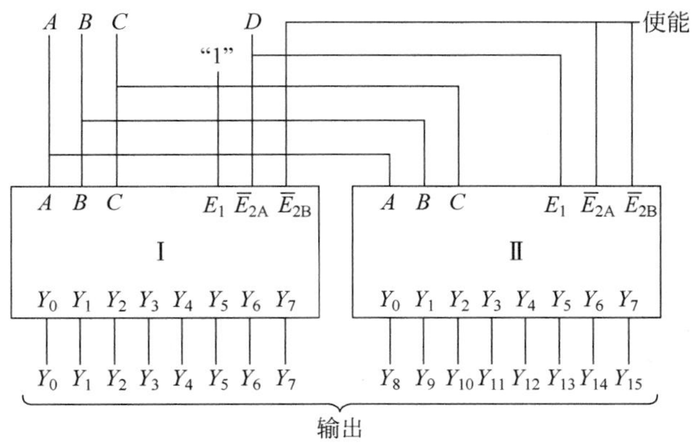

图 4.28　用三变量译码器构成四变量译码器

当输入 $D=0$ 时,片Ⅰ工作,其输出 $Y_0 \sim Y_7$ 中有一个为"0",其余均为"1";而片Ⅱ禁止,使其输出 $Y_8 \sim Y_{15}$ 均为"1"。当 $D=1$ 时,正好相反,片Ⅰ禁止,片Ⅱ工作,使片Ⅰ的输出

$Y_0 \sim Y_7$ 均为"1",而片Ⅱ的输出 $Y_8 \sim Y_{15}$ 中有一个为"0",在图 4.28 中,"使能端" $\bar{E}_{2B}$ 可作为整个四输入变量译码器的"使能端",用它可以将两个这样的四输入变量译码器再扩展成五输入变量译码器。

因为译码器能产生输入变量的所有最小项,而任一组合函数总能表示成最小项之和的形式,即 $F=\sum m_i$。因此,由译码器加上或门的办法,可用来实现任何组合函数,这样做的优点是可以减少集成电路的使用数量。这一设计思想已被近代发展的用只读存储器实现逻辑函数所采用。

【例 4.10】 用译码器实现一位全加器电路。

从全加器的真值表,可以得到全加器的函数表达式为

$$\begin{cases} S_i(A_i, B_i, C_{i-1}) = \sum m(1,2,4,7) \\ C_i(A_i, B_i, C_{i-1}) = \sum m(3,5,6,7) \end{cases}$$

可以用三变量译码器的 8 个最小项输出来形成所需函数,其逻辑图如图 4.29 所示。

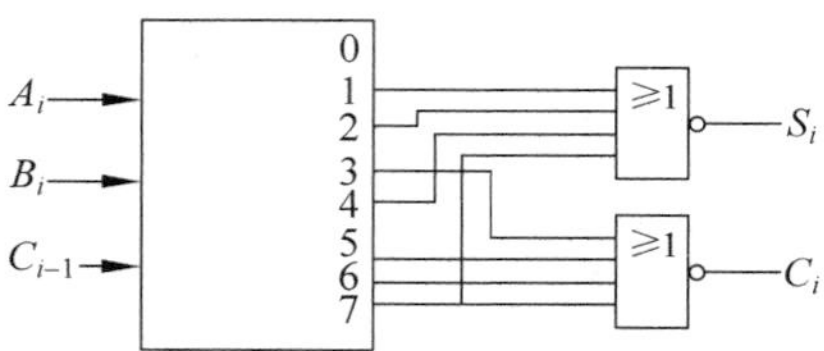

图 4.29 用译码器和或门实现的全加器

4.7 多路选择器

多路选择器又称为数据选择器,它是目前在逻辑设计中较为流行的一种通用中规模组件,它除了用作数据通路以外,还可以用来实现逻辑函数。这一节我们重点介绍用多路选择器实现函数的方法。

4.7.1 多路选择器的逻辑功能和组成

多路选择器的逻辑功能是从多个输入中选择一个,并把其信息传送到输出端,具体选择哪一个输入,则由一组选择变量确定。通常多路选择器有 2^n 根输入线,n 根选择线和一根输出线,根据 n 个选择变量的不同代码组合来选择 2^n 个不同的输入。例如,四路选择器需要两个选择变量,八路选择器需要 3 个输入选择变量。

为了实现多路选择器的功能,只要在译码器的基础上再加上一些必要的逻辑门即可。

图 4.30 是一个四路选择器的框图和逻辑图。图中,$I_0 \sim I_3$ 为 4 个数据输入端;S_1 和 S_0 为选择变量输入端。根据 S_1 和 S_0 的 4 种不同取值来控制四路数据输入。F 为选择器的输出。

根据逻辑图很容易得到输出 F 的布尔表达式,即

$$F = I_0\bar{S}_1\bar{S}_0 + I_1\bar{S}_1 S_0 + I_2 S_1\bar{S}_0 + I_3 S_1 S_0 = \sum_{i=0}^{3} I_i m_i$$

其中，m_i 为 S_1、S_0 组成的最小项。

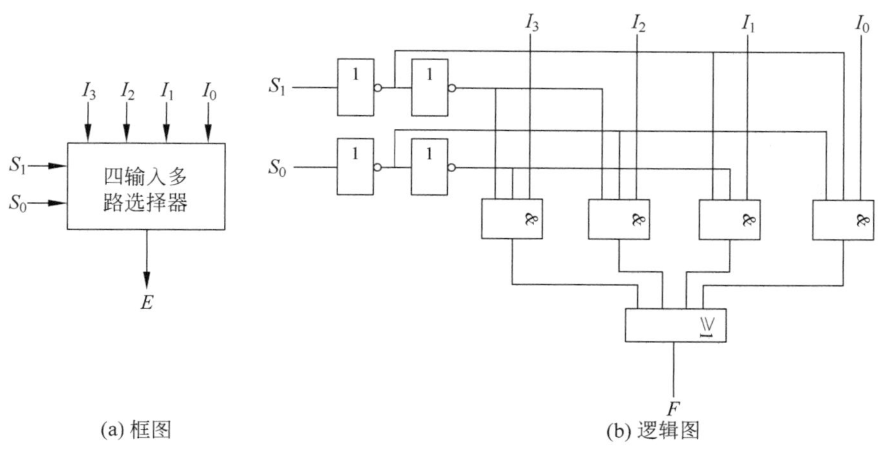

(a) 框图　(b) 逻辑图

图 4.30　四路选择器

同理，可以得到八路选择器的输出表达式，即

$$F = \sum_{i=0}^{7} I_i m_i$$

其中，m_i 为 S_2、S_1、S_0 组成的最小项。

4.7.2　用多路选择器进行逻辑设计

上面讲的是用选择线 S_1、S_0 组成的最小项 m_i 来选择某一路输入 I_i，这是多路选择器的基本用途。根据多路选择器的输出 F 的表达式，m_i 和 I_i 构成与项，它们是某一与门的输入。能不能用输入 I_i 来选择 m_i，以实现所需的函数 F 呢？可以的，因为任何函数总可以用最小项之和构成。这就是用多路选择器来实现布尔函数的基本思想。

一个二变量函数共有 16 种可能形式，我们只要在 $I_0 \sim I_3$ 端接入不同的值(0 或 1)，就可实现两个变量的 16 种函数。如果在 $I_0 \sim I_3$ 端接入一个逻辑变量，其输出 F 就是一个三变量逻辑函数，而三变量的逻辑函数可以有 256 种。这么多种逻辑函数在不需另加元件的情况下，均可由一块中规模集成电路来实现，足见使用多路选择器来实现函数是多么灵活与方便。

用多路选择器来实现函数的设计步骤是：首先确定选择(控制)变量；然后求出加到每个数据输入端 I_i 的值，它可以是常量、变量或简单函数；最后画出逻辑图。下面通过例子来说明设计方法。

【例 4.11】 用四路选择器实现异或函数。

首先以 S_1、S_0 作为控制变量，然后求输入 I_i 的值。为此列真值表，如图 4.31(a)所示。根据真值表，很容易找出与每一最小项 m_i 所对应的 I_i 值。例如，最小项 $m_0 = \bar{S}_1\bar{S}_0$ 使函数取值为 0，故相应的 $I_0 = 0$；最小项 $m_1 = \bar{S}_1 S_0$ 使函数取值为 1，故相应的 $I_1 = 1$；其余类推。

最后画出四路选择器的逻辑图，如图 4.31(b)所示。

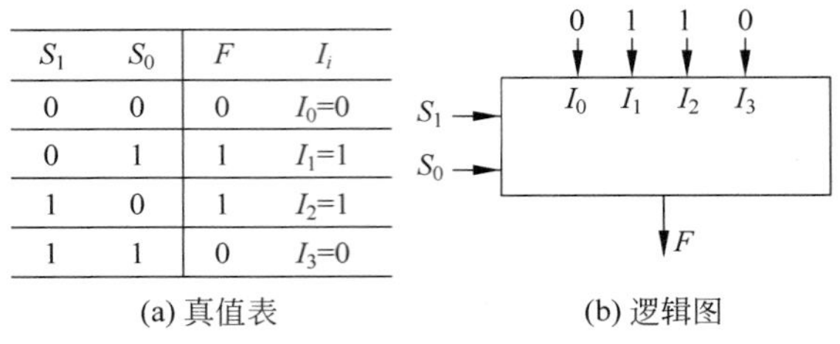

S_1	S_0	F	I_i
0	0	0	$I_0=0$
0	1	1	$I_1=1$
1	0	1	$I_2=1$
1	1	0	$I_3=0$

图 4.31 用四路选择器实现异或函数

【例 4.12】 用四路选择器实现三变量函数

$$F(A,B,C)=\sum m(1,2,4,5)$$

首先确定控制变量,设取 A,B 作为控制变量;然后求输入 I_i。列出函数的真值表,如图 4.32(a)所示。这里 I_i 是变量 C 的函数,即 $I_i=f(C)$。

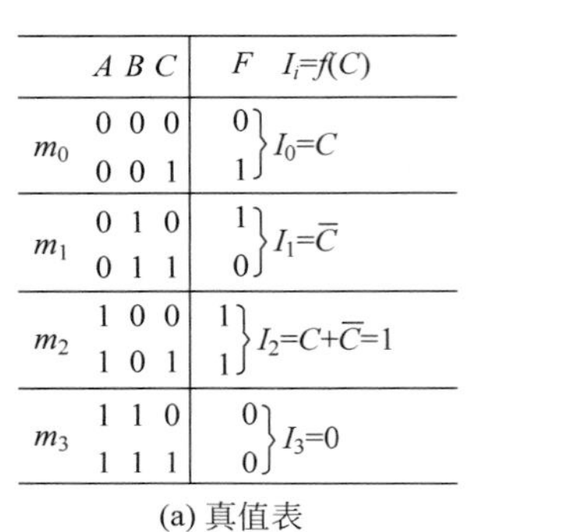

	A B C	F	$I_i=f(C)$
m_0	0 0 0	0	$I_0=C$
	0 0 1	1	
m_1	0 1 0	1	$I_1=\overline{C}$
	0 1 1	0	
m_2	1 0 0	1	$I_2=C+\overline{C}=1$
	1 0 1	1	
m_3	1 1 0	0	$I_3=0$
	1 1 1	0	

(a) 真值表

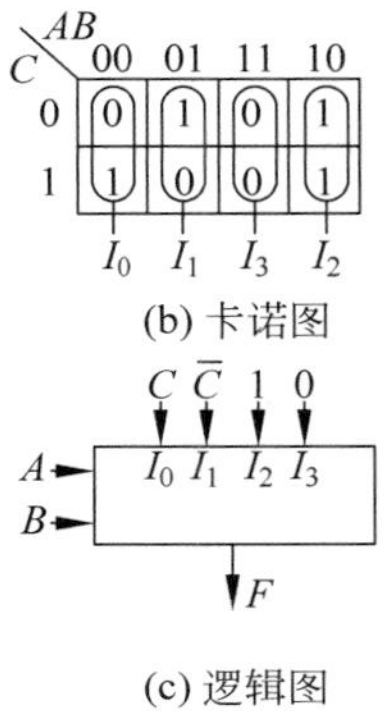

图 4.32 用四路选择器实现三变量函数

由函数的真值表可知,在 $AB=00$ 时,只有当 C 取 1,才能使 $F=1$。根据四路选择器表达式第一项为 $\overline{A}\,\overline{B}\cdot I_0$,也即只有 $I_0=C$ 时,才使 $\overline{A}\,\overline{B}\cdot C=1$,从而 $F=1$。同理,可求得 $I_1=\overline{C}$,$I_2=C+\overline{C}=1$,$I_3=0$。

这种用真值表求 I_i 的方法称为真值表法。当变量较多时用真值表法显得烦琐,为此,可采用较简练的卡诺图法。函数用卡诺图表示如图 4.32(b)所示。可以将函数的卡诺图看成是由 4 个子卡诺图构成的:在控制变量 $AB=00$ 这一列,是 I_0 的子卡诺图,$AB=01$ 列是 I_1 的,$AB=10$ 是 I_2 的,$AB=11$ 是 I_3 的。显然只要 $I_i(0,1,2,3)$为 1,函数 F 就为 1。用子卡诺图很容易求得 $I_i=f(C)$,即 $I_0=C$,$I_1=\overline{C}$,$I_2=1$ 和 $I_3=0$,其结果同真值表法。

最后画出用四路选择器实现该三变量函数的逻辑图,如图 4.32(c)所示。

【例 4.13】 分别用四路和八路的选择器实现函数

$$F(A,B,C,D)=\sum m(0,3,4,5,9,10,12,13)$$

(1) 用四路选择器设计。

选取 A、B 作为控制变量(也可以选取其他两个)。

用卡诺图法求 I_i,画出函数的卡诺图如图 4.33(a)所示。它可以看成由 4 个子卡诺图构成,由子卡诺图可确定 $I_i=f(C,D)$,即

$$I_0=\overline{C}\,\overline{D}+CD$$

$$I_1=\bar{C}$$

$$I_2=\bar{C}D+C\bar{D}$$

$$I_3=\bar{C}$$

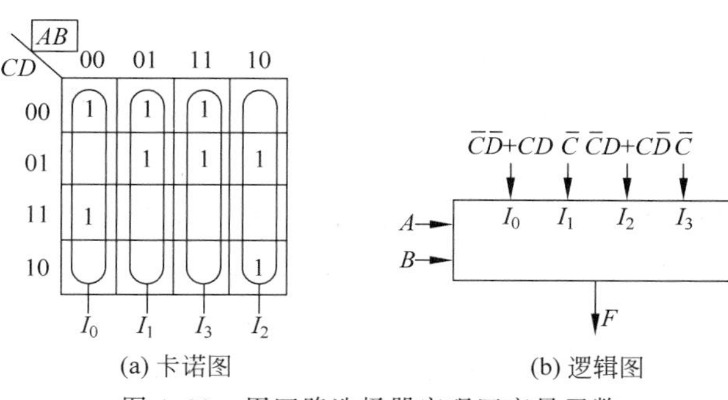

(a) 卡诺图　　(b) 逻辑图

图 4.33　用四路选择器实现四变量函数

画出用四路选择器实现四变量函数的逻辑图如图 4.33(b)所示，其中 $\bar{C}\bar{D}+CD$、$\bar{C}D+C\bar{D}$ 要用附加的门电路实现。

从本例可以看出，当用两个选择变量的多路选择器实现 4 个变量的函数时。附加的门电路较多。一般较经济的方案是：选择变量数为 n 时，所要实现的布尔函数变量数目不超过 $n+2$。

(2) 用八路选择器设计。

我们取 A、B、C 作为选择器的控制变量。

用卡诺图法求 I_i。画出函数的卡诺图如图 4.34(a)所示。它可以看成由 8 个子卡诺图构成：相应于 $ABC=000$ 的两个方格为 I_0，相应于 $ABC=001$ 的两个方格是 I_1，其余类推。由此可求得 $I_i=f(D)$，即

$$I_0=\bar{D},\quad I_1=D,\quad I_2=1,\quad I_3=0,$$

$$I_4=D,\quad I_5=\bar{D},\quad I_6=1,\quad I_7=0$$

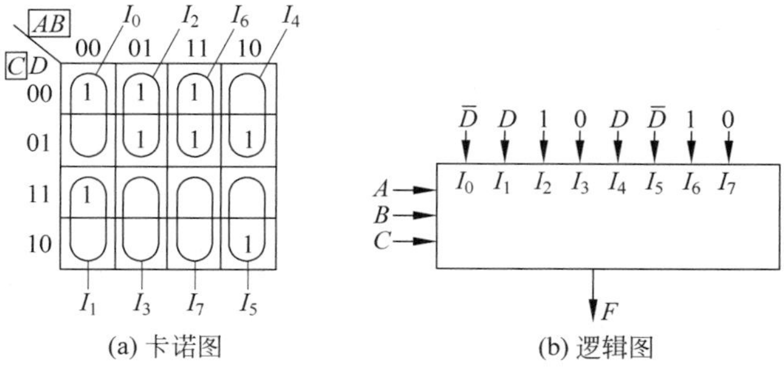

(a) 卡诺图　　(b) 逻辑图

图 4.34　用八路选择器实现四变量函数

画出用八路选择器实现四变量函数的逻辑图，如图 4.34(b)所示。可见，对于四变量函数来说，用 3 个选择变量的选择器来实现较简单。

【例 4.14】　用八路选择器实现函数

$$F(A,B,C,D,E)=AB+\bar{C}D+\bar{A}E$$

对于变量较多的函数，如果仍用卡诺图法来设计就显得麻烦。这时可以直接从布尔函数表达式来求 I_i，这就是表达式法。

我们选取 A、B 和 C 作为控制变量，根据展开定理，可以将函数展开成"积之和"的形式，即

$$\begin{aligned}F(A,B,C,D,E)=&\overline{A}\,\overline{B}\,\overline{C}\cdot f(0,0,0,D,E)+\overline{A}\,\overline{B}C\cdot f(0,0,1,D,E)+\\&\overline{A}B\overline{C}\cdot f(0,1,0,D,E)+\overline{A}BC\cdot f(0,1,1,D,E)+\\&A\overline{B}\,\overline{C}\cdot f(1,0,0,D,E)+A\overline{B}C\cdot f(1,0,1,D,E)+\\&AB\overline{C}\cdot f(1,1,0,D,E)+ABC\cdot f(1,1,1,D,E)\end{aligned}$$

将此式与八路选择器的输出表达式比较可知，I_0 可以这样求得：

把 $ABC=000$ 代入原来函数中，得 $I_0=f(0,0,0,D,E)=D+E$；

把 $ABC=001$ 代入原来函数中，得 $I_1=f(0,0,1,D,E)=E$；

把 $ABC=010$ 代入原来函数中，得 $I_2=f(0,1,0,D,E)=D+E$；

把 $ABC=011$ 代入原来函数中，得 $I_3=f(0,1,1,D,E)=E$；

把 $ABC=100$ 代入原来函数中，得 $I_4=f(1,0,0,D,E)=D$；

把 $ABC=101$ 代入原来函数中，得 $I_5=f(1,0,1,D,E)=0$；

把 $ABC=110$ 代入原来函数中，得 $I_6=f(1,1,0,D,E)=1$；

把 $ABC=111$ 代入原来函数中，得 $I_7=f(1,1,1,D,E)=1$。

画出八路选择器实现此函数的逻辑图如图 4.35 所示。

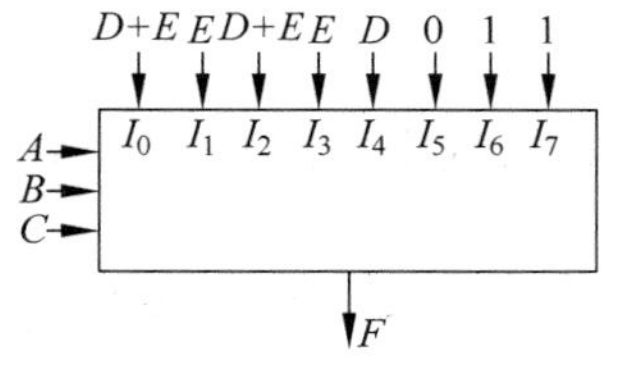

图 4.35　用八路选择器实现五变量函数

4.8　多路分配器

多路分配器的逻辑功能正好与多路选择器相反，它是将一个输入 x 分时地送到多路输出上去，具体选择哪一路输出，也是由一组选择变量确定的。通常多路分配器有一根输入线，n 根选择线和 2^n 根输出线。图 4.36 所示为一个四路分配器的框图和逻辑图。可以将多路分配器看作是译码器的一种应用，也称为译码器。

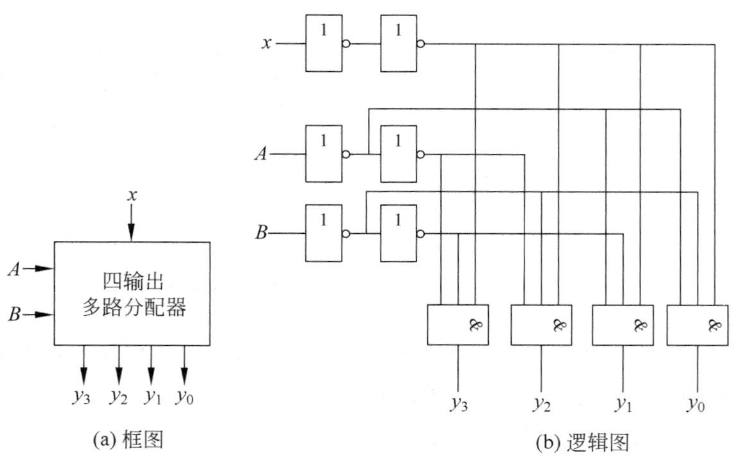

图 4.36　四输出多路分配器

综上所述，多路选择器相当于一个多路至一路的选择开关，而多路分配器相当于一个一路至多路的选择开关。如果把一个多路选择器和一个多路分配器连接起来，便可实现一条线上传送多路数据，如图 4.37 所示。在计算机的多个通用寄存器之间，往往采用这种方法提供数据通路以实现数据相互传送。

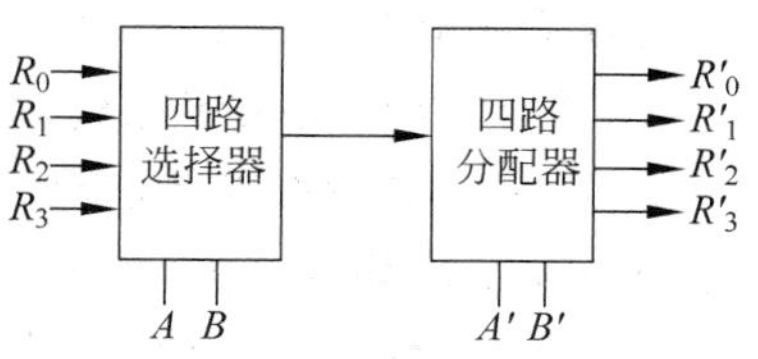

图 4.37　在一条线上传送多路数据

4.9　组合电路中的险态

布尔代数在演算过程中假设变量值保持恒定，但在实际过程中变量值会发生变化。由于电路延时就会带来潜在的差错，这会导致假信号，通常是一个小脉冲。下面要讨论的就是发生在组合电路的这种不正常的干扰信号(或称为毛刺)，简称组合险态。

为了说明什么是组合险态，下面先来看两个简单的组合电路的输出情况，如图 4.38 和图 4.39 所示。

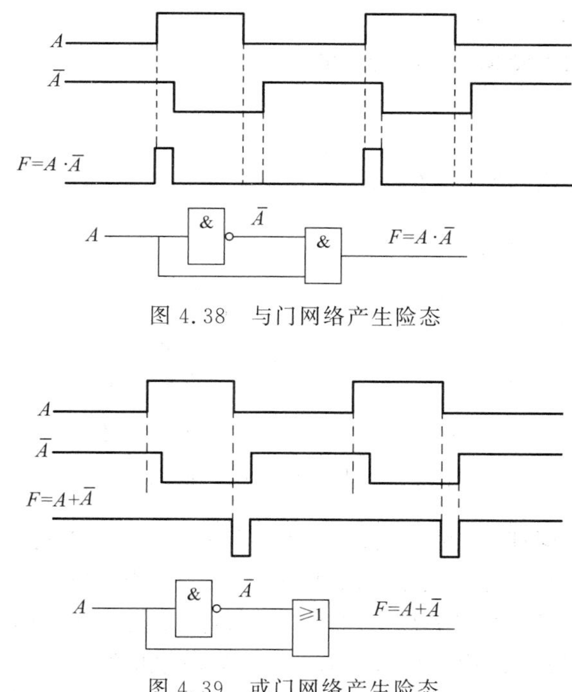

图 4.38　与门网络产生险态

图 4.39　或门网络产生险态

如果不考虑线路的延时，则由图可写出输出函数的表达式

$$F=A\cdot\bar{A}=0,\quad F=A+\bar{A}=1$$

事实上，门电路都有一定的传输延时。如果考虑了门电路的延时，在网络的输出端出现了不正常的干扰信号，见图 4.38 和图 4.39 中波形图。

一般地说，由于组合网络中存在门电路的延时，当某一输入发生变化时在网络的输出端可能出现瞬时的干扰信号，这种现象称为组合险态。

组合险态有静险态和动险态之分。

如果输出端在输入变化前后均具有相同稳态值，则这种险态为静险态，如图4.38和图4.39所示。静险态按照输出静态值的不同又可分为静0险态和静1险态。如果在输入变化前后输出端均为0值，即输出变化为0→1→0的情况，称为静0险态，如图4.38所示；如果在输入变化前后输出端均为1值，即输出变化为1→0→1的情况，称为静1险态，如图4.39所示。

如果输出端在输入变化前后具有不同稳态值，则这种险态为动险态，如图4.40所示。

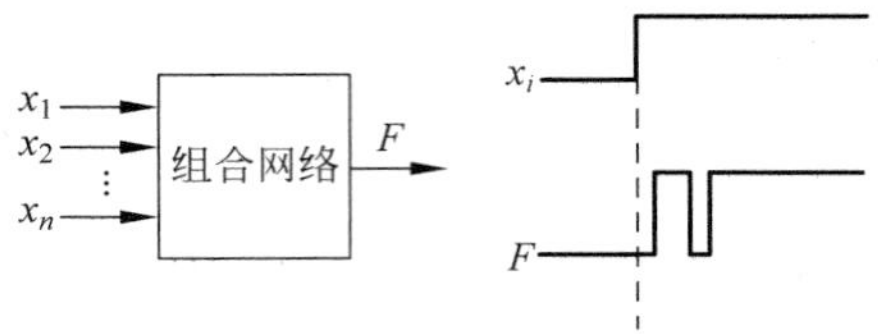

图4.40 具有动险态的输出

由于组合险态存在干扰信号，如果把这种具有干扰的输出信号作为异步时序网络的激励输入，则可能使网络产生错误的动作。因此，如何发现和消除这种险态，这是逻辑设计中的一个重要课题。

下面介绍用卡诺图来发现和消除险态的方法。

假设有函数

$$F=\overline{A}\,\overline{B}+B\overline{C}$$

其相应的逻辑图和卡诺图如图4.41所示。

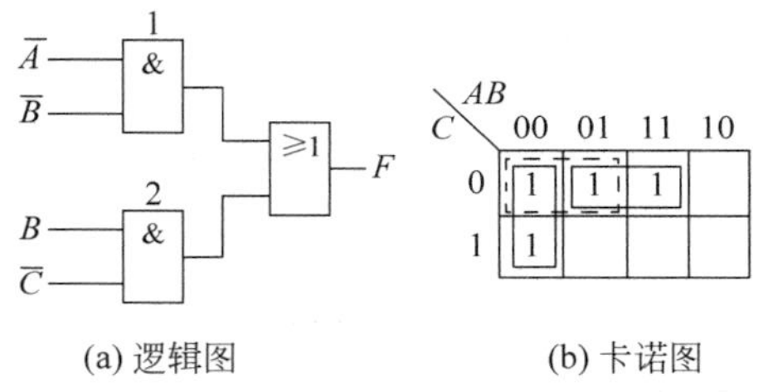

图4.41 用卡诺图来发现险态

此函数的两个质蕴涵项，在图4.41(a)的逻辑图中，它相应于与门1和与门2。当输入$A=C=0$时，如果输入B由1变成0，则函数F由门2输出“1”转成门1输出“1”。由于门电路的延时差异，在门2输出“1”到门1输出“1”的转换过程中，F输出出现了险态。这一现象反映在卡诺图上，就是当B由1变成0时，函数从质蕴涵项$B\overline{C}$这个圈跨到质蕴涵项$\overline{A}\,\overline{B}$那个圈。分析这两个质蕴涵项的圈可发现具有这样的特点，它们相邻但不相交。由此得到发现险态的方法：如果卡诺图中质蕴涵项的圈之间发现有相邻但不相交的情况，那么就有险态存在。

消除险态的方法是在函数中增加一个质蕴涵项$\overline{A}\,\overline{C}$，即图4.41(b)中虚线圈，它把两个相邻但不相交的圈连接在一起。这时布尔函数为

$$F=\overline{A}\,\overline{B}+B\overline{C}+\overline{A}\,\overline{C}$$

这样，当$A=C=0$时，有

$$F=B+\bar{B}+1=1$$

即 B 发生变化时，F 保持为 1。于是就消除了 $A=C=0$ 时网络的险态。

这里似乎存在一个矛盾：为节省器材要将函数进行化简，去掉冗余项；而化简后，为消除险态又要增加蕴涵项。这一矛盾该怎样处理呢？首先，不考虑险态，将函数化简（这是必要的）；然后，再检查是否存在险态，若存在险态，则用增加适当的质蕴涵项来消除它。

以上发现和消除险态的方法是以函数的与或表达式为例。对于函数的或与表达式，以上方法同样适用。只要在卡诺图上先求 $\bar{F}$ 的与或表达式，如果有险态，则增加适当的质蕴涵项来消除它；然后再对 $\bar{F}$ 取反，求得 F 的无险态的或与表达式。

【例 4.15】 已知函数 $F=\sum m(2,3,5,7,8,9,12,13)$ 试推导无险态的"积之和"表达式及"和之积"表达式。

先用卡诺图进行函数的化简，如图 4.42 所示。求得 F 和 $\bar{F}$ 的最简与或式为

$$F=A\bar{C}+\bar{A}BD+\bar{A}\bar{B}C,\quad \bar{F}=AC+\bar{A}B\bar{D}+\bar{A}\bar{B}\bar{C}$$

为了消除险态，增加质蕴涵项后，有

$$F=A\bar{C}+\bar{A}BD+\bar{A}\bar{B}C+\bar{A}CD+B\bar{C}D$$

$$\bar{F}=AC+\bar{A}B\bar{D}+\bar{A}\bar{B}\bar{C}+\bar{A}\bar{B}\bar{D}+BC\bar{D}$$

最后，求得无险态的"积之和"形式为

$$F=A\bar{C}+\bar{A}BD+\bar{A}\bar{B}C+\bar{A}CD+B\bar{C}D$$

无险态的"和之积"形式为

$$F=(\bar{\bar{F}})=(\bar{A}+\bar{C})(A+\bar{B}+D)(A+B+C)(A+C+D)(\bar{B}+\bar{C}+D)$$

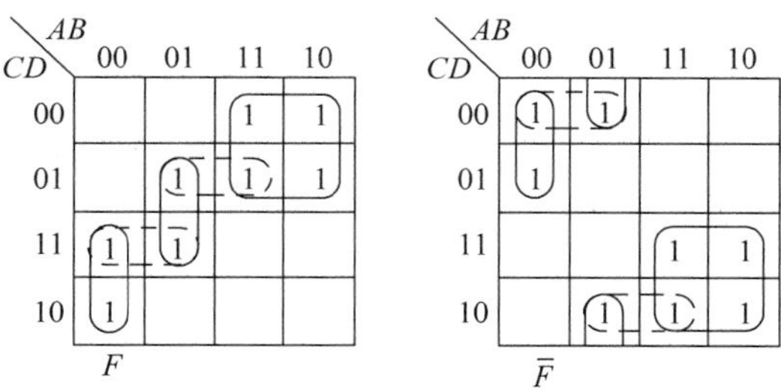

图 4.42　求函数的无险态的表达式

习题 4

4.1　分别用与非门、或非门设计如下逻辑电路：

（1）三变量的非一致电路；（2）三变量的偶数电路；（3）全减器。

4.2　自选门电路设计一个比较两个 3 位二进制数 A 及 B 的电路，要求当 $A=B$ 时，输出 $F=1$。

4.3　设 A、B、C 和 D 代表 4 位二进制数码，且 $x=8A+4B+2C+D$。写出下列问题的判断条件：

（1）$4<x\leqslant 15$；（2）$1\leqslant x\leqslant 9$。

4.4 设二进制补码$[x]_{补}=x_0.x_1x_2x_3x_4$,分别写出下列要求的判断条件:

(1) $(1/2\leqslant x)$或$(x<-1/2)$;

(2) $(1/4\leqslant x<1/2)$或$(-1/2\leqslant x<-1/4)$;

(3) $(1/8\leqslant x<1/4)$或$(-1/4\leqslant x<-1/8)$;

(4) $(0\leqslant x<1/8)$或$(-1/8\leqslant x<0)$。

4.5 设输入$ABCD$是按余3码编码的二进制数码,其相应的十进制数为x,即

$$x=8A+4B+2C+D-3 \quad 0\leqslant x\leqslant 9$$

要求用与非门设计当$x\leqslant 2$或$x\geqslant 7$时,输出$F=1$的逻辑电路。

4.6 用与非门设计一个将余3码转换成8421BCD码的转换电路。

4.7 用与非门设计一个将2421码转换成8421BCD码的转换电路。

4.8 用与非门设计一个将余3码转换成七段数字显示器代码的转换电路。

4.9 设x和y均为4位二进制数,它们分别为一个逻辑电路的输入及输出,要求当$0\leqslant x\leqslant 4$时,$y=x$;当$5\leqslant x\leqslant 9$时,$y=x+3$。试用与非门设计此电路。

4.10 分析题图4.10逻辑电路,写出其简化的逻辑表达式,并用与非门改进设计。

4.11 已知$[x]_{原}=x_0x_1x_2$,试设计一个逻辑电路,以原码作为输入,要求当$AB=00$时,其输出为1/2;当$AB=01$时,其输出反码;当$AB=10$时,其输出补码。

4.12 分析题图4.12逻辑电路,写出其简化的与或表达式。

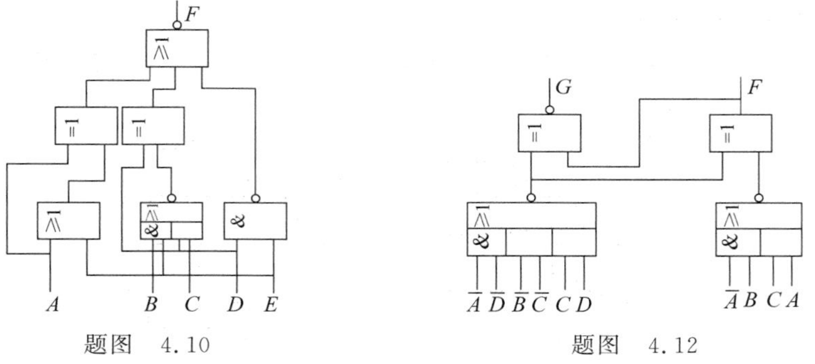

题图 4.10　　题图 4.12

4.13 分析题图4.13逻辑电路的逻辑功能,写出函数的表达式,并用最简线路实现它。

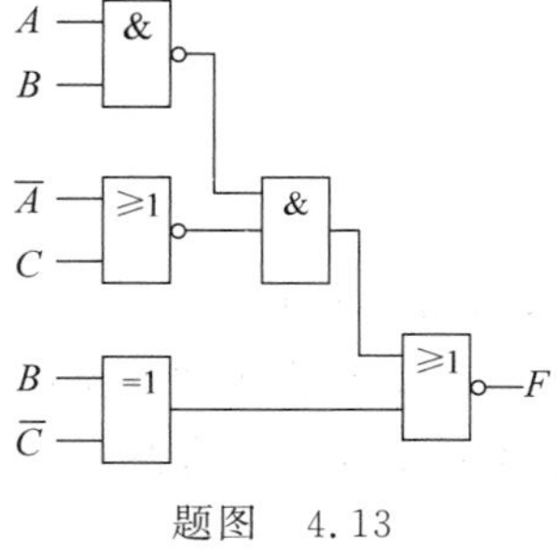

题图 4.13

4.14 试为某水坝设计一个水位报警控制器,设水位高度用4位二进制数提供。当水位上升到8m时,白指示灯开始亮;当水位上升到10m时,黄指示灯开始亮;当水位上升到

12m 时，红指示灯开始亮，其他灯灭；水位不可能上升到 14m。试用或非门设计此报警器的控制电路。

4.15　举重比赛有 3 个裁判，一个是主裁判 A，两个是副裁判 B 和 C。杠铃完全举上的裁决由每个裁判按一下自己面前的按钮来决定。只有两个以上裁判(其中必须有主裁判)判明成功时，表示成功的灯才亮。试设计此逻辑电路。

4.16　用 4 位全加器中规模集成电路，设计一个余 3 码十进制一位加法器。

4.17　用一个译码器和两个或门实现一个全减器电路。

4.18　用带使能端的三变量译码器构成五变量译码器。

4.19　用四路选择器实现下列函数：

(1) $F(A,B,C)=\sum m(2,3,5,7)$

(2) $F(A,B,C)=\sum m(1,2,4,7)$

(3) $F(A,B,C,D)=\sum m(0,2,5,7,8,10,13,15)$

(4) $F(A,B,C,D)=\sum m(2,3,4,5,8,9,10,11,14,15)$

4.20　用八路选择器实现下列函数：

(1) $F(A,B,C,D)=\sum m(0,2,5,7,8,10,13,15)$

(2) $F(A,B,C,D)=\sum m(2,3,4,5,8,9,10,11,14,15)$

(3) $F(A,B,C,D)=\sum m(0,3,12,13,14)$

(4) $F(A,B,C,D)=\sum m(0,5,10,15)$

4.21　已知一函数为

$$F(x_0,x_1,x_2,x_3,x_4,x_5,x_6,x_7)$$
$$=x_0x_6+x_0x_1+x_1\bar{x}_2+x_0x_3x_4+x_0\bar{x}_2+x_1\bar{x}_6+\bar{x}_1x_2+x_0x_5x_7+\bar{x}_1x_6$$

如果用多路选择器实现，则

(1) 运用多少路输入的选择器最经济？

(2) 列出所选的多路选择器的控制变量取值组合与相应的输入函数 I_i 的对应表；

(3) 画出实现函数 F 的逻辑框图。

4.22　设有如下组合函数，试推导无险态的“积之和”网络及“和之积”网络。

(1) $F(x_1,x_2,x_3,x_4)=\sum m(0,1,7,15)$；

(2) $F(x_1,x_2,x_3)=\sum m(0,1,3,4,7)$。

4.23　设有函数 $F(x_1,x_2,x_3,x_4)=x_1x_3+x_1\bar{x}_3x_4+\bar{x}_1\bar{x}_2\bar{x}_4$

这个函数有静 1 险态吗？试推导无险态的网络。

4.24　设有函数 $F(A,B,C,D)=AC+B\bar{C}D+\bar{A}\bar{C}\bar{D}$

试推导无险态的“和之积”网络。

第 5 章　时序逻辑电路

在组合电路中加入用来存储电路历史信息（称为状态）的存储元件即可构成时序电路。时序电路与组合电路的主要区别是：组合电路的输出只与当前的输入有关；而时序电路的输出不仅与当前的输入有关，而且还与当时的状态有关。由于时序电路的特点与组合电路不同，所以对时序电路的研究方法也与组合电路有所不同。在组合电路设计中，使用函数的真值表来描述一个组合逻辑问题；而在时序电路设计中，则使用时序机的状态表来描述一个时序逻辑问题。

时序电路分为同步时序电路和异步时序电路。同步时序电路的特点是电路有统一的时钟脉冲，在次态函数（又称为激励函数）的控制下，只有当时钟脉冲到达时电路的状态才发生改变；新的状态一旦建立，又形成新的激励，但直到下一个时钟脉冲到达之前电路的状态不会发生新的变化。同步时序电路工作稳定、可靠，而且分析和设计较为简单，这是同步时序电路被广泛采用的原因所在。但是，在有些场合，如当电路的工作速度较高或者输入是随机变化的场合，或是电路中不同部件的工作速度相差较为悬殊的场合，往往采用异步时序电路。

本章只介绍同步时序电路。

5.1　时序电路与时序机

5.1.1　时序电路的结构和特点

为了充分理解时序电路的结构和特点，不妨先回顾总结一下组合电路的结构和特点。图 5.1 展示了组合电路的结构模型，图中，$x_1,x_2,\cdots,x_n$ 为某一时刻的输入；$Z_1,Z_2,\cdots,Z_m$ 为该时刻的输出。显然，组合电路的逻辑功能可用下列输出函数集来描述：

$$Z_i=f_i(x_1,x_2,\cdots,x_n),\quad i=1,2,\cdots,m$$

由此可见，组合电路的特点是电路在任何时刻的输出 Z_i 仅与该时刻的输入 $x_1,x_2,\cdots,x_n$ 有关，而与该时刻以前的输入无关。

时序电路是由组合电路和存储元件两部分构成的，它可以用图 5.2 所示的结构模型来表示。对图中组合电路而言，它有两组输入和两组输出。其中，输入 $x_1,x_2,\cdots,x_n$ 称为时序电路的外部输入；输入 $y_1,y_2,\cdots,y_k$ 称为时序电路的内部输入，它是存储元件的输出反馈到组合电路的输入；输出 $Z_1,Z_2,\cdots,Z_m$ 称为时序电路的外部输出；而输出 $Y_1,Y_2,\cdots,Y_p$ 称为时序电路的内部输出。

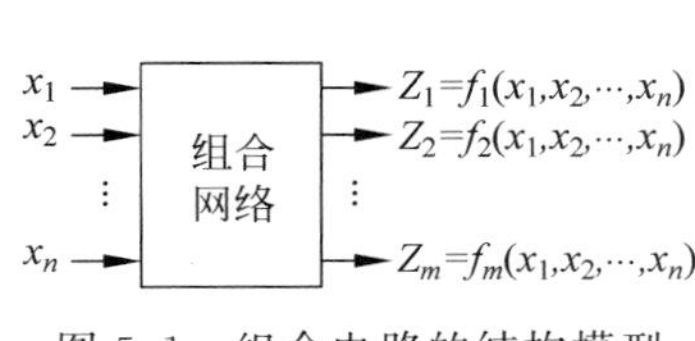

图 5.1　组合电路的结构模型

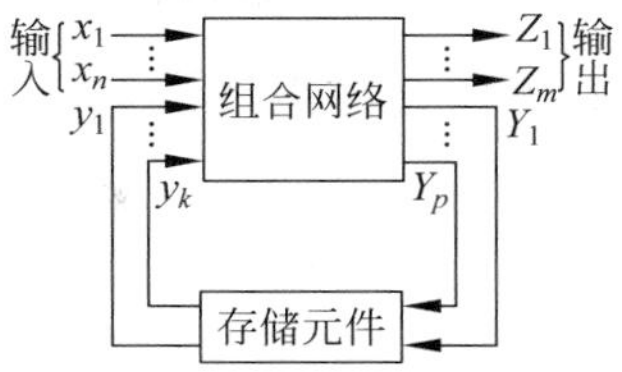

图 5.2　时序电路的结构模型

时序电路通过存储元件的不同状态来“记忆”以前时刻的输入。状态是时序电路的一个重要概念，它用来表示时序电路的过去属性。通常称 $y_1,y_2,\cdots,y_k$ 为时序电路的现态，而时序电路的外部输出 Z_i 和内部输出 Y_j 是当前输入 x 和现态 y 的函数：

$$Z_i=f_i(x_1,x_2,\cdots,x_n;\ y_1,y_2,\cdots,y_k),\quad i=1,2,\cdots,m$$

$$Y_j=g_j(x_1,x_2,\cdots,x_n;\ y_1,y_2,\cdots,y_k),\quad j=1,2,\cdots,p$$

一般称 Z_i 为输出函数，Y_j 为激励函数或次态函数。

因此，时序电路的输出不仅与该时刻的输入有关，还与当时的状态有关。这就是时序电路的主要特点。表 5.1 概括了组合电路和时序电路的区别。

表 5.1　组合电路和时序电路的区别

类　　别	组 合 电 路	时 序 电 路
电路特性	输出只与当前输入有关	输出与当前输入和状态有关
电路结构	不含存储元件	含存储元件
函数描述	用输出函数描述	用输出函数和次态函数描述

5.1.2　时序机的定义

时序机在有的文献中亦称为有限状态机或有限自动机，它是一个从实际中抽象出来的数学模型。任何一个时间离散系统，只要满足下述定义，不管是具体的物理机器(如一个时序电路)，还是抽象的虚拟“机器”(如一个算法)，都可以称为时序机。

时序机是这样一个系统，它可以用 5 个参量来表征：

$$M=(I,O,Q,N,Z)$$

其中，I 为时序机的输入字母有限非空集合；O 为时序机的输出字母有限非空集合；Q 为时序机的内部状态有限非空集合；N 为时序机的次态函数，它表示输入及状态到次态的映射，即 $I\times Q\rightarrow Q$；Z 为时序机的输出函数，它有以下两种情况。

(1) 若输出函数 Z 是输入和状态的函数，即 Z：$I\times Q\rightarrow O$，那么该时序机称米利(Mealy)型时序机。

(2) 若输出函数 Z 仅是其状态的函数，即 Z：$Q\rightarrow O$，那么该时序机称穆尔(Moore)型时序机。

能够用时序机来描述的例子是广泛存在的。如日常生活中的电话系统、自动售票机、号码锁、数字系统中的触发器、时序逻辑电路，甚至数字计算机等都可用时序机来描述。

5.1.3　时序机的状态表和状态图

在工程应用中,时序机通常用更直观的形式——状态表和状态图来表示。所谓状态表,就是用表格方式来描述时序机的输入、状态和输出之间的关系,而状态图是用图解方式来描述上述关系,两种方法相辅相成,经常配合使用。由于两种类型时序机的状态表和状态图在表示方法上有所不同,因此下面分别进行讨论。

1. Mealy 机的状态表和状态图

Mealy 机的状态表和状态图反映了时序机的输出与它的输入以及现态之间的关系。设时序机的输入 I 为 $I_1,I_2,\cdots,I_n$,时序机的内部状态 Q 为 $q_1,q_2,\cdots,q_k$,则状态表的一般形式如表 5.2 所示。

表 5.2　Mealy 机状态表的一般形式

Q	I		
	I_1	$\cdots$	I_n
q_1	$N(q_1,I_1),Z(q_1,I_1)$	$\cdots$	$N(q_1,I_n),Z(q_1,I_n)$
$\vdots$	$\vdots$	$\vdots$	$\vdots$
q_k	$N(q_k,I_1),Z(q_k,I_1)$	$\cdots$	$N(q_k,I_n),Z(q_k,I_n)$

表中,q_i 行和 I_j 列($i=1,\cdots,k$; $j=1,\cdots,n$)相交处的项表示当时序机处于状态 q_i 并在输入 I_j 时的下一状态和输出,这个项表示成 $N(q_i,I_j)$、$Z(q_i,I_j)$,这里 N 和 Z 分别是时序机的次态函数和输出函数。

状态图是这样建立的:用小圆圈表示状态 q_i,用有向箭头表示状态转换的方向,并在箭头上标上 I_j/Z_k,它表示在输入值 I_j 的情况下,状态由 q_i 转换到下一状态 q_{i+1} 时,其输出为 Z_k,如图 5.3 所示。

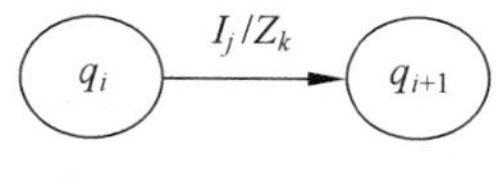

图 5.3　Mealy 机状态转换的表示

应该注意,在状态表和状态图中没有标出时钟脉冲。而实际上,对同步时序电路而言,只有在时钟脉冲作用下才发生状态的转换(这是由同步触发器的特点决定的)。这里规定:在某时钟脉冲到达以前电路所处的状态称为电路对该时钟脉冲的现态;而把该时钟脉冲到达之后电路的状态称为电路对该时钟脉冲的次态。还有一点要指出的是,对 Mealy 型时序电路来说,当输入发生变化时,输出立即跟着变化,而电路状态要等到下一时钟脉冲到达后才发生变化,状态变化后,输出再次随之发生变化。

2. Moore 机的状态表和状态图

由于 Moore 机的输出仅与现态有关,因此在 Moore 机的状态表中,每一现态 q_i 的行都应有相同的输出,而与输入无关,因此可以把它们提出来新开一列。Moore 机状态表的一般形式如表 5.3 所示。

表 5.3　Moore 机状态表一般形式

Q	I			
	I_1	…	I_n	Z
q_1	$N(q_1, I_1)$	…	$N(q_1, I_n)$	$Z(q_1)$
⋮	⋮	⋮	⋮	⋮
q_k	$N(q_k, I_1)$	…	$N(q_k, I_n)$	$Z(q_k)$

在 Moore 机的状态图中，输出 Z_k 应与状态 q_i 写在一起，表示 Z_k 只与状态有关，即在圆圈内标以 q_i/Z_k；输入仍标在箭头上，如图 5.4 所示。

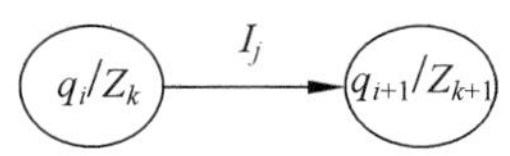

图 5.4　Moore 机状态转换的表示

由于 Moore 机的输出仅与现态有关，因此新的输出是由转换后的状态决定的，也就是说，先有状态的变化，再形成新的输出。这一点与 Mealy 型电路有所不同，而这一不同，归根到底是由于两种类型时序电路的输出不同引起的。

5.1.4　完全定义机和不完全定义机

在组合电路中，如果一个布尔函数的真值表中所有输出值都是确定的，则此函数称为完全定义函数；否则，称为不完全定义函数。

在时序电路中，如果一个时序机的状态表中所有的次态/输出都是确定的，则此时序机称为完全定义机；否则，称为不完全定义机。

不完全定义机在实际中是常常遇到的。例如，当时序机处于状态 q_i 时，由于不可能（或不允许）出现输入 I_k，所以当从状态 q_i 向下一状态转换时，次态/输出是随意的，或没有意义的。如下面将要介绍的基本 RS 触发器不允许同时输入置 1 和置 0 信号就是其中一例。有时，即使是完全定义机，往往在给其状态表的符号状态进行二进制编码时，会使完全定义机变成不完全定义机。例如，一个模 6 二进制加 1、减 1 计数器，其状态表如表 5.4 所示。表中，当 $x=0$ 时，进行加 1 计数；当 $x=1$ 时，进行减 1 计数。为了表示 6 个状态 $q_0 \sim q_5$，至少需要 3 个存储元件（触发器），设用 y_1、y_2 和 y_3 来表示。经过二进制编码后的状态表如表 5.5 所示。从表中可以看出，由于二进制编码，产生了两行无定义的次态和输出。这说明即使给定一个完全定义机，经过二进制赋值后，也会变成不完全定义机。

表 5.4　计数器的状态表

Q	x		
	0	1	Z
q_0	q_1	q_5	0
q_1	q_2	q_0	0
q_2	q_3	q_1	0
q_3	q_4	q_2	0
q_4	q_5	q_3	0
q_5	q_0	q_4	1

表 5.5　经过二进制编码后的状态表

$y_1y_2y_3$	x		
	0	1	Z
0 0 0	001	101	0
0 0 1	010	000	0
0 1 0	011	001	0
0 1 1	100	010	0
1 0 0	101	011	0
1 0 1	000	100	1
1 1 0	d	d	d
1 1 1	d	d	d

5.2　触发器

触发器是一种具有记忆功能、能存储二进制信息的逻辑电路，是构成时序逻辑电路的基本单元。

触发器具有两个基本特征：第一，具有两个稳定状态，分别称为“0”状态和“1”状态，触发器的这两个稳定状态可以分别表示一位二进制代码 0 和 1。在没有外界信号作用时，触发器维持原来的稳定状态不变，即触发器具有记忆功能。触发器又称为双稳态触发器；第二，在一定的外界信号作用下，触发器可以从一个稳定状态转变到另一个稳定状态。这表明触发器可以接收信号，并保存下来。外界信号的作用称为触发，这也是触发器名称的由来。触发器从一个稳态转变到另一个稳态的过程，称为翻转。

触发器按照逻辑功能的不同可分为 RS 触发器、JK 触发器、T 触发器和 D 触发器等几种类型。

5.2.1　基本 RS 触发器

基本的 RS 触发器是电路结构最简单的一种触发器，也是构成其他触发器的基础。由与非门构成的基本 RS 触发器的逻辑图和逻辑符号如图 5.5 所示。

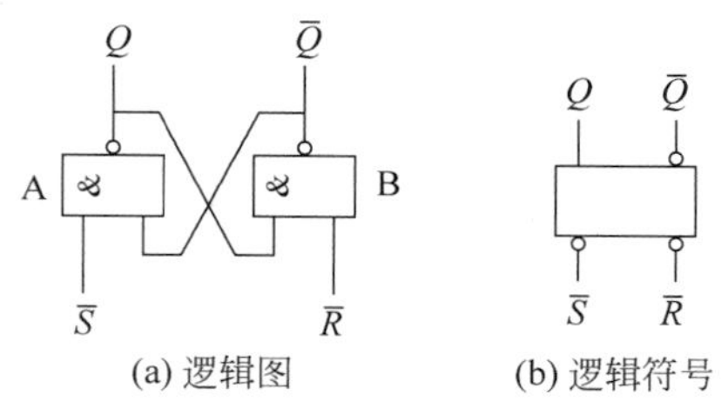

图 5.5　基本 RS 触发器

该触发器由两个两输入与非门 A 和 B 的输入/输出端交叉连接而成，它有两个输入端和两个输出端。Q 为触发器的“1”输出端，简称“1”端，$\overline{Q}$ 为“0”端。通常将 Q 端的状态定义为触发器的状态，即当 $Q=1$ 时称触发器为“1”态；当 $Q=0$ 时称触发器为“0”态。在正常情况下，Q 与 $\overline{Q}$ 端的输出状态总是彼此互补的。当 $Q=1$ 时，$\overline{Q}=0$；反之，当 $Q=0$ 时，$\overline{Q}=1$。

触发器的两个输入端 $\overline{S}$ 和 $\overline{R}$ 分别称为置 1 端和置 0 端。字母 S(Set)和 R(Reset)上的横杠及图 5.5 逻辑符号中的小圆圈均表示置 0、置 1 信号是低电平有效，即平时这两个端应接高电平，只有在输入端 $\overline{S}$ 或 $\overline{R}$ 接低电平(或负脉冲)信号时，触发器的状态才可能改变。

当 $\overline{S}=0$、$\overline{R}=1$ 时，不论 $\overline{Q}$ 为何种状态，都有 $Q=1$、$\overline{Q}=0$。可见，不论触发器原来的状态如何，当在 $\overline{S}$ 端加低电平信号时，触发器都将被置为 1 状态。而且在 $\overline{S}$ 端低电平信号消失后，即 $\overline{S}=1$、$\overline{R}=1$ 时，触发器的状态保持不变。

当 $\overline{S}=1$、$\overline{R}=0$ 时，不论 Q 状态如何，都有 $\overline{Q}=1$、$Q=0$。可见，不论触发器原来的状态如何，当在 $\overline{R}$ 端加低电平信号时，触发器都将被置为 0 状态。同理，在 $\overline{R}$ 端低电平信号消失后，触发器的状态保持不变。

当 $\overline{S}=1$、$\overline{R}=1$ 时，触发器状态保持不变。

当 $\overline{S}=0$、$\overline{R}=0$ 时，Q 与 $\overline{Q}$ 全为 1，使 Q 与 $\overline{Q}$ 彼此互补的逻辑关系遭到破坏。这是不正常情况，是不允许的。而且，当 $\overline{S}$ 和 $\overline{R}$ 低电平信号同时消失后，触发器的状态将无法确定，可能是 0，也可能是 1。

表 5.6 为基本 RS 触发器的真值表。其中，$\overline{S}$ 和 $\overline{R}$ 为触发器的输入信号；Q^n 为触发器接收信号之前的状态，称为现态；Q^{n+1} 为触发器接收信号之后的状态，称为次态。

表 5.6　基本 RS 触发器真值表

Q^n	$\overline{S}$	$\overline{R}$	Q^{n+1}
0	0	0	×
0	0	1	1
0	1	0	0
0	1	1	0
1	0	0	×
1	0	1	1
1	1	0	0
1	1	1	1

从使用触发器的角度出发，通常用简化的真值表，即功能表，表示一个触发器所能完成的功能。基本 RS 触发器的功能表如表 5.7 所示。

表 5.7　基本 RS 触发器功能表

$\overline{S}$	$\overline{R}$	Q^{n+1}	功　能
0	0	不正常	不允许
0	1	1	置 1
1	0	0	置 0
1	1	Q^n	保持

根据基本RS触发器的真值表,可以得到次态Q^{n+1}与现态Q^n、输入$\bar{S}$及$\bar{R}$的逻辑关系表达式为:

$$\begin{cases} Q^{n+1}=S+\bar{R}Q^n \\ RS=0 \quad (约束条件) \end{cases} \tag{5.1}$$

式中,$RS=0$(或$\bar{S}+\bar{R}=1$)表示不允许同时出现$\bar{S}=0$、$\bar{R}=0$的情况,称为约束条件。式(5.1)常称为触发器的特征方程,也称为状态方程或次态方程。

在时序电路设计中,往往已知触发器的现态Q^n与次态Q^{n+1},要求所需的输入信号值,称为输入激励。将不同现态和次态时的输入激励列成表格,称为触发器的激励表。表5.8为基本RS触发器的激励表。

表5.8 基本RS触发器激励表

Q^n	Q^{n+1}	$\bar{R}$	$\bar{S}$
0	0	d	1
0	1	1	0
1	0	0	1
1	1	1	d

5.2.2 同步RS触发器

实际的数字系统工作时,要求各部分电路要协调动作,因此系统中用一个同步信号来指挥电路各部分协调动作,该信号又称为时钟脉冲信号,简称时钟,用CP(Clock Pulse)表示。电路中的触发器只有在时钟脉冲到来时,才按照输入信号改变状态。这种受时钟控制的触发器统称为同步触发器或钟控触发器。

同步RS触发器的逻辑图和逻辑符号如图5.6所示。该触发器由4个与非门构成,门A和门B构成基本RS触发器,门C和门D为控制门,CP为控制信号。S和R两个输入端分别是置1端和置0端,高电平有效。在逻辑符号图中,CP输入端有标记"∧",表示该输入端为脉冲信号。

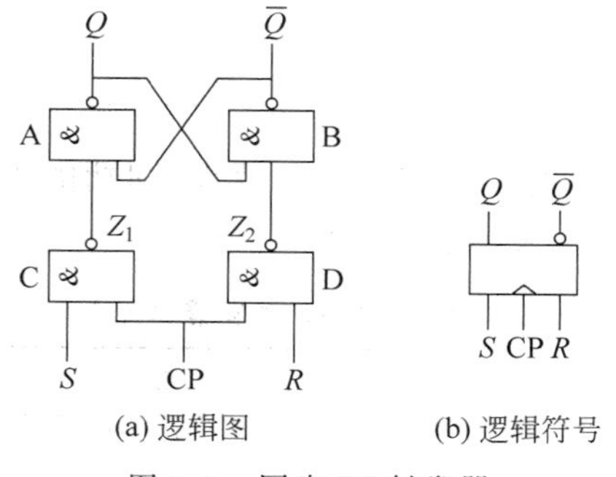

图5.6 同步RS触发器

当CP=0时,门C和门D均输出高电平,门A、B构成的基本RS触发器处于保持状态。当CP=1时,门C、门D的输出Z_1、Z_2为:

$$Z_1=\overline{S \cdot \mathrm{CP}}=\overline{S} \tag{5.2}$$

$$Z_2=\overline{R \cdot \mathrm{CP}}=\overline{R} \tag{5.3}$$

同步 RS 触发器的功能表如表 5.9 所示，和表 5.7 完全相同，只是增加了“CP=1 时有效”这个条件。因此，同步 RS 触发器的特征方程与基本 RS 触发器的完全相同。

表 5.9　同步 RS 触发器功能表(CP=1 时有效)

S	R	Q^{n+1}	功　能
0	0	Q^n	保持
0	1	0	置 0
1	0	1	置 1
1	1	不正常	不允许

5.2.3 JK 触发器

在 CP 操作下，根据输入信号 J、K，具有置 0、置 1、翻转和保持功能的电路，称为 JK 触发器，其逻辑符号和时序图如图 5.7 所示。JK 触发器的逻辑功能如表 5.10 所示。

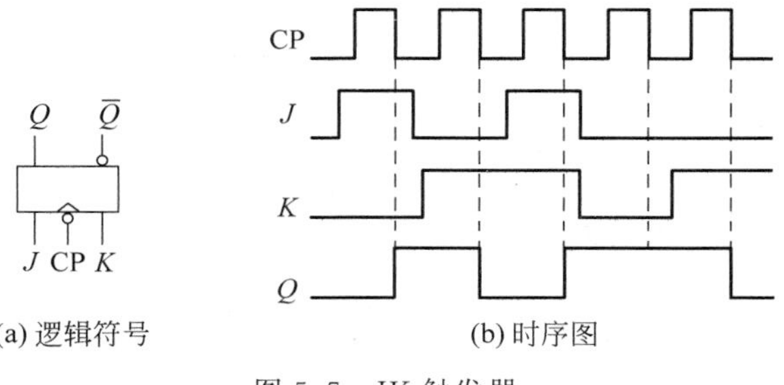

(a) 逻辑符号　(b) 时序图

图 5.7　JK 触发器

表 5.10　JK 触发器的次态真值表

J	K	Q^n	Q^{n+1}
0	0	0	0
0	0	1	1
0	1	0	0
0	1	1	0
1	0	0	1
1	0	1	1
1	1	0	1
1	1	1	0

其特性方程为

$$Q^{n+1}=J\overline{Q}^n+\overline{K}Q^n \text{(CP 下降沿到来后有效)} \tag{5.4}$$

JK 触发器的激励表如表 5.11 所示。

表 5.11 JK 触发器的激励表

Q^n	Q^{n+1}	J	K
0	0	0	d
0	1	1	d
1	0	d	1
1	1	d	0

5.2.4 D 触发器

在 CP 操作下,根据输入信号 D,具有置 0、置 1 功能的电路,称为 D 型触发器。根据对维持阻塞 D 触发器电路分析,D 触发器的逻辑功能如表 5.12 所示。

表 5.12 D 触发器的次态真值表

D	Q^n	Q^{n+1}
0	0	0
0	1	0
1	0	1
1	1	1

其特性方程为

$$Q^{n+1}=D\text{(CP 上升沿到来后有效)} \tag{5.5}$$

表 5.13 为 D 触发器的激励表。

表 5.13 D 触发器的激励表

Q^n	Q^{n+1}	D
0	0	0
0	1	1
1	0	0
1	1	1

5.2.5 T 触发器

在 CP 操作下,根据输入信号 T 的不同,具有保持和翻转功能的电路,称为 T 型触发器,其逻辑符号和时序图如图 5.8 所示。T 触发器的逻辑功能如表 5.14 所示。

表 5.14 T 触发器的次态真值表

T	Q^n	Q^{n+1}
0	0	0
0	1	1
1	0	1
1	1	0

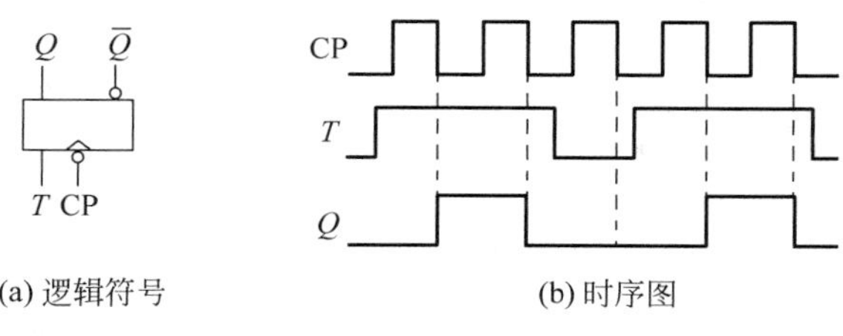

(a) 逻辑符号　(b) 时序图

图 5.8　T 触发器

T 触发器是由 JK 触发器演变而来，即 J、K 相连作为信号输入端 T。因此其特性方程也可以由 JK 触发器的特性方程得出

$$\begin{aligned} Q^{n+1} &= J\overline{Q^n} + \overline{K}Q^n \\ &= T\overline{Q^n} + \overline{T}Q^n \\ &= T \oplus Q^n \text{（CP 下降沿到来后有效）} \end{aligned} \tag{5.6}$$

T 触发器的激励表如表 5.15 所示。

表 5.15　T 触发器的激励表

Q^n	Q^{n+1}	T
0	0	0
0	1	1
1	0	1
1	1	0

5.3　同步时序电路的分析与设计

任何一个数字逻辑电路，总是从一组给定的输入，得到一组确定的输出。在组合电路中，多次重复出现的输入，可得到完全相同的输出。但是在时序电路中，如果一组输入多次重复出现，电路的输出却不尽相同，这是因为在同一输入的情况下，可能有不同的现态。因此，时序电路的分析与设计要比组合电路的分析与设计复杂得多。

设计一个同步时序电路，一般可按如下步骤进行。

(1) 根据逻辑问题的文字描述，建立原始状态表。进行这一步时，可先借助于原始状态图，再构成原始状态表。这一步得到的状态图和状态表是原始的，其中可能包含多余的状态。

(2) 采用状态化简方法，化简原始状态表。这一步得到一个用字符表示状态的简化状态表。

(3) 进行状态分配(或状态赋值)，即给予简化状态表中每个符号状态以二进制代码表示，这一步得到一个二进制状态表。

(4) 根据二进制状态表和选用的触发器的激励表，求电路的激励函数和输出函数。

(5) 根据激励函数和输出函数表达式，画出所要求的逻辑图。

同步时序电路的分析过程与设计过程正好相反，其主要步骤如下。

(1) 根据给定的时序电路,写出触发器的输入激励函数表达式以及电路的输出函数表达式,并由此画出激励矩阵和输出矩阵。

(2) 利用触发器的激励表(或状态表),将激励矩阵转换成 **Y** 矩阵。并与输出 **Z** 矩阵合并,得到 **Y**-**Z** 矩阵。

(3) 由 **Y**-**Z** 矩阵列出状态表,并画出状态图。

(4) 根据状态表或状态图,可作出网络的时间图或文字描述。

5.3.1 建立原始状态表

状态表是用来描述时序机的输入、状态和输出之间关系的表格。因而,建立状态表需要确定3个问题:一是电路应该包括几个状态;二是状态之间如何进行转换;三是怎样产生输出。解决这3个问题,至今尚没有一个系统的算法,目前所采用的方法仍然是直观的经验方法。

建立原始状态表可以先借助于原始状态图,画出原始状态图以后再列出原始状态表。

画原始状态图的过程是:首先假定一个初始状态 q_1;从这个初始状态 q_1 开始,每加入一个输入,就可确定其次态和输出;该次态可能是现态本身,也可能是已有的另一个状态,或是新增加的一个状态。继续这个过程,直到每一个现态向其次态的转换都已被考虑到,并且不再构成新的状态。输入也要考虑到各种可能取值。下面通过几个例子来说明上述方法。

【例5.1】 列出一个模5加1和加2计数器的状态表。

显然这个计数器应有5个状态,设为 $q_0 \sim q_4$,以分别记住所输入的脉冲个数。由于这个计数器既可累加1,又可累加2,故需设定一个控制输入 x,并假定 $x=0$ 为加1,$x=1$ 为加2。输出 Z 为计满5时的进位(即溢出)信号。

经以上分析,可画出该计数器的状态图,如图5.9所示,并由此可列出状态表如表5.16所示。

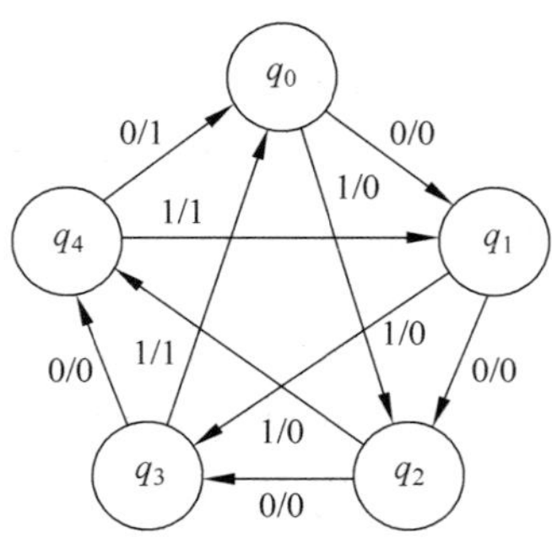

图5.9 模5计数器状态图

表5.16 模5计数器状态表

Q	x	
	0	1
q_0	q_1,0	q_2,0
q_1	q_2,0	q_3,0
q_2	q_3,0	q_4,0
q_3	q_4,0	q_0,1
q_4	q_0,1	q_1,1

【例5.2】 设计一个"01"序列检测器。该电路有一个输入 x 和一个输出 Z。输入 x 为一串随机信号,当其中出现"01"序列时,检测器能识别出来,并产生输出信号 $Z=1$;对于其他输入情况,输出均为0。例如

输入序列 10011010001

输出序列 00010010001

该时序电路应能记住“01”序列中先出现的第一个元素“0”，又能记住后出现的第二个元素“1”，这时产生输出。因此，原始状态图可这样建立，如图 5.10(a)所示。假定电路处于初态 A，若输入为 1，因为“1”不是被识别的输入序列“01”的第一个元素，所以电路停留在状态 A 并输出 0；若输入为 0，这是被识别的输入序列“01”的第一个元素，电路转至状态 B 并输出 0。当电路处于状态 B 时，若输入为 0，这不是被识别的“01”序列的第二个元素，而仍是第一个元素，所以电路仍停留在状态 B 并输出 0；若输入为 1，这是被识别的“01”序列的第二个元素，这时已检出所要求的序列，电路输出为 1，且由于输入序列“01”已检测完毕，因此电路回到初始状态 A。由状态图可列出状态表，如图 5.10(b)所示。

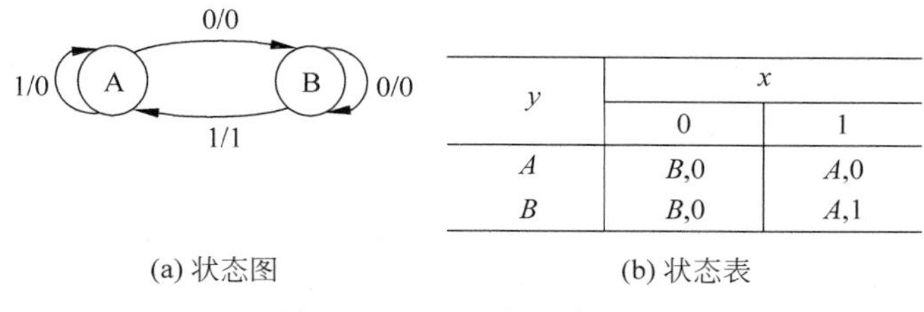

y	x	
	0	1
A	B,0	A,0
B	B,0	A,1

(a) 状态图　　(b) 状态表

图 5.10　“01”序列检测器

【例 5.3】 设计一个“111”序列检测器。该电路有一个输入 x 和一个输出 Z。输入 x 为一连串随机信号，每当其中出现有 3 个或 3 个以上连续脉冲时，检测器输出为 1；其他情况，输出均为 0。例如

输入序列 101100111011110

输出序列 000000001000110

可以想象，电路有一个计数器，能记住连续输入 1 的个数。假定电路处于初态 A，当第一次输入 1 时，电路由状态 A 转入状态 B，并输出 0；第二个信号继续输入 1 时，电路由状态 B 转入状态 C，并输出 0；第三个信号继续输入 1 时，电路由状态 C 转至状态 D，并输出 1；此后若电路继续输入 1 时，电路仍停留在状态 D，并输出 1。这里，状态 B、C、D 为记录连续输入 1 的个数的状态，当接收到一个 0 之后，都表示序列检测器需要重新记录连续输入 1 的个数，故电路将回到初始状态 A。图 5.11 为“111”序列检测器的状态图和状态表。

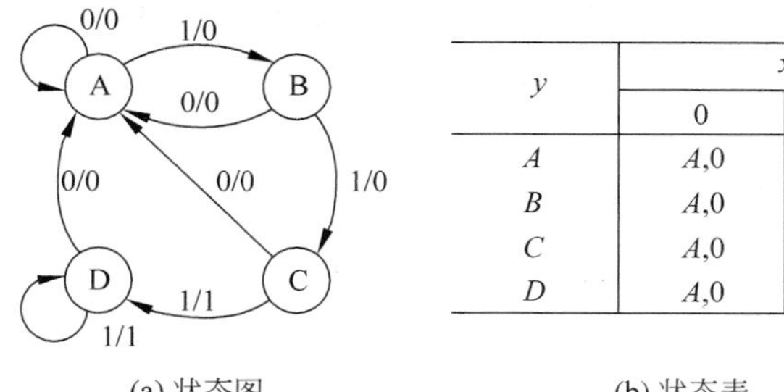

y	x	
	0	1
A	A,0	B,0
B	A,0	C,0
C	A,0	D,1
D	A,0	D,1

(a) 状态图　　(b) 状态表

图 5.11　“111”序列检测器

最后，必须强调指出，建立原始状态表或状态图应着眼于正确性，要尽可能不遗漏一个状态和输入的可能取值。至于所设定的状态是否多余，不必过多注意，多余状态可以通过下

面要讲的状态化简来去掉。

5.3.2　状态表的化简

在建立原始状态表的过程中,可能引入多余的状态。显然,网络的状态越多,所需要的存储元件就越多。因此,在得到原始状态表后,设计的下一步工作就是进行状态表的化简,以尽量减少所需状态的数目。本小节将介绍状态表的化简方法。先介绍状态表化简的基本原理,然后分别介绍完全定义机和不完全定义机两类状态表化简的具体步骤。

1. 状态表化简的基本原理

在前面建立原始状态表的过程中可看出,设置电路状态的目的在于利用这些状态记住输入的历史情况,以对其后的输入产生不同的输出。如果所设置的两个状态,对任一输入序列产生的输出序列完全相同,则这两个状态可以合并为一个状态。状态表的化简就是根据这一原理进行的。例如,上一小节的"111"序列检测器的状态表,如图5.11(b)所示。表中,状态 C 和 D 在现输入 x 为0或1的情况下,所产生的输出分别相同,即

$$Z(C,0)=Z(D,0)=0,Z(C,1)=Z(D,1)=1$$

且所建立的次态也分别相同,即

$$N(C,0)=N(D,0)=A,N(C,1)=N(D,1)=D$$

在现输入下所建立的次态相同,这意味着从现态 C 和 D 开始,对于其后的所有输入序列所产生的输出序列一定都相同,故表中的状态 C 和 D 可以合并为一个状态。这样,原始状态表可化简为3个状态的状态表,如表5.17所示。

表5.17　化简后的状态表

y	x	
	0	1
A	A,0	B,0
B	A,0	C,0
C	A,0	C,1

上面是一个比较简单的例子,用以说明两个状态进行合并的基本原理。但是,两个状态可以合并不限于这一简单情况,还有更复杂的情况。下面通过两个例子进一步说明两个状态进行合并的条件。

【例5.4】 化简表5.18所示的原始状态表。

表5.18　原始状态表

y	x	
	0	1
A	C,1	B,0
B	C,1	E,0
C	B,1	E,0
D	D,1	B,1
E	E,1	B,1

考察表中的状态 B 和 C，在现输入 x 为 0 或 1 下，它们所产生的输出分别相同，即

$$Z(B,0)=Z(C,0)=1, Z(B,1)=Z(C,1)=0$$

而所建立的次态在 $x=1$ 时是相同的，即都为 E；在 $x=0$ 时分别等于对方的现态，即次态为现态的交错，可表示为

$$N(B,0)=C, N(C,0)=B$$

在这种情况下，尽管 $x=0$ 时现态 B 和 C 所建立的次态相应为 C 和 B，但由于这两个状态在不同输入下所产生的输出分别相同，故同样满足上述状态合并的条件。

同理，状态表中的状态 D 和 E 在现输入 x 为 0 或 1 下，它们所产生的输出分别相同。而所建立的次态在 $x=1$ 时是相同的，在 $x=0$ 时分别等于现态本身，即

$$N(D,0)=D, N(E,0)=E$$

在这种情况下，同样满足状态合并的条件。

设状态 B 和 C 合并为状态 q_1，D 和 E 合并为状态 q_2，且令状态 A 为状态 q_0，记为

$$q_0=\{A\}, q_1=\{B,C\}, q_2=\{D,E\}$$

代入表 5.18，则可以得到简化后的状态表如表 5.19 所示。

表 5.19　简化后的状态表

y	x	
	0	1
q_0	q_1,1	q_1,0
q_1	q_1,1	q_2,0
q_2	q_2,1	q_1,1

【例 5.5】 化简表 5.20 所示的原始状态表。

表 5.20　原始状态表

y	x	
	0	1
A	E,0	D,0
B	A,1	F,0
C	C,0	A,1
D	B,0	A,0
E	D,1	C,0
F	C,0	D,1

先考察状态 C 和 F。由表可知，不论输入 x 为 0 或 1，它们所产生的输出分别相同。当 $x=0$ 时，它们所建立的次态也相同；但当 $x=1$ 时，它们所建立的次态却不同。

$$N(C,1)=A, N(F,1)=D$$

因此，状态 C 和 F 能否合并取决于状态 A 和 D 能否合并。为此，需要进一步追踪 A 和 D 是否满足合并条件。

由表 5.20 可知，不论输入 x 为 0 或 1，由现态 A 和 D 所产生的输出分别相同。当 $x=1$ 时，它们所建立的次态为现态的交错；但当 $x=0$ 时，它们所建立的次态却不同：

$$N(A,0)=E, N(D,0)=B$$

因此,状态 A 和 D 能否合并取决于状态 E 和 B 能否合并。为此,需继续追踪 B 和 E 是否满足合并条件。

由表可知,不论输入 x 为0或1,由现态 B 和 E 产生的输出分别相同。当 $x=0$ 时,它们所建立的次态不同:

$$N(B,0)=A, N(E,0)=D$$

当 $x=1$ 时,它们所建立的次态也不同:

$$N(B,1)=F, N(E,1)=C$$

因此,状态 B 和 E 能否合并取决于状态 A 和 D 及状态 C 和 F 能否合并。

至此,发现状态 CF、AD 及 BE 能否各自合并,出现如下循环关系:

$$CF \leftarrow AD \leftarrow BE$$

显然,由于这个循环中的各对状态,在不同的现输入下所产生的输出是分别相同的,因而从循环中的某一状态对出发,都能保证在所有的输入序列下所产生的输出序列均相同。因此,循环中的各对状态是可以合并的。令

$$q_1=\{A,D\}, q_2=\{B,E\}, q_3=\{C,F\}$$

代入表5.20,则得简化后的状态表如表5.21所示。

表5.21　简化的状态表

y	x	
	0	1
q_1	q_2,0	q_1,0
q_2	q_1,1	q_3,0
q_3	q_3,0	q_1,1

综上所述,状态表中两个状态可以合并为一个状态的条件,归纳如下。

(1) 在任一现输入下,现输出分别相同。

(2) 在所有不同的现输入下,次态分别为下列情况之一。

① 两个次态完全相同。

② 两个次态为其现态本身或交错。

③ 两个次态的某一后继状态可以合并。

④ 两个次态为状态对循环中的一个状态对。

上述两个条件必须同时满足,而第一个条件是状态合并的必要条件。

显然,从原始状态表可以很容易判断任何两个状态是否满足第一条件,但不太容易判别是否满足第二条件。下面介绍的两种状态表的化简方法,就是为解决这一问题而提出来的。首先介绍完全定义机状态表的化简方法,然后再介绍不完全定义机状态表的化简方法。

2. 完全定义机状态表的化简方法

1) 等价的概念

在介绍具体方法之前,先引入等价的概念。

(1) 等价状态。设 q_a 和 q_b 是时序机状态表的两个状态,如果从 q_a 和 q_b 开始,任何加

到时序机上的输入序列均产生相同的输出序列，则称状态 q_a 和 q_b 为等价状态或等价状态对，并记为(q_a, q_b)或$\{q_b, q_a\}$。显然，满足前面所述合并条件的两个状态是等价状态。

(2) 等价状态的传递性。若状态 q_1 和 q_2 等价，状态 q_2 和 q_3 等价，则状态 q_1 和 q_3 也等价，记为

$$(q_1, q_2), (q_2, q_3) \rightarrow (q_1, q_3)$$

(3) 等价类。彼此等价的状态集合，称为等价类。例如，若有(q_1, q_2)和(q_2, q_3)，根据等价状态的传递性，则有等价类(q_1, q_2, q_3)。

(4) 最大等价类。若一个等价类不是任何别的等价类的子集，则此等价类称为最大等价类。

显然，状态表化简的根本任务在于从原始状态表中找出最大等价类。

2) 化简方法——隐含表法

它的基本思想是：先对原始状态表中的各状态进行两两比较，找出等价状态对；然后利用等价的传递性，得到等价类；最后确定一组等价类，以建立最简状态表。

隐含表法的具体步骤如下。

(1) 画隐含表。隐含表的格式如图 5.12 所示。设原始状态表有 n 个状态 $q_1 \sim q_n$，在隐含表的水平方向标以状态 $q_1, q_2, \cdots, q_{n-1}$，垂直方向标以 $q_2, q_3, \cdots, q_n$。也就是隐含表垂直方向“缺头”，水平方向“少尾”。隐含表中的每一个小方格表示一个状态对(q_i, q_j)。

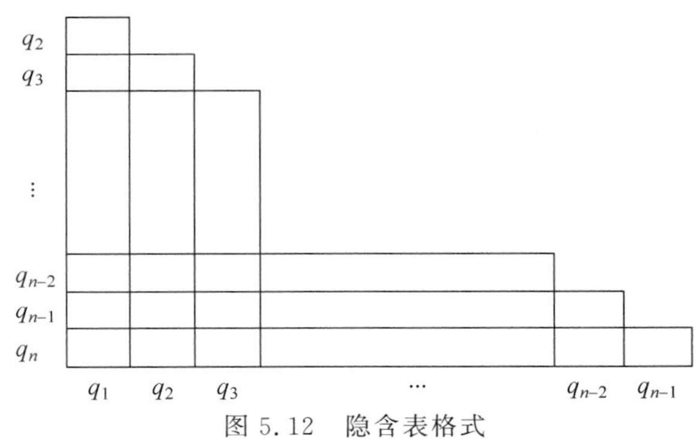

图 5.12　隐含表格式

(2) 顺序比较。顺序比较隐含表中各状态之间的关系，比较结果有以下 3 种情况。

① q_i 和 q_j 输出完全相同，次态也相同，或者为现态本身或者交错，表示 q_i 和 q_j 等价，在隐含表对应方格内标以“√”。

② q_i 和 q_j 输出不相同，表示 q_i 和 q_j 不等价，在对应方格内标以“×”。

③ q_i 和 q_j 输出完全相同，但其次态既不相同，又不交错，表示 q_i 和 q_j 是否等价，还待进一步考察，在对应方格内标以 q_i 和 q_j 的次态对。

(3) 关联比较。关联比较是要确定上一步待考察的次态对是否等价，并由此来确定原状态对是否等价。这一步应在隐含表上直接进行，以追踪后续状态对的情况。若后续状态对等价或出现循环，则这些状态对都是等价的；若后续状态对中出现不等价，则在它以前的状态对都是不等价的。

(4) 列最大等价类，作最简状态表。关联比较后，可以确定哪些状态是“等价对”，再由等价对构成“等价类”和“最大等价类”。不与其他任何状态等价的单个状态也是一个最大等价类。每个最大等价类可以合并为一个状态，并以一个新符号表示。这样，由一组新符号构成的状态表，便是所求的最简状态表。

【例 5.6】 化简图 5.13(a)所示的原始状态表。

化简步骤如下。

① 画隐含表,如图 5.13(b)所示。

② 顺序比较,结果如图 5.13(b)所示。

③ 关联比较,考察状态对 AB,若要 AB 等价,就需要 BC 等价。从隐含表上可直接看出 BC 不等价,因此 AB 也不等价,在相应方格上打"×"号。同理,BD 也不等价,如图 5.13(c)所示。

④ 列最大等价类。由关联比较结果,可得最大等价类为

$$(A,D),(B),(C)$$

令
$$a=\{A,D\},b=\{B\},c=\{C\}$$

由此可做出简化状态表,如图 5.13(d)所示。

【例 5.7】 化简图 5.14(a)的原始状态表。

y	x	
	0	1
A	D,0	B,0
B	D,0	C,0
C	D,0	C,1
D	D,0	B,0

(a) 原始状态表

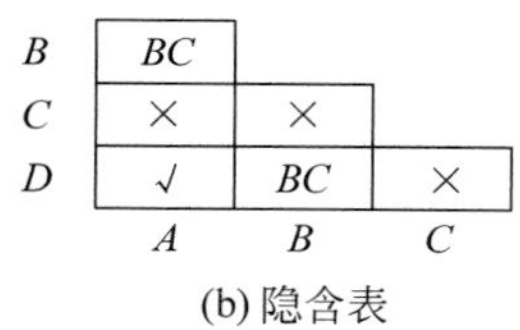

(b) 隐含表

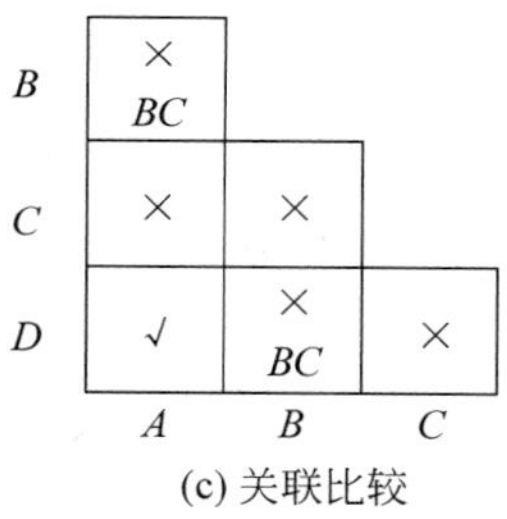

(c) 关联比较

y	x	
	0	1
a	a,0	b,0
b	a,0	c,0
c	a,0	c,1

(d) 简化状态表

图 5.13　完全定义机状态表的化简方法

y	x		
	I_1	I_2	I_3
q_1	q_3,0	q_4,0	q_2,0
q_2	q_2,0	q_4,0	q_3,0
q_3	q_2,0	q_5,0	q_1,0
q_4	q_1,1	q_6,1	q_6,0
q_5	q_2,1	q_6,2	q_6,0
q_6	q_1,1	q_5,1	q_4,1

(a) 原始状态表

q_2	q_2q_3				
q_3	q_2q_3 q_4q_5	q_4q_5 q_1q_2			
q_4	×	×	×		
q_5	×	×	×	q_1q_2	
q_6	×	×	×	×	×
	q_1	q_2	q_3	q_4	q_5

(b) 隐含表

y	x		
	I_1	I_2	I_3
A	A,0	B,0	A,0
B	A,1	C,1	C,0
C	A,1	B,1	B,1

(c) 简化状态表

图 5.14　完全定义机状态表的化简方法

化简步骤如下。

① 画隐含表，如图 5.14(b)所示。

② 顺序比较。原始状态表中，所有输入(I_1、I_2 和 I_3)下的输出和次态都要比较，比较结果列于图 5.14(b)中。

③ 关联比较。考察状态 q_1 和 q_2 的后继状态，出现如下循环关系：

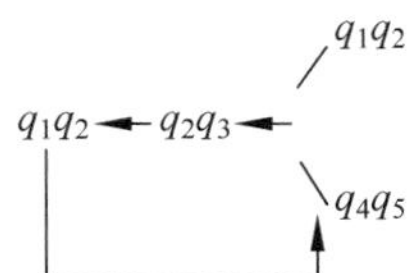

由于在循环链中各状态对的输出都是相同的，所以得到下列等价状态对：

$$(q_1,q_2),(q_2,q_3),(q_4,q_5)$$

由隐含表可看出，由于 q_2、q_3 和 q_4、q_5 等价，因而 q_1、q_3 也是等价的。

④ 列最大等价类。由关联比较结果可得到最大等价类为：

$$(q_1,q_2,q_3),\quad (q_4,q_5),(q_6)$$

令　$A=\{q_1,q_2,q_3\}$，　$B=\{q_4,q_5\}$，$C=\{q_6\}$

可以作出简化状态表如图 5.14(c)所示。

3. 不完全定义机状态表的化简方法

1) 相容的概念

在讨论不完全定义机状态表的化简方法之前，先引入相容的概念。

(1) 相容状态。设 q_i 和 q_j 是不完全定义机状态表中的两个状态，如果它们的输出和次态在两者有定义时满足前面叙述的两个合并条件，则称 q_i 和 q_j 是相容状态，或称相容状态对。

例如，表 5.22 为一个不完全定义机状态表。表中，状态 A 和 B 为相容状态，B 和 C 也为相容状态，A 和 C 就不是相容状态。

表 5.22　不完全定义机状态表

y	x	
	0	1
A	B,0	d,0
B	A,d	B,0
C	d,1	B,0
D	C,1	D,d

(2) 相容状态无传递性。若状态 q_i 和 q_j 相容，状态 q_j 和 q_k 相容，则状态 q_i 和 q_k 不一定相容，如表 5.22 中，A 和 B 相容，且 B 和 C 相容，但 A 和 C 却不相容。

(3) 相容类。所有状态之间都是两两相容的状态集合，称为相容类。

(4) 最大相容类。若一个相容类不是任何其他相容类的子集时，则称此相容类为最大相容类。

为了从相容状态方便地找到最大相容类，这里介绍一种状态合并图法。合并图是这样构成的：先将原始状态表中的每个状态以“点”的形式分布在一个圆周上，然后把各个相容状态的两个“点”用直线连起来，那么所得到的各“点”间都有连线的“多边形”就是一个相容类。如果这个相容类不包含在任何其他相容类之中，它就是一个最大相容类。

例如，设有一个不完全定义机的状态表如图5.15(a)所示。由表可找到相容状态对为

$$(q_1, q_2), (q_1, q_3), (q_3, q_4), (q_1, q_4), (q_2, q_4)$$

y	x	
	0	1
q_1	q_1,0	q_4,d
q_2	q_1,0	q_4,0
q_3	q_1,0	q_4,1
q_4	q_1,0	q_3,d

(a) 状态表

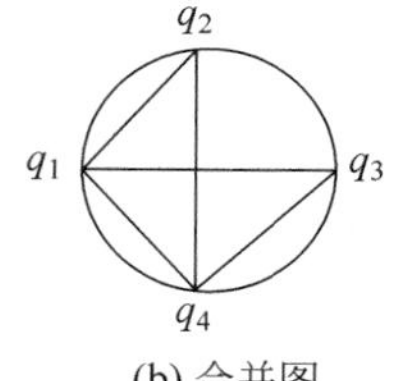

(b) 合并图

图5.15 不完全定义机的状态表及合并图

它的状态合并图可以这样构成：先把状态表的4个状态 q_1、q_2、q_3 和 q_4 以“点”的形式标在圆周上；然后，由各相容状态对用直线两两连起来，这样就得到状态合并图如图5.15(b)所示。从图上可以看出，有两个各点间都有连线的“多边形”。因此，求得下列两个相容类：

$$(q_1, q_2, q_4), \quad (q_1, q_3, q_4)$$

由图还可看出，上述两个相容类不包含在其他任何相容类之中。因此，它们是最大相容类。

2）化简方法——隐含表法

用隐含表法(也称相容法)化简不完全定义机状态表的过程与化简完全定义机状态表的过程大致相同，只是在最后构成最简状态表时有所不同。这点应予以注意。化简的具体步骤如下。

(1) 画隐含表，寻找相容状态对。隐含表的画法与完全定义机相同。画好隐含表后，逐一判别状态表中每对状态 q_i 和 q_j 的相容关系，判别结果有以下3种情况。

① 若 q_i 和 q_j 两个状态对应的输出(除随意项外)不相同，则表示这两个状态不相容，在隐含表的相应方格中标以“×”号。

② 若 q_i 和 q_j 的输出(除随意项外)相同，且次态相同、交错，或者包含随意项，则表示这两个状态相容，在相应的方格内标以“√”号。

③ 若 q_i 和 q_j 的输出(除随意项外)相同，但次态尚不能直接确定是否相容，则表示这两

个状态是否相容还待进一步考察，在对应的方格内填入其对应的不同次态对，这是其相容的条件。此时，利用隐含表继续追踪待定次态对。如果后续状态对相容或出现循环，则这些状态对都是相容的；如果后续状态对出现不相容，则这些状态对都是不相容的。

(2) 画状态合并图，找最大相容类。

(3) 作最小化状态表。这一步的任务是要从上面求得的最大相容类(或相容类)中选出一组能覆盖原始状态表全部状态且个数最少的相容类，这一组相容类必须满足如下 3 个条件：

① 覆盖性，即该组相容类应能覆盖原始状态表的全部状态。

② 最小性，即该组相容类的数目应为最小。

③ 闭合性，即该组相容类中的任一个相容类，它在原始状态表中任一输入下产生的次态应该属于该组内的某一个相容类。

选出这组满足上述三条件的相容类后，每个相容类用一个状态符号表示。这样，由这组状态就可以构成最小化状态表。

下面举例说明不完全定义机状态表化简的方法。

【例 5.8】 化简图 5.16(a)所示的原始状态表。

化简步骤如下。

① 画隐含表，找相容状态对。隐含表如图 5.16(b)所示。由隐含表可得到相容状态对如下：

$$(q_1,q_3),(q_2,q_6),(q_3,q_5),(q_1,q_5),(q_2,q_4),(q_4,q_6)$$

② 画合并图，找最大相容类。状态合并图如图 5.16(c)所示。由状态合并图可得到相容类如下：

$$(q_1,q_3,q_5),(q_2,q_4,q_6)$$

③ 作最小化状态表。先作覆盖闭合表，如图 5.16(d)所示。选择(q_1,q_3,q_5)和(q_2,q_4,q_6)这两个相容类，它们覆盖了原始状态表的全部状态；而且每个相容类在任一输入下次态属于这两个相容类中某一个；此外，这两个相容类不能再少了。因此，它们满足覆盖、闭合和最小 3 个条件。令 $q_1'=\{q_1,q_3,q_5\}$，$q_2'=\{q_2,q_4,q_6\}$，作出最小优化状态表如图 5.16(e)所示。

【例 5.9】 化简图 5.17(a)所示的原始状态表。

化简步骤如下。

① 画隐含表，找相容状态对。隐含表如图 5.17(b)所示。由隐含表可得相容状态对如下：

$$(q_1,q_2),(q_1,q_3),(q_1,q_4),(q_1,q_5),(q_2,q_3),(q_3,q_4),(q_4,q_5)$$

② 画状态合并图，找最大相容类。状态合并图如图 5.17(c)所示。由状态合并图可得到最大相容类如下：

$$(q_1,q_2,q_3),(q_1,q_3,q_4),(q_1,q_4,q_5)$$

③ 作最小状态表。先作覆盖闭合表，如图 5.17(d)所示。这 3 个最大相容类满足覆盖

y	x	
	0	1
q_1	q_2,0	q_5,0
q_2	q_2,1	q_5,d
q_3	q_6,0	q_3,0
q_4	q_2,1	q_1,1
q_5	q_4,0	q_3,d
q_6	q_4,1	q_3,1

(a) 原始状态表

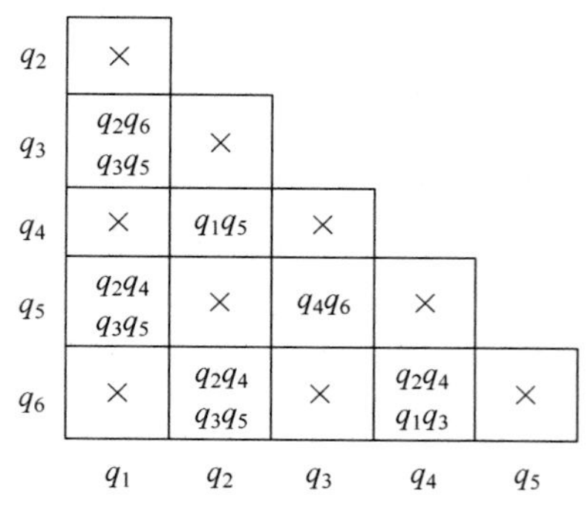

(b) 隐含表

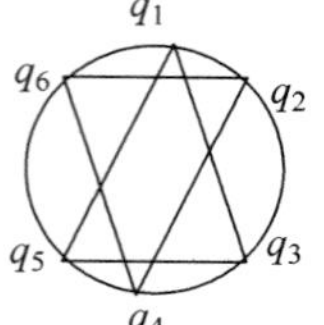

(c) 状态合并图

相容状态集	覆　盖						闭　合	
	q_1	q_2	q_3	q_4	q_5	q_6	x=0	x=1
$q_1q_3q_5$	q_1		q_3		q_5		$q_2q_6q_4$	$q_3\ q_5$
$q_2q_4q_6$		q_2		q_4		q_6	$q_2\ q_4$	$q_5q_1q_3$

(d) 覆盖闭合表

y	x	
	0	1
q_1'	q_2',0	q_1',0
q_2'	q_2',1	q_1',1

(e) 最小化状态表

图5.16　不完全定义机状态表的化简方法示例1

闭合条件,但是否最小呢?由于状态 q_2 仅属于(q_1,q_2,q_3),状态 q_5 仅属于(q_1,q_4,q_5),而相容类(q_1,q_2,q_3)和(q_1,q_4,q_5)覆盖了原始状态表的全部状态。因此,可以考虑选择这两个相容类。但在进一步检查闭合性时,发现(q_1,q_4,q_5)在输入 $x=0$ 时次态为 q_3q_4,它不属于所选的两个相容类中的任何一个。这说明选择相容类(q_1,q_2,q_3)和(q_1,q_4,q_5)不满足闭合性条件。如果选择相容类(q_1,q_2,q_3)和(q_4,q_5),可以发现它是满足覆盖、闭合和最小这3个条件的,如图5.17(e)所示。这是唯一的一组解。令 $q_1'=\{q_1,q_2,q_3\}$,$q_2'=\{q_4,q_5\}$,作出最小化状态表如图5.17(f)所示。

这个例子说明,有时选用最大相容类不一定能取得最小化。究竟是选用相容类还是最大相容类,应视具体情况而定。

y	x	
	0	1
q_1	q_4,d	q_1,d
q_2	$q_5,0$	q_1,d
q_3	$q_4,0$	q_2,d
q_4	q_3,d	q_3,d
q_5	$q_3,1$	q_2,d

(a) 原始状态表

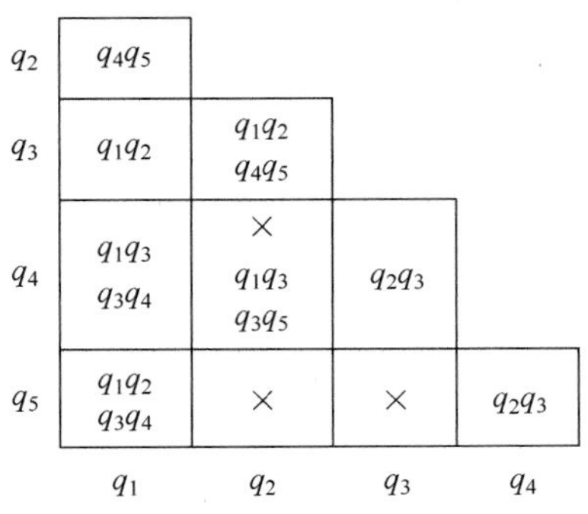

q_2	q_4q_5			
q_3	q_1q_2	q_1q_2 q_4q_5		
q_4	q_1q_3 q_3q_4	× q_1q_3 q_3q_5	q_2q_3	
q_5	q_1q_2 q_3q_4	×	×	q_2q_3
	q_1	q_2	q_3	q_4

(b) 隐含表

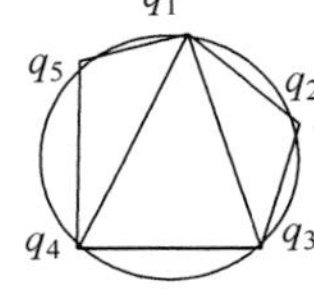

(c) 状态合并图

相容状态集	覆盖					闭合	
	q_1	q_2	q_3	q_4	q_5	$x=0$	$x=1$
$q_1q_2q_3$	q_1	q_2	q_3			$q_4\ q_5$	$q_1\ q_2$
$q_1q_3q_4$	q_1		q_3	q_4		$q_3\ q_4$	$q_1q_2q_3$
$q_1q_4q_5$	q_1			q_4	q_5	$q_3\ q_4$	$q_1q_2q_3$

(d) 覆盖闭合表一

相容状态集	覆盖					闭合	
	q_1	q_2	q_3	q_4	q_5	$x=0$	$x=1$
$q_1q_2q_3$	q_1	q_2	q_3			q_4q_5	q_1q_2
q_4q_5				q_4	q_5	q_3	q_2q_3

(e) 覆盖闭合表二

y	x	
	0	1
q_1'	$q_2',0$	q_1',d
q_2'	$q_1',1$	q_1',d

(f) 最小化状态表

图 5.17　不完全定义机状态表的化简方法示例 2

最后,在结束本小节讨论之前,还需指出两点:

① 不完全定义机的状态表中,两状态的相容只对可应用输入序列有效,而不是对所有的输入序列都有效。这是由于不完全定义机状态表中状态的随意项引起的。所谓可应用输入序列是指:以 q_i 为初态,若某一输入序列中的每一个输入所建立的状态都是确定的,则该输入序列为状态 q_i 的可应用输入序列。例如,在表 5.22 中,对于状态 C,输入序列 1000 是可应用输入序列;而对于输入序列 1010 是不可应用输入序列。这是因为

$$\begin{array}{lcc} \text{输入序列} & 1\ 0\ 0\ 0 & 1\ 0\ 1\ 0 \\ \text{次态 } C & \underbrace{B\ A\ B\ A}_{\text{确定}} & \underbrace{C\ B\ A\ d}_{\text{不确定}} \end{array}$$

② 完全定义机可看作是不完全定义机的特例。换句话说,不完全定义机更具有一般性。因而,不完全定义机状态表的化简方法也适用于完全定义机,两者可统一成一种方法。

5.3.3 状态分配

在求得时序电路的最简状态表后,下一个设计步骤就是进行状态分配。所谓状态分配,或称状态编码、状态赋值,就是给最简状态表中的每个符号状态指定一个二进制代码,形成二进制状态表。

状态分配的任务是要解决两个问题:一是根据简化状态表给定的状态数,确定所需触发器的数目;二是给每个状态指定二进制代码,以使所设计的电路最简单。

在实际工作中,设计人员主要还是凭经验,依据一定的原则,寻求接近最佳的状态分配方案。下面介绍一种状态分配的经验方法。

这里介绍的经验方法是基于如下思想:在选择状态编码时,尽可能地使次态和输出函数在卡诺图上"1"的分布为相邻,以便形成较大的圈。这种方法主要根据以下三条相邻原则。

(1) 在相同输入条件下,次态相同,现态应相邻编码。所谓相邻编码,是指两个状态的二进制代码仅有一位不同。

(2) 在不同输入条件下,对于同一现态,次态应相邻编码。

(3) 输出完全相同,两个现态应相邻编码。

在以上三条原则中,第一条最重要,应优先考虑。下面举例说明上述原则的用法。

【例 5.10】 对表 5.23 所示的简化状态表进行状态分配。

表 5.23 简化状态表

y	x	
	0	1
q_1	q_3,0	q_4,0
q_2	q_3,0	q_1,0
q_3	q_2,0	q_4,0
q_4	q_1,1	q_2,1

状态表中共有 4 个状态 q_1、q_2、q_3 和 q_4,其状态编码确定过程如下:

根据原则(1),q_1q_2、q_1q_3 应相邻编码;

根据原则(2)，q_3q_4、q_1q_3、q_2q_4、q_1q_2 应相邻编码；

根据原则(3)，q_1q_2、q_1q_3、q_2q_3 应相邻编码。

综合上述要求，q_1q_2、q_1q_3 应给予相邻编码，因为这是三条原则都要求的。可以借用卡诺图，很易得到满足上述相邻要求的状态分配方案，如图 5.18 所示。其中，y_1 和 y_2 表示触发器。因此，由图 5.18 可得状态编码为

$$q_1=00, q_2=01, q_3=10, q_4=11$$

将上述编码代入表 5.23 的简化状态表，就得到表 5.24 所示的二进制状态表，这就完成了状态分配。当然，上述分配方案不是唯一的。

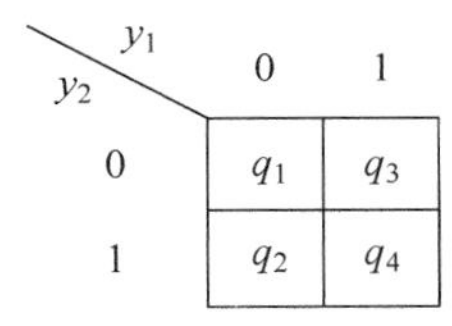

图 5.18　状态分配方案

表 5.24　二进制状态表

$y_1\ y_2$	x	
	0	1
0　0	10,0	11,0
0　1	10,0	00,0
1　0	01,0	11,0
1　1	00,1	01,1

必须指出，状态分配三条原则在大多数情况下是有效的，由它所得到的电路是比较简单的。但是，由于问题的复杂性，有时得到的结果并不令人满意，这是在实际使用中要注意的。还有一点要指出，对于同步时序电路来说，不同的状态分配方案并不影响网络工作的稳定性，仅影响网络的复杂程度。

5.3.4　确定激励函数和输出函数

在完成状态分配以后，时序电路设计的下一步工作就是确定激励函数和输出函数，并据此可画出逻辑图。

由状态分配所得到的二进制状态表，反映了次态 Y 与 x、y 的关系，也反映了输出 Z 与 x、y 的关系。当触发器选定后，由于 y 和 Y 在二进制状态表中是已知的，根据触发器的激励表，就可以求出激励函数表达式。输出函数的表达式可直接从二进制状态表求得。

确定激励函数和输出函数的具体步骤如下。

(1) 将二进制状态表变换成 ***Y*-*Z*** 矩阵。为了便于从二进制状态表求得函数的表达式，将这个表的变量取值按 Gray 码的顺序排列，这样就变换成了卡诺图的形式。把这种能反映函数 $Y_i=f_i(x,y)$ 和 $Z_i=g_i(x,y)$ 的卡诺图称为 ***Y*-*Z*** 矩阵。

例如，表 5.24 的二进制状态表变换成 ***Y*-*Z*** 矩阵如表 5.25 所示。

表 5.25　*Y*-*Z* 矩阵

$y_1\ y_2$	x	
	0	1
0　0	10,0	11,0
0　1	10,0	00,0
1　1	00,1	01,1
1　0	01,0	11,0

（2）由 ***Y-Z*** 矩阵变换成激励矩阵和输出矩阵。

Y-Z 矩阵可看成由 ***Y*** 矩阵和 ***Z*** 矩阵两部分构成。***Y*** 矩阵给出每一现态 y_i 的次态值 Y_i，而由现态 y_i 向次态 Y_i 的转换是依靠触发器的输入激励，这个激励可根据所选触发器的激励表来确定。把 ***Y*** 矩阵中的次态值 Y_i 代之以相应触发器的激励值，就得到激励函数的卡诺图形式，这个卡诺图称为激励矩阵。由 ***Y-Z*** 矩阵的另一部分 ***Z*** 矩阵，直接可得输出矩阵。

例如，假定选 RS 触发器来实现表 5.25 的 ***Y-Z*** 矩阵，则它的激励矩阵和输出矩阵如表 5.26 和表 5.27 所示。

表 5.26　激励矩阵 R_1S_1 和 R_2S_2

$y_1\ y_2$	x	
	0	1
0　0	01,d0	01,01
0　1	01,10	d0,10
1　1	10,10	10,0d
1　0	10,01	0d,01

表 5.27　输出矩阵 Z

$y_1\ y_2$	x	
	0	1
0　0	0	0
0　1	0	0
1　1	1	1
1　0	0	0

（3）由激励和输出矩阵，求激励函数和输出函数。

激励矩阵可以看成是各个输入激励填在同一个卡诺图上构成的。因此，在求各个激励函数时，只要分别画出各个输入激励的卡诺图，并由此写出各个激励函数的最简表达式。同理，由输出矩阵，可写出输出函数的最简表达式。

例如，由表 5.26 的激励矩阵 R_1S_1 和 R_2S_2，可以分别画出 R_1、S_1、R_2、S_2 4 个卡诺图，并由此写出这 4 个激励函数的表达式。表中 R_1 和 S_1 是触发器 y_1 的输入，R_2 和 S_2 是触发器 y_2 的输入。同理，由表 5.27 的输出矩阵，可写出输出函数的表达式。

将上述求激励函数和输出函数的过程简单表示如下：

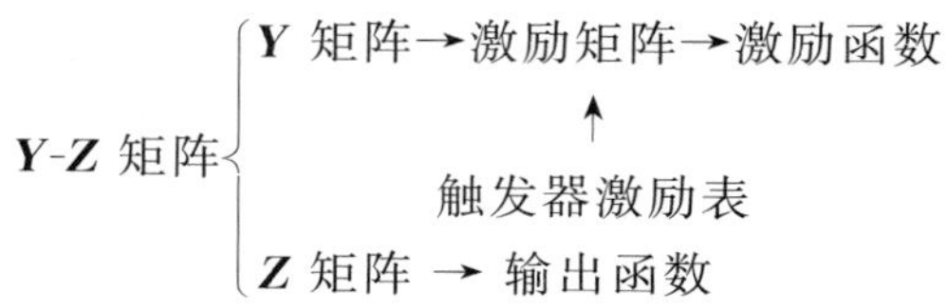

下面举例说明确定激励函数和输出函数的方法。

【例 5.11】　完成 5.3 节例 5.3“111”序列检测器的设计。

设计过程如下。

① 建立原始状态表。该序列检测器的原始状态表如图 5.11(b)所示。

② 状态化简。该序列检测器的简化状态表如表 5.17 所示。

③ 状态分配。简化状态表共有 3 个状态，所以需要用两位触发器 y_1 和 y_2，根据状态分

配的原则，一种较好的分配方案如图 5.19 所示。根据这种状态分配方案，A 为 00，B 为 01，C 为 10。于是，可得二进制状态表(即 **Y-Z** 矩阵)，如表 5.28 所示。

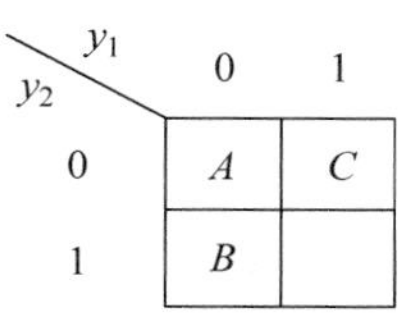

图 5.19　状态分配方案

表 5.28　Y-Z 矩阵 Y_1Y_2-Z

y_1y_2	x	
	0	1
0　0	00,0	01,0
0　1	00,0	10,0
1　1	dd,d	dd,d
1　0	00,0	10,1

④ 求激励函数和输出函数。若选用 JK 触发器作为存储元件，则根据 JK 触发器的激励表，可得到网络的激励矩阵如表 5.29 所示。

表 5.29　激励矩阵 J_1K_1，J_2K_2

y_1y_2	x	
	0	1
0　0	$0d,0d$	$0d,1d$
0　1	$0d,d1$	$1d,d1$
1　1	dd,dd	dd,dd
1　0	$d1,0d$	$d0,0d$

分别画出各激励函数 J_1、K_1、J_2、K_2 和输出函数 Z 的卡诺图，如图 5.20 所示。由此可得激励函数和输出函数为

$$J_1=xy_2, K_1=\bar{x},\quad J_2=x\bar{y}_1,\quad K_2=1, Z=xy_1$$

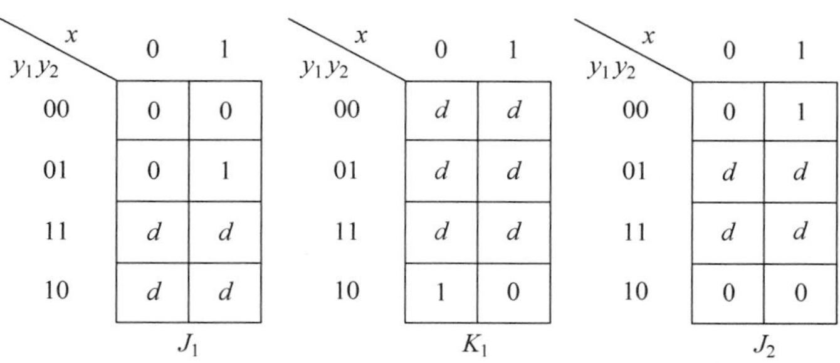

K_2

y_1y_2 \ x	0	1
00	d	d
01	1	1
11	d	d
10	d	d

Z

y_1y_2 \ x	0	1
00	0	0
01	0	0
11	d	d
10	0	1

图 5.20　卡诺图

⑤ 画逻辑图。根据所求得的激励函数和输出函数,可画出“111”序列检测器的逻辑电路图,如图5.21所示。

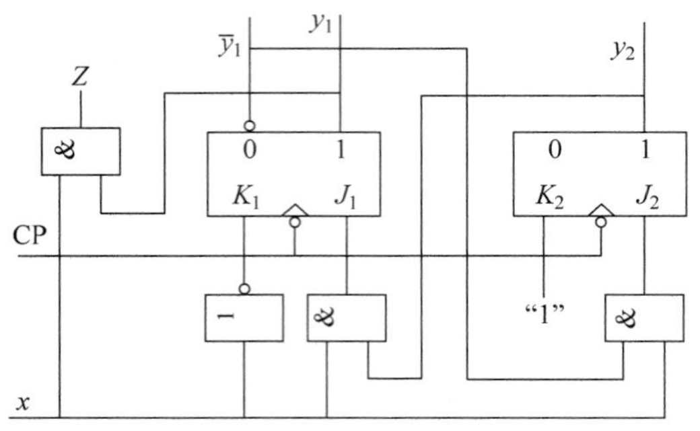

图5.21　“111”序列检测器逻辑图

5.3.5　分析与设计举例

【例5.12】　分析图5.22所示同步时序电路的逻辑功能。

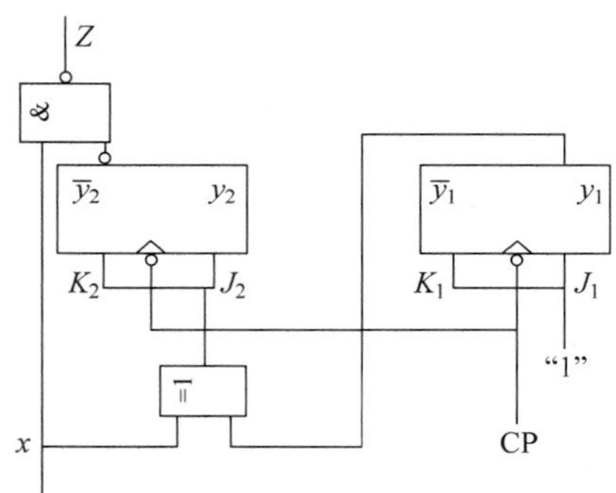

图5.22　同步时序电路

根据电路逻辑图,可写出激励函数和输出函数表达式为

$$J_2=K_2=x\oplus y_1=x\bar{y}_1+\bar{x}y_1,\ J_1=K_1=1,\quad Z=\overline{x\bar{y}_2}=\bar{x}+y_2$$

根据这些表达式,分别画出它们的卡诺图如图5.23所示。将J_2、K_2、J_1、K_1的卡诺图合并画在一个卡诺图上,便得到网络的激励矩阵,如表5.30所示。

J_2K_2:

y_2y_1 \ x	0	1
00	00	11
01	11	00
11	11	00
10	00	11

J_1K_1:

y_2y_1 \ x	0	1
00	11	11
01	11	11
11	11	11
10	11	11

Z:

y_2y_1 \ x	0	1
00	1	0
01	1	0
11	1	1
10	1	1

图5.23　J、K、Z的卡诺图

表 5.30　激励矩阵 J_2K_2、J_1K_1

y_2y_1	x	
	0	1
0　0	00,11	11,11
0　1	11,11	00,11
1　1	11,11	00,11
1　0	00,11	11,11

根据 JK 触发器的状态表将激励矩阵和输出 **Z** 矩阵变换成 ***Y*-*Z*** 矩阵，如表 5.31 所示。

表 5.31　*Y*-*Z* 矩阵

y_2y_1	x	
	0	1
0　0	01,1	11,0
0　1	10,1	00,0
1　1	00,1	10,1
1　0	11,1	01,1

由 ***Y*-*Z*** 矩阵列状态表，画状态图。令编码 00、01、10、11 分别用状态 q_1、q_2、q_3、q_4 表示，代入 ***Y*-*Z*** 矩阵可得状态表，由此可给出状态图，如图 5.24 所示。

	y_2y_1	x	
		0	1
00	q_1	q_2,1	q_4,0
01	q_2	q_3,1	q_1,0
10	q_3	q_4,1	q_2,1
11	q_4	q_1,1	q_3,1

(a) 状态表

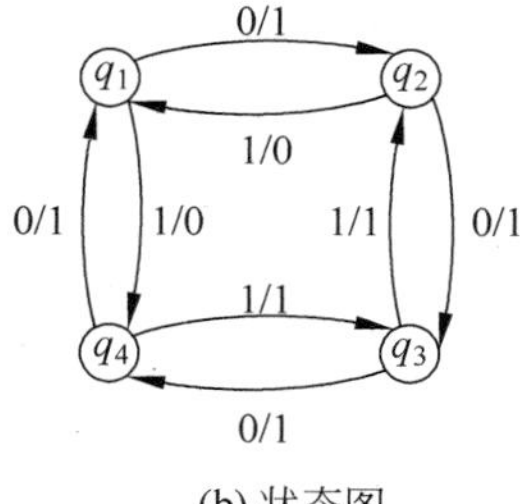

(b) 状态图

图 5.24　状态表和状态图

该电路是一个 Mealy 型时序机。由状态表和状态图可以看出，当输入 $x=0$ 时，在时钟脉冲 CP 的作用下，电路的状态按加 1 顺序变化，即

$$00 \to 01 \to 10 \to 11 \to 00 \to \cdots$$

当 $x=1$ 时，在时钟脉冲 CP 的作用下，电路的状态按减 1 顺序变化，即

$$11 \to 10 \to 01 \to 00 \to 11 \to \cdots$$

因此,该电路既具有加 1 计数功能,又具有减 1 计数功能,是一个二进制可逆计数器。

有时还需要用时间图来形象地描述电路的逻辑功能。时间图反映了时序电路在某一给定初态下,对给定输入序列的响应。下面介绍由状态图作时间图的方法。

假定计数器的初态 y_2y_1 为 00(即 q_1),输入 x 的序列为 0000011111,计数器在时钟脉冲 CP 控制下工作。先利用状态图作出时序电路的状态响应序列,而后再作时间图。状态响应序列如下:

CP	1	2	3	4	5	6	7	8	9	10
x	0	0	0	0	0	1	1	1	1	1
$y(Y)$	q_1	q_2	q_3	q_4	q_1	q_2	q_1	q_4	q_3	q_2
Z	1	1	1	1	1	0	0	1	1	0

在 CP_1 到来前,时序电路处于现态 q_1,当 $x=0$ 时,由状态图可知,输出 $Z=1$,次态为 0(即 CP_1 到来后的状态)。在 CP_2 到来前,电路处于现态 q_2,当 $x=0$,产生输出 1,次态为 q_3。以此类推,可得到整个状态响应序列。然后,再根据状态响应序列作出时间图。由于状态 y 由 y_2y_1 来表示,所以只要将状态 q_i 按二进制代码表示后,就可画出按电平高低的 Y_2、Y_1 时间图。例如,q_2 的代码为 01,则在 Y_2、Y_1 的时间图中,Y_2 为低电平,Y_1 为高电平。图 5.25 表示该电路的时间图。

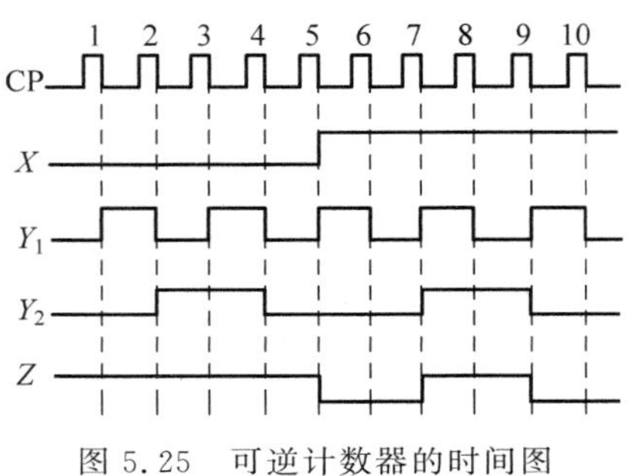

图 5.25　可逆计数器的时间图

【例 5.13】 分析图 5.26 所示同步时序电路。

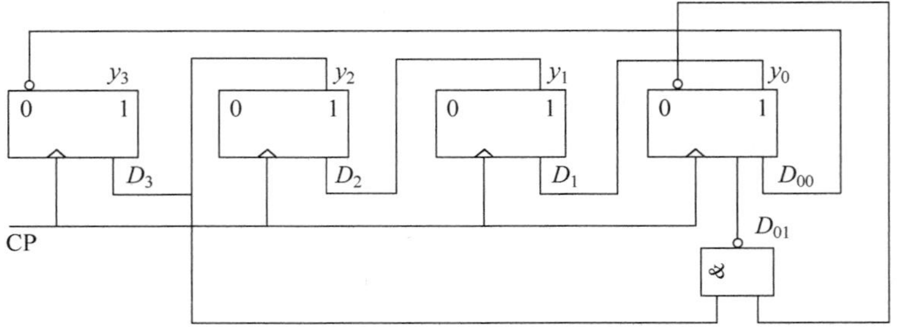

图 5.26　同步时序电路

列出激励函数,求激励矩阵。激励函数为

$$D_{00}=\bar{y}_3, D_{01}=\overline{y_2 \cdot \bar{y}_0}=\bar{y}_2+y_0, D_0=D_{00} \cdot D_{00}$$

$$D_1=y_0, D_2=y_1, D_3=y_2$$

将 4 个状态变量 $y_0 \sim y_3$ 的 16 种组合代入上式，得激励矩阵如表 5.32 所示。注意，本例电路没有外部输入，也没有外部输出 Z。

表 5.32　激励矩阵和状态表

y_3	y_2	y_1	y_0	D_3	D_2	D_1	D_{01}	D_{00}	Y_3	Y_2	Y_1	Y_0
0	0	0	0	0	0	0	1	1	0	0	0	1
0	0	0	1	0	0	1	1	1	0	0	1	1
0	0	1	0	0	1	0	1	1	0	1	0	1
0	0	1	1	0	1	1	1	1	0	1	1	1
0	1	0	0	1	0	0	0	1	1	0	0	0
0	1	0	1	1	0	1	1	1	1	0	1	1
0	1	1	0	1	1	0	0	1	1	1	0	0
0	1	1	1	1	1	1	1	1	1	1	1	1
1	0	0	0	0	0	0	1	0	0	0	0	0
1	0	0	1	0	0	1	1	0	0	0	1	0
1	0	1	0	0	1	0	1	0	0	1	0	0
1	0	1	1	0	1	1	1	0	0	1	1	0
1	1	0	0	1	0	0	0	0	1	0	0	0
1	1	0	1	1	0	1	1	0	1	0	1	0
1	1	1	0	1	1	0	0	0	1	1	0	0
1	1	1	1	1	1	1	1	0	1	1	1	0

由激励矩阵和 D 触发器的激励表可得到 **y** 矩阵，即状态表，如表 5.32 右边一栏所示。根据二进制状态表可作出状态图，如图 5.27(a)所示。

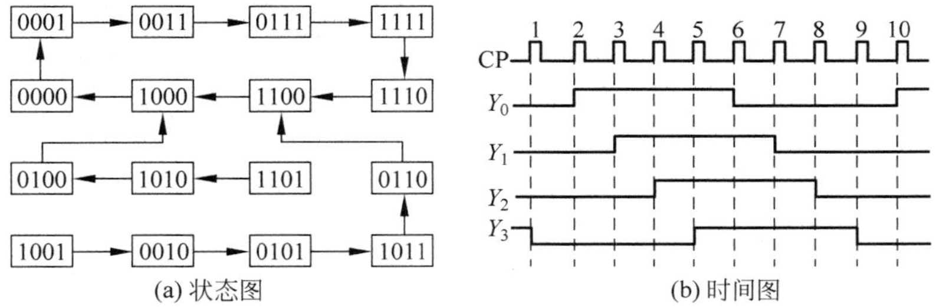

图 5.27　状态图和时间图

由状态图可以看出，这是一个循环移位计数器。在计数时循环移位规则如下：

$$y_0 \to y_1 \quad y_1 \to y_2 \quad y_2 \to y_3 \quad \bar{y}_3 \to y_0$$

这种计数器的循环长度 $l=2n$，其中 n 为位数，这里 $n=4, l=8$。

由状态图还可看出，图上半部 8 个状态形成闭环，称为“有效序列”；下半部 8 个状态称为“无效序列”。如果该时序电路在某种偶然因素作用下，使电路处于“无效序列”中的某一状态，则它可以在时钟脉冲 CP 的作用下，经过若干 CP 后，将会自动进入有效序列。因此，该计数器称为具有自恢复功能的扭环移位计数器。

这种计数器在数字系统的控制电路中用得较多。图 5.27(b)是它的时间图。根据 $Y_0 \sim Y_3$ 这 4 个基本波形，经过简单组合，可以形成各种不同的时序控制波形。

【例 5.14】 用T触发器设计一位数字的8421BCD码同步加1计数器。

设计步骤如下。

① 建立状态表。由于计数器的工作状态很有规律,所以可以直接建立二进制状态表。这里,由于计数状态 $n=10$,故需要4个触发器 $y_1 \sim y_4$,其状态表如表5.33所示。

表 5.33 激励矩阵和状态表

y_1	y_2	y_3	y_4	Y_1	Y_2	Y_3	Y_4	Z	T_1	T_2	T_3	T_4
0	0	0	0	0	0	0	1	0	0	0	0	1
0	0	0	1	0	0	1	0	0	0	0	1	1
0	0	1	0	0	0	1	1	0	0	0	0	1
0	0	1	1	0	1	0	0	0	0	1	1	1
0	1	0	0	0	1	0	1	0	0	0	0	1
0	1	0	1	0	1	1	0	0	0	0	1	1
0	1	1	0	0	1	1	1	0	0	0	0	1
0	1	1	1	1	0	0	0	0	1	1	1	1
1	0	0	0	1	0	0	1	0	0	0	0	1
1	0	0	1	0	0	0	0	1	1	0	0	1
1	0	1	0	*d*	*d*	*d*	*d*	*d*	*d*	*d*	*d*	*d*
1	0	1	1	*d*	*d*	*d*	*d*	*d*	*d*	*d*	*d*	*d*
1	1	0	0	*d*	*d*	*d*	*d*	*d*	*d*	*d*	*d*	*d*
1	1	0	1	*d*	*d*	*d*	*d*	*d*	*d*	*d*	*d*	*d*
1	1	1	0	*d*	*d*	*d*	*d*	*d*	*d*	*d*	*d*	*d*
1	1	1	1	*d*	*d*	*d*	*d*	*d*	*d*	*d*	*d*	*d*

② 求激励函数和输出函数。根据状态表和T触发器的激励表,可得到网络的激励矩阵,如表5.33所示。分别画出激励函数 $T_1 \sim T_4$ 和输出函数 Z 的卡诺图如图5.28所示。由卡诺图化简,可得到网络的激励函数和输出函数为

$$T_1=y_1y_4+y_2y_3y_4,\ T_2=y_3y_4,\ T_3=\bar{y}_1y_4,\ T_4=1,\ Z=y_1y_4$$

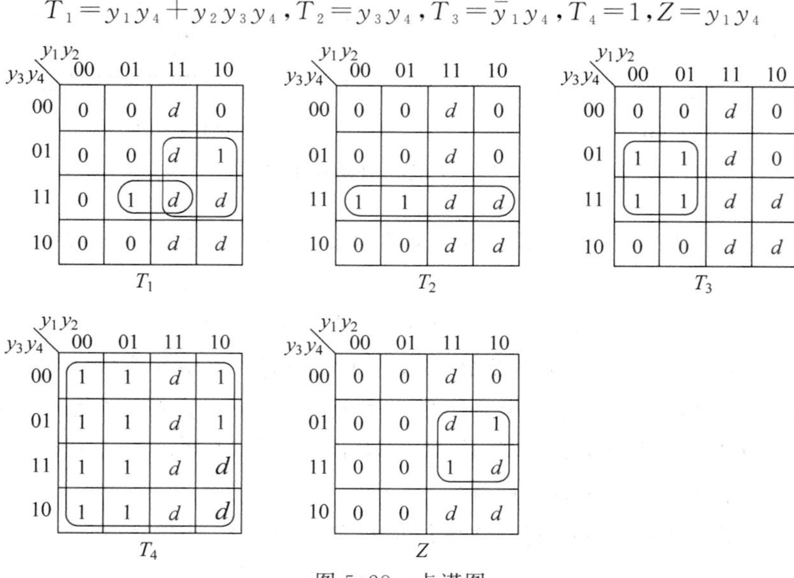

图 5.28 卡诺图

③ 画逻辑图。根据上述激励函数和输出函数，可画出所要求的 BCD 码十进制计数器的逻辑图如图 5.29 所示。

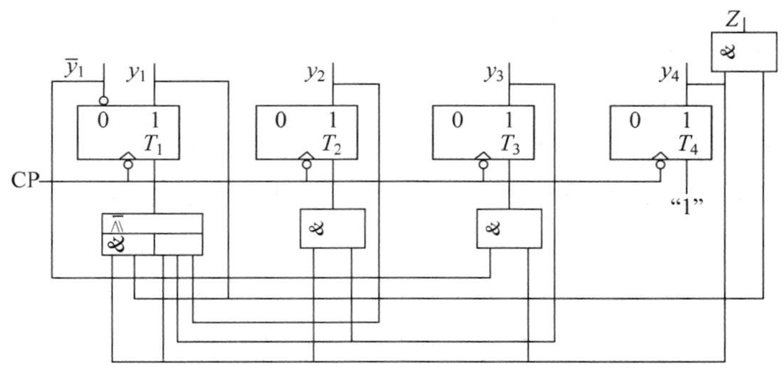

图 5.29　BCD 码十进制计数器逻辑图

对于未完全确定的 6 种状态(即 1010～1111)，可由上述激励函数表达式和 T 触发器的激励表，得到它们的状态转换图如图 5.30 所示。例如，状态“1010”为不完全确定状态，即 $y_1=1, y_2=0, y_3=1, y_4=0$，将其代入激励函数表达式得：$T_1=T_2=T_3=0, T_4=1$，则状态“1010”在该激励下将转换到状态“1011”；再由“1011”，求得 $T_1=T_2=T_4=1, T_3=0$，则状态“1011”将转换到状态“0110”，从而进入计数循环中。其余 4 个不确定状态可按同理分析进入计数循环。

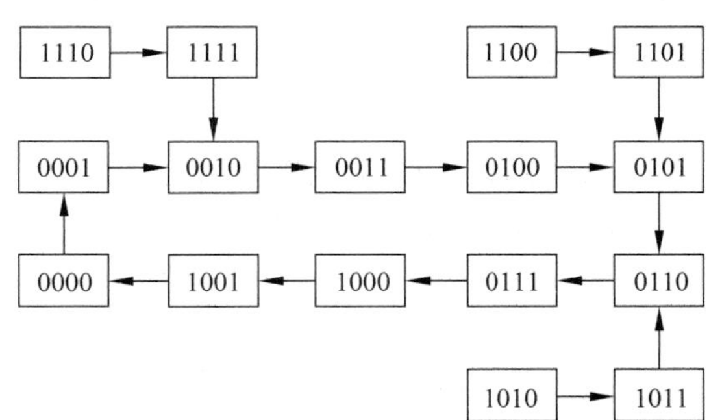

图 5.30　BCD 码十进制计数器的状态转换图

由图 5.30 所示状态转换图可见，图中没有孤立状态。因而，所设计的图 5.28 所示的电路是能够自行恢复的。也就是说，不论电路处于何种初始状态，它都可以自动地进入计数循环中，而不会发生“挂起”现象。

5.4　常用的同步时序电路

常用的同步时序电路有寄存器、计数器、节拍信号发生器等。其中，寄存器和计数器在计算机及其他数字系统中应用极为广泛，是数字系统的重要组成部分。

5.4.1 寄存器

寄存器是由触发器组成的用来寄存二进制数码的逻辑部件,它是计算机中最基本的逻辑部件。通常,寄存器应具有以下4种功能:

(1) 清除数码。将数码寄存器中所寄存的原始数据清除掉,在逻辑上只要将所有触发器的置"0"端连接在一起,作为置"0"信号的输入端。当需要清除数码时,可在置"0"输入端加一个置0脉冲,寄存器将全部处于"0"状态。

(2) 接收数码。在接收信号的作用下,将外部输入数据接收到寄存器中。

(3) 寄存数码。数码寄存器接收了数据代码后,只要不出现"清除""接收"等信号,寄存器应保留原寄存数据不变。

(4) 输出数码。在输出控制信号作用下,控制数码寄存器中的数据输出。

有些寄存器还具有移位逻辑功能,称为移位寄存器。实现移位功能,只要将寄存器的每一位触发器输出连到下一位触发器的数码输入端即可。在CP脉冲作用下,寄存器中的数码在移位控制信号控制下左移或右移。

在实际应用中,往往要求寄存器同时具有接收、右移、左移、保持等多种逻辑功能,这种寄存器的逻辑图如图5.31所示。该电路具有4个并行数据输入端允许并行载入外部数据;两个串行输入端,一个用于左移,一个用于右移;串行输出可利用4个并行输出中的一个实现。图中,每位触发器的输入激励函数 D_i 表达式为

$$D_i = K_{右}y_{i+1} + K_{左}y_{i-1} + K_{接}S_i + K_{保}y_i$$

式中,$K_{保}=\overline{K}_{右} \cdot \overline{K}_{左} \cdot \overline{K}_{接}$。保持的作用就是将各触发器的数码送到本触发器中,也就是构成自身反馈 $D_i = y_i$,达到保持原有数据不变的目的。

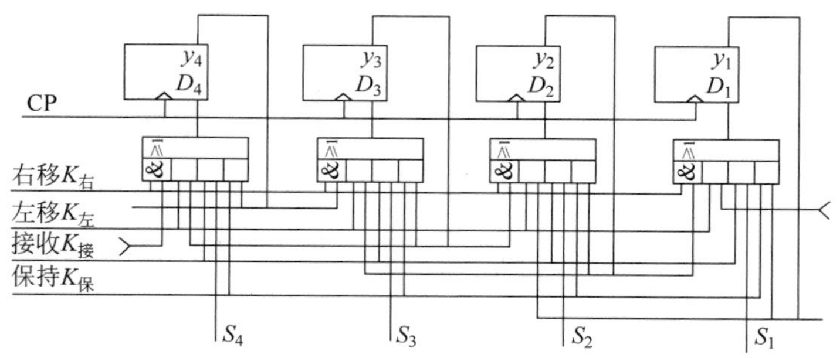

图5.31　具有右移、左移、接收、保持功能的移位寄存器

利用移位寄存器不仅可以方便地实现串行数据到并行数据或并行数据到串行数据的转换,还可用作序列信号发生器。

5.4.2 计数器

计数器是用来记录脉冲数目的数字电路,它也是数字设备中的基本逻辑部件。如计算

机中用来记录指令执行顺序的指令计数器,用以记录乘除法步数的乘除计数器等。此外,计数器还常用来实现分频、定时等逻辑功能。

计数器的种类很多,按工作方式分,它可分为异步计数器和同步计数器;按进位制分,可分为二进制计数器和非二进制计数器;此外,按工作特点又可分为加 1 计数器、减 1 计数器、可逆计数器和环形移位计数器。以上各种计数器,有些在前面时序电路的分析和设计举例中已涉及。这里主要介绍一下同步计数器。

同步计数器的计数脉冲(即 CP)同时加到各触发器的 CP 端,当计数脉冲到来时,各触发器同时改变状态。因此,同步计数器又称为并行计数器。同步计数器的总的延迟时间与计数器的位数无关,因而速度可以大大提高。

同步计数器的设计方法,可以按一般同步时序网络的设计方法进行。但由于计数器的状态转换很有规律,故可以直接建立二进制状态表(不必进行状态化简和状态分配)。然后,根据所用触发器的激励表,把二进制状态表(或 ***Y*-*Z*** 矩阵)变换成激励矩阵。最后,求出激励函数和输出函数,画出逻辑图。这样的方法前面已做了较充分的论述,下面主要介绍另外的同步计数器设计方法。

【例 5.15】 用 T 触发器设计一个模 16 同步加 1 计数器。

在一个多位二进制数的末位上加 1 时,根据二进制加法运算规则可知,若从低位到高位数第 i 位是第一个"0"位,即以下各位皆为"1"时,则第 i 位及以下各位应改变状态(由 0 变成 1,由 1 变成 0);第 i 位以上各位不变。而最低位的状态在每次加 1 时都要改变。例如

$$\begin{array}{r} 1\,0\,1\,0\,1\,1\,1 \\ +\qquad\qquad\;\; 1 \\ \hline 1\,0\,1\,1\,0\,0\,0 \end{array}$$

用 T 触发器构成同步计数器,则每次 CP 信号(也就是计数脉冲)到达时应使该翻转的那些触发器输入控制端 $T=1$,不该翻转的 $T=0$。由此可知,当计数器用 T 触发器构成时,第 i 位触发器输入端的逻辑式应为

$$\begin{aligned} T_i &= Q_{i-1} \cdot Q_{i-2} \cdot \cdots \cdot Q_1 \cdot Q_0 \\ &= \prod_{j=0}^{i-1} Q_j \quad (i=1,2,\cdots,n-1) \end{aligned}$$

只有最低位例外,按照计数规则,每次输入计数脉冲时它都要翻转,故 $T_0=1$。因而有

$$\begin{cases} T_0 = 1 \\ T_1 = Q_0 \\ T_2 = Q_0 Q_1 \\ T_3 = Q_0 Q_1 Q_2 \end{cases}$$

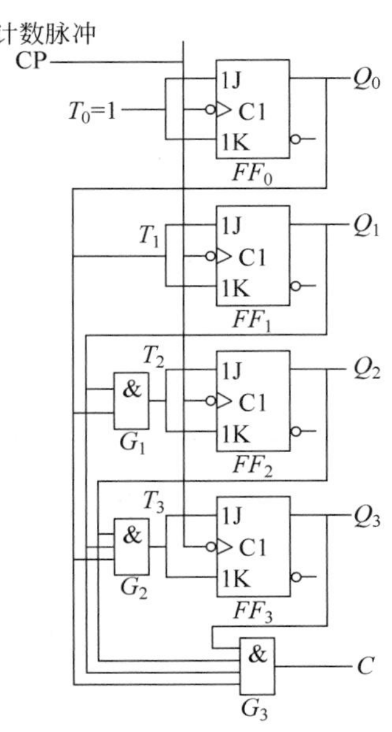

图 5.32　用 T 触发器构成的模 16 同步加 1 计数器

图 5.32 所示电路就是按上式构成的 4 位二进制同步加法计数器。将上式代入 T 触发器的特性方程式得到电路的状态方程:

$$\begin{cases} Q_0^{n+1} = \bar{Q}_0 \\ Q_1^{n+1} = Q_0\bar{Q}_1 + \bar{Q}_0 Q_1 \\ Q_2^{n+1} = Q_0 Q_1 \bar{Q}_2 + \overline{Q_0 Q_1} Q_2 \\ Q_3^{n+1} = Q_0 Q_1 Q_2 \bar{Q}_3 + \overline{Q_0 Q_1 Q_2} Q_3 \end{cases}$$

电路的输出为：

$$C = Q_0 Q_1 Q_2 Q_3$$

根据上述状态方程和输出方程可求出电路的状态转换表如表 5.34 所示。利用第 16 个计数脉冲到达时 C 端电位的下降沿可作为向高位计数器电路进位的输出信号。

表 5.34　模 16 同步加 1 计数器的状态转换表

计数顺序	电路状态				等效十进制数	进位输出 C
	Q_3	Q_2	Q_1	Q_0		
0	0	0	0	0	0	0
1	0	0	0	1	1	0
2	0	0	1	0	2	0
3	0	0	1	1	3	0
4	0	1	0	0	4	0
5	0	1	0	1	5	0
6	0	1	1	0	6	0
7	0	1	1	1	7	0
8	1	0	0	0	8	0
9	1	0	0	1	9	0
10	1	0	1	0	10	0
11	1	0	1	1	11	0
12	1	1	0	0	12	0
13	1	1	0	1	13	0
14	1	1	1	0	14	0
15	1	1	1	1	15	1

图 5.33 给出了图 5.32 电路的时序图。由时序图上可以看出，若计数输入脉冲的频率为 f_0，则 Q_0、Q_1、Q_2 和 Q_3 端输出脉冲的频率将依次为 $\frac{1}{2}f_0$、$\frac{1}{4}f_0$、$\frac{1}{8}f_0$ 和 $\frac{1}{16}f_0$。针对计数器的这种分频功能，也把它称为分频器。

在同步计数器中，非模 2^i 计数器和模 2^i 计数器的设计方法是相同的，只是非模 2^i 计数器需要检查不确定状态的自恢复性能，参见 5.3 节例 5.14 的 BCD 码十进制计数器。此外，同步计数器也可以设计成不按二进制码顺序计数，而按 Gray 码顺序计数，即每次计数只有一位触发器改变状态。其设计方法与前面相同，这里不再多述了，读者根据前面方法不难进行设计。

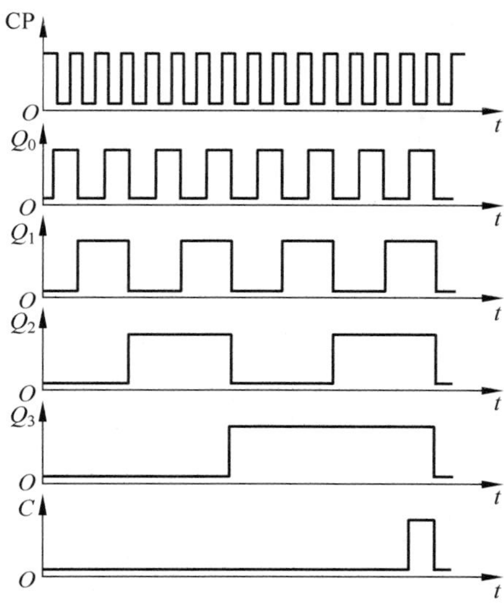

图 5.33　模 16 同步加 1 计数器的时序图

5.4.3　节拍信号发生器

计算机在执行一条指令时，总是把一条指令分成若干基本动作，由控制器发出一系列节拍电位，每个节拍电位控制计算机完成一个或几个基本动作。节拍信号发生器就是用来产生节拍电位的逻辑部件。按其结构来分，节拍信号发生器可分为计数型和移位型两种。

1. 计数型节拍信号发生器

计数型节拍信号发生器由计数器和译码器构成。图 5.34 是一个能产生 4 个节拍电位的节拍信号发生器。输出电位为 $W_0 \sim W_3$，输出脉冲是 $m_0 \sim m_3$，它的工作波形如图 5.35 所示。

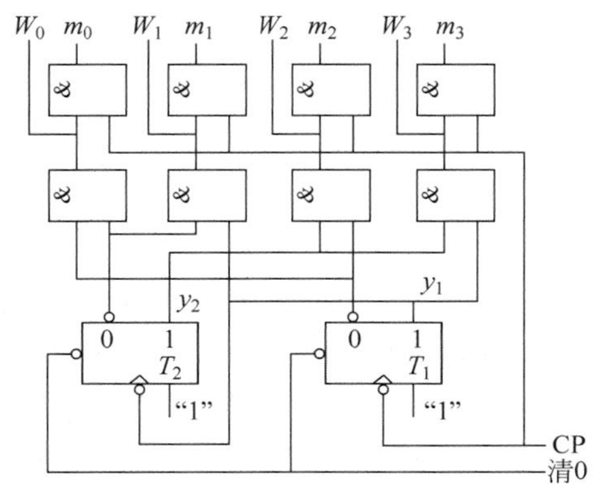

图 5.34　计数型节拍信号发生器

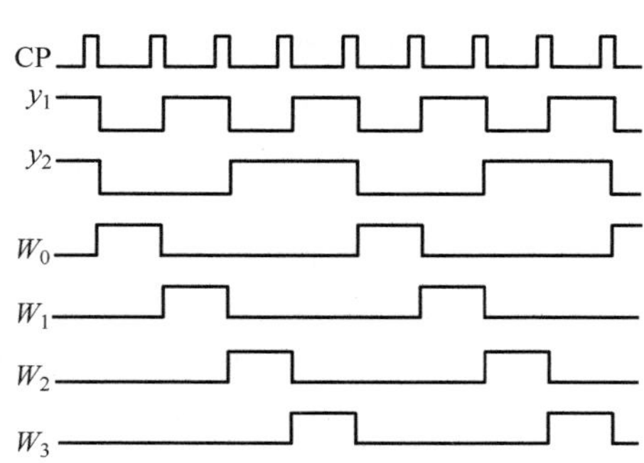

图 5.35　节拍信号发生器的波形图

2. 移位型节拍信号发生器

图5.36是一个能产生4个节拍电位的移位型节拍信号发生器。4个D触发器接成环形移位寄存器,输出直接取自触发器的输出端。假设寄存器初态 $y_4y_3y_2y_1=1000$,在CP脉冲作用下,其状态转换图如图5.37(a)所示。这种循环状态是我们所希望的,称为“有效时序”。在有效时序下的时间波形图如图5.37(b)所示。

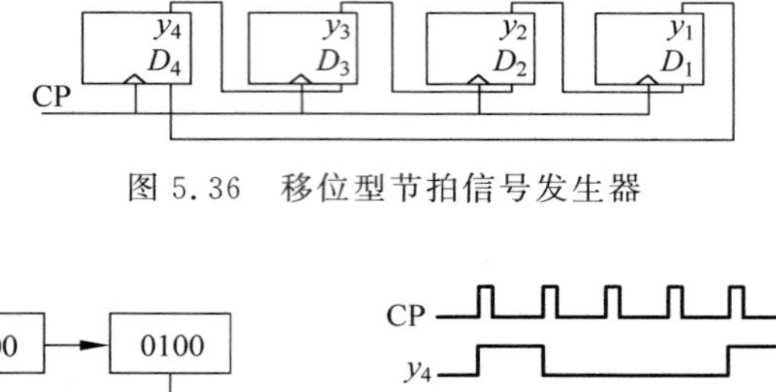

图5.36　移位型节拍信号发生器

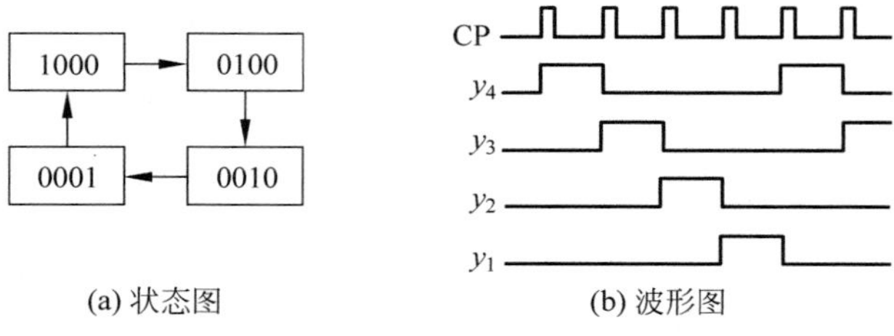

(a) 状态图　　(b) 波形图

图5.37　4位环形移位寄存器的有效时序

但是,图5.36这种简单的环形移位寄存器并不能保证电路一定工作在有效序列。随着移位寄存器中的初始状态不同,将产生不同的状态转换。例如,初始状态为1100、1110、1010时,其状态图如图5.38(a)~(c)所示,它们都可以构成循环。显然,这是我们所不希望的,一般称为“无效时序”。当寄存器的初始状态为0000或1111时,其状态图如图5.38(d)所示,寄存器将始终在该状态“空转”,通常称为“空转时序”。一旦由于某种因素,电路进入无效时序或空转时序,则它就不能再回到有效序列了。

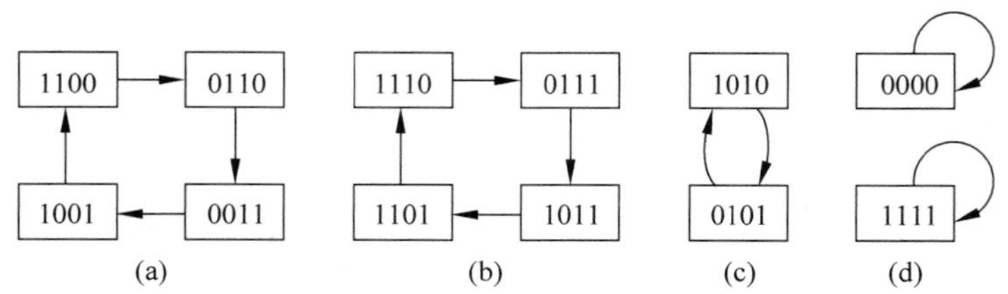

(a)　(b)　(c)　(d)

图5.38　4位环形移位寄存器的其他时序

怎样使环形移位寄存器只工作在一种有效时序下呢?一种办法是预置初值,即通过置0置1输入端,使寄存器预置成所需状态。但这种办法不能保证电路在受到某种干扰时,仍能工作在有效时序。另一种办法是加反馈逻辑,使电路具有自恢复能力,即当电路由于某种因素而进入无效序列时,能自动回到原有效序列。这是一种较好的办法。下面介绍采用反馈逻辑的设计方法。

反馈逻辑的加接方法有好多种,我们采用加在第一级激励输入端的方案,即断开图5.36中 y_1 与 D_4 的连接线,在 D_4 端加一个反馈逻辑电路,这个反馈逻辑电路能使移位寄存器从无效时序或空转时序引导到有效时序中。其设计步骤如下。

(1) 列状态表。状态表中先列出有效时序，其余状态的转换只要使寄存器的 4 位状态进入有效时序即可。其状态表如表 5.35 左边部分所示。

表 5.35　状态表和激励矩阵

	y_4	y_3	y_2	y_1	Y_4	Y_3	Y_2	Y_1	D_4	D_3	D_2	D_1
有效时序	1	0	0	0	0	1	0	0	0	1	0	0
有效时序	0	1	0	0	0	0	1	0	0	0	1	0
有效时序	0	0	1	0	0	0	0	1	0	0	0	1
有效时序	0	0	0	1	1	0	0	0	1	0	0	0
	0	0	0	0	1	0	0	0	1	0	0	0
	0	0	1	1	0	0	0	1	0	0	0	1
	0	1	0	1	0	0	1	0	0	0	1	0
	0	1	1	0	0	0	1	1	0	0	1	1
	0	1	1	1	0	0	1	1	0	0	1	1
	1	0	0	1	0	1	0	0	0	1	0	0
	1	0	1	0	0	1	0	1	0	1	0	1
	1	0	1	1	0	1	0	1	0	1	0	1
	1	1	0	0	0	1	1	0	0	1	1	0
	1	1	0	1	0	1	1	0	0	1	1	0
	1	1	1	0	0	1	1	1	0	1	1	1
	1	1	1	1	0	1	1	1	0	1	1	1

(2) 求激励函数。由状态表可得激励矩阵，如表 5.35 右边部分所示。由此可求得激励函数为

$$D_4=\bar{y}_4\bar{y}_3\bar{y}_1, D_3=y_4, D_2=y_3, D_1=y_2$$

(3) 画逻辑图。根据激励函数可画出具有"反馈逻辑"的 4 位移位寄存器逻辑图，如图 5.39 所示。

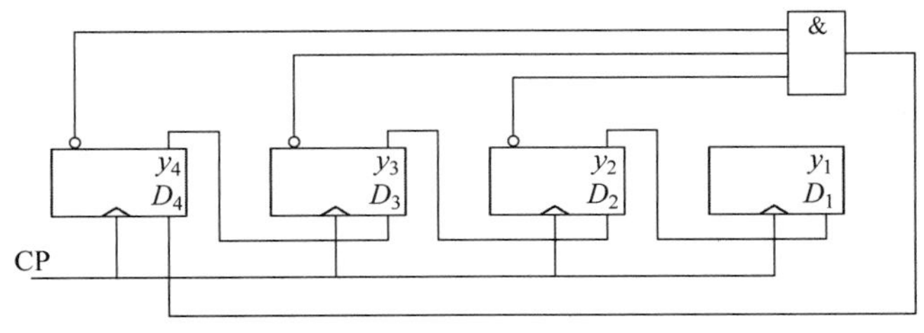

图 5.39　加"反馈逻辑"的 4 位环形移位寄存器

以上这种环形移位寄存器可以直接用作节拍电位信号发生器，只要从各触发器的输出端直接引出信号即可。但是，这种寄存器的状态利用率很低。一个 n 位环形移位寄存器可有 2^n 个状态，却只用了其中 n 个状态，用以产生 n 个节拍信号。如果采用扭环形移位寄存器，当位数仍为 n 时，则可产生 $2n$ 个节拍信号。

3. 序列信号发生器

在数字信号的传输和数字系统的测试中,有时需要用到一组特定的串行数字信号。通常把这种串行数字信号称为序列信号。产生序列信号的电路称为序列信号发生器。

序列信号发生器的构成方法有多种。一种比较简单、直观的方法是用计数器和数据选择器组成。例如,需要产生一个 8 位的序列信号 00010111(时间顺序为自左而右),则可用一个八进制计数器和一个 8 选 1 数据选择器组成,如图 5.40 所示。其中八进制计数器取自 74LS161(4 位二进制计数器)的低 3 位。74LS152 是 8 选 1 数据选择器。

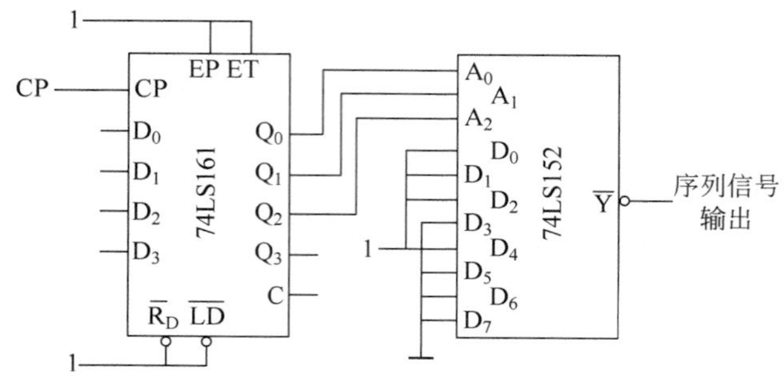

图 5.40　用计数器和数据选择器组成的序列信号发生器

在需要修改序列信号时,只要将该序列信号加到 $D_0 \sim D_7$ 即可实现,而不需对电路结构作任何更动。因此,使用这种电路既灵活又方便。

习题 5

5.1　已知时序网络的状态表如题表 5.1 所示,试作出它的状态图。

题表　5.1

Y	Y^{n+1}		Z
	$x=0$	$x=1$	
A	C	B	0
B	C	D	0
C	D	B	0
D	B	A	1

5.2　设有如题表 5.2 所示的 3 个完全定义机的状态表,试求每一状态表等价的最简状态表。

题表　5.2(a)

y	x	
	0	1
1	4,0	2,0
2	3,1	1,0
3	2,1	5,0
4	1,0	2,0
5	4,1	1,0

题表　5.2(b)

y	x	
	0	1
1	8,0	7,1
2	3,0	5,0
3	2,0	1,0
4	5,1	8,0
5	8,0	4,1
6	5,1	3,0
7	1,1	8,0
8	4,0	6,1

题表　5.2(c)

y	x_1x_2			
	00	01	11	10
1	2,0	3,0	2,1	1,0
2	5,0	3,0	2,1	4,1
3	1,0	2,0	3,1	4,1
4	3,0	4,0	1,1	2,0
5	3,0	3,0	3,1	5,0

5.3　试求题表 5.3 中不完全定义机的最大相容类。

题表　5.3

y	x_1x_2			
	00	01	11	10
1	d,d	5,1	$1,d$	3,1
2	d,d	$2,d$	5,1	6,1
3	6,0	d,d	d,d	2,1
4	$d,1$	d,d	3,0	d,d
5	$1,d$	5,0	$6,d$	d,d
6	4,0	$6,d$	d,d	d,d

5.4 试化简题表5.4所示的3个不完全定义机的状态表。

题表 5.4(a)

y	x_1x_2			
	00	01	11	10
1	3,0	3,d	4,d	3,d
2	4,1	3,0	d,d	1,d
3	1,d	1,1	d,d	d,d
4	2,d	d,d	3,d	5,d
5	2,d	5,d	3,d	4,d

题表 5.4(b)

y	x	
	0	1
1	d,0	4,d
2	1,1	5,1
3	d,0	4,d
4	3,1	2,1
5	5,d	1,d

题表 5.4(c)

y	x	
	0	1
1	3,d	d,d
2	d,d	6,0
3	4,1	5,d
4	6,1	d,d
5	5,d	1,d
6	4,1	7,1
7	2,0	3,0

5.5 试用JK触发器设计一个“101”序列检测器。该同步时序网络有一根输入线 x,一根输出线 Z。对应于每个连续输入序列“101”的最后一个1,输出 $Z=1$,其他情况下 $Z=0$。例如:

x 010101101

Z 000101001

5.6 设有如题表5.6所示的Moore型时序机状态表,试用T触发器和与非门设计此时序电路。

题表　5.6

y	x		
	0	1	Z
q_1	q_2	q_3	0
q_2	q_1	q_4	1
q_3	q_2	q_2	0
q_4	q_1	q_4	1

5.7　试分析题图 5.7 所示同步时序网络，作出它的状态表和状态图，并画出当输入 x 为 0110101 序列时网络的时间图。

5.8　试分析题图 5.8 所示同步时序网络，作出它的状态表和状态图，画出当电平输入 x 为 0110110 序列时网络的时间图。

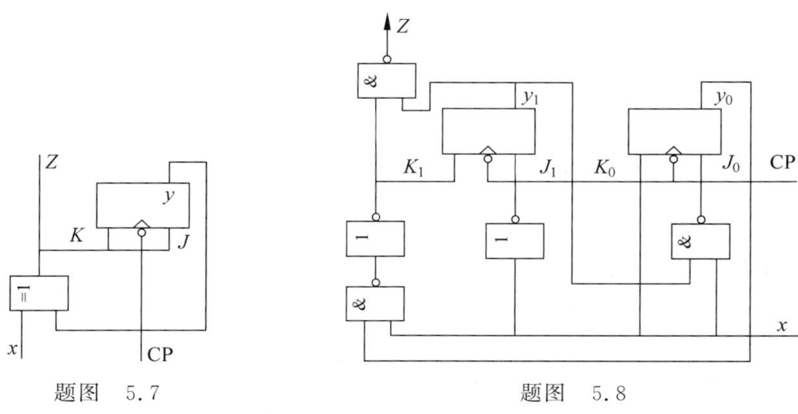

题图　5.7　　　　题图　5.8

5.9　试分析题图 5.9 所示同步时序网络，作出它的状态表和状态图。

5.10　试分析题图 5.10 所示同步时序网络的逻辑功能，作出它的状态表和状态图，并画出当输入 x 的序列为 1011101，初态 $y_2y_1=00$ 时网络的时间图。

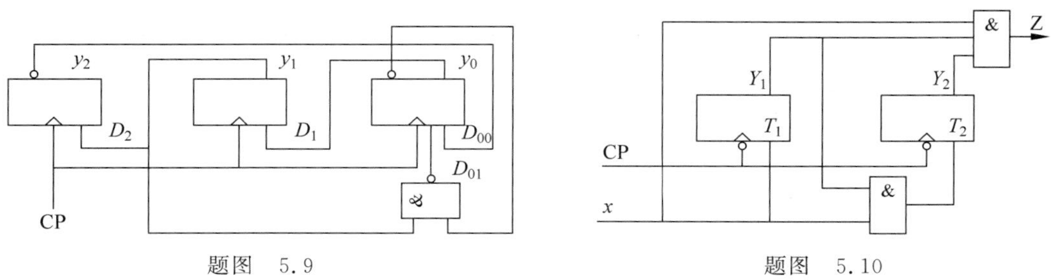

题图　5.9　　　　题图　5.10

5.11　试用 JK 触发器设计一个 Gray 码十进制计数器。

5.12　试用 T 触发器设计一个模 8 二进制可逆同步计数器。设用外部输入 x 控制加 1 或减 1，当 $x=0$ 时减 1；当 $x=1$ 时加 1。

5.13　设计一个具有下述特点的计数器。

(1) 计数器有两个控制输入 C_1 和 C_2，C_1 用以控制计数器的模数，而 C_2 用以控制计数器的加减。

(2)如 $C_1=0$,则计数器为模 3 计数；如 $C_1=1$,则计数器为模 4 计数。

(3)如 $C_2=0$,则计数器为加 1 计数；如 $C_2=1$,则计数器为减 1 计数。

5.14　设有如题图 5.14 所示时序网络,试作出其状态表。

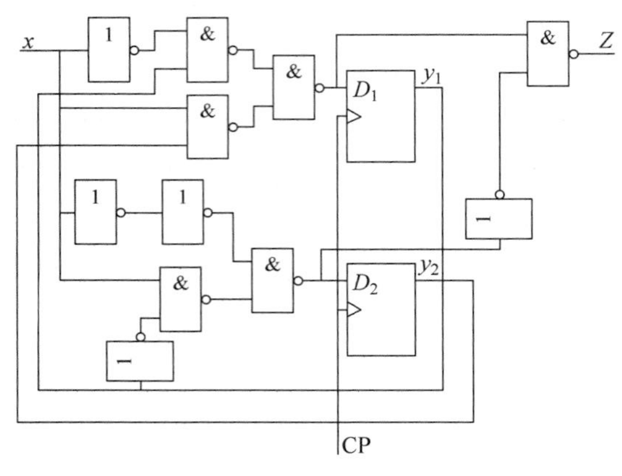

题图　5.14

5.15　设某一时序网络有一个输入 x 和一个输出 Z。输入由 5 个符号组成,这些符号或为 0 或为 1。当 5 个符号中恰有 3 个符号为 1,两个符号为 0,且前两个符号为 11,则输出 $Z=1$。试建立此网络的状态图和状态表。

5.16　采用 D 触发器,实现题表 5.16 所示状态表的逻辑电路。

题表　5.16

y	x		
	x_1	x_2	x_3
A	A,0	B,0	C,1
B	B,0	C,0	D,0
C	C,0	D,0	A,1
D	D,0	A,0	B,1

第 6 章　计算机执行程序的过程

为了深入理解计算机的组成和工作原理，需要对计算机的工作过程（即执行程序的过程）有比较系统和全面的认识。这对于建立计算机系统的整机概念是非常重要的。因此在讲解更多细节之前，本章以图 1.4 的模型机为例，分步讲解一个简单样例程序的执行过程。

6.1　样例程序

程序是由语句（高级语言）或指令（机器语言或汇编语言）组成的序列，按从上到下的顺序执行。用高级语言（或汇编语言）编写的程序一般要编译（或汇编）并连接成可执行代码（程序）才可以执行，例如手机上的 APP 就是可执行程序。可执行程序在执行前要先调入内存。

为便于理解后面的论述，先做几点说明。

（1）Load 指令是装载寄存器指令，它把一个数据送入指定的寄存器，这个值可以是立即数，也可以是来自存储器的某单元。

（2）Store 指令是存储指令，它把指定寄存器中的数据存入存储器的某个单元。

（3）Add 指令是加法指令，它把两个寄存器中的数据相加，并把结果存到指定的寄存器。

（4）Jump 指令是跳传指令，即跳转到新的地址去执行指令。

（5）[Rx]表示寄存器 Rx 的内容。

（6）MEM[y]表示存储器中地址为 y 的存储单元的内容。“→”表示传送。

考虑以下样例程序：

```
第 1 条:    Load R1,200(R0)       //MEM[[R0]+200]→R1
第 2 条:    Load R2,#4            //4→R2。“4”这个值放在指令中,称为立即数
第 3 条:    Add R3,R1,R2          //[R1]+[R2]→R3
第 4 条:    Store R3,200(R2)      //[R3]→MEM[[R2]+200]
第 5 条:    Store R2,@(208)       //[R2]→MEM[MEM[208]],@表示间接寻址
第 6 条:    Jump 1000             //1000→PC
```

6.2　第 1 条指令的执行过程

1. 说明

指令：Load R1，200（R0）

指令地址：指令在内存中的地址，为 64。

功能：MEM[[R0]＋200]→R1，即用[R0]＋200 作为地址访问存储器，将读出的内容

送给 R1。

假设已经把程序计数器 PC 的内容设置为 64。

2. 分步操作

第 1 步：取指令。

① [PC]→AR,即将 PC 的内容(64)传送到内存的地址寄存器 AR,如图 6.1 中的粗线所示。

② 从存储器读出第一条指令,放到数据寄存器 DR,如图 6.2 中的粗线所示。

③ 把该指令从 DR 送到指令寄存器 IR,如图 6.3 中的粗线所示。

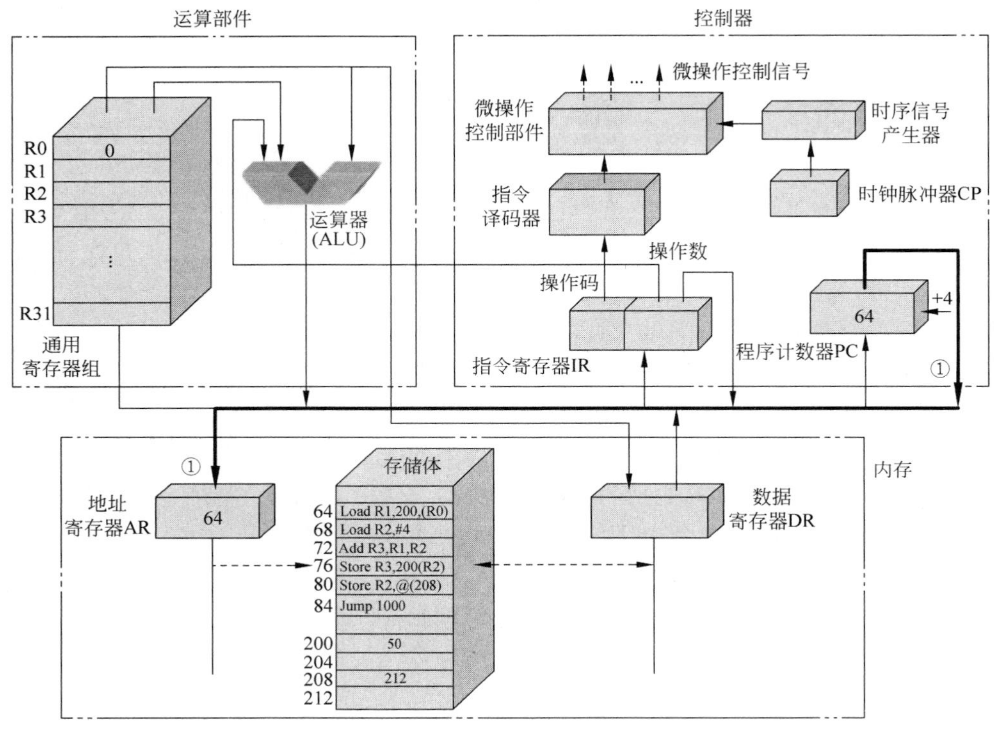

图 6.1　“Load R1,200(R0)”取指令第①步

第 2 步：指令译码器进行译码,控制器结合时钟脉冲信号 CP 和时序信号产生器所生成的节拍信号,产生执行该指令所需要的微操作控制信号(注意,这些信号被分配到下面的各操作步骤中),如图 6.4 中的粗线所示。

第 3 步：执行指令。

(1) 计算访存地址：[R0]+200→AR

具体操作如下。

① [R0]→ALU,把寄存器 R0 中的内容(为 0)送给 ALU,如图 6.5 中的①所示。

② IR 中的操作数“200”→ALU,如图 6.6 中的②所示。

③ ALU 进行加法运算。结果传送给 AR,即[ALU]→AR,如图 6.7 中的③所示。

(2) 从存储器读出数据,送入寄存器 R1。

具体操作如下。

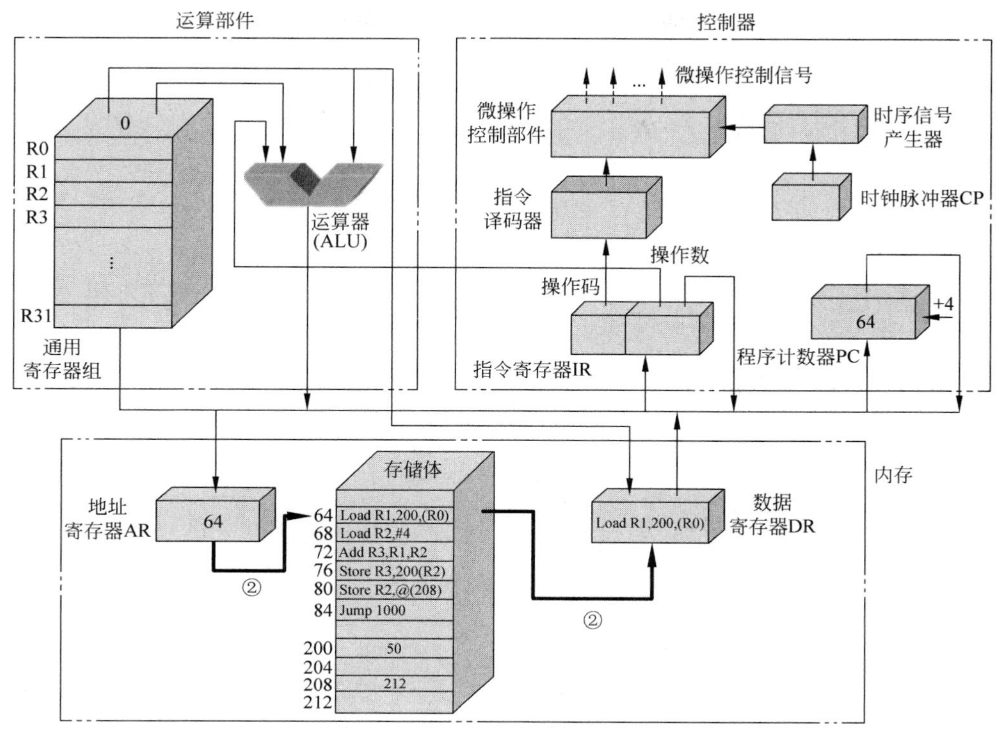

图 6.2　"Load R1,200(R0)"取指令第②步

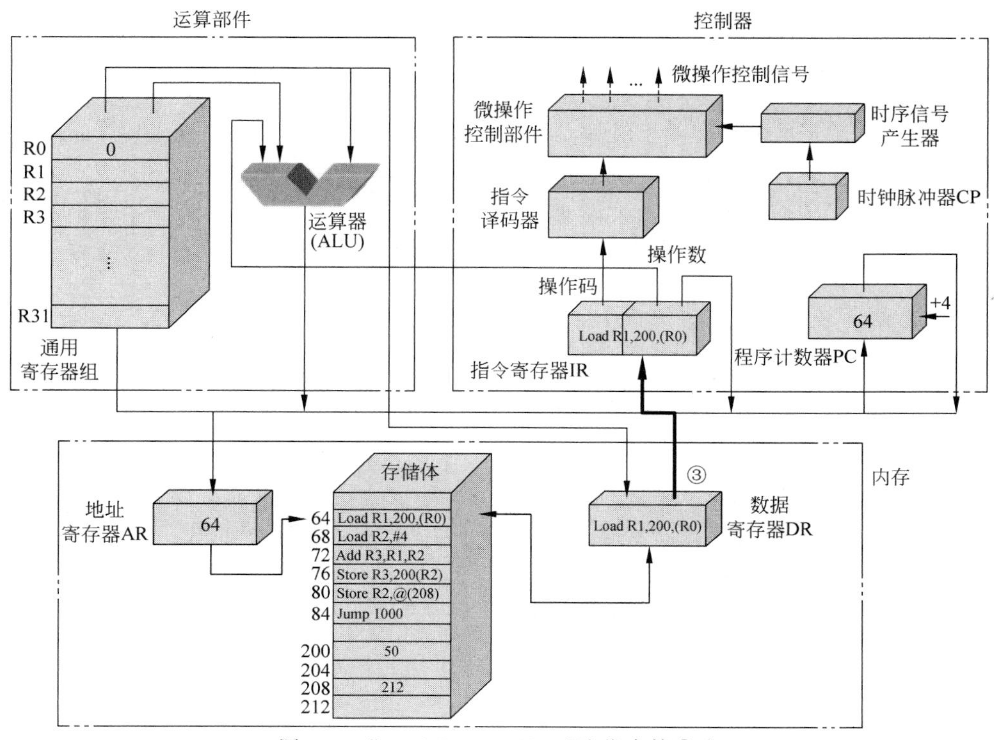

图 6.3　"Load R1,200(R0)"取指令第③步

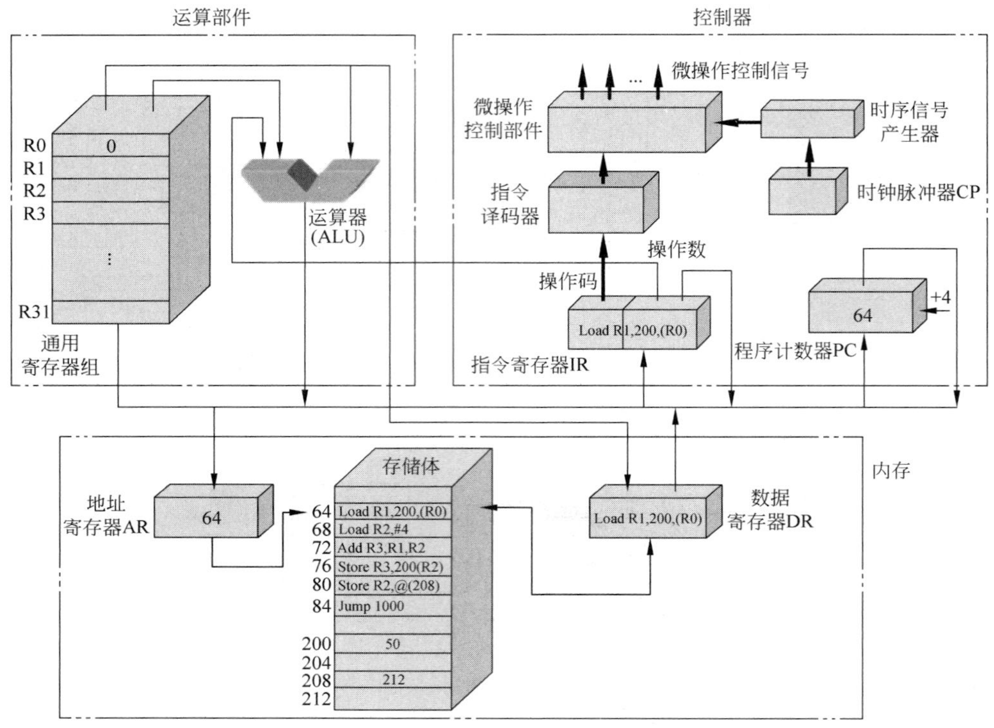

图 6.4 "Load R1,200(R0)"指令译码

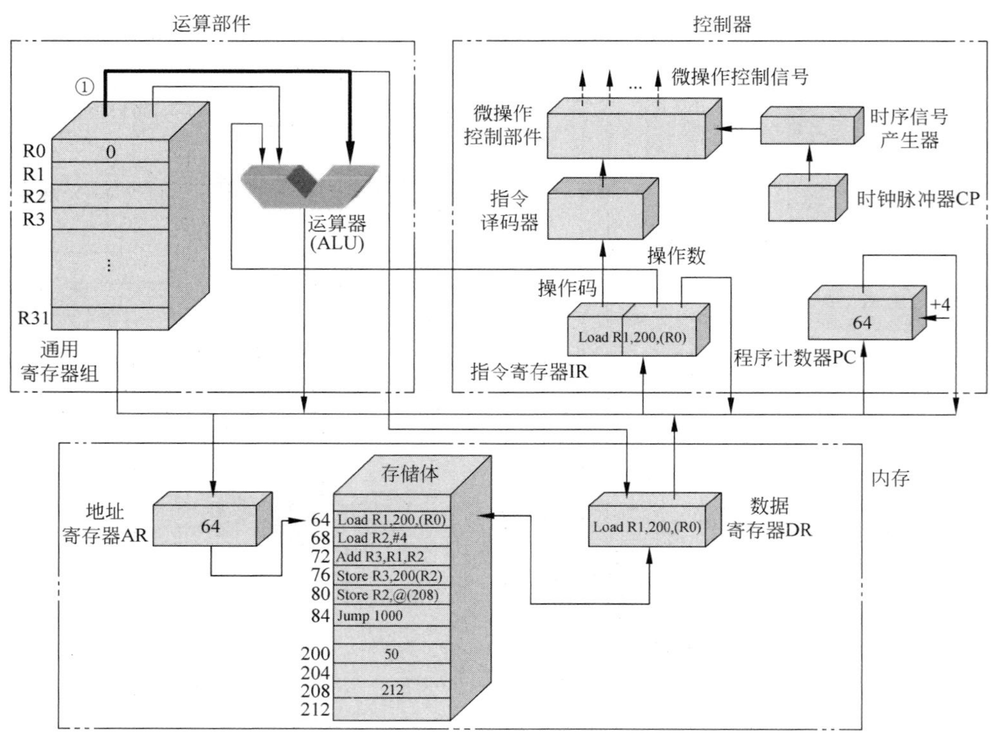

图 6.5 "Load R1,200(R0)"计算访存地址第①步

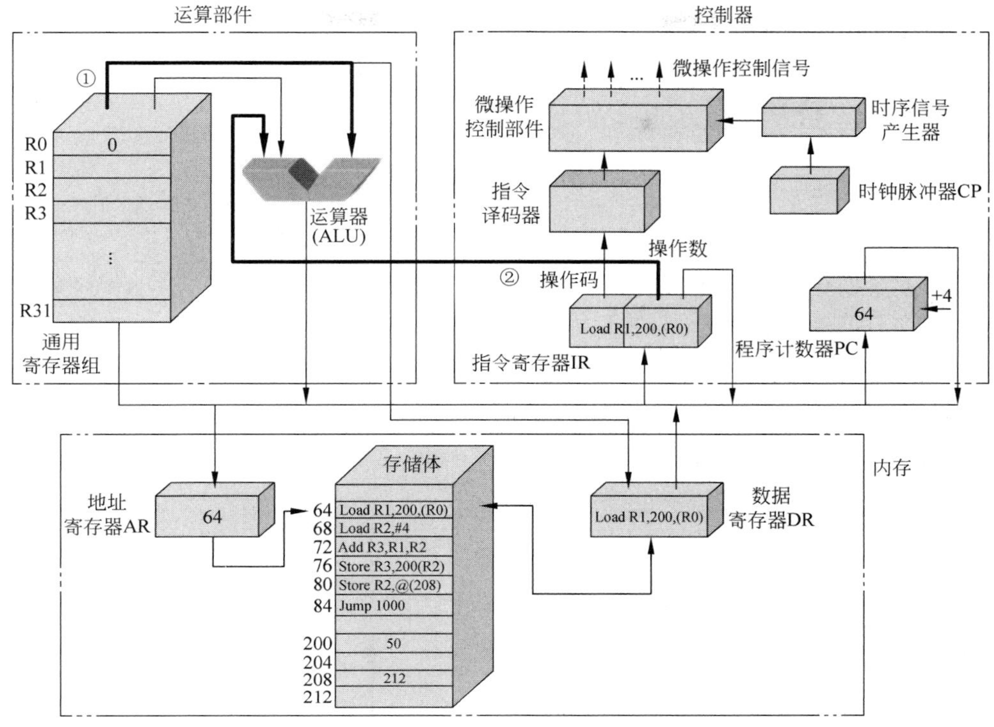

图 6.6 "Load R1,200(R0)"计算访存地址第②步

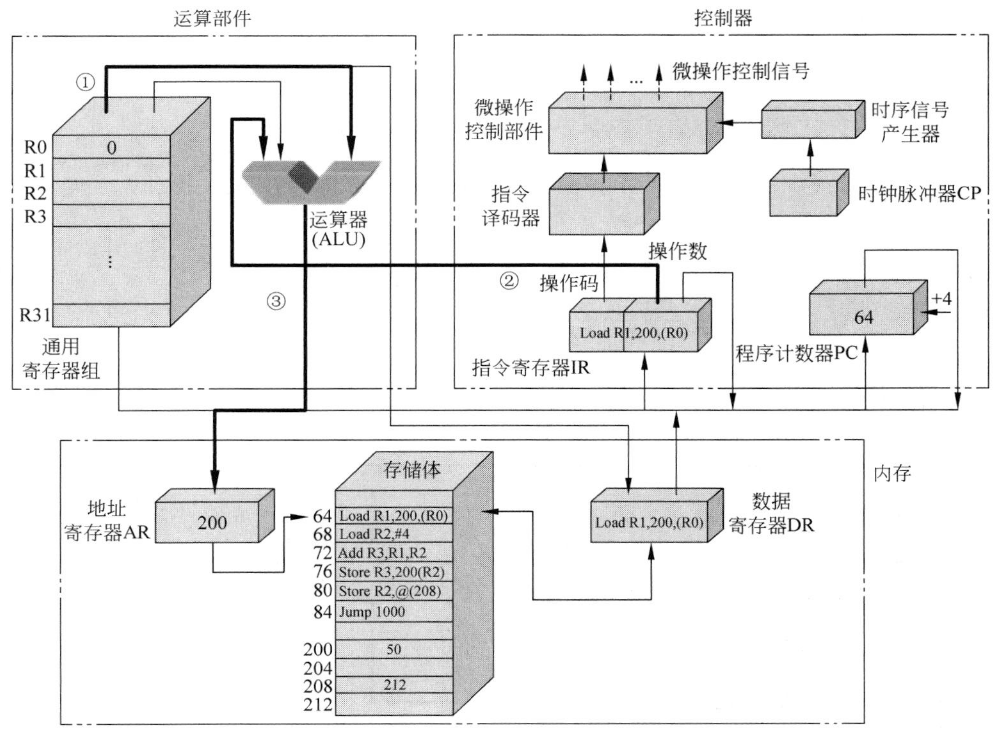

图 6.7 "Load R1,200(R0)"计算访存地址第③步

① 从存储器中地址为 200 的存储单元读出数据 50,放到 DR,如图 6.8 中的①所示。

② DR→R1,即把 DR 中的 50 送入 R1,如图 6.9 中的②所示。

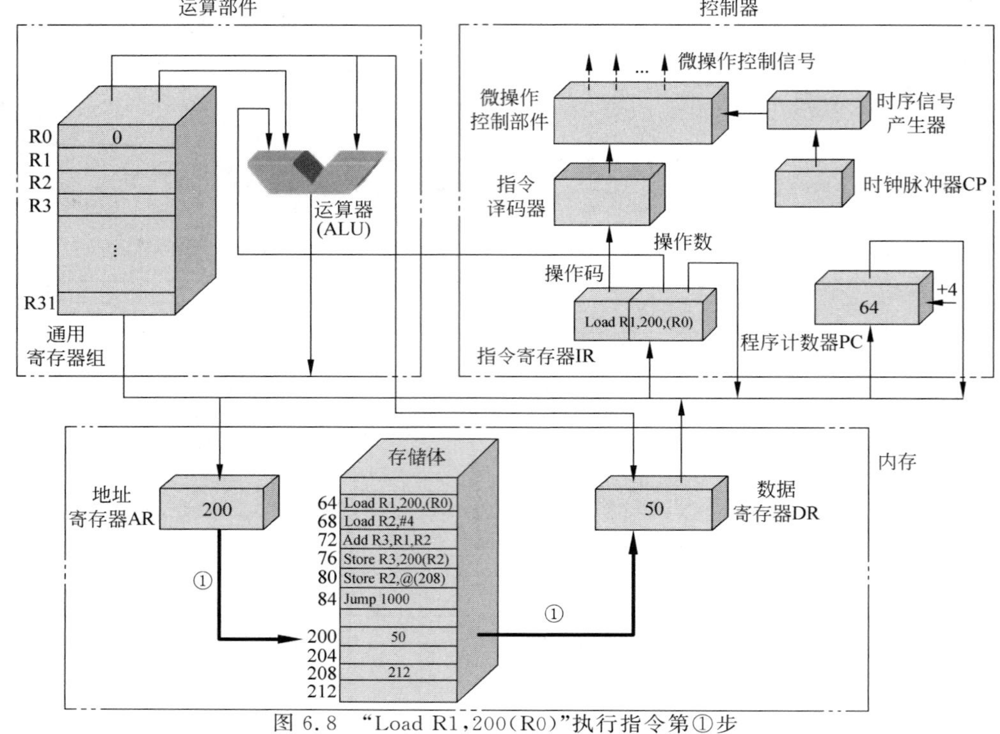

图 6.8 “Load R1,200(R0)”执行指令第①步

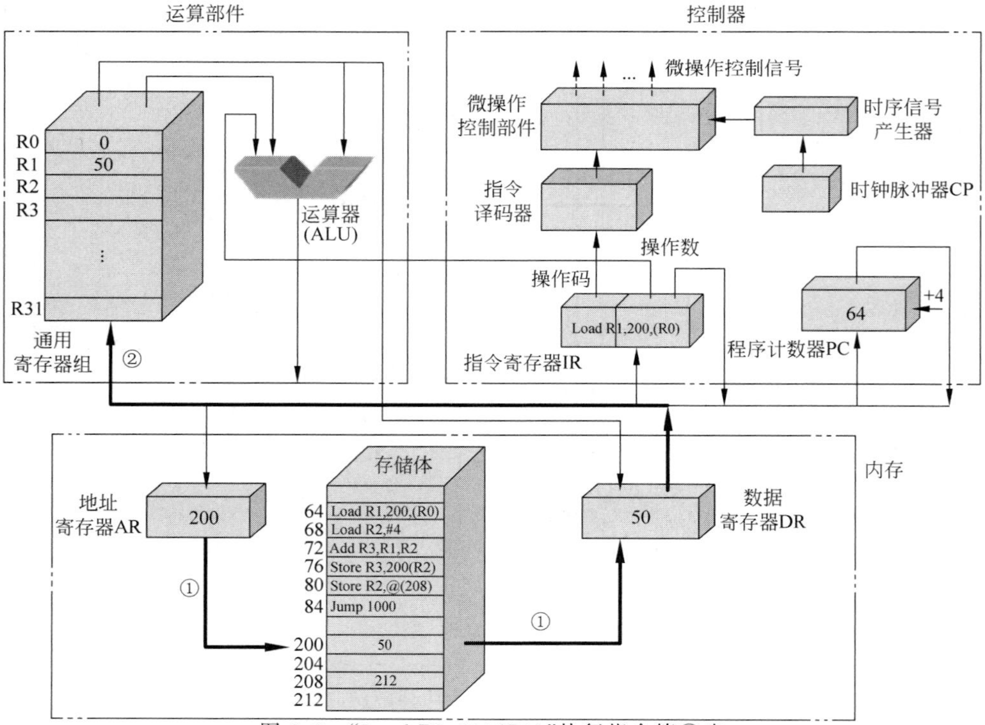

图 6.9 “Load R1,200(R0)”执行指令第②步

第 4 步：把 PC 中的地址加 4，指向下一条指令。为执行下一条指令做好准备，如图 6.10 中粗线所示。

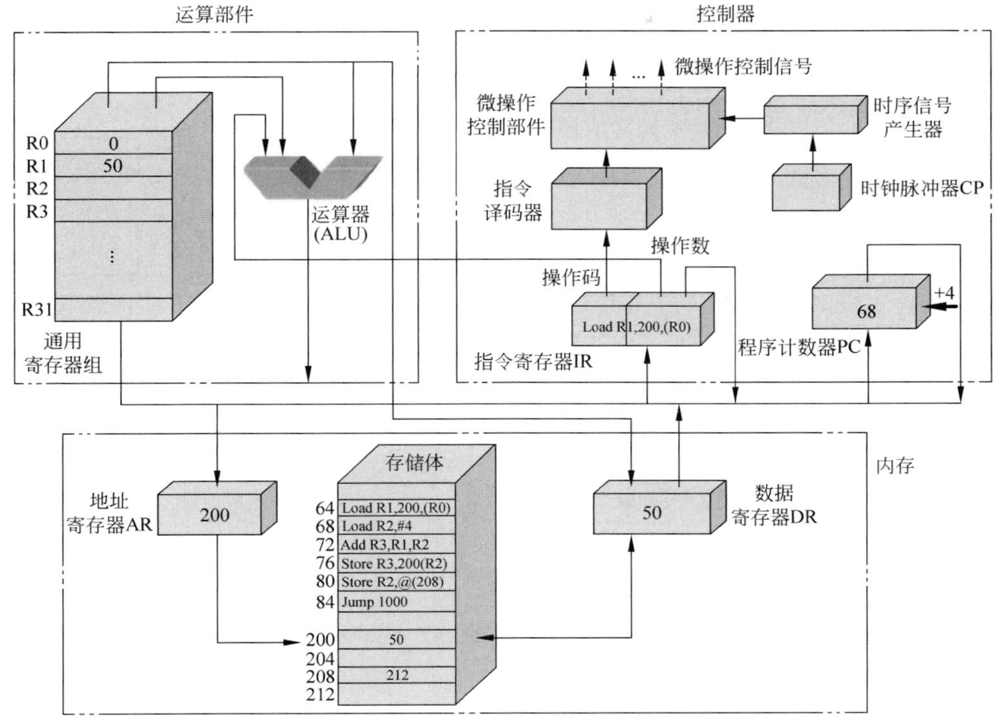

图 6.10　PC 中的地址加 4

6.3　第 2 条指令的执行过程

1. 说明

指令：Load R2，#4

指令地址：68。

功能：把指令中的立即数 4 传送给 R2。

2. 分解步骤

第 1 步：取指令。

类似于上一条指令，只是 PC 的值为 68。操作步骤如图 6.11 中的粗线所示。

第 2 步：指令译码。

控制器产生微操作控制信号，类似于第 1 条指令。

第 3 步：执行指令。

将 IR 中的 4 传送到 R2，如图 6.12 中的粗线所示。

第 4 步：同上一条指令。操作后 PC 的值为 72。

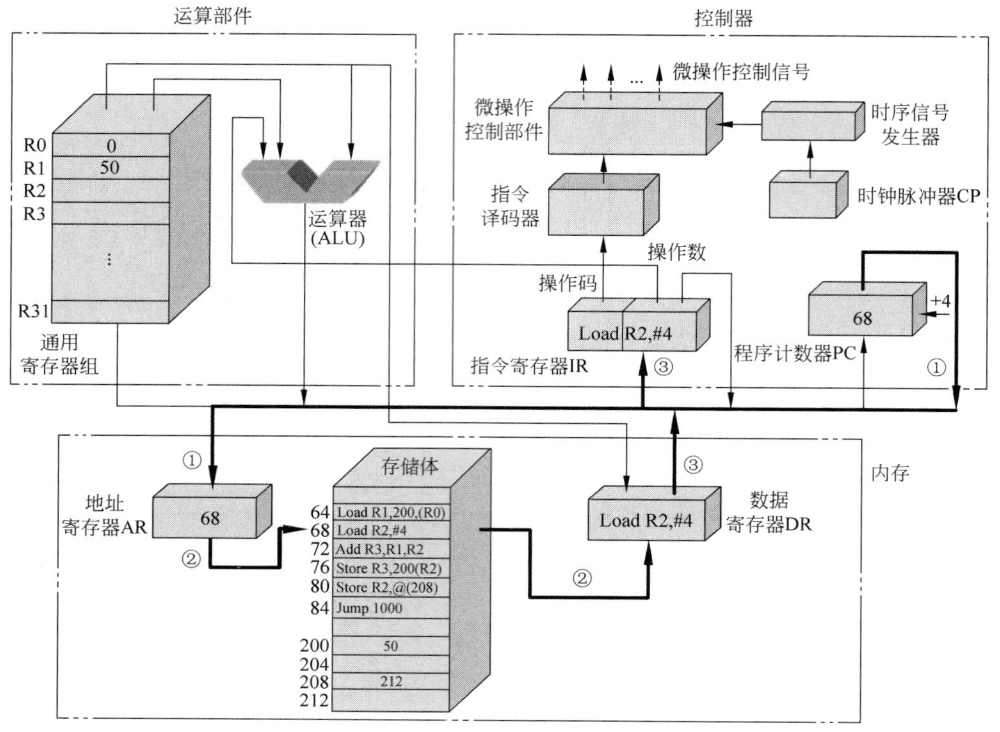

图 6.11　"Load R2,#4"取指令

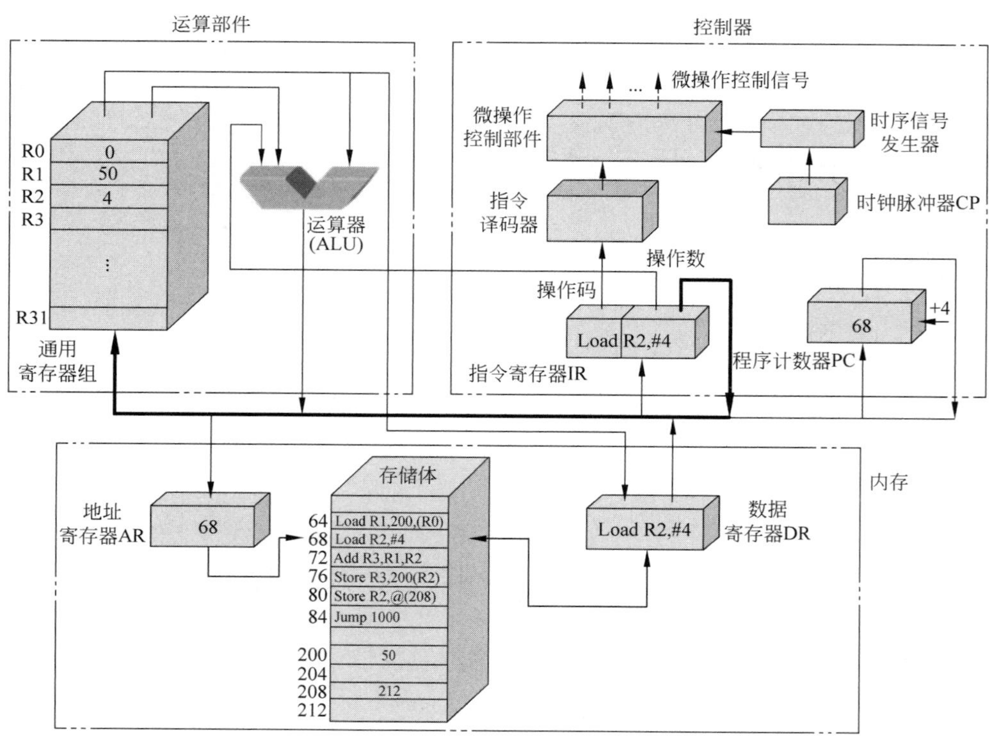

图 6.12　"Load R2,#4"执行指令

6.4 第3条指令的执行过程

1. 说明

指令：Add R3,R1,R2

指令地址：72。

功能：[R1]+[R2]→R3，即把R1中的内容和R2中的内容相加，结果存入R3。

2. 分解步骤

第1步：取指令，操作步骤如图6.13中的粗线所示。

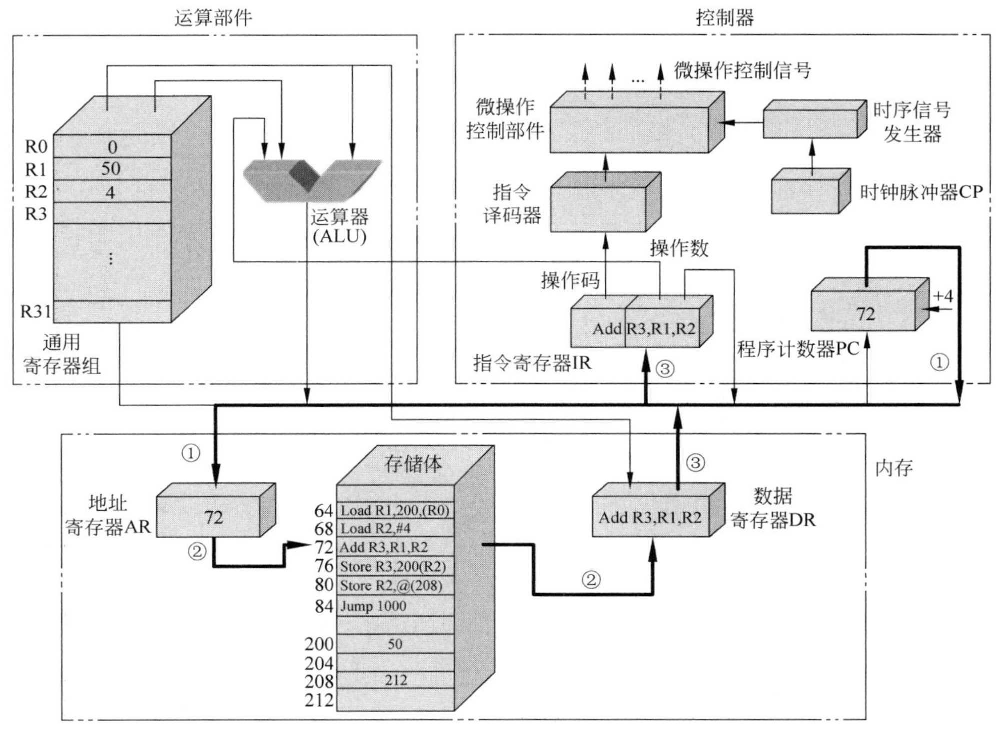

图6.13 “Add R3,R1,R2”取指令

第2步：指令译码。

类似于第1条指令。

第3步：执行指令。

① 把R1和R2中的数据送往ALU的两个入口端，ALU做加法运算，如图6.14中的①所示。

② 把ALU出口端的结果存入R3，如图6.15中的②所示。

第4步：同第1条指令。操作后PC的值为76。

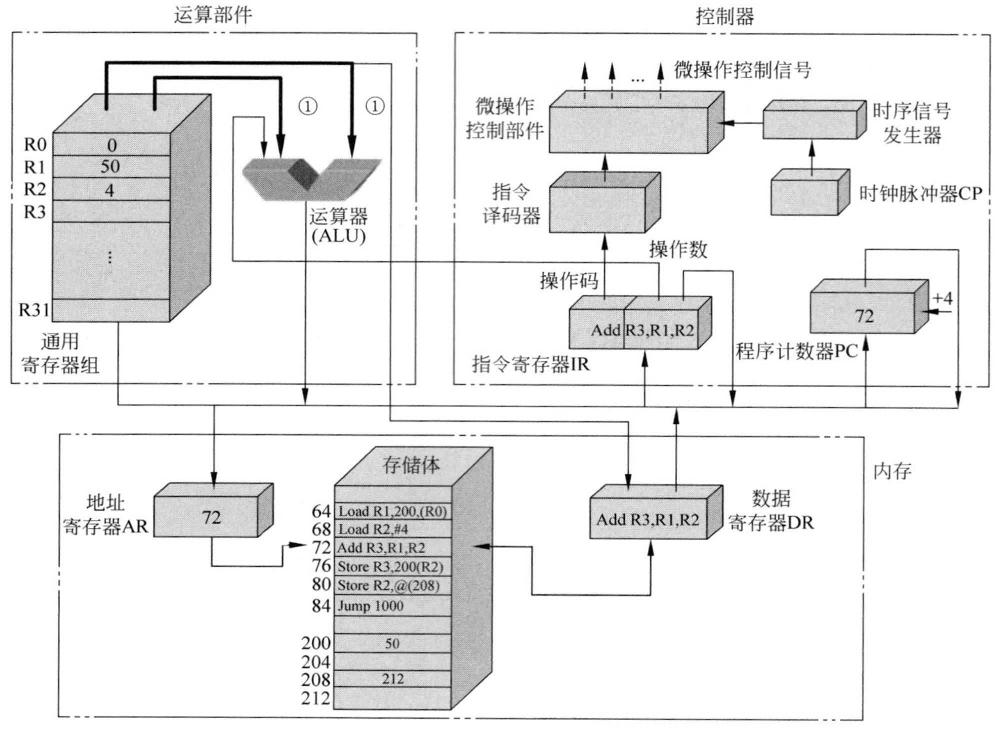

图 6.14 "Add R3,R1,R2"执行指令第①步

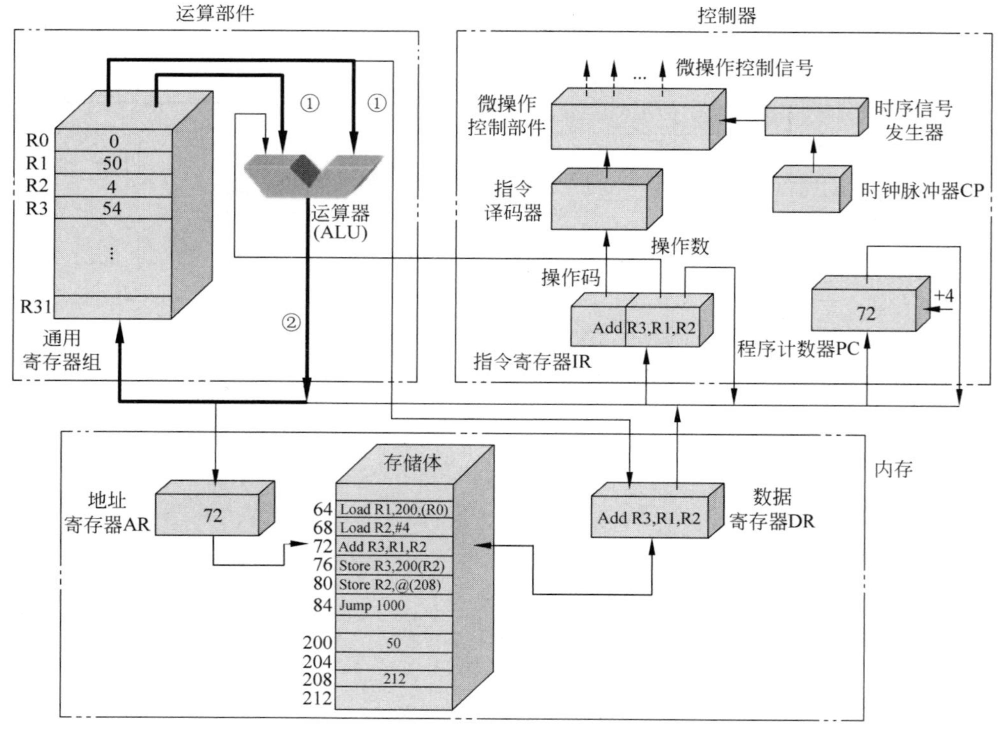

图 6.15 "Add R3,R1,R2"执行指令第②步

6.5　第 4 条指令的执行过程

1. 说明

指令：Store R3,200(R2)

功能：[R3]→MEM[[R2]+200]，即把 R3 中的内容存入内存中地址为[R2]+200 的存储单元。

2. 分解步骤

第 1 步：取指令，操作步骤如图 6.16 中的粗线所示。

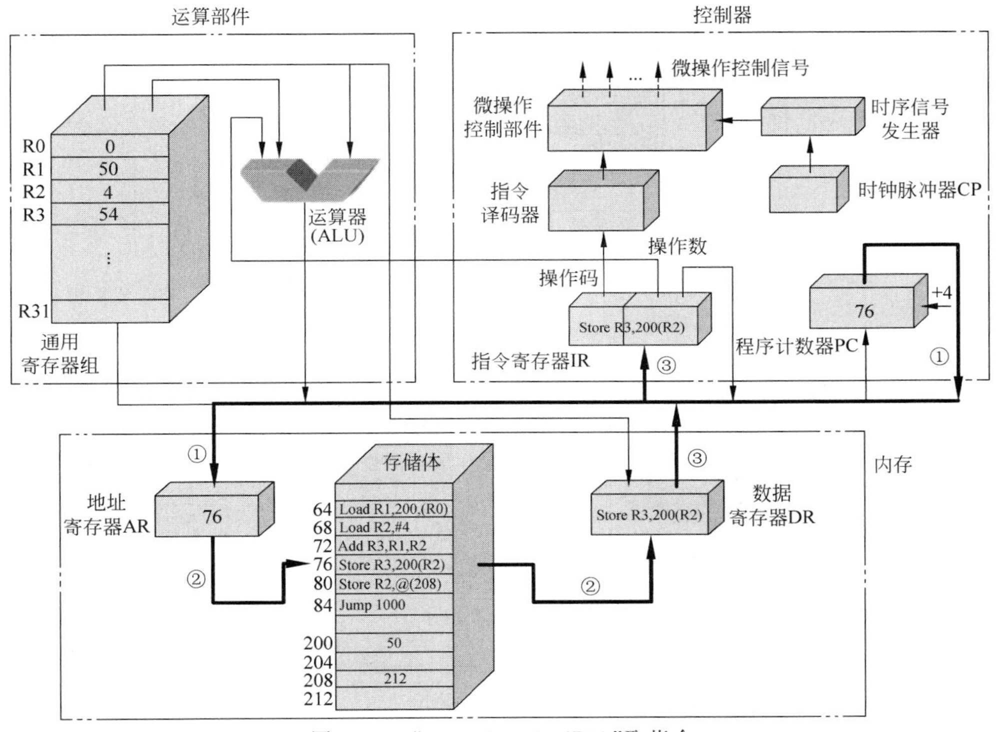

图 6.16　"Store R3,200(R2)"取指令

第 2 步：指令译码。

类似于第 1 条指令。

第 3 步：执行指令。

(1) 计算访存地址：[R2]+200→AR，如图 6.17 中粗线所示。

具体操作如下。

① [R2]→ALU，即把寄存器 R2 中的内容(为 4)送给 ALU。

② IR 中的操作数"200"→ALU。

③ ALU 做加法运算，[ALU]→AR，即 ALU 的运算结果(204)送给 AR。

(2) [R3]→DR，即把 R3 的内容送给 DR，如图 6.18 中粗线所示。

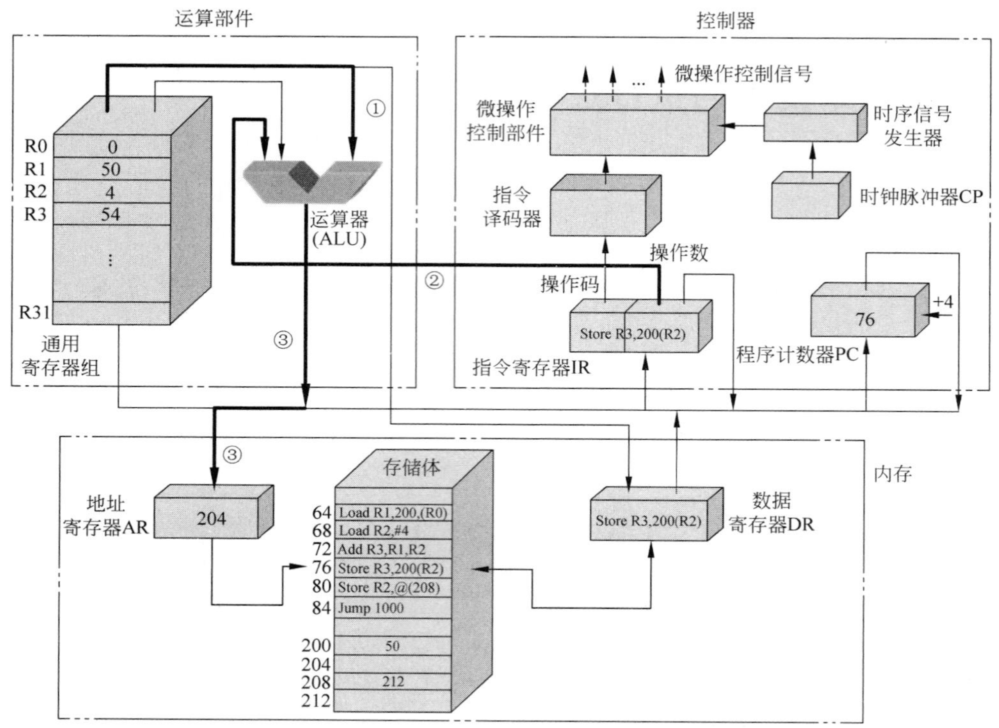

图 6.17 "Store R3,200(R2)"执行指令(1)

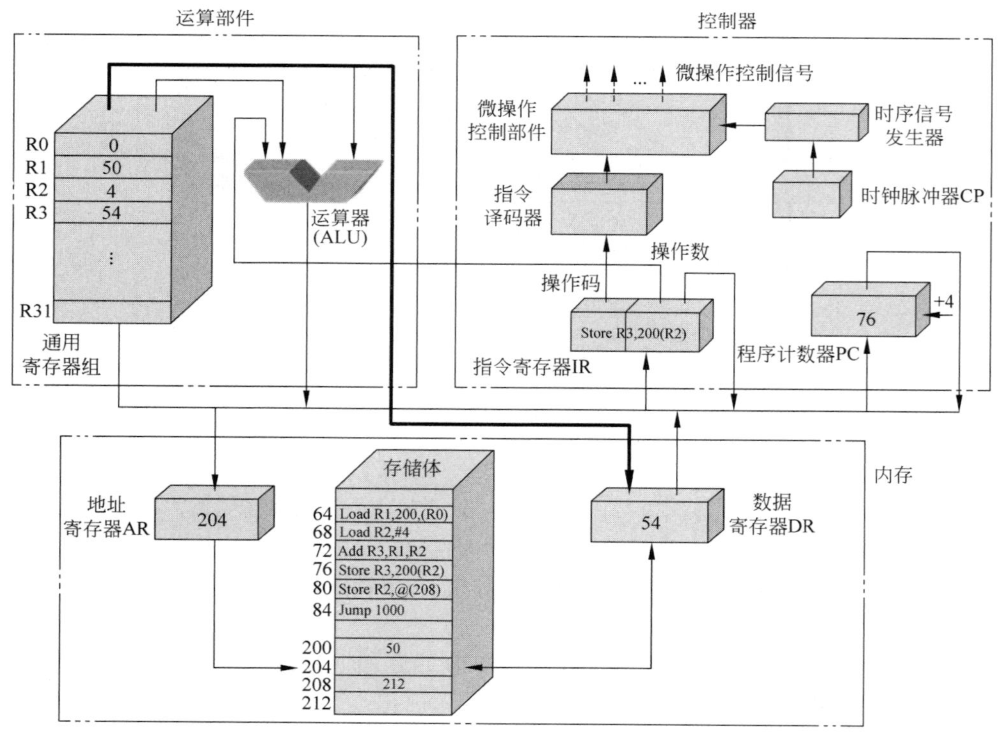

图 6.18 "Store R3,200(R2)"执行指令(2)

(3) [DR]→MEM[AR],即把数据写入存储器,如图 6.19 中粗线所示。向存储器发写入命令,存储器将把 DR 中的数据写入存储器中以[AR]为地址的存储单元。

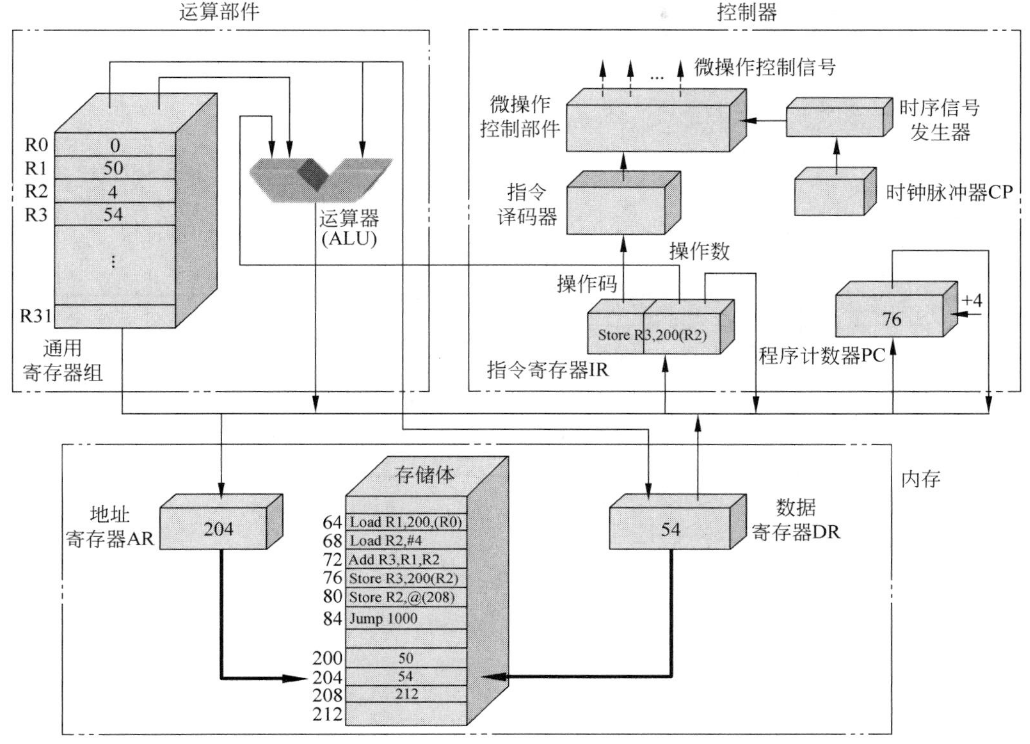

图 6.19　"Store R3,200(R2)"执行指令(3)

第 4 步：同第 1 条指令。操作后 PC 的值为 80。

6.6　第 5 条指令的执行过程

1. 说明

指令：Store R2,@(208)

功能：[R2]→MEM[MEM [208]]

指令中@(208)表示间接寻址,即把 MEM [208](即存储器中地址为 208 的存储单元的内容)作为访存地址。该指令把 R2 中的内容存入存储器中地址为 MEM [208]的单元中。

2. 分解步骤

第 1 步：取指令,操作步骤如图 6.20 中粗线所示。

第 2 步：指令译码。

类似于第 1 条指令。

第 3 步：执行指令。

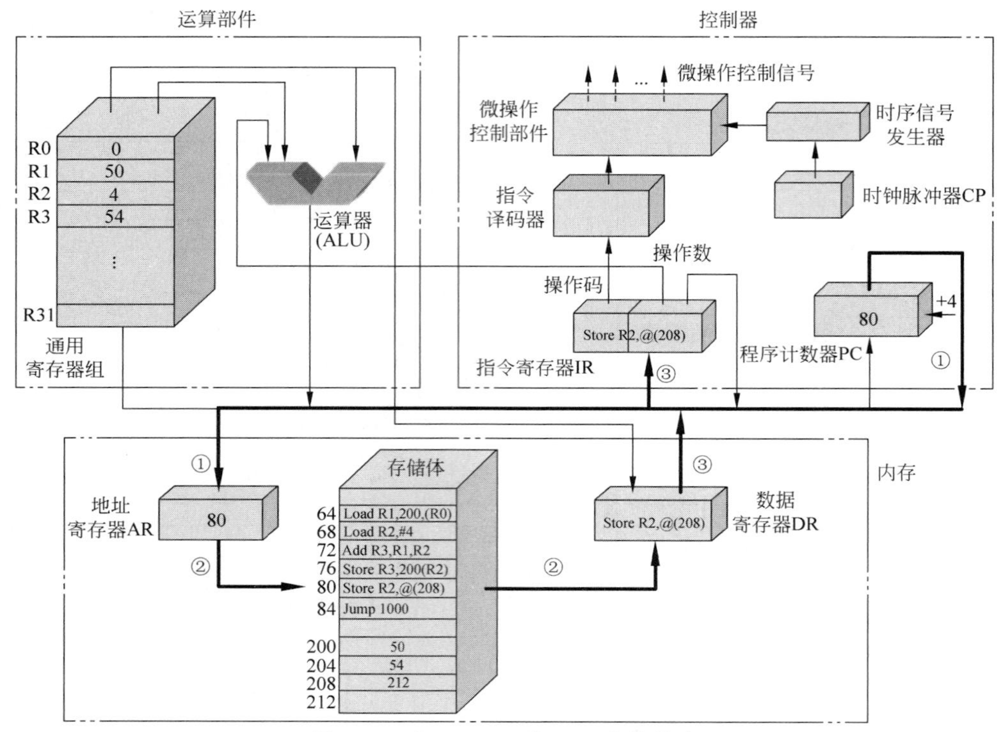

图 6.20 “Store R2,@(208)”取指令

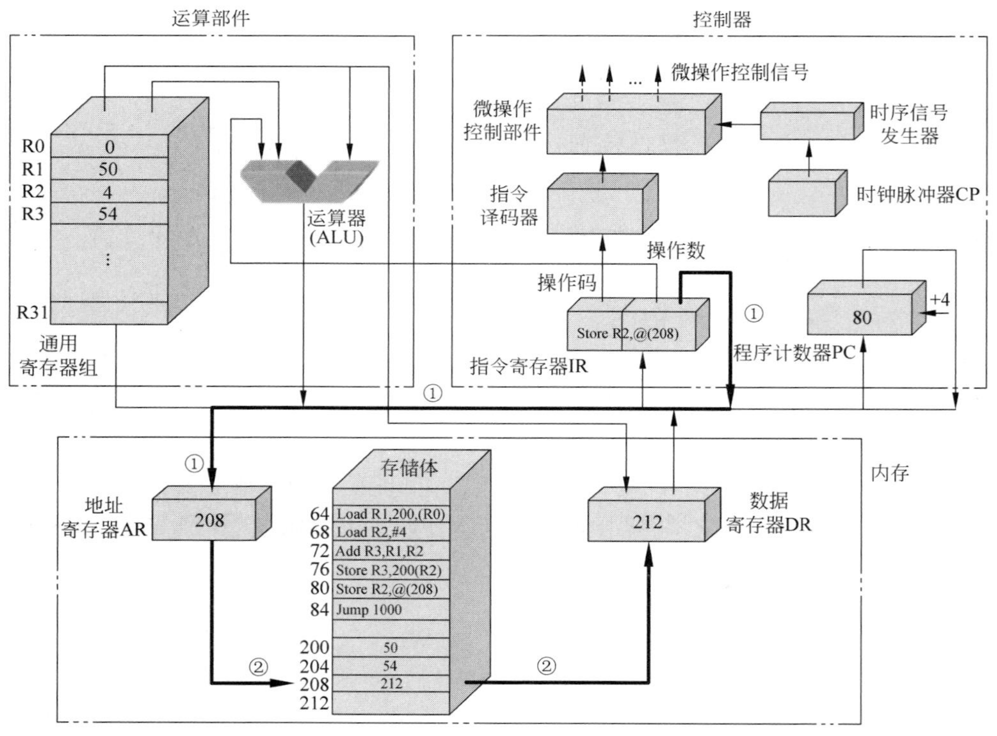

图 6.21 “Store R2,@(208)”执行指令(1)

(1) 访问存储器,MEM[208]→DR

具体操作如下(如图6.21中粗线所示)。

① 208→AR,即把指令中的立即数208送入AR。

② 向存储器发出读命令,存储器将地址为208的单元中的内容(为212)读出,送入DR。

(2) [DR]→AR,即把DR中的内容送入AR,作为下一步的访存地址,如图6.22中粗线所示。

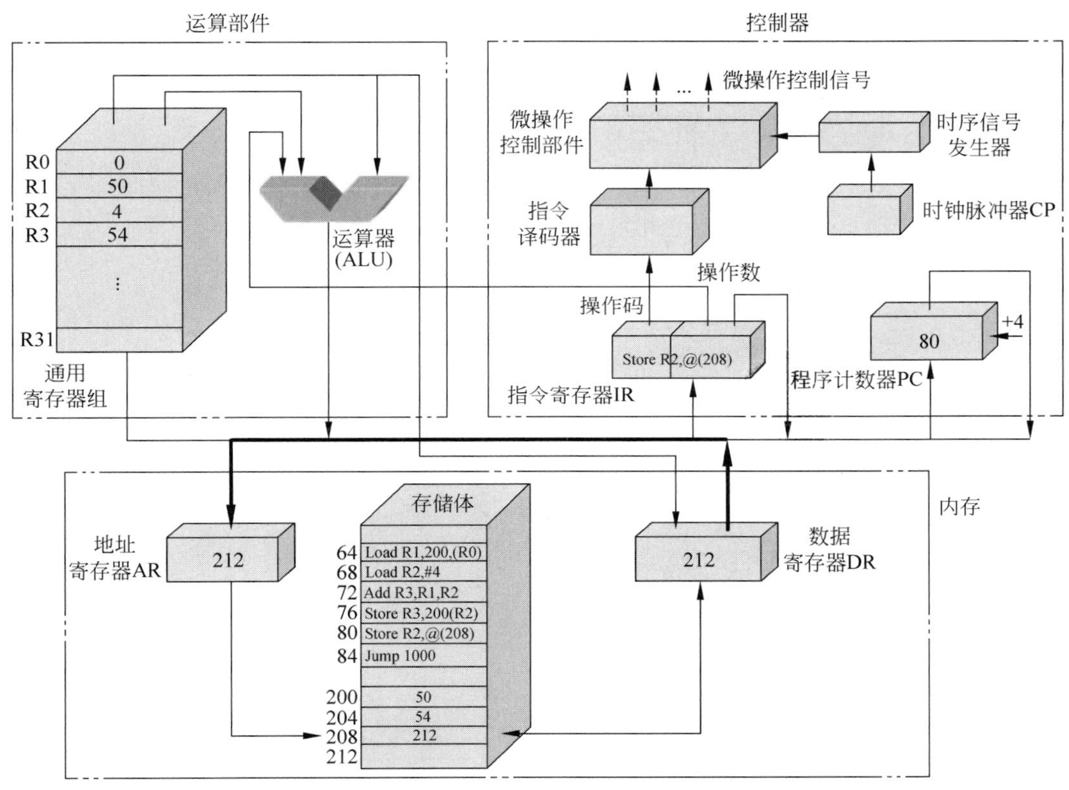

图6.22 "Store R2,@(208)"执行指令(2)

(3) [R2]→DR,即把R2中的数据送入DR,如图6.23中粗线所示。

(4) 向存储器发出写命令。存储器把DR中的内容(4)写入地址为212的存储单元中,如图6.24中粗线所示。

第4步:同第1条指令。操作后PC的值为84。

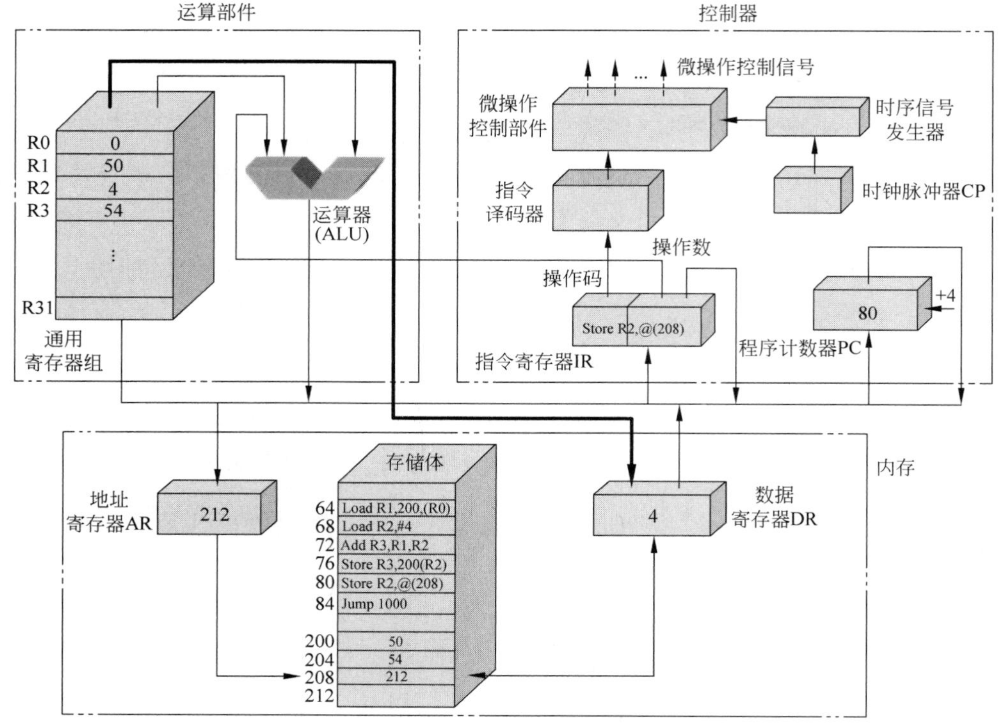

图 6.23 “Store R2,@(208)”执行指令(3)

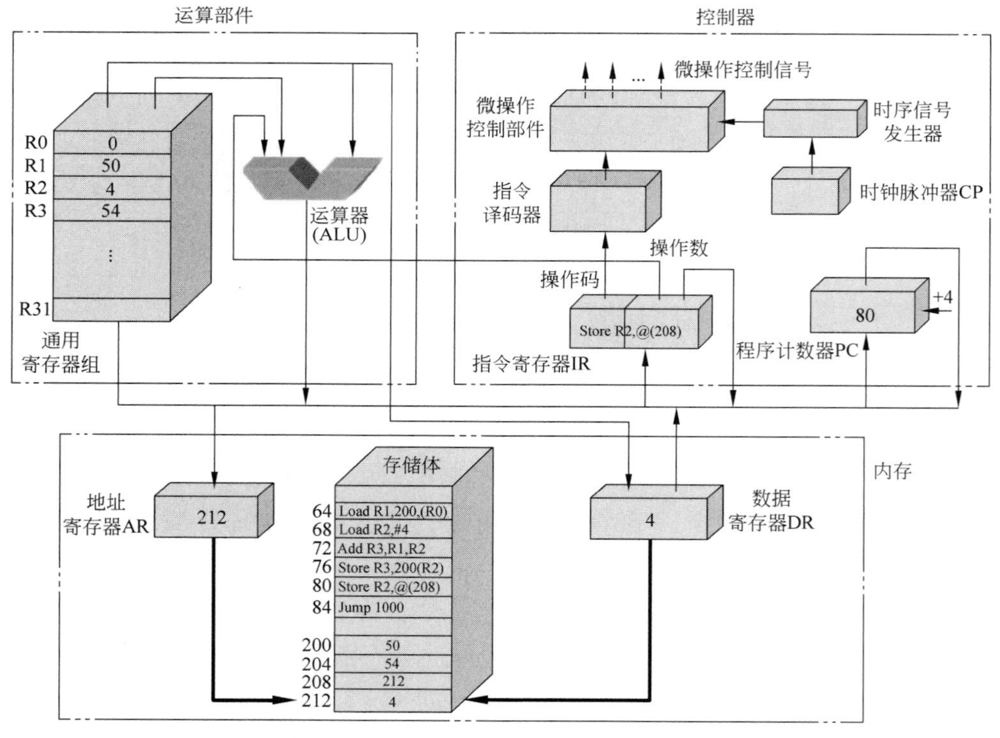

图 6.24 “Store R2,@(208)”执行指令(4)

6.7　第 6 条指令的执行过程

1. 说明

指令：Jump 1000

功能：让程序跳转到地址为 1000 的地方，从那儿继续往下执行。

2. 分解步骤

第 1 步：取指令，操作步骤如图 6.25 中粗线所示。

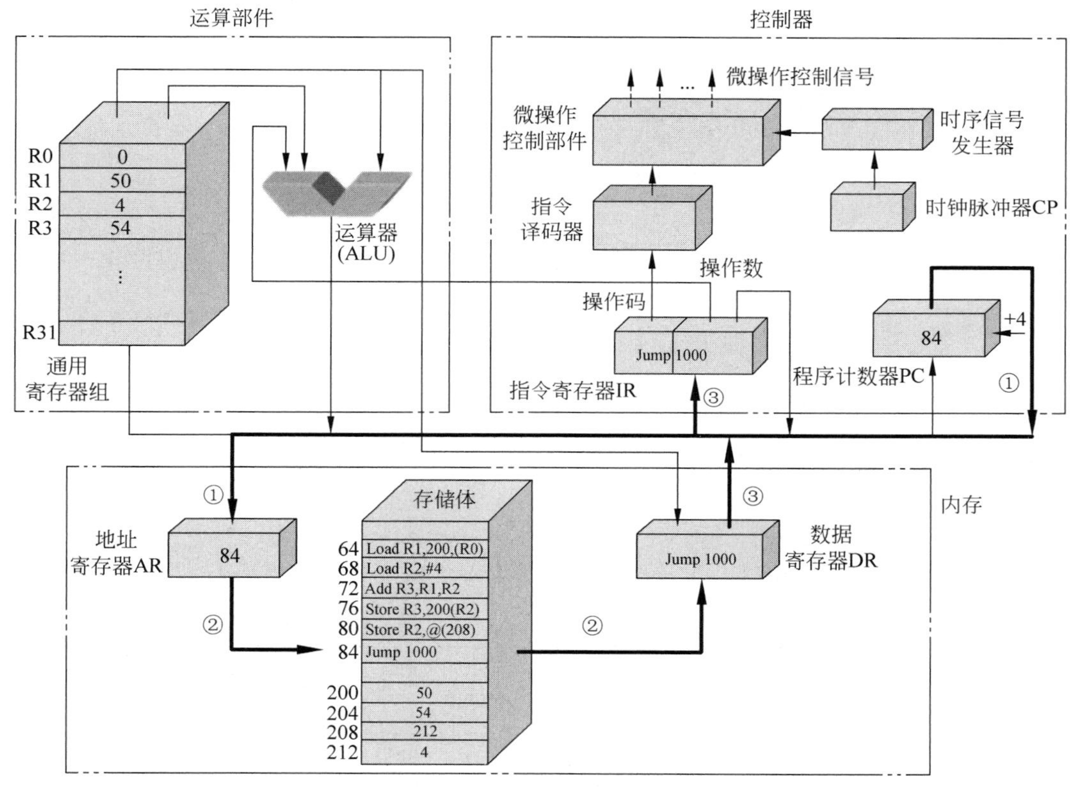

图 6.25　"Jump 1000"取指令

第 2 步：指令译码。

类似于第 1 条指令。

第 3 步：执行指令。

该指令的执行很简单，即把 IR 中的 1000 送入 PC 即可，如图 6.26 中粗线所示。

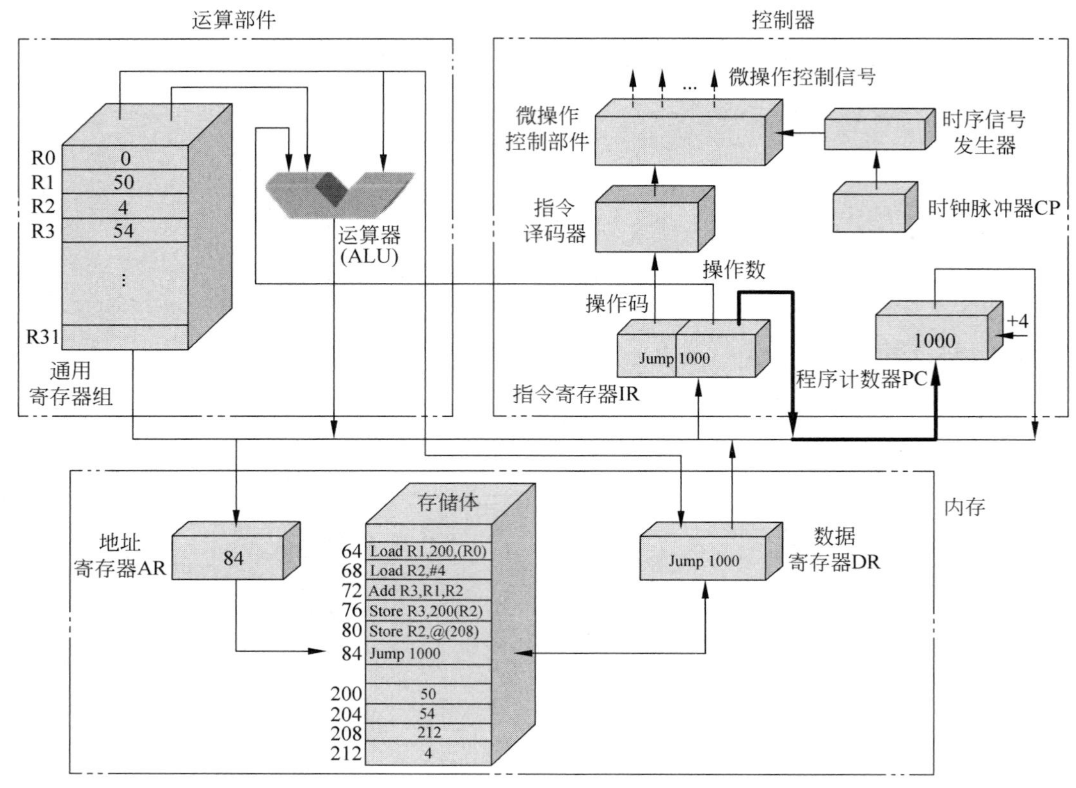

图 6.26 “Jump 1000”执行指令

习题 6

6.1 本章的模型机由哪几个部件构成？每个部件由哪些部分组成？

6.2 给定以下程序：

	内存地址	内　　容
第 1 条	128	Load R2,200(R1)
第 2 条	132	Load R3,#8
第 3 条	136	Add R4,R2,R3
第 4 条	140	Store R4,200(R3)
第 5 条	144	Store R3,@(216)
第 6 条	148	Jump 1000
	208	70
	212	432
	216	56

假设：寄存器 R1 的初值为 8。

(1) 写出每条指令的基本功能。

(2) 分别写出第 1 条、第 3 条、第 4 条、第 6 条指令的执行步骤。

(3) 分别给出每条指令执行后，寄存器 PC、IR、AR、DR、R1、R2、R3、R4 以及内存 208、212、216 单元中的内容。

第7章 指令系统

计算机硬件能够直接识别并执行的程序是机器语言程序，而机器语言中的每一个语句就是一条指令。指令是要求计算机进行基本操作的命令，一台计算机所能执行的全部指令的集合称为该计算机的指令系统或指令集。每一个计算机系统都有自己的指令系统，指令系统决定了计算机硬件所能完成的全部功能，对机器的性能价格比有着很大的影响，是计算机系统结构设计者、系统软件设计者和硬件设计者所共同关心的问题。

本章首先介绍计算机指令系统的基本知识，包括指令格式、数据表示、寻址方式、指令类型，然后讨论指令系统设计的有关问题，最后介绍一个指令系统实例。

7.1 指令格式

一条指令中必须至少包含以下 3 方面的信息。

(1) 要执行的操作，指明该指令要完成的具体功能。

(2) 操作数的来源，指明操作的对象(源操作数)在哪里。

(3) 操作结果的去向，指明要将操作的结果(目的操作数)保存到何处。

由此可知，每条指令应由操作码和地址码两部分构成，其基本格式如图 7.1 所示。

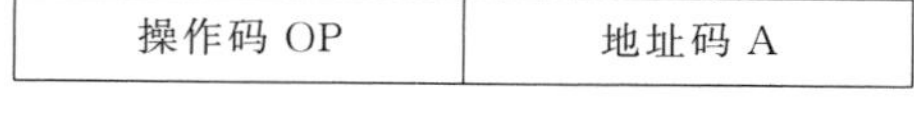

图 7.1 指令的基本格式

其中，操作码 OP 描述指令的操作功能，即要求计算机完成什么工作。它是指令中必不可少的部分。地址码描述与操作数有关的信息，可以是操作数本身，也可以是存放操作数的地址。一条指令中可以有一个或多个地址码，也可以没有地址码。有的地址码只提供源操作数的地址，称为源地址；有的地址码则只提供存放操作结果的地址，称为目的地址。另外，还有一些地址既作为源操作数的地址，又作为结果的地址。在后面这种情况下，计算出的结果会覆盖掉原来的源操作数。

计算机指令格式的选择和确定需要考虑多方面的因素，如指令长度(即一条指令所包含的二进制代码的总位数)、地址码结构以及操作码结构等，它与机器字长、数据表示方法、指令功能、存储器容量等都密切相关。

7.1.1 指令的地址码

地址码用来表示与操作数有关的信息。在计算机中，操作数可能存放在主存储器、

CPU中的寄存器、I/O接口寄存器或堆栈中。地址码中地址的个数与长度主要取决于指令所涉及的操作数的个数、进行什么操作、存储器的容量、编址单位的大小以及寻址方式等。

根据指令中地址码部分显式给出的地址的个数，可将指令格式分为以下5种。

1. 零地址指令

零地址指令中只有操作码，没有地址码。其指令格式为：

操作码OP

通常在以下两种情况下可能采用零地址指令。

(1) 指令本身不需要任何操作数，如空操作、停机等指令。

(2) 指令中所需的操作数是隐含指定的。如堆栈操作中，所需的操作数隐含在堆栈中，不需要在指令中显式给出。

2. 一地址指令

指令中给出一个地址。其指令格式为：

操作码OP	A

在以下两种情况下可能采用一地址指令。

(1) 指令本身只需要一个操作数，如加1、求补、清0等指令。

A←OP [A]

(2) 指令操作需要两个操作数，指令中指明一个操作数，而另外一个操作数在默认的累加器AC中，操作结果存放到累加器AC中。

AC←[AC] OP [A]

3. 二地址指令

这是一种很常用的指令格式，广泛应用于中小型机和微型机中。指令中给出两个地址，分别指出参与操作的两个源操作数，而其中有一个又表示操作结果的存放地址。其指令格式为：

操作码OP	A1	A2

A1←[A1] OP [A2]

在二地址指令中，根据存放操作数的位置不同，又可分为以下3种。

(1) 寄存器-寄存器型(R-R型)指令。指令中给出的两个地址都是寄存器地址，计算机执行这种类型的指令时，所需的操作数都在寄存器中，不需要访问存储器，因而速度很快。

(2) 存储器-存储器型(M-M型)指令。指令中给出的两个地址都是存储器地址，计算机执行这种类型的指令时，需要多次访问存储器才能得到操作数。

(3) 寄存器-存储器型(R-M型)指令。指令中给出的两个地址中，一个是寄存器地址，另一个是存储器地址。即指令所需的两个操作数，一个是在寄存器中，另一个则是在存储器中，操作结果保存到寄存器中。

4. 三地址指令

这也是一种很常用的指令格式,在大、中型机和服务器等系统中被广泛采用。特别是RISC计算机,几乎都是采用三地址指令。这种指令中给出3个地址,其中两个指明参与操作的源操作数,另一个表示操作结果的存放地址。其指令格式为:

操作码 OP	A3	A1	A2

A3←[A1] OP [A2]

5. 多地址指令

在某些性能较好的计算机中,往往设置一些功能很强、用于处理成批数据的指令。如字符串处理指令、向量、矩阵运算指令等。为了描述一批数据,指令中需要多个地址来指出数据存放的首地址、长度和下标等信息。

7.1.2 指令的操作码

指令系统中的每一条指令都有唯一确定的操作码,不同指令的操作码是不相同的。操作码的长度决定了指令系统的最大规模,一般来说,若操作码的位数为 n 位,则该指令系统最多能有 2^n 条指令。

在一个指令系统中,若所有指令操作码的长度都是固定的,且集中放在指令的一个字段内,则称为固定长度操作码。例如,在后面实例中介绍的MIPS指令系统,其所有指令的操作码都是6位,位于指令字的最高6位。这是一种简单、规整的编码方法,它有利于简化硬件设计,减少指令译码时间。很多现代计算机都采用了固定长度操作码。

若指令系统中操作码的长度有多种,不同指令的操作码的长度不完全相同,则称为可变长度操作码。通常使用频率高的指令使用短的操作码,而使用频率低的指令则使用较长的操作码。这种编码方法可以缩短操作码的平均长度,但会使硬件设计复杂化,增加指令译码的时间和难度。

虽然从理论上来说,采用可变长度操作码时,不同指令的操作码长度可以根据需要任意确定,但在实际机器中,常常将操作码设计为几种不同的固定长度,且相互之间按某种规则进行扩展,称为扩展操作码技术。这样做有两个优点:①可以简化硬件设计;②当指令总长度一定时,可以使操作码的长度随地址数的增加而减少,不同地址数的指令的操作码的长度也不同,从而有效地缩短指令总长度。

扩展操作码的方法很多,可以采用等长扩展,也可以采用不等长扩展。下面举一个例子来看看怎样利用扩展操作码技术设计可变长度操作码。

假设某指令系统中,指令长度为16位,基本操作码为4位,具有3个4位的地址字段。其指令格式如下:

操作码OP	A3	A2	A1
4位	4位	4位	4位

(1) 如果采用固定长度操作码,则该指令系统最多只能有 16 条指令。

(2) 在指令字长不变的情况下,希望有 15 条三地址指令、15 条二地址指令、15 条一地址指令、16 条零地址指令,共 61 条。

采用等长扩展,操作码分别为 4 位、8 位、12 位、16 位。其扩展操作码的安排如图 7.2 所示。

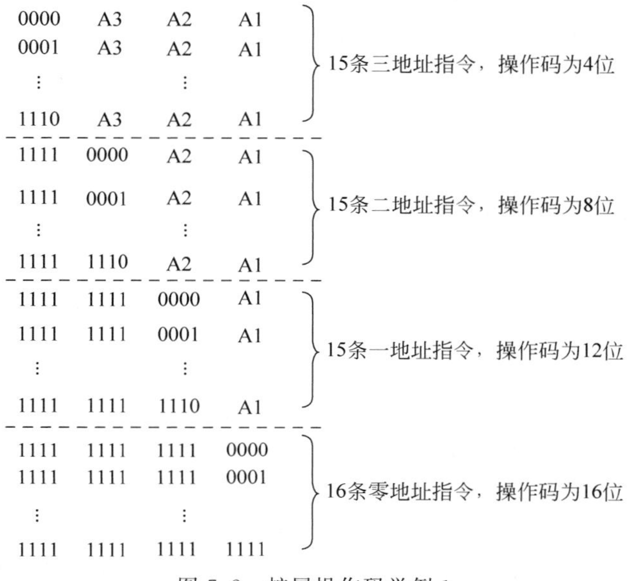

图 7.2　扩展操作码举例 1

(3) 也可以采用另一种扩展方法,形成 15 条三地址指令、14 条二地址指令、31 条一地址指令、16 条零地址指令,共 76 条。其扩展操作码的安排如图 7.3 所示。

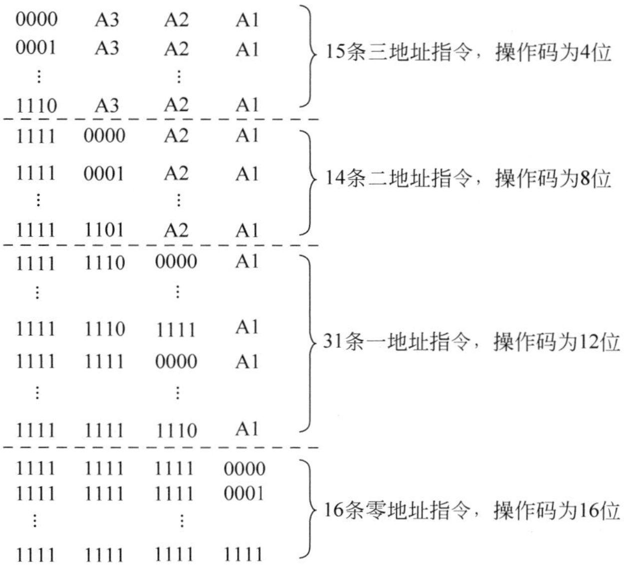

图 7.3　扩展操作码举例 2

7.1.3 指令长度

指令长度是指一条指令所包含的二进制代码的总位数。指令长度主要取决于操作码的长度、操作数地址的长度、操作数地址的个数。它与机器字长有简单的倍数关系,机器字长是计算机能直接处理的二进制数据的位数。它表示计算机内部数据通路和工作寄存器的宽度。指令长度等于机器字长的指令,称为单字长指令;指令长度等于半个机器字长的指令,称为半字长指令;指令长度等于机器字长的两倍的指令,称为双字长指令。指令长度一般应是字节的整数倍。

在一个指令系统中,如果每条指令的长度都相同,则称为固定长度编码格式。如果不同指令的长度随指令功能而不同,则称为可变长度编码格式。如奔腾系列机的指令系统中,指令长度可以从1字节到12字节。

7.2 数据类型

计算机系统所能处理的数据类型很多,如图、表、树、阵列、队列、链表、堆栈、向量、字符串、实数、整数、字符等。在设计计算机指令系统时,需要研究在这些数据类型中,哪些用硬件实现,哪些用软件实现,并对于要用硬件实现的数据类型,研究它们的实现方法。

数据表示是指计算机硬件能够直接识别、指令系统可以直接调用的数据类型。它一般是所有数据类型中最常用、相对比较简单、用硬件实现比较容易的几种,如定点数(整数)、逻辑数(布尔数)、浮点数(实数)、字符、字符串等。当然,有些机器的数据表示复杂一些,除上面这些外,还设置有十进制、向量、堆栈等数据表示。

数据结构则不同,它是指由软件进行处理和实现的各种数据类型。数据结构研究的是这些数据类型的逻辑结构与物理结构之间的关系,并给出相应的算法。一般来说,除了数据表示之外的所有数据类型都是数据结构要研究的内容。

如何确定数据表示是计算机系统设计者要解决的难题之一。从原理上讲,计算机只要有了最简单的数据表示,如定点数,就可以通过软件的方法实现各种复杂的数据类型,但是这样会大大降低系统的性能和效率。相反,如果把复杂的数据类型都包含在数据表示之中,系统所花费的硬件成本会很高。如果这些复杂的数据表示很少用到,那么这样做就很不合理。因此,确定数据表示实际上也是个软硬件取舍折中的问题。

表示操作数类型的方法有以下两种。

(1) 由指令中的操作码指定操作数的类型。

这是最常用的方法。绝大多数机器都采用了这种方法。由于是在操作码中指定,所以即使是同一种运算,对于不同的操作数类型也要设置不同的指令,如整数加、浮点加、无符号数加等。

(2) 给数据加上标识符(tag),由数据本身给出操作数类型。

这就是所谓的带标识符的数据表示。硬件通过识别这些标识符就能得知操作数的类型,并进行相应的操作。

带标识符的数据表示有很多优点，例如，能简化指令系统，可由硬件自动实现一致性检查和类型转换，缩小了机器语言与高级语言的语义差距，简化编译器等。但由于需要在程序执行过程中动态检测标识符，动态开销比较大，所以采用这种方案的机器很少见。

本书中，操作数的大小(size)是指操作数的位数或字节数。一般来说，主要的操作数大小有字节(8 位)、半字(16 位)、字(32 位)和双字(64 位)。字符一般用 ASCII 码表示，其大小为 1 字节。整数则几乎都是用二进制补码表示，其大小可以是字节、半字、单字和双字。浮点操作数可以分为单精度浮点数(1 个字)和双精度浮点数(双字)。20 世纪 80 年代以前，大多数计算机厂家都一直采用各自的浮点操作数表示方法，但后来几乎所有的计算机都采用了 IEEE 754 浮点标准。

面向商业应用，可以设置十进制数据表示。这种数据表示一般称为"压缩十进制"或"二进制编码的十进制"(简称 BCD 码)。它是用 4 位二进制编码表示数字 0～9，并将两个十进制数字合并到 1 字节中存储。如果将十进制数直接用字符串来表示，就称为"非压缩十进制"。在这种机器中，一般会提供在压缩十进制数和非压缩十进制数之间进行相互转换的操作。

7.3　寻址方式

执行一条指令所需要的操作数可能在主存中，可能在某个寄存器中，也可能就在本指令字中。指令中必须给出与操作数地址有关的一些信息。指令的地址码部分给出的地址往往不是操作数的真正地址，我们把它称为形式地址。形式地址经地址变换后才能得到操作数的真正地址，这个地址称为有效地址。所谓寻址方式，就是指确定指令操作数有效地址的方法。

下面介绍几种常用的寻址方式。

1. 直接寻址方式

在指令的地址码字段直接给出操作数所在主存单元的地址，如图 7.4 所示。这是一种简单、快速的寻址方式，但寻址范围受限于地址码字段的位数。

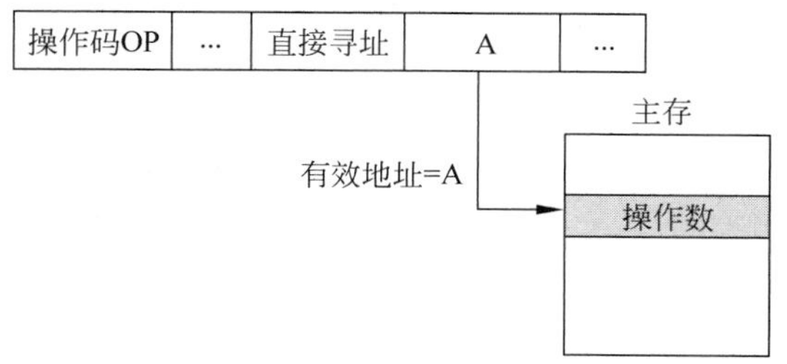

图 7.4　直接寻址方式

2. 间接寻址方式

指令的地址码字段给出的是操作数所在内存单元的地址的地址，即指令中形式地址所指定的内存单元中存放的内容才是操作数的真正地址，如图 7.5 所示。

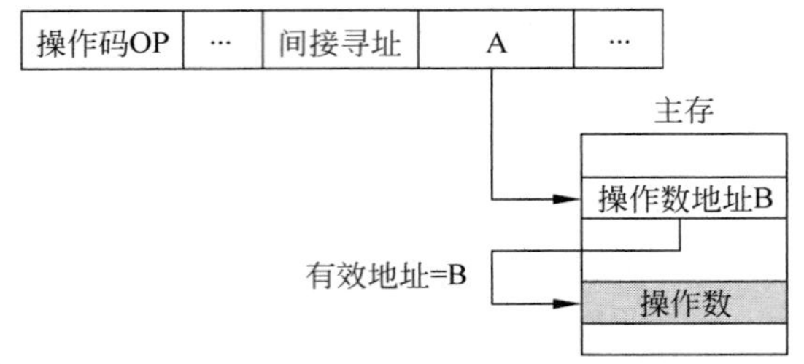

图 7.5 间接寻址方式

在间接寻址方式中，得到操作数需要访问内存两次，因而指令的执行速度比较慢，现在已不大使用。

3. 立即寻址方式

指令的地址码字段直接给出操作数本身，而不是操作数的地址。采用这种寻址方式的指令执行速度最快，得到指令的同时就得到了操作数，不需要再访问内存。

4. 寄存器直接寻址方式与寄存器间接寻址方式

(1) 寄存器直接寻址方式中，指令的地址码字段给出一个寄存器编号，该寄存器中存放的内容就是操作数，如图 7.6 所示。

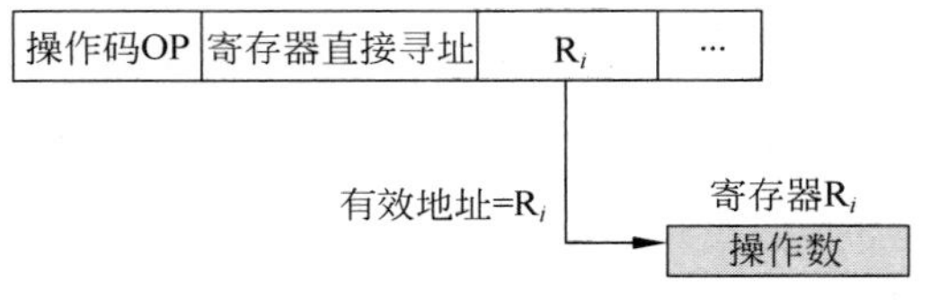

图 7.6 寄存器直接寻址方式

(2) 在寄存器间接寻址方式中，寄存器中存放的内容是操作数的地址，根据此地址访问内存取得操作数，如图 7.7 所示。

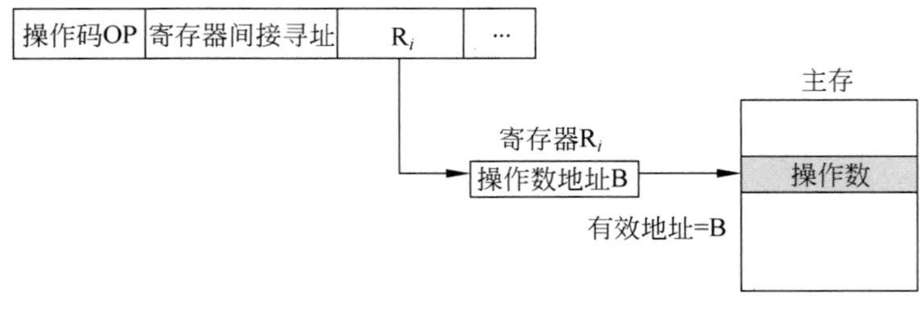

图 7.7 寄存器间接寻址方式

5. 隐含寻址方式

指令中不给出操作数的地址。通常操作数约定在某个特定的寄存器中或者在堆栈中。

6. PC 相对寻址方式

相对寻址方式是将程序计数器 PC 的内容与指令中给出的形式地址(偏移量)的值相加,形成有效地址,用以访问新的指令,如图 7.8 所示。程序计数器保存计算机当前正在执行指令的地址或正在执行指令的下一条指令的地址。

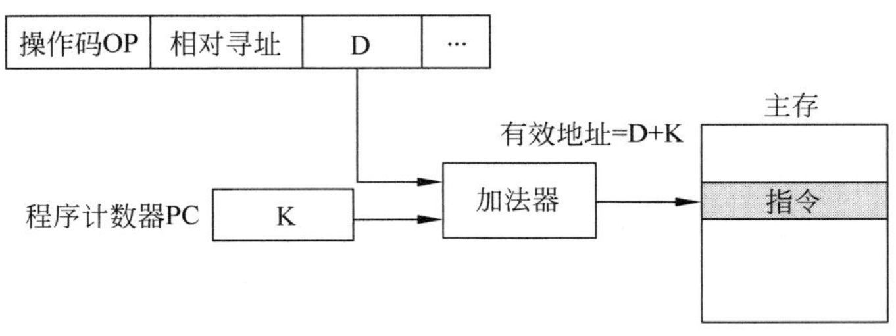

图 7.8　相对寻址方式

形式地址 D 通常称为偏移量,它的值可正可负。

该寻址方式对于短跳转和程序的再定位很有用。

7. 变址寻址方式

变址寻址是将指令中给出的形式地址的值与变址寄存器的内容相加,形成操作数的有效地址,如图 7.9 所示。变址寄存器可以是专用寄存器,也可以是通用寄存器中的一个。它的内容是用户设定的。

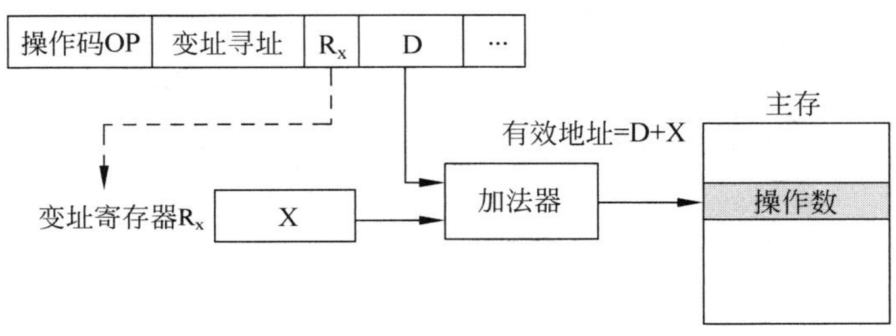

图 7.9　变址寻址方式

形式地址 D 为偏移量,R_X 为变址寄存器。

变址寻址方式常用于字符串处理、数组运算等成批数据处理中,主要是面向用户,解决程序循环控制问题。

8. 基址寻址方式

基址寻址方式与变址寻址方式在计算有效地址方面很相似,它把指令中给出的形式地址的值与基址寄存器的内容相加,形成操作数的有效地址。基址寄存器的内容称为基地址。基址寄存器的内容通常由操作系统或管理程序设定,用户是不知道其值的。基址寻址方式如图 7.10 所示。

基址寻址方式主要用于将用户程序的逻辑地址转换成主存的实际地址。它面向系统,解决程序重定位和扩大寻址空间等问题。

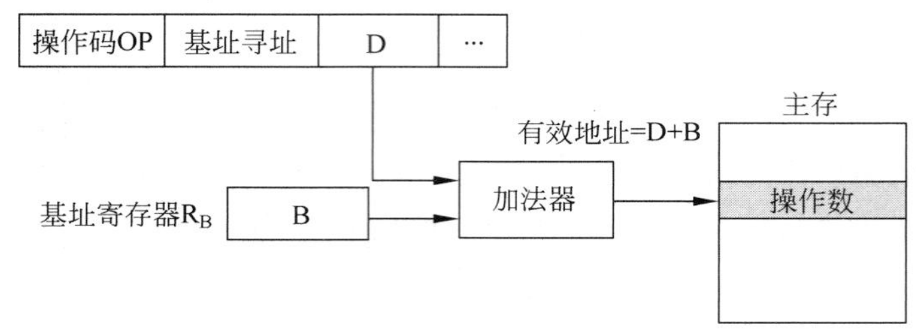

图 7.10　基址寻址方式

上面讨论的只是计算机中一些比较常用的寻址方式。实际上，不同的机器选取的寻址方式也不同，有的机器具有多种灵活的寻址方式，有的机器只采用几种简单的寻址方式。不同的寻址方式确定操作数的方法互不相同。CPU 在执行指令时，需根据指令所指定的寻址方式迅速地找到所需要的操作数。

9. "基址＋变址"寻址方式

这是将基址寻址与变址寻址结合起来的方式：这种方式按下式计算操作数的有效地址：

$$有效地址=[R_B]+[R_X]+D$$

其中，$[R_B]$是基址寄存器 R_B 中的内容，$[R_X]$是变址寄存器 R_X 中的内容，D 为指令字中给出的形式地址(偏移量)。

通常，在指令中表示寻址方式的方法有两种：一种是将寻址方式编码于操作码中，操作码在描述指令操作的同时，也描述相应操作的寻址方式；另一种是在指令字中为每个操作数设置一个地址描述符，由该地址描述符表示相应操作数的寻址方式，如图 7.11 所示。

操作码 OP	地址描述符 1	地址码 1	…	地址描述符 n	地址码 n

图 7.11　利用地址描述符表示寻址方式

如果处理机具有多种寻址方式，而且指令有多个操作数，那么就很难跟操作码一起编码，而是应该给每个操作数分配一个地址描述符，由描述符指出采用什么寻址方式。如果处理机的寻址方式只有很少几种，那么就可以把寻址方式编码到操作码中。

7.4　指令类型与功能

不同机器的指令系统各不相同，但它们所包含的指令的基本类型和功能是相似的。一般来说，一个指令系统中的指令可以按功能分为数据传送类指令、数据运算类指令、程序控制类指令、输入/输出类指令。

1. 数据传送类指令

这类指令将数据从一个地方传送到另一个地方。主要实现主存和主存之间、主存和寄存器之间、寄存器和寄存器之间的数据传送。数据传送指令一次可以传送一个数据，也可以一次传送一批数据。

2. 数据运算类指令

这类指令用来实现数据的算术运算、逻辑运算和移位运算。

机器中的算术运算主要包括加、减、乘、除运算；加1、减1；比较指令等。

逻辑运算主要包括与、或、非、异或等运算。

移位指令分为算术移位、逻辑移位和循环移位三类，它们又可分为左移和右移两种。

3. 程序控制类指令

程序控制类指令主要用来控制程序执行的顺序和方向。通常情况下程序是按程序计数器PC指示的顺序执行的，即每当一条指令执行完后，就接着执行其相邻的下一条指令。当遇到程序控制类指令时，程序就会改变这种执行顺序，转到其他地方继续执行。

程序控制类指令通常包含转移指令、子程序调用和返回指令、自陷指令等。

4. 输入/输出指令

输入/输出指令简称I/O指令，主要用于实现主机与外部设备之间的信息交换。

7.5　指令系统的设计

指令系统是传统机器语言程序设计者所看到的计算机的主要属性，是软、硬件的主要界面。它在很大程度上决定了计算机具有的基本功能。指令系统的设计包括指令的功能设计和指令格式的设计。在进行指令系统的设计时，首先要考虑所应实现的基本功能(操作)，确定哪些基本功能应该由硬件实现，哪些功能由软件实现。

在确定哪些基本功能用硬件来实现时，主要考虑的因素有3个：速度、成本、灵活性。用硬件实现的特点是速度快、成本高、灵活性差；用软件实现的特点是速度慢、价格便宜、灵活性好。一般是选择出现频度高的基本功能用硬件来实现。

7.5.1　对指令系统的基本要求

对指令系统的基本要求是完整性、规整性、正交性、高效率和兼容性。

完整性是指在一个有限可用的存储空间内，对于任何可解的问题，编制计算程序时，指令系统所提供的指令足够使用。完整性要求指令系统功能齐全、使用方便。表7.1列出了一些常用的指令类型，其中前4类属于通用计算机系统的基本指令。所有的指令系统结构一般都会对前3种类型的操作提供相应的指令。在“系统”类指令方面，不同指令系统结构的支持程度会有较大的差异，但有一点是共同的，即必须对基本的系统功能调用提供一些指令。对于最后4种类型的操作而言，不同指令系统结构的支持大不相同，有的根本不提供任何指令支持，而有的则可能提供许多专用指令。例如，对于浮点操作类型来说，几乎所有面向浮点运算应用的计算机都提供了浮点指令。十进制和字符串指令在有的计算机中是以基本操作的形式出现(如在VAX和IBM360中),有的则是在编译时由编译器变换成由更简单的指令构成的代码段来实现。

表7.1　指令系统结构中操作的分类

操作类型	实例
算术和逻辑运算	整数的算术运算和逻辑操作:加、减、乘、除、与、或等
数据传输	load、store
控制	分支、跳转、过程调用和返回、自陷等
系统	操作系统调用,虚拟存储器管理等
浮点	浮点操作:加、减、乘、除、比较等
十进制	十进制加、十进制乘、十进制到字符的转换等
字符串	字符串移动、字符串比较,字符串搜索等
图形	像素操作、压缩/解压操作等

规整性主要包括对称性和均匀性。对称性是指所有与指令系统有关的存储单元的使用、操作码的设置等都是对称的。例如,在存储单元的使用上,所有通用寄存器都要同等对待。在操作码的设置上,如果设置了A－B的指令,就应该也设置B－A的指令。均匀性是指对于各种不同的操作数类型、字长、操作种类和数据存储单元,指令的设置都要同等对待。例如,如果某机器有5种数据表示、4种字长、两种存储单元,则要设置5×4×2＝40种同一操作的指令(如加法指令)。不过,这样做太复杂,也不太现实。所以一般是实现有限的规整性。例如,把上述加法指令的种类减少到10种以内。

正交性是指在指令中各个不同含义的字段,如操作类型、数据类型、寻址方式字段等,在编码时应互不相关、相互独立。

高效率是指指令的执行速度快、使用频度高。在RISC结构中,大多数指令都能在一个节拍内完成(流水),而且只设置使用频度高的指令。

兼容性主要是要实现向后兼容,指令系统可以增加新指令,但不能删除指令或更改指令的功能。

在设计系统时,有两种截然不同的设计策略,因而产生了两类不同的计算机系统:CISC和RISC。CISC即复杂指令系统计算机(Complex Instruction Set Computer),它是增强指令功能,把越来越多的功能交由硬件来实现,指令的数量也是越来越多。RISC即精简指令系统计算机(Reduced Instruction Set Computer),它是尽可能地把指令系统简化,不仅指令的条数少,而且指令的功能也比较简单。

7.5.2　指令格式的设计

指令系统中的每条指令由操作码和地址码组成,指令格式的设计就是要确定操作码字段和地址码字段的大小及其组合形式,确定各种寻址方式的编码方法。

目前,有3种常用的指令编码格式,如图7.12所示。

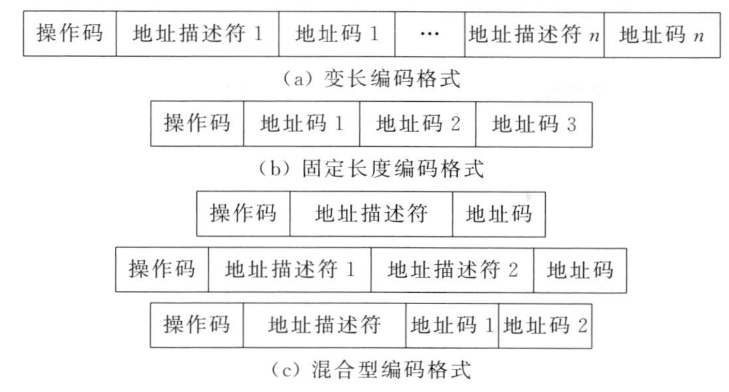

图 7.12 指令系统的 3 种编码格式

第一种是变长编码格式，当指令系统包含多种寻址方式和操作类型时，这种编码方式可以有效减少指令系统的平均指令长度，降低目标代码的大小。但是，这种编码格式会使各条指令的字长和执行时间大不一样。多数 CISC 指令系统均采用了这种编码格式。

第二种是固定长度编码格式，它将操作数的类型和寻址方式组合编码在操作码中，所有指令的长度都是固定唯一的。当寻址方式和操作数的类型非常少时，这种编码格式非常好，它能有效地降低译码的复杂度，提高译码的性能。一般 RISC 指令系统均采用这种类型的编码格式。

第三种编码格式为混合型编码格式，其目的是通过提供一定类型的指令字长，期望能够兼顾降低目标代码长度和降低译码复杂度这两个目标。它也是指令系统通常采用的一种编码格式。

7.6 指令系统的发展和改进

一个指令系统到底要支持哪些类型的指令操作？在这一问题的处理上，有两种截然不同的技术方向。一个方向是强化指令功能，实现软件功能向硬件功能转移，基于这种指令系统而设计实现的计算机系统称为复杂指令系统计算机 CISC；另一个方向是 20 世纪 80 年代发展起来的精简指令系统计算机 RISC，其目的是尽可能地降低指令系统的复杂性，以简化实现、提高性能，这也是当今指令系统功能设计的一个主要趋势。

7.6.1 沿 CISC 方向发展和改进指令系统

指令数量多、功能多样是 CISC 指令系统的一大特点。除了包含基本指令外，往往还提供了很多功能很强的指令。指令条数往往多达 300 条，甚至更多。可以从三方面对 CISC 指令系统进行改进：面向目标程序增强指令功能、面向高级语言的优化实现来改进指令系统、面向操作系统的优化实现来改进指令系统。

1. 面向目标程序增强指令功能

这是提高计算机系统性能的最直接的办法。我们不仅希望减少程序的执行时间，而且也希望减少程序所占的空间。可以对大量的目标程序及其执行情况进行统计分析，找出那些使用频度高、执行时间长的指令或指令串。对于使用频度高的指令，用硬件加快其执行；对于使用频度高的指令串，用一条新的指令来替代。这不但能减少目标程序的执行时间，而且也能有效地缩短程序的长度。可以从以下几个方面来改进。

(1) 增强运算型指令的功能。在科学计算中，经常要进行函数的计算，如$\sqrt{x}$、sin()、cos()、tan()、e^x 等。为此，可以设置专门的函数运算指令来代替相应的函数计算子程序。在有些应用程序中，经常需要进行多项式计算，那么就可以考虑设置多项式计算指令。在事务处理应用中，经常有十进制运算，可以设置一套十进制运算指令。

(2) 增强数据传送指令的功能。数据传送(存和取)指令在程序中占有比较高的比例。在IBM公司对IBM360运行典型程序的统计数据中，数据传送指令所占的比例约为37%。因此，设计好数据传送指令对于提高计算机系统的性能是至关重要的。

设置成组传送数据的指令是对向量和矩阵运算的有力支持。例如，在IBM370中，不仅设置了把一个数据块从通用寄存器组传送到主存储器(或者相反)的指令，而且还设置了把一个数据块(字节数不超过256)从主存储器的一个地方传送到另一个地方的指令。

(3) 增强程序控制指令的功能。CISC计算机中一般都设置了多种程序控制指令，包括转移指令和子程序控制指令等。例如，VAX-11/780机器有29种转移指令，包括“无条件转移”指令、“跳转”指令、15种条件转移型指令、6种按位转移型指令等。这些程序控制指令向编程人员提供了丰富的选择。

循环一般在程序中占有相当大的比例，所以应该在指令上对其提供专门的支持。一般循环程序的结构如图7.13所示。图中虚线框内的为循环控制部分，它通常要用3条指令来完成：一条加法指令、一条比较指令和一条分支指令。程序中许多循环的循环体往往很短，统计结果表明，循环体中只有一条语句的情况约占40%，有1～3条语句的情况约占70%。因此循环控制指令在整个循环程序中占据了相当大的比例。

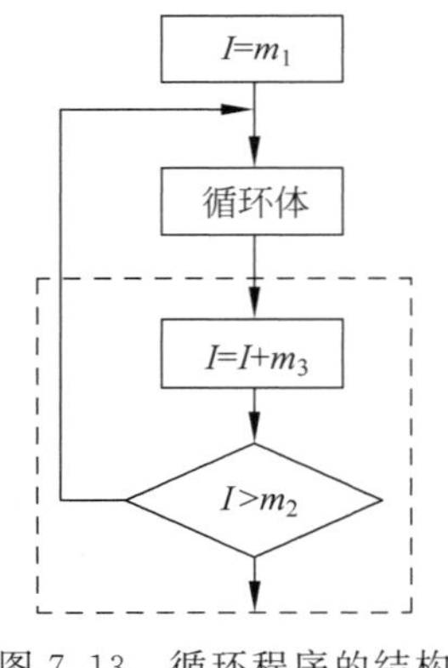

图7.13　循环程序的结构

为了支持循环程序的快速执行、减少循环程序目标代码的长度，可以设置循环控制指令。例如，在IBM370中，专门设置了一条“大于转移”指令。仅一条这种指令就可以完成图7.13中虚线框内的功能。

虽然从上述3方面来改进目标程序可能获得较好的结果，但增加了硬件的成本和复杂度。只有对于频繁使用的子程序或指令串，用较强功能的指令取而代之才划得来。

2. 面向高级语言的优化实现来改进指令系统

大多数高级语言与一般的机器语言的语义差距非常大，这一方面导致编译器比较复杂，另一方面编译器所生成的目标代码也难以达到很好的优化。因此，改进指令系统，增加对高级语言和编译器的支持，缩小语义差距，就能提高计算机系统的性能。

针对高级语言中使用频度高、执行时间长的语句，应该增强有关指令的功能，加快这些指令的执行速度，或者增设专门的指令，可以达到提高执行速度和减少目标程序长度的目的。例如，有统计结果表明，一元赋值语句在高级语言程序中所占的比例最大，在FORTRAN程序中的使用频度是31%。由于一元赋值语句是由数据传送指令来实现的，因此减少数据传送指令的执行时间是对高级语言的有力支持。

另外，统计结果还表明，条件转移(IF)和无条件转移(GOTO)语句所占的比例也比较高，达到了20%以上，所以增强转移指令的功能，增加转移指令的种类是必要的。

再者，增强系统结构的规整性，减少系统结构中的各种例外情况，也是对高级语言和编译器的有力支持。

指令系统经过上述扩充后，对高级语言的优化实现提供了有力的支持，机器语言和高级语言的语义差距缩小了许多。这样的计算机称为面向高级语言的计算机。

虽然在20世纪70年代有些人研究了间接执行高级语言(把高级语言作为汇编语言)和直接执行高级语言的机器，但因为这是一种比较激进的方法，它对计算机产业的发展并没有产生多大的影响。后来人们认识到，采用“比较简单的系统结构＋软件”的做法能够在较低成本和复杂度的前提下，提供更高的性能和灵活性。

3. 面向操作系统的优化实现来改进指令系统

操作系统与系统结构是密切相关的。系统结构必须对操作系统的实现提供专门的指令。尽管这些指令的使用频度比较低，但如果没有它们的支持，操作系统将无法实现。所以有些指令是必不可少的。指令系统对操作系统的支持主要有以下几方面。

(1) 处理机工作状态和访问方式的切换。

(2) 进程的管理和切换。

(3) 存储管理和信息保护。

(4) 进程的同步与互斥，信号灯的管理等。

支持操作系统的有些指令属于特权指令，一般用户程序不能使用。

7.6.2 沿RISC方向发展和改进指令系统

在20世纪70年代后期，人们已经感到日趋庞杂的指令系统不仅不易实现，而且还有可能降低系统的性能和效率。从1979年开始，美国加州大学Berkeley分校以Patterson为首的研究小组对指令系统结构的合理性进行了深入研究，研究结果表明，CISC指令系统结构存在以下问题。

(1) 各种指令的使用频度相差悬殊，许多指令很少用到。据统计，只有20%的指令使用频度比较高，占运行时间的80%。而其余80%的指令只在20%的运行时间内才会用到。而且使用频度高的指令也是最简单的指令。

(2) 指令系统庞大，指令条数很多，许多指令的功能又很复杂。这使得控制器硬件变得非常复杂，所导致的问题如下。

① 占用了大量的芯片面积(如占用CPU芯片总面积的一半以上)，给VLSI设计造成很大的困难。

② 不仅增加了研制时间和成本，而且还容易造成设计错误。

(3) 许多指令由于操作繁杂，其CPI值比较大(一般CISC机器指令的CPI都在4以上，有些在10以上)，执行速度慢。采用这些复杂指令有可能使整个程序的执行时间反而增加。

(4) 由于指令功能复杂，规整性不好，不利于采用流水技术来提高性能。

表7.2是对在Intel 80x86上执行整型程序进行统计的结果。表中所列出的10种简单指令占据了所有执行指令的95%。因此，人们不禁会问，花了那么多的硬件去实现那么多很少使用的复杂指令，值得吗？Patterson等人在进行了深入的研究后，提出了RISC指令系统结构的设计思想。这是一种与CISC的设计策略完全不同的设计思想，它能克服上述CISC的缺点。RISC是近代计算机系统结构发展史中的一个里程碑。

表7.2　Intel 80x86最常用的10条指令

执行频度排序	80x86指令	指令执行频度(占执行指令总数的百分比)
1	load	22%
2	条件分支	20%
3	比较	16%
4	store	12%
5	加	8%
6	与	6%
7	减	5%
8	寄存器－寄存器间数据移动	4%
9	调用子程序	1%
10	返回	1%
	合计	95%

设计RISC机器一般应当遵循以下原则。

① 指令条数少、指令功能简单。确定指令系统时，只选取使用频度很高的指令，在此基础上补充一些最有用的指令(如支持操作系统和高级语言实现的指令)。

② 采用简单而又统一的指令格式，并减少寻址方式。指令字长都为32位或64位。

③ 指令的执行在单周期内完成(采用流水线技术后)。

④ 采用load-store结构。即只有load和store指令才能访问存储器，其他指令的操作都是在寄存器之间进行的。

⑤ 大多数指令都采用硬连逻辑来实现。

⑥ 强调优化编译器的作用，为高级语言程序生成优化的代码。

⑦ 充分利用流水技术来提高性能。

1981年，Patterson等人研制成功了32位的RISC Ⅰ微处理器。RISC Ⅰ中只有31条指令，指令字长都是32位，共有78个通用寄存器，时钟频率为8MHz。控制部分所占的芯片面积只有6%，而当时最先进的商品化微处理器MC68000和Z8000则分别为50%和53%。RISC Ⅰ的性能比MC68000和Z8000快3～4倍。1983年他们又研制出了RISC Ⅱ，指令条数为39，通用寄存器个数为138，时钟频率为12MHz。

除 RISCⅡ以外,早期的 RISC 机器还包括 IBM 的 801 和 Stanford 大学的 MIPS。IBM 的研究工作早在 1975 年就开始了,是最早开始的,但却是最晚才公开的。801 实际上只是个实验性的项目。Stanford 大学的 Hennessy 及其同事们于 1981 年发表了他们的 MIPS 计算机。这 3 台 RISC 机器有许多共同点,例如它们都采用 load-store 结构和固定 32 位的指令字长,它们都强调采用高效的流水技术。

在上述研究工作的基础上,1986 年起,计算机工业界开始发布基于 RISC 技术的微处理器。Berkeley 的 RISCⅡ后来发展成了 Sun 公司的 SPARC 系列微处理器,Stanford 大学的 MIPS 后来发展成了 MIPS Rxxx 系列微处理器,IBM 则是在其 801 的基础上设计了新的系统结构,推出了 IBM RT-PC 以及后来的 RS6000。

7.7 指令系统实例:MIPS 的指令系统

为了进一步加深对指令系统结构设计的理解,下面来学习和研究 MIPS 指令系统结构。之所以选择 MIPS,是因为它不仅是一种典型的 RISC 结构,而且还比较简单,易于理解和学习。本书后面几章中使用的例子几乎都是基于该指令系统的。

1981 年,Stanford 大学的 Hennessy 及其同事们发表了他们的 MIPS 计算机,后来,在此基础上形成了 MIPS 系列微处理器。到目前为止,已经出现了许多版本的 MIPS。下面介绍 MIPS64 的一个子集,并将它简称为 MIPS。

1. MIPS 的寄存器

MIPS64 有 32 个 64 位通用寄存器:R0,R1,…,R31。它们被简称为 GPRs(General-Purpose Registers),有时也被称为整数寄存器。R0 的值永远是 0。此外,还有 32 个 64 位浮点数寄存器:F0,F1,…,F31。它们被简称为 FPRs(Floating Point Registers)。它们既可以用来存放 32 个单精度浮点数(32 位),也可以用来存放 32 个双精度浮点数(64 位)。存储单精度浮点数(32 位)时,只用到 FPR 的一半,其另一半没用。MIPS 提供了单精度和双精度(32 位和 64 位)操作的指令,而且还提供了在 FPRs 和 GPRs 之间传送数据的指令。

另外,还有一些特殊寄存器,如浮点状态寄存器。它们可以与通用寄存器交换数据。浮点状态寄存器用来保存有关浮点操作结果的信息。

2. MIPS 的数据表示

MIPS 的数据表示如下。

(1) 整数:字节(8 位)、半字(16 位)、字(32 位)和双字(64 位)。

(2) 浮点数:单精度浮点数(32 位)和双精度浮点数(64 位)。

之所以设置半字操作数类型,是因为在类似于 C 的高级语言中有这种数据类型,而且在操作系统等程序中也很常用,这些程序很重视数据所占的空间大小。设置单精度浮点操作数也是基于类似的原因。

MIPS64 的操作是针对 64 位整数以及 32 位或 64 位浮点数进行的。字节、半字或者字在装入 64 位寄存器时,用零扩展或者用符号位扩展来填充该寄存器的剩余部分。装入以后,对它们将按照 64 位整数的方式进行运算。

3. MIPS 的数据寻址方式

MIPS 的数据寻址方式只有立即数寻址和偏移量寻址两种,立即数字段和偏移量字段都是 16 位。寄存器间接寻址是通过把 0 作为偏移量来实现,16 位绝对寻址是通过把 R0(其值永远为 0)作为基址寄存器来完成。这样实际上就有了 4 种寻址方式。

MIPS 的寻址方式是编码到操作码中的。

MIPS 的存储器是按字节寻址,地址为 64 位。由于 MIPS 是 load-store 结构,GPRs 和 FPRs 与存储器之间的数据传送都是通过 load 和 store 指令来完成。与 GPRs 有关的存储器访问可以是字节、半字、字或双字。与 FPRs 有关的存储器访问可以是单精度浮点数或双精度浮点数。所有存储器访问都必须是边界对齐的。

4. MIPS 的指令格式

为了使处理器更容易进行流水实现和译码,所有的指令都是 32 位,其格式如图 7.14 所示。这些指令格式很简单,其中操作码占 6 位。MIPS 按不同类型的指令设置不同的格式,共有 3 种格式,它们分别对应于 I 类指令、R 类指令和 J 类指令。在这 3 种格式中,同名字段的位置固定不变。

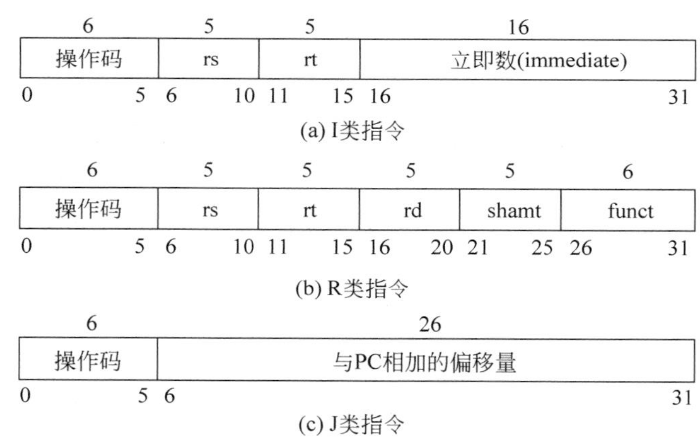

图 7.14　MIPS 的指令格式

1) I 类指令

这类指令包括所有的 load 和 store 指令、立即数指令、分支指令、寄存器跳转指令、寄存器链接跳转指令。其格式如图 7.14(a)所示,其中的立即数字段为 16 位,用于提供立即数或偏移量。

(1) load 指令。访存有效地址为 Regs[rs]+immediate,从存储器取来的数据存入寄存器 rt。

(2) store 指令。访存有效地址为 Regs[rs]+immediate,要存入存储器的数据放在寄存器 rt 中。

(3) 立即数指令。

Regs[rt]←Regs[rs] op immediate

(4) 分支指令。转移目标地址为 PC+immediate,Regs[rs]为用于比较的值,rt 无用。

(5) 寄存器跳转并链接。转移目标地址为 Regs[rs]。

2) R 类指令

这类指令包括 ALU 指令、专用寄存器读/写指令、move 指令等。

ALU 指令:

Regs[rd]←Regs[rs] funct Regs[rt]

funct 为具体的运算操作编码。

3) J 类指令

这类指令包括跳转指令、跳转并链接指令、自陷指令、异常返回指令。在这类指令中,指令字的低 26 位是偏移量,它与 PC 值相加形成跳转的地址。

5. MIPS 的操作

MIPS 指令可以分为 4 大类:load 和 store,ALU 操作,分支与跳转,浮点操作。

除了 R0 外,所有通用寄存器与浮点寄存器都可以进行 load 或 store。表 7.3 给出了 load 和 store 指令的一些具体例子。单精度浮点数占用浮点寄存器的一半,单精度与双精度之间的转换必须显式地进行。浮点数的格式是 IEEE 754。

表 7.3　MIPS 的 load 和 store 指令的例子

指令举例	指令名称	含　义
LD R2,20(R3)	装入双字	Regs[R2] $\leftarrow_{64}$ Mem[20+Regs[R3]]
LW R2,40(R3)	装入字	Regs[R2] $\leftarrow_{64}$ (Mem[40+Regs[R3]]$_0$)^{32} ## Mem[40+Regs[R3]]
LB R2,30(R3)	装入字节	Regs[R2] $\leftarrow_{64}$ (Mem[30+Regs[R3]]$_0$)^{56} ## Mem[30+Regs[R3]]
LBU R2,40(R3)	装入无符号字节	Regs[R2] $\leftarrow_{64}$ 0^{56} ## Mem[40+Regs[R3]]
LH R2,30(R3)	装入半字	Regs[R2] $\leftarrow_{64}$ (Mem[30+Regs[R3]]$_0$)^{48} ## Mem[30+Regs[R3]] ## Mem[31+Regs[R3]]
L.S F2,60(R4)	装入单精度浮点数	Regs[F2] $\leftarrow_{64}$ Mem[60+Regs[R4]] ## 0^{32}
L.D F2,40(R3)	装入双精度浮点数	Regs[F2] $\leftarrow_{64}$ Mem[40+Regs[R3]]
SD R4,300(R5)	保存双字	Mem[300+Regs[R5]] $\leftarrow_{64}$ Regs[R4]
SW R4,300(R5)	保存字	Mem[300+Regs[R5]] $\leftarrow_{32}$ Regs[R4]
S.S F2,40(R2)	保存单精度浮点数	Mem[40+Regs[R2]] $\leftarrow_{32}$ Regs[F2]$_{0..31}$
SH R5,502(R4)	保存半字	Mem[502+Regs[R4]] $\leftarrow_{16}$ Regs[R5]$_{48..63}$

注:要求内存的值必须是边界对齐。

在下面解释指令的操作时,我们采用类C语言作为描述操作的语言。各符号的含义如下。

(1)"Mem"表示存储器(按字节寻址),"Regs"表示寄存器组。

(2)方括号表示内容,如Mem[ ]表示存储器的内容,Regs[ ]表示寄存器的内容。

(3)"←"表示赋值操作,如"$x \leftarrow_n y$"表示从y传送n位到x,"x,y←z"表示把z传送到x和y。

(4)用下标表示字段中具体的位。对于指令和数据,按从最高位到最低位(即从左到右)的顺序依次进行编号,最高位为第0位,次高位为第1位,以此类推。下标可以是一个数字,也可以是一个范围。例如,$Regs[R4]_0$表示寄存器R4的符号位,$Regs[R4]_{56..63}$表示R4的最低字节。

(5)上标用于表示对字段进行复制的次数。例如,0^{32}表示一个32位长的全0字段。

(6)符号##用于两个字段的拼接,并且可以出现在数据传送的任何一边。

下面举个例子。假设R8和R6是64位的寄存器,则

$$Regs[R8]_{32..63} \leftarrow_{32} (Mem[Regs[R6]]_0)^{24} \ \#\# \ Mem[Regs[R6]]$$

表示的意义是:以R6的内容作为地址访问主存,得到的字节按符号位扩展为32位后存入R8的低32位,R8的高32位($Regs[R8]_{0..31}$)不变。

MIPS中所有的ALU指令都是寄存器-寄存器型(RR型)或立即数型的。运算操作包括算术和逻辑操作:加、减、与、或、异或和移位等。表7.4中给出了一些例子。所有这些指令都支持立即数寻址模式,参与运算的立即数是由指令中的immediate字段(低16位)经符号位扩展后生成。

表7.4 MIPS中ALU指令的例子

指令举例	指令名称	含义
DADDU R1,R2,R3	无符号加	Regs[R1]←Regs[R2]+Regs[R3]
DADDIU R4,R5,#6	加无符号立即数	Regs[R4]←Regs[R5]+6
LUI R1,#4	把立即数装入到一个字的高16位	Regs[R1]←0^{32} ## 4 ## 0^{16}
DSLL R1,R2,#5	逻辑左移	Regs[R1]←Regs[R2]<<5
DSLT R1,R2,R3	置小于	If(Regs[R2]< Regs[R3]) Regs[R1]←1 else Regs[R1]←0

R0的值永远是0,它可以用来合成一些常用的操作。例如:

```
DADDIU R1,R0,#100          //给寄存器R1存入常数100
```

又如,

```
DADD R1,R0,R2              //把寄存器R2中的数据传送到寄存器R1
```

6. MIPS的控制指令

表7.5给出了MIPS的几种典型的跳转和分支指令。跳转是无条件转移,而分支则都

是条件转移。根据跳转指令确定目标地址的方式不同以及跳转时是否链接，可以把跳转指令分成 4 种。在 MIPS 中，确定转移目标地址的一种方法是把指令中的 26 位偏移量左移 2 位（因为该偏移量是以指令字长为单位的，指令字长都是 4 字节）后，替换程序计数器的低 28 位；另外一种方法是由指令中指定的一个寄存器来给出转移目标地址，即间接跳转。简单跳转就是把目标地址送入程序计数器。而跳转并链接则要比简单跳转多一个操作：把返回地址（即顺序下一条指令的地址）放入寄存器 R31。跳转并链接是用于实现过程调用。

表 7.5 典型的 MIPS 控制指令

指令举例	指令名称	含义
J name	跳转	$PC_{36..63}$ ← name
JAL name	跳转并链接	Regs[R31] ← PC+8；$PC_{36..63}$ ← name； $((PC+4)-2^{27}) \leqslant name < ((PC+4)+2^{27})$
JALR R3	寄存器跳转并链接	Regs[R31] ← PC+8；PC ← Regs[R3]
JR R5	寄存器跳转	PC ← Regs[R5]
BEQZ R4,name	等于零时分支	if(Regs[R4]==0) PC ← name； $((PC+4)-2^{17}) \leqslant name < ((PC+4)+2^{17})$
BNE R3,R4,name	不相等时分支	if(Regs[R3]! =Regs[R4]) PC ← name； $((PC+4)-2^{17}) \leqslant name < ((PC+4)+2^{17})$
MOVZ R1,R2,R3	等于零时移动	if(Regs[R3]==0) Regs[R1] ← Regs[R2]

注：除了以寄存器中的内容作为目标地址进行跳转以外，所有其他的控制指令的跳转地址都是相对于 PC 的。

所有的分支指令都是条件转移。分支条件由指令确定，例如，可能是测试某个寄存器的值是否为零。该寄存器可以是一个数据，也可以是前面一条比较指令的结果。MIPS 提供了一组比较指令，用于比较两个寄存器的值。例如，“置小于”指令，如果第一个寄存器中的值小于第二个寄存器的，则该比较指令在目的寄存器中放置一个 1（代表真），否则将放置一个 0（代表假）。类似的指令还有“置等于”“置不等于”等。这些比较指令还有一套与立即数进行比较的形式。

有的分支指令可以直接判断寄存器内容是否为负，或者比较两个寄存器是否相等。

分支的目标地址由 16 位带符号偏移量左移两位后和 PC 相加的结果来决定。另外，还有一条浮点条件分支指令，该指令通过测试浮点状态寄存器来决定是否进行分支。

7. MIPS 的浮点操作

浮点指令对浮点寄存器中的数据进行操作，并由操作码指出操作数是单精度（SP）还是双精度（DP）的。在指令助记符中，用后缀 S 和 D 分别表示操作数是单精度和双精度浮点数。例如，MOV. S 和 MOV. D 分别是把一个单精度浮点寄存器（MOV. S）或一个双精度浮点寄存器（MOV. D）中的值复制到另一个同类型的寄存器中。MFC1 和 MTC1 是在一个单精度浮点寄存器和一个整数寄存器之间传送数据。另外，MIPS 还设置了在整数与浮点数之间进行相互转换的指令。

浮点操作包括加、减、乘、除等，分别有单精度和双精度指令，如表 7.6 所示。

表 7.6　MIPS 中浮点运算指令的例子

指令格式	指令名称	含义
ADD.S fd, fs, ft	浮点加法(单精度)	FPR[fd]←FPR[fs] + FPR[ft]
ADD.D fd, fs, ft	浮点加法(双精度)	
SUB.S fd, fs, ft	浮点减法(单精度)	FPR[fd]←FPR[fs] −FPR[ft]
SUB.D fd, fs, ft	浮点减法(双精度)	
MUL.S fd, fs, ft	浮点乘法(单精度)	FPR[fd]←FPR[fs] ×FPR[ft]
MUL.D fd, fs, ft	浮点乘法(双精度)	
DIV.S fd, fs, ft	浮点除法(单精度)	FPR[fd]←FPR[fs] ÷FPR[ft]
DIV.D fd, fs, ft	浮点除法(双精度)	

浮点数比较指令会根据比较结果设置浮点状态寄存器中的某一位,以便于后面的分支指令 BC1T(若真则分支)或 BC1F(若假则分支)测试该位,从而决定是否进行分支。

习题 7

7.1　什么叫指令和指令系统?简述指令的基本格式。

7.2　指令系统应满足哪几个基本要求?

7.3　简述 CISC 指令系统结构功能设计的主要目标。从当前的计算机技术观点来看,CISC 指令系统结构的计算机有什么缺点?

7.4　简述 RISC 指令系统结构的设计原则。

7.5　指令中常用的操作数类型有哪几种?简述指令中表示操作数类型的方法。

7.6　指令中表示寻址方式的方法有哪几种?简述其优缺点。

7.7　常用的指令编码格式有哪 3 种?简述其优缺点。

7.8　什么叫寻址方式?常用的寻址方式有哪些?简述其寻址过程。

7.9　试比较基址寻址和变址寻址的异同点。

7.10　某计算机指令格式如题图 7.10 所示。

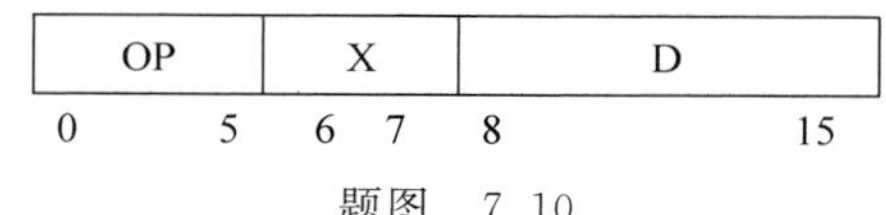

题图　7.10

图中 X 为寻址特征位,且:

当 X=0 时,不变址;

　X=1 时,用变址寄存器 X_1 进行变址;

　X=2 时,用变址寄存器 X_2 进行变址;

　X=3 时,相对寻址。

设(PC)=1234H,[X_1]=0037H,[X_2]=1122H,以下 4 条指令均采用此格式,请确定这些指令的有效地址:

(1) 4420H;　　(2) 2244H;　　(3) 1322H;　　(4) 3521H。

7.11　某计算机的指令字长为 16 位，每个地址字段均为 6 位。指令有零地址、一地址和二地址 3 种指令格式，设二地址指令有 N 条，零地址指令有 M 条，问一地址指令最多有多少条？

7.12　设某计算机采用定长指令字，指令长度为 12 位，每个地址码 3 位，设计一种分配方案，使该指令系统包含 4 条三地址指令、8 条二地址指令和 180 条一地址指令。

7.13　某计算机的指令字长为 16 位，主存容量为 64K 字，采用定长一地址指令，共有 50 条指令。若有直接寻址、立即寻址、变址寻址和相对寻址 4 种寻址方式，请为该计算机设计指令格式。

7.14　某计算机的指令字长为 16 位，设有一地址指令和二地址指令两类指令。若每个地址字段均为 6 位，且二地址指令有 A 条，问一地址指令最多可以有多少条？

7.15　某处理机的指令系统要求有：三地址指令 4 条，一地址指令 255 条，零地址指令 16 条。设指令字长为 12 位，每个地址码长度为 3 位。问能否用扩展编码为其操作码编码？如果要求单地址指令为 254 条，能否对其操作码扩展编码？说明理由。

7.16　某处理机的指令字长为 16 位，有二地址指令、一地址指令和零地址指令 3 类，每个地址字段的长度均为 6 位。

(1) 如果二地址指令有 15 条，一地址指令和零地址指令的条数基本相等，那么，一地址指令和零地址指令各有多少条？为这 3 类指令分配操作码。

(2) 如果指令系统要求这 3 类指令条数的比例为 1∶9∶9，那么，这 3 类指令各有多少条？为 3 类指令分配操作码。

7.17　某计算机的字长为 32 位，存储器按字编址，访存指令如题图 7.17 所示。

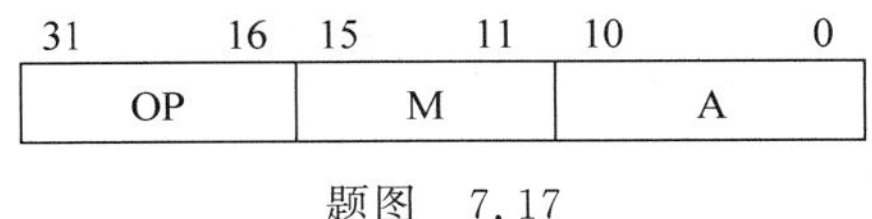

题图　7.17

其中 OP 是操作码，M 定义寻址方式（题表 7.17），A 为形式地址，设 PC 和 R_X 分别为程序计数器和变址寄存器，字长为 32 位，问：

(1) 该格式能定义多少种指令？

(2) 各种寻址方式的寻址范围为多少字？

(3) 写出各种寻址方式的有效地址 EA 的计算式。

题表　7.17

M 值	寻 址 方 式
1	直接寻址
2	间接寻址
3	变址寻址
4	相对寻址

第 8 章　中央处理器

中央处理器(Central Processing Unit,CPU),也简称处理器,是计算机系统的一个核心部件。它由算术逻辑运算单元 ALU、通用寄存器组和控制器组成。本章介绍在实现中央处理器中所采用的原理和技术。不论是从分析的角度还是从设计的角度来看,可以把中央处理器看成是由数据通路和控制两部分构成的。本章以一个模型机为例,详细说明数据通路的建立以及控制器的设计。该模型机能实现 MIPS 指令系统的核心子集。虽然该模型机比较简单,指令条数较少,却覆盖了较多的指令类型。其相应的原理、基本思想和技术对于设计更复杂的处理器也是通用的。

8.1　CPU 的功能和组成

8.1.1　CPU 的功能

计算机求解问题是通过执行程序来实现的。程序是由指令构成的序列,执行程序就是按指令序列逐条执行指令。一旦把程序装入主存储器(简称主存),就可以由 CPU 自动地完成从主存取指令和执行指令的任务。

CPU 具有以下四方面的基本功能。

(1) 指令顺序控制。这是指控制程序中指令的执行顺序。程序中各指令之间是有严格先后顺序的,必须严格按程序规定的顺序执行,才能保证计算机工作的正确性。

(2) 操作控制。一条指令的功能往往是由计算机中的部件执行一序列的操作来实现的。CPU 要根据指令的功能,产生相应的操作控制信号,发送给相应的部件,从而控制这些部件按指令的要求进行动作。

(3) 时间控制。时间控制就是对各种操作实施时间上的定时。在一条指令的执行过程中,在什么时间做什么操作均应受到严格的控制。只有这样,计算机才能有条不紊地自动工作。

(4) 数据加工。对数据进行算术运算和逻辑运算,或进行其他的信息处理。

8.1.2　CPU 的基本组成

现代 CPU 一般由运算器、控制器、数据通路和 Cache 组成。数据通路是指各部件之间通过数据线的相互连接。本章中只重点介绍控制器和数据通路,运算器和 Cache 将在后续章节中介绍。

CPU 执行一条指令,实际上就是由控制器对计算机中的部件发送操作控制信号,并对数据通路进行设置来实现的。尽管数据通路不是一个部件，但它却是 CPU 中非常重要的一个组成部分。选择什么样的数据通路(如单总线、双总线、直接连接等)，对于 CPU 的性能有很大的影响。

8.1.3 指令执行的基本步骤

一条指令的执行过程包括以下 3 个基本步骤(图 8.1)。

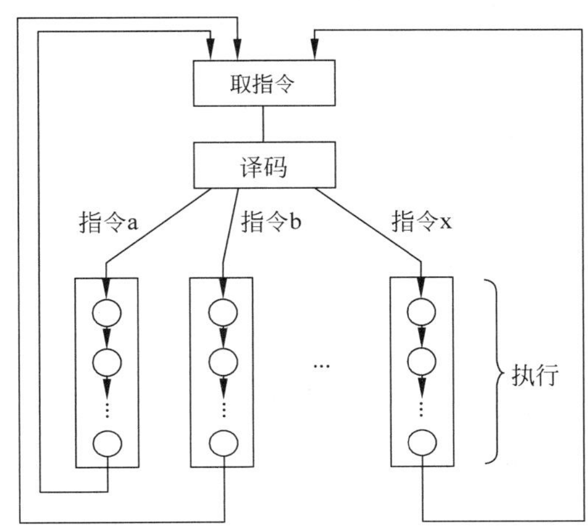

图 8.1 指令的执行过程

(1) 取指令。从存储器取出一条指令，该指令的地址由程序计数器 PC 给出。

(2) 译码。对该指令的操作码进行译码分析。通过译码，确定是哪一种指令，并转到这种指令对应的执行阶段。

(3) 执行。按指令操作码的要求执行该指令。执行过程可能需要多步操作，控制器将为之形成完成该指令功能所需要的操作控制信号。执行完毕后，回到取指令阶段，去取下一条指令。如此反复，直到整个程序执行完。

显然，在取出当前指令后，需要把 PC 值加 n(假设指令字长为 n 字节)，以指向下一条指令。

8.2 关于模型机

后面要讨论的模型机实际上就是 MIPS 结构的一种简单实现，它实现了 MIPS 指令系统的核心子集，所包含的指令如下。

(1) 算术逻辑运算指令：add，sub，and，or，slt。其操作码字段 OP=0。

(2) 存储器访问指令：lw(load word，OP=35)，sw(store word，OP=43)。

(3) 等于“0”分支：beqz，OP=63 (说明：beqz 在 MIPS 中实际上是条伪指令，这里假设模型机中有该指令，并假设其操作码为 63)。

关于这些指令所完成的操作见 7.7 节。这些指令的字长都是 4 字节。

第(1)类指令的格式为 R 类型(所以也称为 R 类指令),指令格式如图 8.2 所示。

6	5	5	5	5	6
操作码=0	rs	rt	rd	shamt	funct
31:26	25:21	20:16	15:11	10:6	5:0

图 8.2　R 类型的指令格式

在后面的论述中,用 IR 表示指令或指令寄存器 IR 中的内容。用 IR[m:n]表示 IR 中的第 m 位到第 n 位。

R 类型指令字中各字段的作用和表示如下。

OP——操作码字段,用 IR[OP]或 IR[31:26]表示。即 OP、IR[OP]、IR[31:26]都是表示指令的操作码字段。

rs——第一源操作数字段,用 IR[rs]或 IR[25:21]表示。

rt——第二源操作数字段,用 IR[rt]或 IR[20:16]表示。

rd——目标操作数字段(或结果字段),用 IR[rd]或 IR[15:11]表示。

shamt——无用。

funct——ALU 指令的运算函数码字段,用 IR[funct]或 IR[5:0]表示。

第(2)、(3)类指令的格式相同,为 I 类型,如图 8.3 所示。

6	5	5	16
操作码	rs	rt	adr
31:26	25:21	20:16	15:0

图 8.3　I 类型的指令格式

I 类型指令字中各字段的作用和表示如下。

rs——基址寄存器字段,也是用 IR[rs]或 IR[25:21]表示。对于 beqz 指令来说,是存放被检测的数据。

adr——偏移量字段,用 IR[adr]或 IR[15:0]表示。rs 和 adr 用于计算访存有效地址或分支目标地址。

rt——对于 load 指令来说,rt 所指的寄存器是存放所取的数据;对于 store 指令来说,是存放要写入存储器的数据。该字段用 IR[rt]或 IR[20:16]表示。

从计算机组成的角度来看,CPU 设计的第一步应当是根据各指令的执行步骤来建立数据通路,然后再定义各个部件的控制信号,确定时钟周期,完成控制器的设计。

8.3　逻辑设计的约定和定时方法

8.3.1　逻辑设计的约定

为便于讨论 CPU 的设计,要先确定实现该机器的逻辑电路是如何工作的,机器是如何定时的。

中央处理器设计中，有两种逻辑部件：对数据值进行操作的部件和包含状态的部件。前者是组合逻辑电路，没有内部状态，其输出仅依赖于当前的输入，与过去的值无关。在任何时候，对于相同的输入总是得到相同的输出。另一种是包含状态的部件，称为时序电路。由于它内部有存储单元，所以能够记录过去的值，状态部件的当前输出是前一个时钟周期写进去的值。状态部件至少包括两个输入和一个输出。这两个输入是：要写入部件的值、时钟。后者确定何时进行写入。

用"有效"表示信号线上的值为逻辑值"1"，用"无效"表示逻辑值"0"。

8.3.2　定时方法

定时方法确定什么时候可以进行读，什么时候可以进行写。指定读和写的时间关系是很重要的，因为如果在读的时候又进行写，那么就可能出现不确定情况，即读出的值可能是写入前的，也可能是写入后的。定时方法就是来解决这类问题的。

为简单起见，我们采用边缘触发的定时方法，即时序部件中的值只有在时钟翻转的边沿才会发生变化，所有状态部件(包括存储器)都是如此。选择上跳沿还是下跳沿作为有效边沿都是可以的，但只能选其中一个。

由于只有状态部件才能保存数据，组合逻辑的输入值必须是来自一组状态部件，而其输出将在当前周期的末尾写入状态部件，即当前使用的值是上一个周期写进去的，而当前输出的值在下一个周期可以使用，如图 8.4 所示。

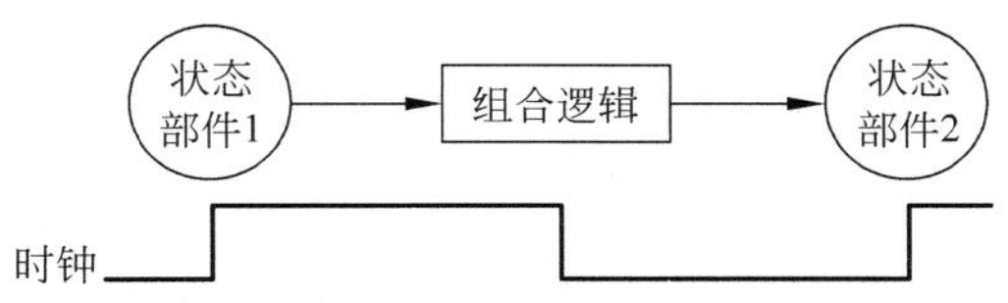

图 8.4　组合逻辑、状态部件与时钟的关系

如果把信号从状态部件 1 出发，经过组合逻辑，再到达状态部件 2 所需的时间称为传输时间 T，那么 T 的最大值(不同的通路有不同大小的延迟)就确定了时钟周期的大小。在状态部件 2 的写入触发边沿到来之前，其输入端的信号要提前一段时间(称为建立时间)达到稳定状态。

为了简化设计，我们规定：如果一个状态部件是每一个时钟周期都写入，就不需要写控制信号，依靠时钟信号进行写入。只有当状态部件不是每个时钟周期都写入时，才需要有一个写控制信号。这时写入操作仅发生在当该信号有效而且时钟的边沿到来的时刻。

8.4　实现 MIPS 的一个基本方案

8.4.1　构建基本的数据通路

在设计中央处理器时，有两种典型的数据通路组织方式可供选择，一种是基于总线的结构,另一种是直接连接。基于总线的结构可以减少信号线的数量,但性能不如直接连接方式。而且,后面将看到,当要采用流水方式处理时,直接连接的数据通路很容易改造。所以我们选择直接连接的结构。

构建数据通路需要用到一些基本构件,先来看看后面要用到的一些构件,如图8.5所示。

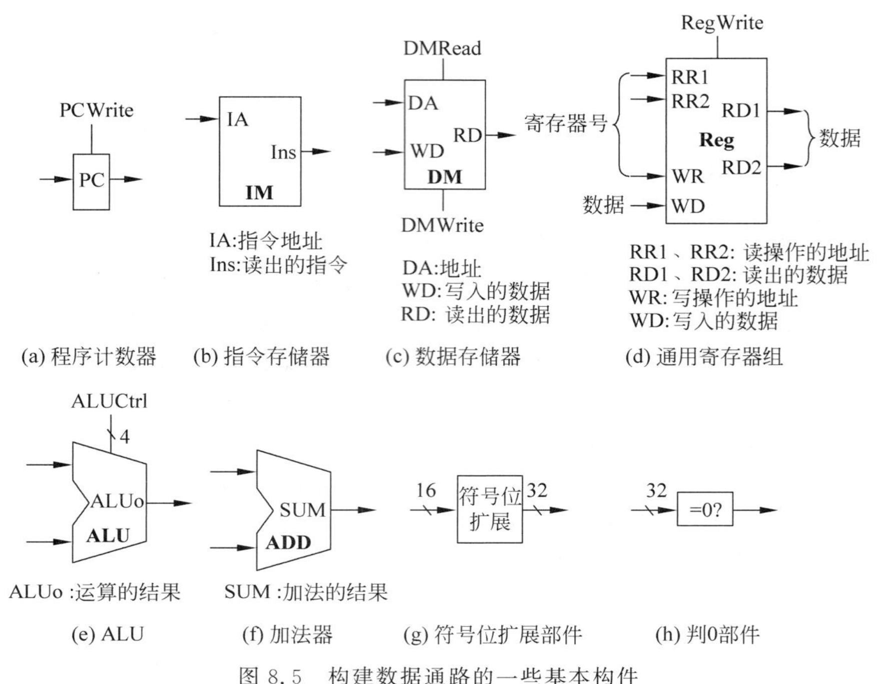

图8.5 构建数据通路的一些基本构件

图8.5(a)是程序计数器(PC),它用于指出当前正在执行的指令的地址。每执行一条指令,就要把PC中的值加4(每条指令占4字节),使其指向下一条指令。

图8.5(b)是指令存储器(IM),为简单起见,假设要执行的程序已经加载到了IM中,所以后面只是从该存储器读取指令去执行。这只用到其读取端口。在其指令地址输入端IA(Instruction Address)加载地址,在其输出端Ins就能得到相应的指令。

图8.5(c)是数据存储器(Data Memory,DM),它有两个输入端,一个是地址DA(Data Address),用于给出要写入或者读出的存储单元的地址,另一个是数据WD(Write Data),用于给出要写入DM的数据。其输出端RD(Read Data)用于给出所读取的数据。它有两个控制信号:DMRead(读数据)和DMWrite(写数据),在任何时候,它们最多只能是一个有效(Asserted)。

图8.5(d)是通用寄存器组(Register File)。由于许多运算指令都是对两个寄存器中的数据进行运算,并把结果写回寄存器,所以该寄存器组有两个读端口和一个写端口。能同时进行两个读操作和一个写操作。其输入端有4个:RR1(Read Register 1)和RR2给出两个读操作的地址,WR(Write Register)给出写操作的地址,WD(Write Data)给出要写入的数据。输出端有两个:RD1(Read Data)和RD2分别给出所读出的寄存器单元(其地址分别由RR1和RR2给出)的数据。只要在RR1(或RR2)给出要读出的寄存器地址,RD1(或RD2)

上就会给出该寄存器的内容，不需要其他的控制。寄存器组只有一个控制信号 RegWrite（写寄存器）。当且仅当对寄存器组进行写入操作时，RegWrite 才有效。

需要注意的是，对寄存器的写是边沿触发的，在时钟的跳变边沿，WR、WD、RegWrite 都必须有效。在一个时钟周期中，可以对一个寄存器同时进行读和写操作：读出的是上一个时钟周期写入的数据，而当前时钟周期写入的数据可以在后续的时钟周期中访问到。RR1、RR2 和 WR 的宽度都是 5 位，WD、RD1 和 RD2 的宽度都是 32 位。

图 8.5(e)是 ALU。其输入是两个 32 位的数据，输出 ALUo 是对这两个数据进行运算的结果(32 位)。ALU 可以进行多种算术逻辑运算，由控制信号 ALUCtrl(4 位)确定进行什么操作。

图 8.5(f)是加法器，它把两个输入的数据相加，把结果放到输出端 SUM。

图 8.5(g)是符号位扩展部件，用于把 16 位的数据按符号扩展为 32 位的数据。

图 8.5(h)是判 0 部件，其输入是一个 32 位数据，输出是一位的信号。当输入为 0 时，输出为真。

下面就要用这些基本构件来构建各种类型指令的数据通路，然后再把这些数据通路合并起来，构成模型机的数据通路。

首先是取指令的数据通路，这对于所有指令都是相同的。其数据通路如图 8.6 所示。其主要操作是：把 PC 中的地址送到指令存储器 IM 的 IA 输入端，读出一条指令。同时用加法器把 PC 中的值加 4，使它指向下一条指令。

接下来是指令译码，然后根据不同的指令操作码进行相应的处理。

1. R 类指令

R 类指令所需的数据通路如图 8.7 所示。对于 R 类指令来说，是用指令中的源寄存器地址字段 rs(IR[rs])和 rt(IR[rt])作为地址去访问通用寄存器组 Reg，读出两个源操作数，送给 ALU 进行运算，然后把运算结果送到寄存器组的 WD 端，写入由 rd 字段(IR[rd])所指定的目标寄存器。

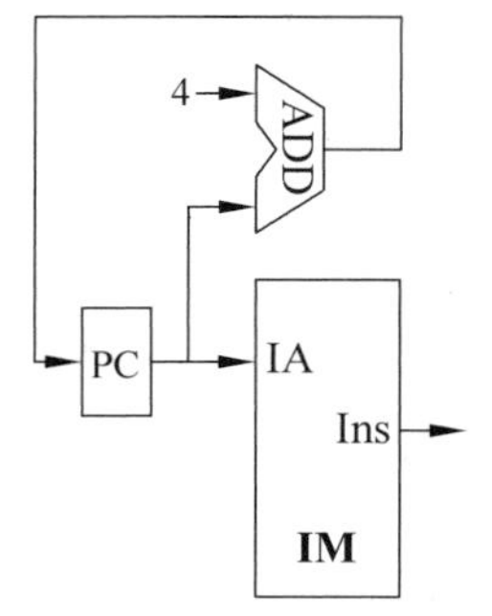

图 8.6　取指令的数据通路

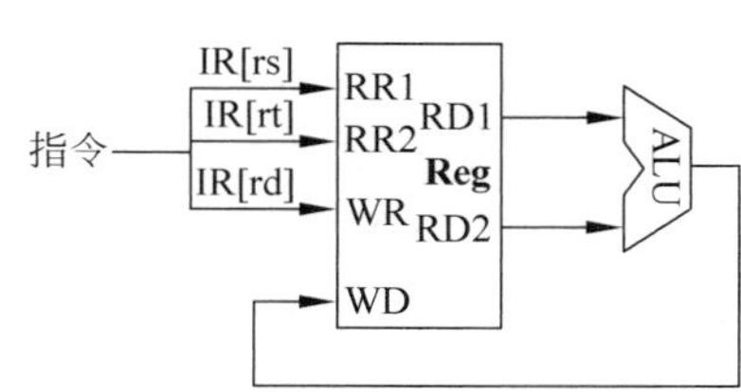

图 8.7　R 类指令所需的数据通路

2. 访存指令(load 和 store 指令)

对于访存指令来说，情况会稍微复杂一些，先来看 load 指令的操作(参见图 8.8)。

(1) 把指令字中的16位偏移量字段(IR[adr])进行符号位扩展,变成32位数,送给ALU。

(2) 用IR[rs]作为地址去访问寄存器组Reg,读出的操作数送给ALU,与上一步扩展了的地址相加,计算出访存的有效地址,将之送到数据存储器DM的地址输入端DA。

(3) 从DM读出数据(将DMRead设置为有效),将该数据送到通用寄存器组的数据入口端WD,写入由IR[rt]指定的寄存器。

load指令所用到的数据通路如图8.8所示。

对于store指令来说,其前两步与load指令的相同。不同的是第3步(参见图8.9):

用IR[rt]作为地址去访问通用寄存器组,读出的数据(在RD2输出端口)送给DM的数据输入端WD,并向DM发写入信号(将DMWrite置为有效),将数据写入DM中相应单元。

store指令所用到的数据通路如图8.9所示。

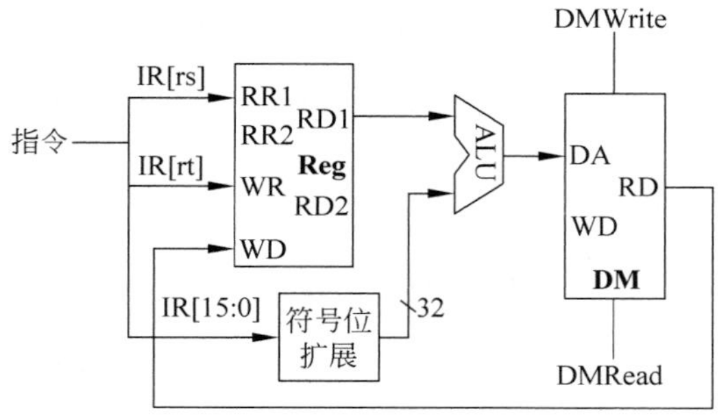

图8.8 load指令所用到的数据通路

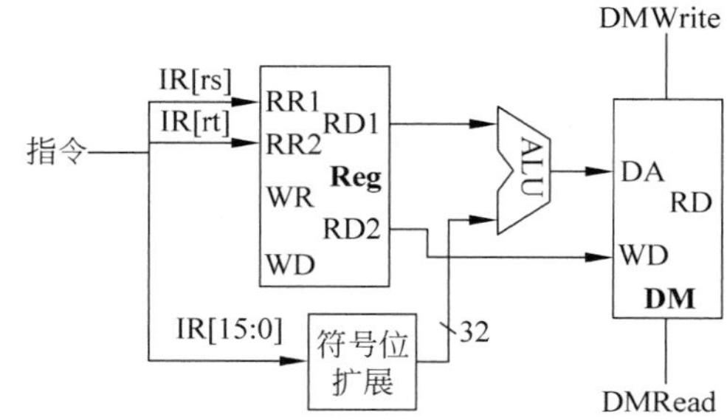

图8.9 store指令所用到的数据通路

3. beqz 指令

该指令所用到的数据通路如图8.10所示。其中的Branch信号为有效表示当前指令是一条分支指令。对该指令的处理如下。

(1) 把指令字中的16位偏移量字段(IR[adr])进行符号位扩展,变成32位数,并左移两位(因为该地址是字地址,每个指令字是4字节),然后送给ALU。

(2) 把PC+4送给ALU的另一个输入,与上一步符号位扩展和左移后的地址相加,得到转移目标地址。

(3) 用IR[rs]作为地址去访问寄存器组Reg,读出操作数并送给判0部件。由该部件的输出确定是否分支成功。如果为真,转移目标地址就成为新的PC值,分支成功;否则就用PC+4代替PC中的值,分支失败。

把图8.7、图8.8、图8.9合并,去掉重复的部分,并在必要的地方加上多路器MUX,便可得到访存指令和R类指令的数据通路,如图8.11所示。之所以要加上多路器,是因为其输入有多个来源。

综合考虑所有类型指令所要求的部件及其连接,把图8.6、图8.10、图8.11合并,可得图8.12。这就是模型机的数据通路,它是一种能实现MIPS基本结构的简单数据通路。

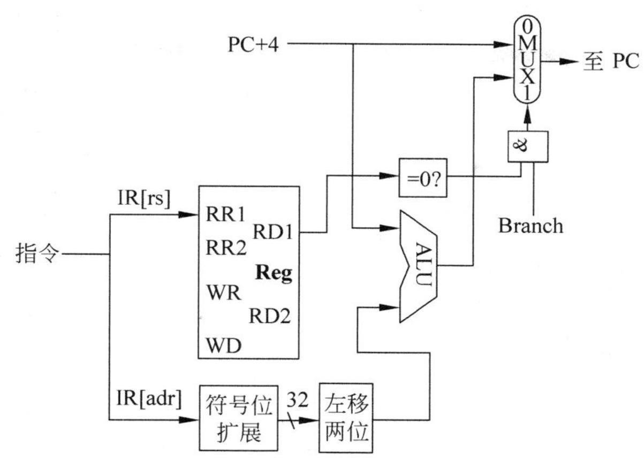

图 8.10　beqz 指令所用到的数据通路

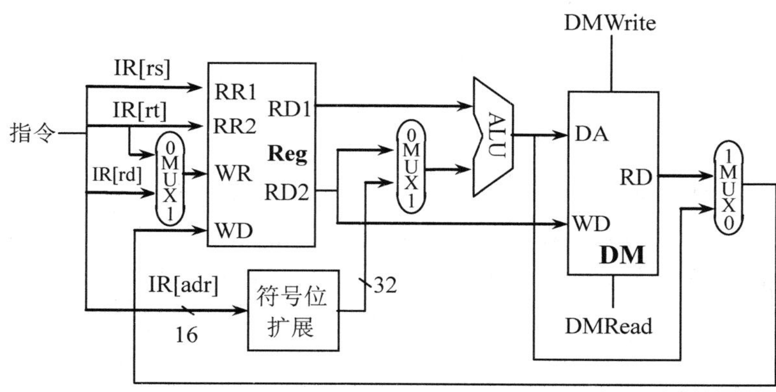

图 8.11　访存指令和 R 类指令的数据通路

8.4.2　ALU 控制器

建立好数据通路后，就可以来确定所需的控制信号，这些信号由控制单元产生。控制单元应能够接收输入，并且对每一个状态部件产生一个写信号，为每一个多路器产生选择控制信号。控制单元的设计是整个 CPU 设计中最复杂的部分。

在模型机中，把控制器分成两部分：主控制器、ALU 控制器。实际上，我们是采用了多级（两级）译码。主控制器是在第一级，而 ALU 控制器是在第二级。在主控制器产生的信号中，有两位的 ALUOp 信号。把 ALUOp 送给 ALU，以产生控制 ALU 的实际信号。

多级控制实际上是一种通用的实现技术。使用多级控制可以减少主控制器的规模和复杂度，而且采用几个小的控制器也有望提高整个控制器的速度。这种优化是非常重要的，因为控制器往往是影响机器性能的主要因素。

下面先介绍 ALU 控制器的设计。

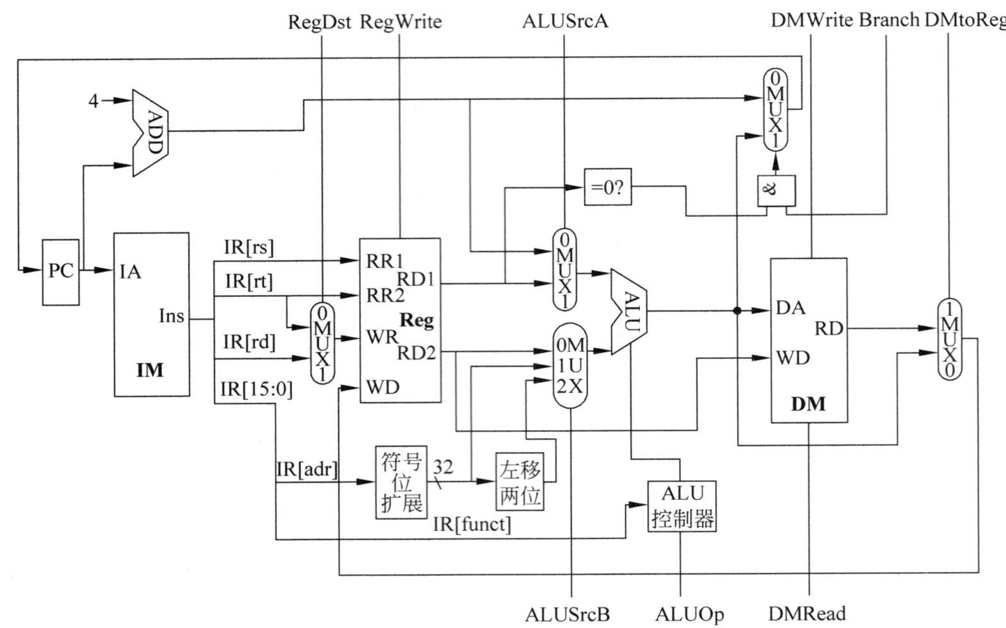

图 8.12 模型机的简单数据通路

ALU 控制器的输入有两组,一组是来自主控制器的 ALUOp,另一组是来自指令中最低 6 位的 funct 字段(即 IR[5:0])。ALU 控制器的输出称为 ALU 的控制码,用来控制 ALU 完成具体的运算功能,如加法、乘法等。下面先介绍 ALU 控制器的设计。

假设运算器 ALU 的控制码为 3 位,8 个编码中使用了 5 个,每一个对应于 ALU 的一种运算功能,如表 8.1 所示。

表 8.1 算术逻辑单元 ALU 的功能定义

ALU 的控制码	功　　能	ALU 的控制码	功　　能
000	and	110	sub
001	or	111	slt
010	add		

对于不同的指令来说,ALU 需要完成的功能可能不同,但都是表 8.1 中的一种。ALU 控制器的作用实际上就是完成 ALUOp(两位)和 funct(6 位)到 ALU 的控制码(3 位)的映射。对 ALUOp 的定义如下。

load 指令和 store 指令:ALUOp=00,让 ALU 做加法,计算访存的有效地址。

beqz 指令:ALUOp=00,让 ALU 做加法,计算分支目标地址。

R 类指令:ALUOp=10,ALU 完成 and、or、add、sub 中的某一个,具体取决于指令中 funct 字段的值。

表 8.2 给出了从 ALUOp 和 funct 到 ALU 的控制码的映射。为便于理解,我们也给出了指令操作码和 ALUOp 的关系。

表 8.2　根据 2 位 ALUOp 控制信号和 6 位 funct 代码生成 ALU 控制器的输出

指令操作码	ALUOp	指令操作	funct 字段	期望的 ALU 动作	ALU 的控制码
load	00	读	xxxxxx	add	010
store	00	写	xxxxxx	add	010
beqz	00	分支	xxxxxx	add	010
R 类	10	加法	100000	add	010
R 类	10	减法	100010	sub	110
R 类	10	与	100100	and	000
R 类	10	或	100101	or	001
R 类	10	比较	101010	slt	111

实现从 ALUOp 和 funct 字段到 ALU 控制码的映射的方法有多种。由于只对 funct 的 64 个编码中的少数几个感兴趣，而且 funct 字段仅当在 ALUOp 为 10 时才有用，所以可以只用少量的逻辑电路来达到目的。作为设计 ALU 控制器的一个步骤，需要对我们感兴趣的 funct 字段代码及 ALUOp 的各个位进行组合，以建立真值表。根据表 8.2，可以得到如表 8.3 所示的真值表。表中的×表示随意项，随意项是指输出跟其取值无关的项。完整的真值表很大（有 $2^8=256$ 项），因为很多是没有使用的，所以这里只是给出了必要的项。

表 8.3　ALU 控制器的输入输出之间的真值表

ALU 控制器的输入								ALU 控制器的输出
ALUOp		funct 字段						
ALUOp1	ALUOp0	F5	F4	F3	F2	F1	F0	
0	×	×	×	×	×	×	×	010
1	×	×	×	0	0	0	0	010
1	×	×	×	0	0	1	0	110
1	×	×	×	0	1	0	0	000
1	×	×	×	0	1	0	1	001
1	×	×	×	1	0	1	0	111

根据真值表就可以很容易地写出逻辑式，然后用门电路实现。

8.4.3　单周期数据路径的控制器

给图 8.12 加上控制器，就可以得到图 8.13。其中控制器的作用是按照指令操作的要求，给各个部件发控制命令，即设置各控制信号线的值。控制信号线包括以下几种。

(1) ALUOp(两位)：作为 ALU 控制器的输入，前面已经介绍过。

(2) ALUSrcB(两位)：控制 ALU 的第二个操作数的来源。

① ALUSrcB="00"时，选择寄存器组的第二个读出端 RD2；

② ALUSrcB="01"时，选择由指令的低 16 位经符号位扩展而形成的值；

③ ALUSrcB="10"时，选择由指令的低 16 位经符号位扩展后再左移两位而形成的值。

(3) 7 根 1 位信号线，其名称和作用如表 8.4 所示。

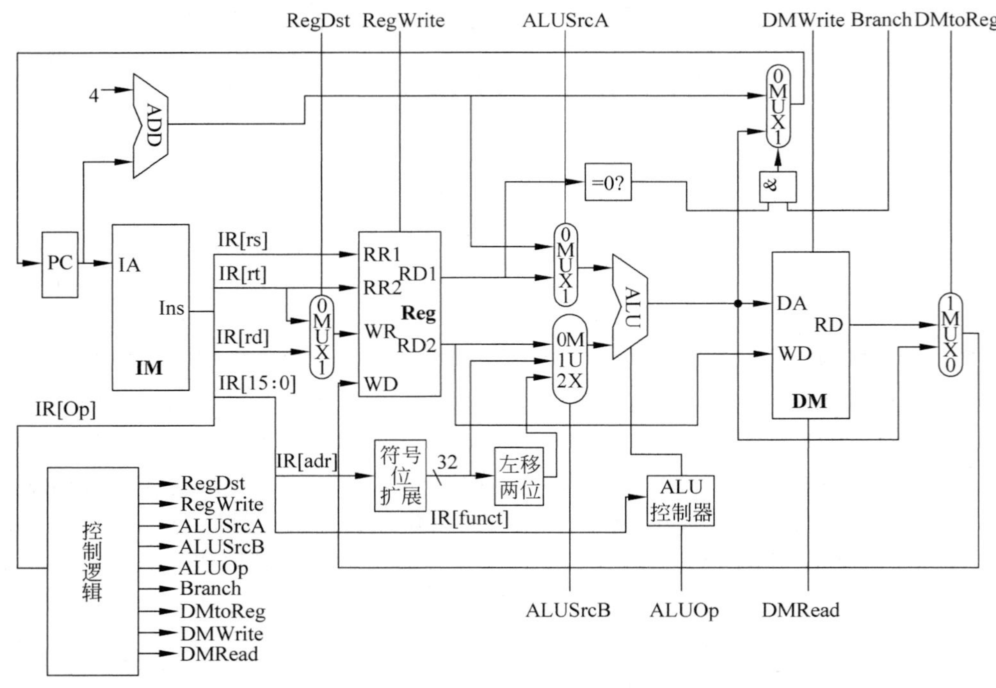

图 8.13 模型机的单周期数据通路

表 8.4 7 根信号线的作用

信号名称	为"0"时的作用	为"1"时的作用
RegDst	写寄存器时,寄存器地址来自指令的 rt 字段,即 IR[rt]	写寄存器时,寄存器地址来自指令的 rd 字段,即 IR[rd]
RegWrite	无操作	把寄存器组 WD 端的数据写入 WR 端指定的寄存器
ALUSrcA	ALU 的第一个操作数为"PC+4"	ALU 的第一个操作数来自寄存器组的第一个输出端 RD1
DMRead	无操作	以数据存储器 DM 的 DA 端上的内容作为地址,从 DM 读出一个数据放在 RD 端上
DMWrite	无操作	把 DM 的 WD 端的数据写入 DM,写入地址由 DM 的 DA 端给出
DMtoReg	写入寄存器的值来自 ALU	写入寄存器的值来自存储器
Branch(如果判 0 部件"=0"中的值为 1)	用加法器计算出的 PC+4 替换 PC 中的值	用 ALU 计算出的分支目标地址替换 PC 中的值

这 7 根信号线的值只与指令的操作码有关。

在 8.1 节中已知道:R 类指令的 OP=0(二进制为 000000),lw 指令的 OP=35(二进制为 100011),sw 指令 OP=43(二进制为 101011),beqz 指令 OP=63(二进制为 111111)。根据前面分析的各类指令的执行步骤,可以列出真值表,如表 8.5 所示。需要注意的是,OP5~OP0 的各位分别对应于 IR[31:26]中的各位。

表 8.5　真值表

输入/输出	信号名称	R 类指令	lw 指令	sw 指令	beqz 指令
输入	OP5	0	1	1	1
	OP4	0	0	0	1
	OP3	0	0	1	1
	OP2	0	0	0	1
	OP1	0	1	1	1
	OP0	0	1	1	1
输出	RegDst	1	0	×	×
	ALUSrcA	1	1	1	0
	DMtoReg	0	1	×	×
	RegWrite	1	1	0	0
	DMRead	0	1	0	0
	DMWrite	0	0	1	0
	Branch	0	0	0	1
	ALUOP1	1	0	0	0
	ALUOP0	0	0	0	0
	ALUSrcB1	0	0	0	1
	ALUSrcB0	0	1	1	0

根据这个表，可以很容易地列出各输出信号的表达式。例如：

$$
\begin{aligned}
\text{ALUSrcA} &= \overline{\text{OP5}}\cdot\overline{\text{OP4}}\cdot\overline{\text{OP3}}\cdot\overline{\text{OP2}}\cdot\overline{\text{OP1}}\cdot\overline{\text{OP0}} + \text{OP5}\cdot\overline{\text{OP4}}\cdot\overline{\text{OP3}}\cdot\overline{\text{OP2}}\cdot\text{OP1}\cdot\text{OP0} + \\
&\quad \text{OP5}\cdot\overline{\text{OP4}}\cdot\text{OP3}\cdot\overline{\text{OP2}}\cdot\text{OP1}\cdot\text{OP0} \\
&= \overline{\text{OP5}}\cdot\overline{\text{OP4}}\cdot\overline{\text{OP3}}\cdot\overline{\text{OP2}}\cdot\overline{\text{OP1}}\cdot\overline{\text{OP0}} + \text{OP5}\cdot\overline{\text{OP4}}\cdot\overline{\text{OP2}}\cdot\text{OP1}\cdot\text{OP0}
\end{aligned}
$$

$$
\text{DMRead} = \text{OP5}\cdot\overline{\text{OP4}}\cdot\overline{\text{OP3}}\cdot\overline{\text{OP2}}\cdot\text{OP1}\cdot\text{OP0}
$$

8.5　多周期实现方案

8.5.1　为什么要采用多周期

虽然上面介绍的单周期实现方案能够正确地工作，但在现在的设计中，已经几乎不采用单周期方案了。其原因是单周期方案效率低下。大家知道，不同类型的指令所完成的工作量有很大的差别，所要用到的部件和所通过的数据通路也不同。很自然地，所用的时间的长短也是有很大的差别。如果要采用单周期，那么这个周期时间就只能取最长的数据通路所花的时间。这种情况应该是发生在执行 load 指令的时候，该指令要依次使用以下部件：指令存储器 IM(取指令)、寄存器组 Reg(取基址)、ALU(计算访存有效地址)、数据存储器 DM(取数据)、寄存器组 Reg(写结果)。而其他类型指令的执行时间则可能短得多。如果都要统一到在单个周期内完成，那么性能上就会损失很多。

早期具有简单指令系统的计算机确实曾采用过单周期执行方案，但当要实现浮点计算或者指令系统比较复杂时，单周期就不适用了，因为各指令的执行时间长短不一。另外，采用单周期方案时,每个时钟周期中功能部件最多被使用一次,如果要在执行一条指令的过程中,多次使用某一部件,那么就需要重复设置该部件,这会增加实现成本。

为解决上述问题,可以采用更短的时间作为时钟周期,而允许指令的执行时间为多个时钟周期(根据具体操作来确定)。这个时钟周期往往是一个基本部件的延迟时间。

多周期方案的好处之一是可以共享同一个功能部件(如果是在不同的时钟周期使用该部件的话)。例如,图8.13中的指令存储器和数据存储器可以合并到一个存储器中,做PC+4的加法器可以和ALU合并。不过,为了便于后面改造成流水处理,这里不进行这些合并。

8.5.2　指令分步执行过程(按周期分步)

为了实现多周期方案,需要对图8.13进行改造。主要是在一些部件的后面增设临时寄存器,用于存放该部件产生且下一个时钟周期要用的结果,如图8.14所示。

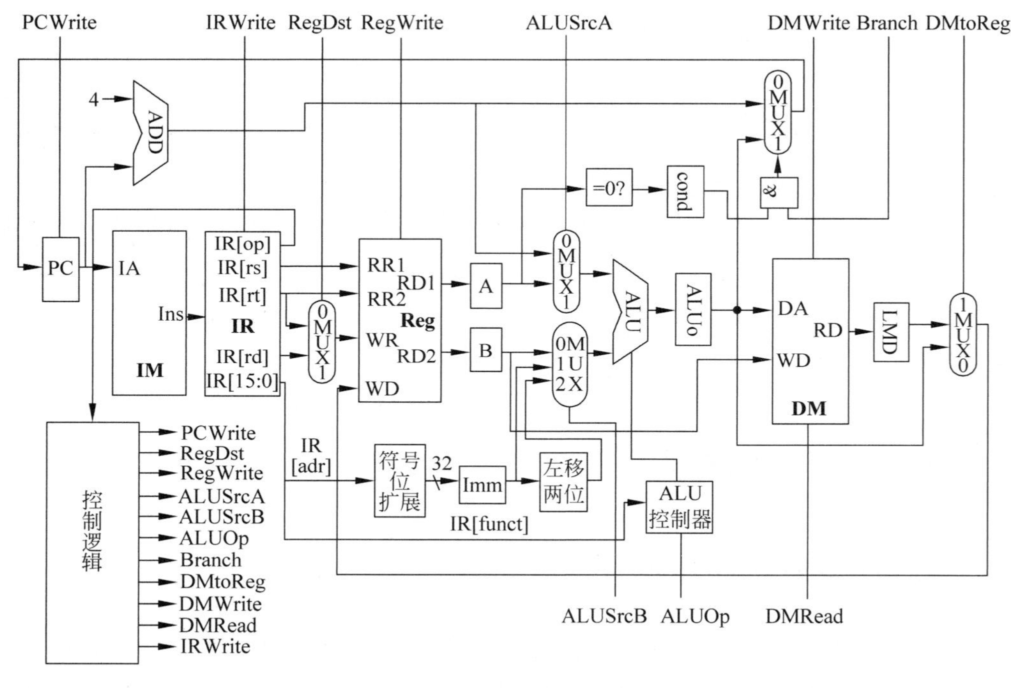

图8.14　模型机多周期实现的数据通路

需要设置哪些临时寄存器取决于两个因素:①什么样的组合逻辑电路正好适合作为一个周期;②哪些数据在该指令后面的时钟周期中需要用到。在多周期方案中,我们要求指令周期最多只能完成以下工作中的一项:访问存储器,访问通用寄存器组(两个读,一个写),一个ALU操作。这3个部件产生的数据必须存入临时寄存器中,以便下一个时钟周期使用。为此，需要增设以下临时寄存器。

① IR（指令寄存器）——存放从指令存储器读出的指令。

② LMD——存放从数据存储器读出的数据。之所以需要设置这个临时寄存器，是因为访存读取的数据来不及在同一个时钟周期中写入寄存器组。

③ A 和 B——分别存放从寄存器组读出的两个数据。

④ Imm——存放扩展后的立即值。

⑤ ALUo——存放 ALU 的运算结果。

⑥ cond（1 位）——存放判 0 部件"＝0?"的结果。

除了 IR 以外，这些临时寄存器只用于在相邻的两个时钟周期之间传递数据，所以不需要有写入控制信号，它们是每个时钟周期都接收新数据的。IR 则不同，它要在其所存放的指令的执行过程中一直保存该指令，直到它执行结束，然后才接收新的指令。因此它需要一个写控制信号 IRWrite。

除了 IRWrite 外，该方案中还增加了 PCWrite 控制信号线。PCWrite 用于控制 PC 的写入。只有当它为 1 时，PC 才进行写入。

把指令的执行过程拆分为多个周期的目的是使性能最大化。可以把指令的执行过程分成若干步骤，每一个步骤对应于一个时钟周期，并尽可能使得各步骤的工作量相等。

请记住，由于我们的设计是采用边沿触发，在当前周期中，可以一直使用寄存器的当前值，直到下一个周期的到来。寄存器的新值要到下一个时钟周期才可用。

在下面的分步执行中，不同的步之间是串行执行的，而每一步中的操作则是并行执行的。每一步只能进行以下操作中的一种：一次访存，一次访问通用寄存器组，一次 ALU 操作。这基本上比较清楚地界定了各个步骤的操作。

此外，把对于 PC 或临时寄存器等独立寄存器的读和写与对通用寄存器组的读写作不同的处理。前者是作为一个时钟周期的工作中的一小部分，可以和其他的操作一起，安排到一个时钟周期中完成，而后者则需要占用完整的一个时钟周期。其原因是，与独立寄存器相比，对寄存器组的访问需要额外的控制和访问开销。

下面给出各指令的分步执行情况。

1. 取指令周期（IF）

把 PC 中的内容送给指令存储器 IM，用它作为地址从 IM 中取出一条指令，写入指令寄存器 IR；同时 PC 值加 4，为取下一条指令做好准备。

```
IR←IM[PC]
PC+4
```

为了实现上述操作，需要对控制信号设置如下：

```
IRWrite=1                              //把新取出的指令写入指令寄存器 IR
```

2. 指令译码/读寄存器周期（ID）

```
A←Regs[rs]
```

B←Regs[rt]
Imm←(IR[15:0]按符号位扩展为32位数)

在这个周期,对指令进行译码,并以rs和rt作为地址访问通用寄存器组,把读出的操作数放入临时寄存器A和B。同时IR的低16位进行符号位扩展,然后存入Imm。

指令的译码操作和读寄存器操作是并行进行的。之所以可以这样,是因为在MIPS指令格式中,操作码字段以及rs、rt字段的位置是固定的。这种技术称为"固定字段译码"(fixed-field decoding)技术。值得注意的是,这里读出的操作数在后面并不一定会用到,但是这样统一处理并没有什么坏处,带来的好处是简化了硬件。

另外,由于地址偏移量在所有MIPS指令中的位置是相同的(立即数也是),都是IR[15:0],因此在这里统一对其进行符号扩展,以便在下一个周期使用。当然也许有些指令并不会用到这个数据,但无论如何,提前形成总是有益无害的。

临时寄存器A、B、Imm是每个时钟周期都接收新数据,其中的内容只在下一个时钟周期使用一次(如果有用的话),所以不必对它们的写入进行控制。

3. 执行/有效地址计算周期(EX)

前面两个周期是对所有指令都相同的。从这个周期开始,我们将对不同的指令进行不同的处理。另外,上一个周期已经准备好的操作数,ALU可以对它们进行运算了。

(1) 存储器访问指令:

ALUo←A + Imm

ALU将操作数相加形成访存的有效地址,并存入临时寄存器ALUo。

为了实现上述操作,需要对控制信号设置如下:

```
ALUSrcA=1          //使得该多路器选择A中的内容,送给ALU的上一个输入端
ALUSrcB=01         //使得该多路器选择Imm中的内容,送给ALU的下一个输入端
ALUOp=00           //使ALU进行加法操作
```

(2) R类算术逻辑运算指令:

ALUo←A funct B

ALU根据函数码funct指出的操作类型对A和B中的数据进行运算,并将结果存入临时寄存器ALUo。

为了实现上述操作,需要对控制信号设置如下:

```
ALUSrcA=1          //使得该多路器选择A中的内容,送给ALU的上一个输入端
ALUSrcB=00         //使得该多路器选择B中的内容,送给ALU的下一个输入端
ALUOp=10           //使ALU按照指令中函数码funct规定的操作进行运算
```

(3) 分支指令:

ALUo←PC+(Imm<<2)
cond←(A==0)

Imm 中的值左移两位后，与 PC 中的值相加，得到分支目标的地址存入 ALUo。同时，要对在前一个周期读入到寄存器 A 的值进行判断，决定分支是否成功。为简单起见，这里只考虑一种分支，即“等于 0”分支。判定的结果存入 1 位的寄存器 cond，供以后使用。

为了实现上述操作，需要对控制信号设置如下：

```
ALUSrcA=0          //使得该多路器选择 PC+4，送给 ALU 的上一个输入端
ALUSrcB=10         //使得该多路器选择 Imm 左移两位后的内容，送给 ALU 的下一个输入端
ALUOp=00           //使 ALU 进行加法操作
```

ALUo 和 cond 每个时钟周期都接收新数据，所以无须用信号进行控制。

4. 存储器访问/R 类指令和分支指令完成周期(MEM)

在这个时钟周期，存储器访问指令和 R 类指令要将 PC+4 的值写入 PC。为了实现该操作，需要对控制信号设置如下：

```
PCWrite=1          //写入 PC
```

(1) 存储器访问指令。

load 指令：

LMD←DM[ALUo]

用 ALUo 中的内容作为地址从数据存储器 DM 中读出相应的数据，放入临时寄存器 LMD；ALUo 中的内容是在上一个周期就已经计算好了的有效地址。

为了实现该操作，需要对控制信号设置如下：

```
DMRead=1           //从 DM 读取数据
```

LMD 每个时钟都接收新数据，所以无须用信号进行控制。

store 指令：DM[ALUo]←B

将 B 中的数据写入数据存储器 DM，写入地址由 ALUo 给出。

为了实现上述操作，需要对控制信号设置如下：

```
DMWrite=1          //向 DM 写入数据
```

(2) R 类指令：

Regs[rd]← ALUo

把 ALUo 中的运算结果写入寄存器，该寄存器的地址由 rd 给出。这是 R 类指令最后一步操作。

为了实现该操作，需要对控制信号设置如下：

```
DMtoReg=0          //选择 ALUo 中的内容送到寄存器组的 WD 端
RegDst=1           //选择 rd 作为写入地址
RegWrite=1         //写入寄存器
```

(3) 分支指令:

```
if(cond&Branch) PC ←ALUo
    else PC←PC+4
```

如果当前指令是分支指令(用 Branch="1"表示),而且 cond 中的内容为"1"(表明转移成功),则把 ALUo 中的转移目标地址写入 PC,否则就把 PC 值加 4。这是分支指令的最后一步。

为了实现上述操作,需要对控制信号设置如下:

```
Branch=1            //表示当前指令是分支指令
PCWrite=1           //写入 PC
```

5. 写回周期(WB)

```
Regs[rt]←LMD
```

这是 load 指令的最后一步,即把上一周期取到的数据(放在 LMD 中)写入寄存器组 Reg。写入的目标寄存器号由 rt 给出。

为了实现该操作,需要对控制信号设置如下:

```
DMtoReg=1           //选择 LMD 中的内容送到寄存器组的 WD 端
RegDst=0            //选择 rt 作为写入地址
RegWrite=1          //写入寄存器
```

把上述操作和控制信号归总起来,可以得到表 8.6。需要强调的是,如果表中一个控制信号没有明确地置"1",就隐含地表示是保持"0"。这一点对于写控制信号来说尤其重要。不过,对多路选择器的控制信号的设置则不同,如果没有设置,就表示我们无须关心它们的设置。

表 8.6　各类型指令在各周期中的操作及相关的控制信号的设置

周期名称	R 类指令 OP="R 类"	存储器访问指令 OP="lw"或 OP="sw"	分支指令 OP="beqz"
取指令(IF)	操作: IR←IM[PC] PC+4 控制信号: IRWrite=1		
指令译码/读寄存器(ID)	操作: A←Regs[rs] B←Regs[rt] Imm←(IR[15:0]按符号位扩展为 32 位数) 控制信号: 不需要		
执行/有效地址计算(EX)	操作: ALUo←A funct B 控制信号: ALUSrcA=1 ALUSrcB=00 ALUOp=10	操作: ALUo←A+Imm 控制信号: ALUSrcA=1 ALUSrcB=01 ALUOp=00	操作: ALUo← PC+(Imm<<2) cond←(A==0) 控制信号: ALUSrcA=0 ALUSrcB=10 ALUOp=00

续表

周期名称	R 类指令 OP="R 类"	存储器访问指令 OP="lw"或 OP="sw"	分支指令 OP="beqz"
存储器访问/R 类和分支指令完成(MEM)	操作: Regs[rd]←ALUo 控制信号: DMtoReg=0 RegDst=1 RegWrite=1 PCWrite=1	load 指令: 操作: LMD← DM[ALUo] 控制信号: DMRead=1 PCWrite=1 store 指令: 操作: DM[ALUo]←B 控制信号: DMWrite=1 PCWrite=1	操作: If(cond&Branch) PC ←ALUo else PC←PC+4 控制信号: Branch=1 PCWrite=1
写回(WB)		操作: load 指令: Regs[rt]←LMD 控制信号: DMtoReg=1 RegDst=0 RegWrite=1	

8.6 控制器的设计

实现控制器的技术有两种：硬连逻辑和微程序设计。硬连逻辑是建立在有限状态机的基础上，并且一般是以状态图的形式表示。微程序设计则是采用微指令的方式来表示和实现控制。8.6.3 节论述当采用硬连逻辑时模型机控制器的设计，微程序设计将在下一章中介绍。

8.6.1 控制器的组成

控制器的一般组成如图 8.15 所示。

它一般由以下几部分组成。

1. 指令部件

指令部件的主要功能是取指令和分析指令。

(1) 程序计数器(Program Counter,PC)。程序计数器指出了 CPU 当前正在执行的指令的地址。CPU 每执行完一条指令，就把它加 4，指向顺序的下一条指令。

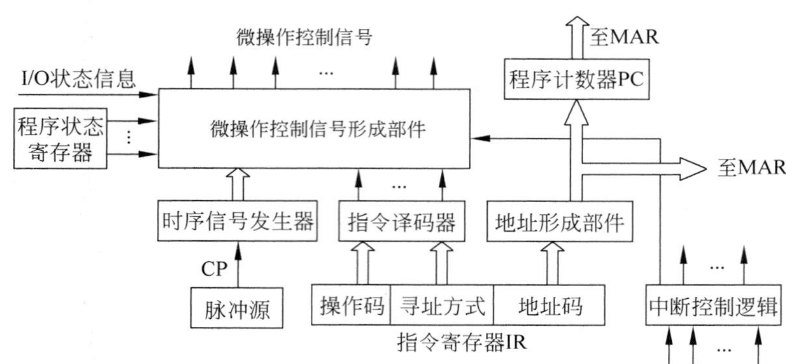

图 8.15 控制器的组成

(2) 指令寄存器(Instruction Register,IR)。指令寄存器用于存放当前正在执行的指令。在执行该指令的过程中,需要从该寄存器获得有关的信息(如操作码、寄存器地址等)。当指令从主存取出后,就被放到这里。

(3) 指令译码器(Instruction Decoder,ID)。指令译码器是指令分析部件的主要组成部分。它对 IR 中的指令操作码进行译码分析,产生相应操作的控制电平并提供给微操作控制信号形成部件。有的机器还需对寻址字段进行译码分析,以控制操作数有效地址的形成。

(4) 地址形成部件。根据该指令所指定的寻址方式,形成其操作数有效地址。

2. 时序控制部件

先介绍一下微操作的概念。所谓微操作,是指一个部件能够完成的不能再细分的基本操作,它是计算机中最小的具有独立意义的操作。例如,多路选择器的选择微操作、寄存器传输微操作等。如前所述,计算机的工作过程是运行程序的过程,也就是在控制器的控制下逐条执行程序中指令的过程。而每一条指令的执行过程则是由一系列微操作来实现的。这种微操作序列往往是有着严格的时间顺序要求的,不能随意改变。时序控制部件就是用来产生一系列时序信号、为各个微操作定时的,以保证各个微操作的顺序执行。

时序控制部件由时钟脉冲(Clock Pulses,CP)和时序信号发生器(Timing Signal Generator,TSG)组成。CP 是协调计算机各部件操作的同步主时钟。其工作频率称为计算机的主频。TSG 的功能是产生机器所需的各种时序信号,以便控制有关部件在不同的时间内完成指定的微操作。

3. 微操作控制信号形成部件

该部件的功能是根据指令部件提供的操作控制电位、时序控制部件所提供的各种时序信号,以及有关的状态条件,产生计算机所需要的各种微操作的控制信号。

对于不同的指令,需要按要求产生并发出相应的微操作控制信号,控制有关部件协调地工作,完成指令所规定的任务。

4. 中断控制逻辑

中断逻辑控制也称为中断机构,用于异常或突发情况的处理。13.4 节中有详细的介绍。

5. 程序状态寄存器 PSR

PSR 用于存放程序状态字 PSW。PSW 反映了计算机系统目前的基本状态，包括目态/管态、指令执行的结果特征以及与中断有关的信息等。指令执行的结果特征包括运算结果为 0、结果为负、结果溢出等。

8.6.2 控制方式与时序系统

1. 控制方式

如前所述，计算机执行指令的过程实际上就是执行一系列微操作的过程。在数字系统设计中，对于有序操作的控制通常分为同步控制方式和异步控制方式两种实现方法。

(1) 同步控制方式。同步控制方式是指机器有统一的时钟信号(称为系统时钟)，所有的微操作控制信号都与时钟信号同步。也就是说，任何一个微操作都是始于系统时钟的边沿(如上跳沿)，而且是在下一个时钟周期开始之前完成。这种方式是统一地把一条指令的执行过程划分为若干长度相等的时间区间，然后把该指令的微操作按顺序安排到每一个时间区间中。这个时间区间称为节拍，其宽度(时间)与一个时钟周期的时间相同。显然，节拍宽度的确定是取决于所有微操作中时间最长的微操作所需的时间。

由于节拍的宽度是按花费时间最长的微操作来确定的，因此对于其他较快的微操作来说，必然有时间浪费。这些微操作用不了一个节拍的时间，完成操作后剩下的时间都浪费掉了。这是同步控制方式的缺点，但这种控制方式的时序关系简单，控制方便，而且便于调试，系统较为可靠。

同步控制方式是目前控制器设计中采用最多的控制方式。本书模型机也采用这种方式。本章的重点就是同步方式下控制器的设计。在后面的论述中，除非特别说明，否则均采用同步控制方式进行控制器的设计。

(2) 异步控制方式。在采用异步控制方式的系统中，各部件之间没有统一的时钟和节拍，而是各部件有自己的时钟。微操作控制信号采用应答方式衔接。前一个操作完成后给出回答信号，启动下一个操作。

这种方式不仅区分不同指令的微操作序列的长短，而且区分其中每个微操作所需时间的长短。每个微操作需要多少时间就占用多少时间，几乎没有时间上的浪费，效率高。这是其优点。其缺点是设计比较复杂，所需的器材较多，系统调试难度较大，且工作过程中的可靠性不易保证。

异步控制方式一般用于速度相差较大的或距离较远的部件之间的通信和数据交换。部件内部一般很少完全采用这种方式进行控制器的设计。

2. 时序系统

时序系统是控制器的心脏，它为指令的执行提供各种定时信号。时钟、节拍和节拍电位构成了计算机的时序系统。

(1) 指令周期。指令周期是指从取指令、分析指令到执行完该指令所需的全部时间。在同步控制方式中,指令周期一般由若干个时钟周期组成,具体是几个要依该指令需完成的工作量而定。不同种类的指令可能需要不同的周期数。

(2) 节拍。在一条指令的指令周期中,需要完成一系列的微操作。这些微操作不但要占用一定的时间,而且必须按一定的先后次序进行。为此,需以时钟周期为基本单位,把指令周期划分为若干相等的时间段,每个时间段称为节拍。这样,就可以把微操作按先后次序分配到每个节拍中去完成。

节拍一般用具有一定宽度的电位信号表示,称为节拍电位。节拍的宽度(时间)一般与系统的时钟周期相同。所有的微操作都必须在一个节拍内完成。

(3) 脉冲。在每个节拍中,有些还设置了一个或几个工作脉冲,用于寄存器的复位或打入脉冲等。指令周期、节拍、脉冲构成了计算机的 3 级时序系统。它们之间的关系如图 8.16 所示。其中每个指令周期包含 5 个节拍 $T_0 \sim T_4$,每个节拍有一个脉冲。

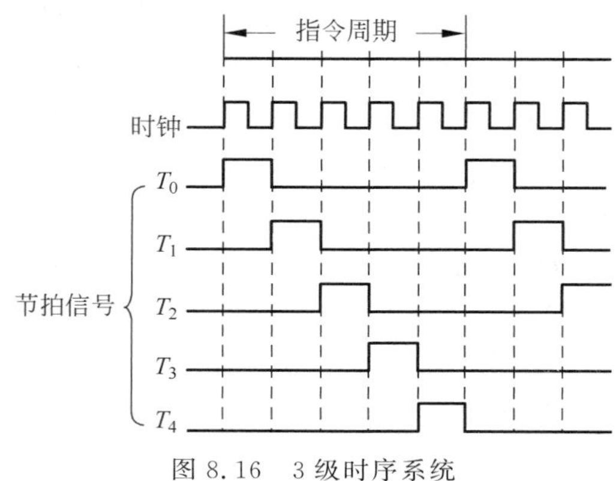

图 8.16　3 级时序系统

8.6.3　模型机控制器的设计

根据表 8.5,可以比较容易地构造出状态图。每个状态基本上是对应于前述执行步骤中的一步,在一个时钟周期内完成。图 8.17 是前两步的状态图,对所有的指令都是一样的。这两个状态是 FETCH 和 DECODE-REG。译码后,根据操作码的不同,再转移到各类指令的状态图。处理完一条指令后,又转回到初始状态 FETCH,重新开始取下一条指令。

图 8.18 是控制访存指令执行过程的状态机,它有 4 个状态,即 LD-ST、LD2、LD3、ST2,最后转回到初始状态 FETCH。

图 8.19 是 R 类指令执行过程的状态机,它有两个状态,即 RR-STEP1、RR-STEP2,最后转回到初始状态 FETCH。

图 8.20 是分支指令执行过程的状态机,它有两个状态,即 BR1 和 BR2,最后转回到初始状态 FETCH。

把图 8.17～图 8.20 合并,就得到图 8.21 所示的总状态图。

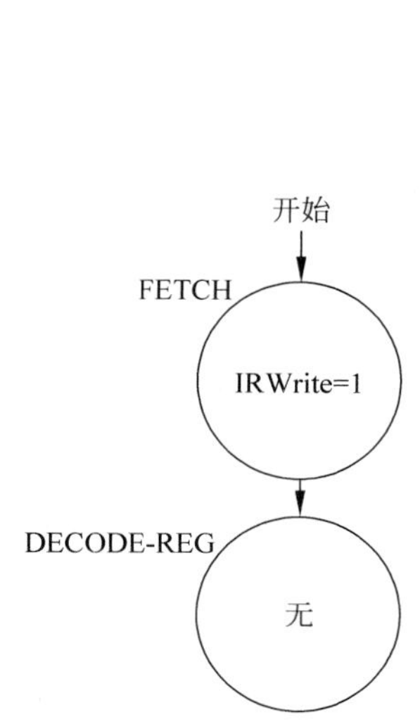

图 8.17　取指令和译码的状态图

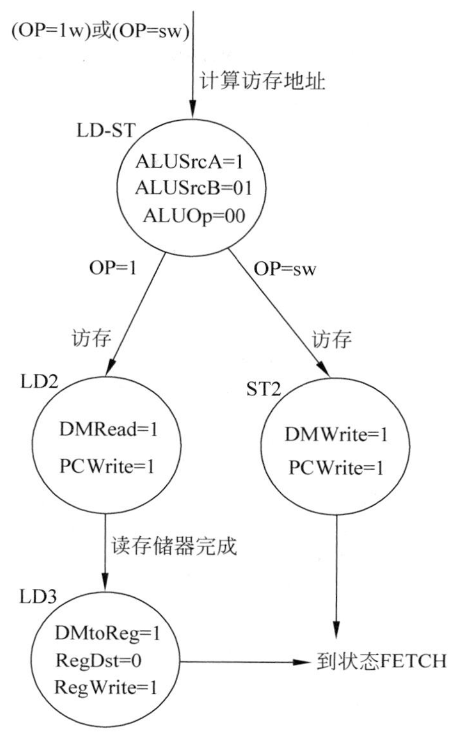

图 8.18　访存指令执行过程的状态图

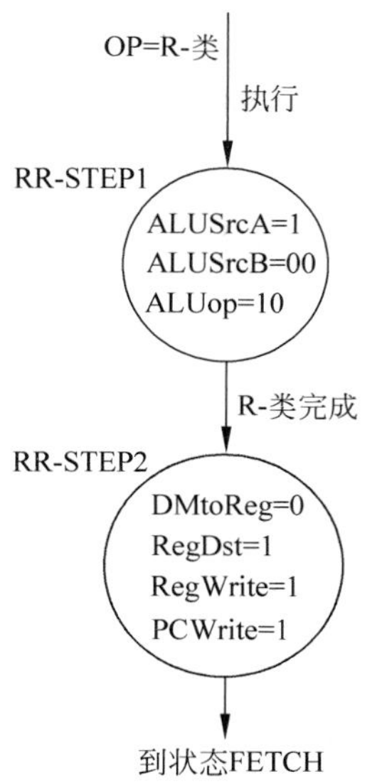

图 8.19　R 类指令执行过程的状态图

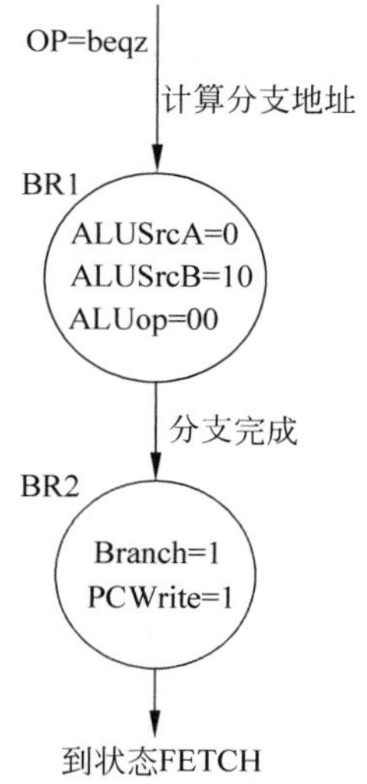

图 8.20　分支指令执行过程的状态图

我们使用指令译码器和一个计数器及其译码器来形成各状态的时序，如图 8.22 所示。译码信号中，R-TYPE 表示是 R 类指令，LD、ST、BEQZ 分别表示是 lw、sw、beqz 指令。

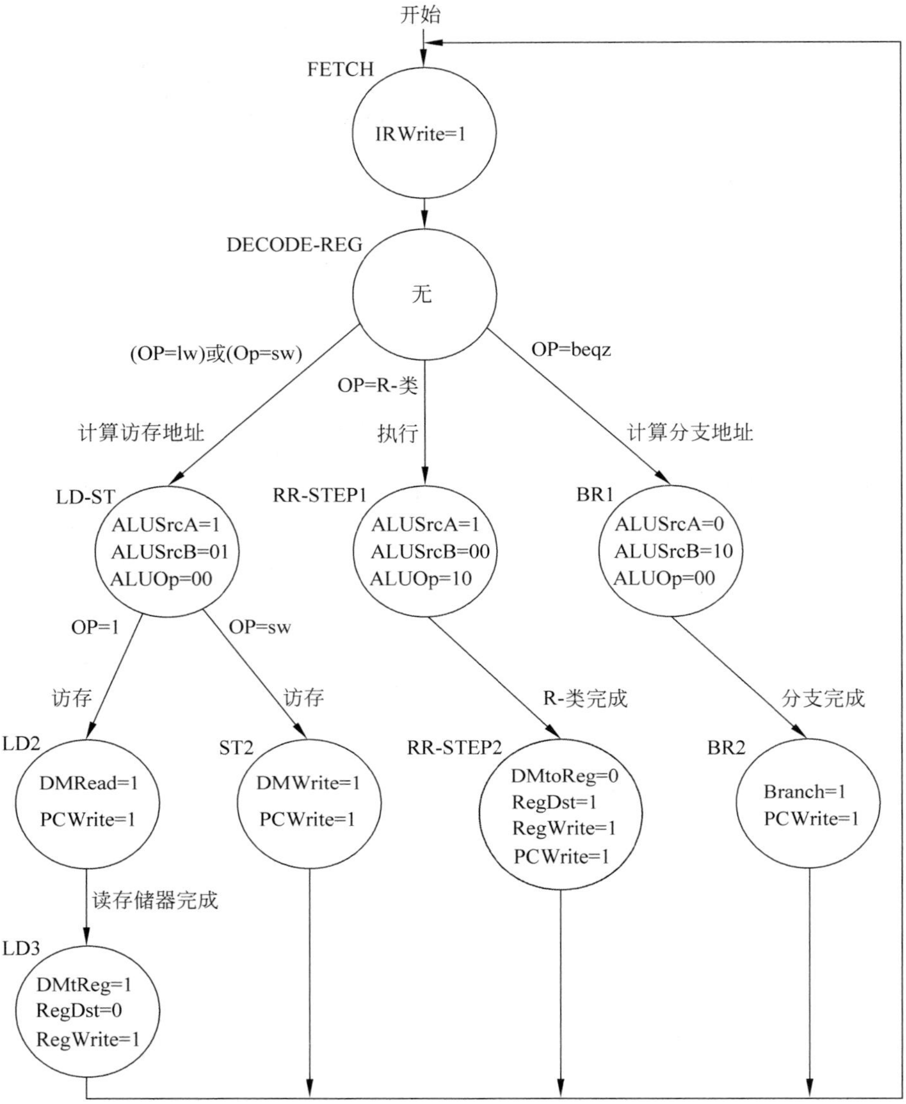

开始
FETCH
IRWrite=1
DECODE-REG
无
(OP=lw)或(Op=sw)
OP=R-类
OP=beqz
计算访存地址
执行
计算分支地址
LD-ST
ALUSrcA=1
ALUSrcB=01
ALUOp=00
RR-STEP1
ALUSrcA=1
ALUSrcB=00
ALUOp=10
BR1
ALUSrcA=0
ALUSrcB=10
ALUOp=00
OP=1
OP=sw
访存
访存
R-类完成
分支完成
LD2
DMRead=1
PCWrite=1
ST2
DMWrite=1
PCWrite=1
RR-STEP2
DMtoReg=0
RegDst=1
RegWrite=1
PCWrite=1
BR2
Branch=1
PCWrite=1
读存储器完成
LD3
DMtReg=1
RegDst=0
RegWrite=1

图 8.21 总状态图

IR[OP]
6
指令译码器
0
R-TYPE
35
LD
43
ST
63
BEQZ
时序计数器
CLR
CLK
3
译码器
0
1
2
3
4
5
6
7
T0
T1
T2
T3
T4
T5
T6
T7

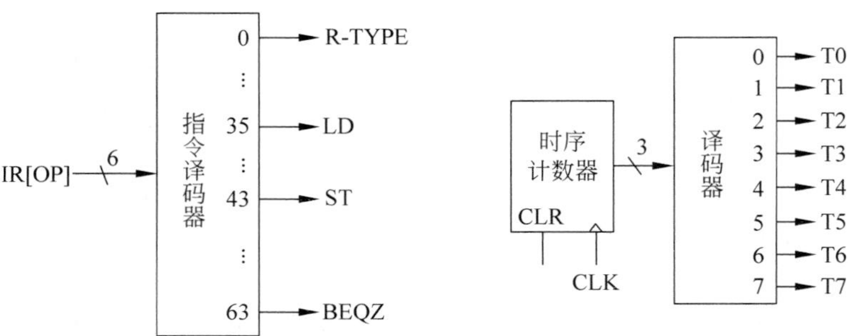

图 8.22 模型机的硬连逻辑控制器

可以看出，一条指令执行过程中的第 i 个节拍实际上就是对应于该指令的第 i 步。有了节拍信号后，就可以将指令的微操作按顺序的要求，分配到各个节拍中去执行。图 8.21 和表 8.5 实际上就是根据操作码译码的结果，把各类指令所要进行的操作安排到各个节拍中。

由图 8.21，可以很容易写出进入各状态的条件：

FETCH＝T0
DECODE-REG＝T1
LD-ST＝(LD＋ST)∧T2
LD2＝LD∧T3
LD3＝LD∧T4
ST2＝ST∧T3
RR-STEP1＝R-TYPE∧T2
RR-STEP2＝R-TYPE∧T3
BR1＝BEQZ∧T2
BR2＝BEQZ∧T3

根据上述逻辑表达式和图 8.21，可以得到各控制信号的逻辑表达式：

IRWrite＝FETCH
ALUSrcA＝LD-ST＋RR-STEP1
ALUSrcB1＝BR1　(ALUSrcB 的高位)
ALUSrcB0＝LD-ST (ALUSrcB 的低位)
ALUOp1＝RR-STEP1
DMtoReg＝RR-STEP2
RegDst＝LD3
RegWrite＝RR-STEP2＋LD3
DMRead＝LD2
DMWrite＝ST2
Branch＝BR2
PCWrite＝LD2＋ST2＋RR-STEP2＋BR2
CLR＝LD3＋ST2＋RR-STEP2＋BR2

8.7　流水线技术

8.7.1　流水线的基本概念

现在的 CPU 一般都采用流水线来提高性能。大家对工业生产中的流水线一定不陌生，例如，在电视机装配流水线中，把整个装配过程分为多道工序，每道工序由一个人完成特定的安装或测试等工作。整条流水线流动起来后，可以实现每隔一定的时间(如一分钟)就有一台电视机下线。如果我们跟踪一台电视的装配过程，就会发现其总的装配时间并没有缩短，但由于多台电视的装配在时间上错开后，重叠进行，因此最终能达到总体装配速度(吞吐率)的提高。

在计算机中也可以采用类似的方法，把一个重复的过程分解为若干个子过程(相当于上面的工序),每个子过程由专门的功能部件来实现。把多个处理过程在时间上错开,依次通过各功能段。这样每个子过程就可以与其他的子过程并行进行。这就是流水线技术。流水线中的每个子过程及其功能部件称为流水线的级或段,段与段相互连接形成流水线。流水线的段数称为流水线的深度。

把流水线技术应用于指令的解释执行过程,就形成了指令流水线。把流水线技术应用于运算的执行过程,就形成了运算操作流水线,也称为部件级流水线。图8.23是一条浮点加法流水线,它把执行过程分解为求阶差、对阶、尾数相加、规格化4个子过程,每一个子过程在各自独立的部件上完成。如果各段的时间相等,都是Δt,那么,虽然完成一次浮点加法所需要的总时间(从“入”到“出”)还是$4\Delta t$,但若在输入端连续送入加法任务,则从加法器的输出端来看,却是每隔一个Δt就能出一个浮点加法结果。因此,该流水线能把浮点加法运算的速度提高3倍。

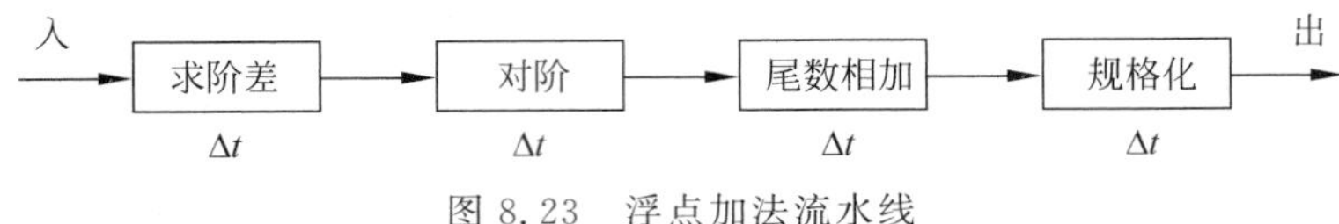

图8.23　浮点加法流水线

一般采用时空图来描述流水线的工作过程。图8.24是上述4段流水线的时空图。图中横坐标表示时间,纵坐标表示空间,即流水线中的流水段。格子中的数字1代表第1个运算,2代表第2个运算,…。第1个运算在时刻0进入流水线;第2个运算在时刻1进入流水线,同时第1个运算离开“求阶差”段而进入“对阶”段;第3个运算在时刻2进入流水线,同时第1个运算离开“对阶”段而进入“尾数相加”段,第2个运算离开“求阶差”段而进入“对阶”段;第4个运算在时刻3进入流水线,同时第1个运算离开“尾数相加”段而进入“规格化”段,第2个运算离开“对阶”段而进入“尾数相加”段,第3个运算离开“求阶差”段而进入“对阶”段;以此类推。

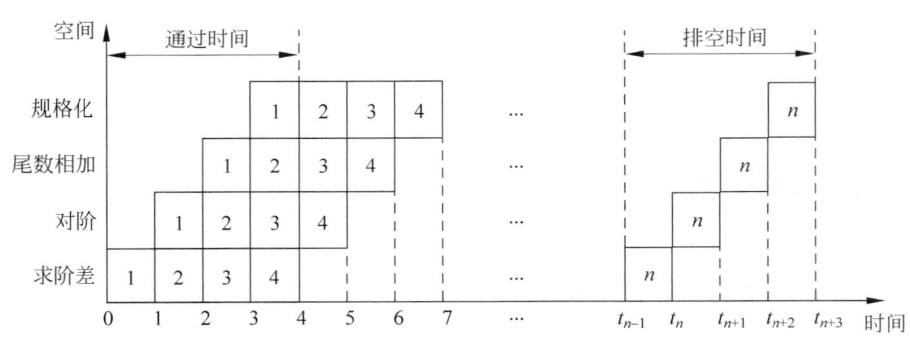

图8.24　浮点加法流水线的时空图

从上面的分析可以看出,流水技术有以下特点。

(1) 流水线把一个处理过程分解为若干子过程,每个子过程由一个专门的功能部件来实现。因此,流水线实际上是把一个大的处理功能部件分解为多个独立的功能部件,并依靠它们的并行工作来提高处理速度(吞吐率)。

(2) 流水线中各段的时间应尽可能相等,否则将引起流水线堵塞和断流,因为时间最长的段将成为流水线的瓶颈,此时流水线中的其他功能部件就不能充分发挥作用。因此瓶颈问题是流水线设计中必须解决的。

(3) 流水线每一个段的后面都要有一个缓冲寄存器(锁存器),称为流水寄存器。其作用是在相邻的两段之间传送数据,以提供后面流水段要用到的信息。其另一个作用是隔离各段的处理工作,避免相邻流水段电路的相互打扰。

(4) 流水技术适合于大量重复的时序过程,只有在输入端不断地提供任务,才能充分发挥流水线的效率。

(5) 流水线需要有通过时间和排空时间。它们分别是指第一个任务和最后一个任务从进入流水线到流出结果的那个时间段,如图 8.24 所示。在这两个时间段中,流水线都不是满负荷。经过"通过时间"后,流水线进入满载工作状态,整条流水线的效率才能得到充分发挥。

可以从不同的角度和观点来对流水线进行分类。下面是几种常见的分类。

1. 部件级、处理机级及系统级流水线

按照流水技术用于计算机系统的等级不同,可以把流水线分为 3 种: 部件级流水线、处理机级流水线和系统级流水线。

部件级流水线是把处理机中的部件进行分段,再把这些分段相互连接而成。它使得运算操作能够按流水方式进行。图 8.23 中的浮点加法流水线就是一个典型的例子。这种流水线也称为运算操作流水线。

处理机级流水线又称为指令流水线。它是把指令的执行过程按照流水方式进行处理,即把一条指令的执行过程分解为若干个子过程,每个子过程在独立的功能部件中执行。

系统级流水线是把多个处理机串行连接起来,对同一数据流进行处理,每个处理机完成整个任务中的一部分。前一台处理机的输出结果存入存储器中,作为后一台处理机的输入。这种流水线又称为宏流水线。

2. 单功能流水线与多功能流水线

这是按照流水线所完成的功能来分类。

(1) 单功能流水线。单功能流水线是指流水线的各段之间的连接固定不变、只能完成一种固定功能的流水线。如前面介绍的浮点加法流水线就是单功能流水线。若要完成多种功能,可采用多条单功能流水线,如 Cray-1 巨型机有 12 条单功能流水线。

(2) 多功能流水线。多功能流水线是指各段可以进行不同的连接,以实现不同的功能的流水线。美国 TI 公司 ASC 处理机中采用的运算流水线就是多功能流水线,它有 8 个功能段,按不同的连接可以实现浮点加减法运算和定点乘法运算,如图 8.25 所示。

3. 静态流水线与动态流水线

多功能流水线可以进一步分为静态流水线和动态流水线两种。

(1) 静态流水线。静态流水线是指在同一时间内,多功能流水线中的各段只能按同一种功能的连接方式工作的流水线。当流水线要切换到另一种功能时,必须等前面的任务都流出流水线之后,才能改变连接。例如,上述 ASC 的 8 段只能或者按浮点加减运算连接方

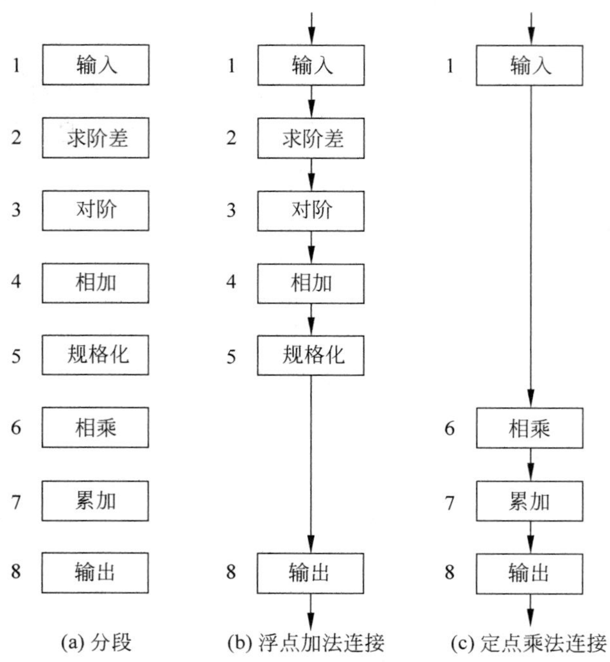

图 8.25 ASC 处理机的多功能流水线

式工作，或者按定点乘运算连接方式工作。在图 8.26 中，当要在 n 个浮点加法后面进行定点乘法时，必须等最后一个浮点加法做完、流水线排空后，才能改变连接，开始新的运算。

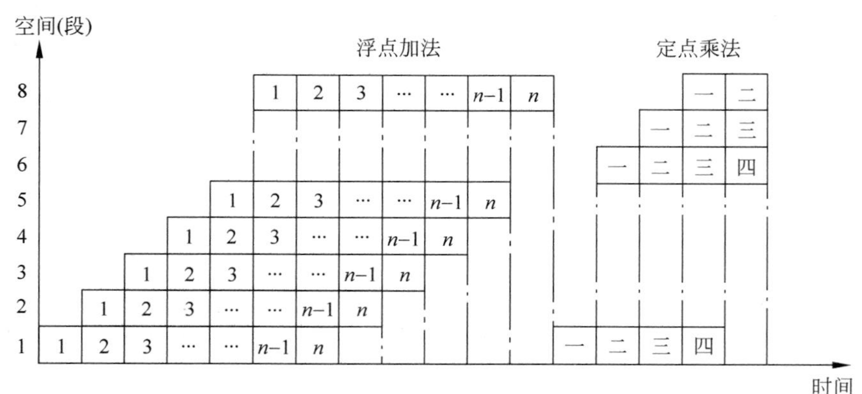

图 8.26 静态流水线的时空图

(2) 动态流水线。动态流水线是指在同一时间内，多功能流水线中的各段可以按照不同的方式连接，同时执行多种功能的流水线。它允许在某些段正在实现某种运算时，另一些段却在实现另一种运算。当然，多功能流水线中的任何一个功能段只能参加到一种连接中。动态流水线的优点是更加灵活，能提高各段的使用率，能提高处理速度，但其控制复杂度增加了。

对于图 8.25 的情况，动态流水线的工作过程如图 8.27 所示。这里，定点乘法提前开始了(相对于静态流水线而言)。可以提前多少取决于任务的流动情况，要保证不能在公用段发生冲突。

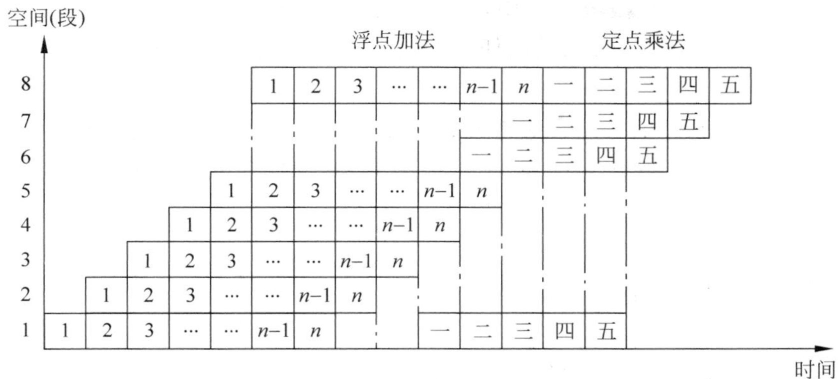

图 8.27　动态流水线的时空图

对于静态流水线来说，只有当输入的是一串相同的运算任务时，流水的效率才能得到充分的发挥。如果交替输入不同的运算任务，则流水线的效率会降低到跟顺序处理方式的一样。而动态流水线则不同，它允许多种运算在同一条流水线中同时进行。因此，在一般情况下，动态流水线的效率比静态流水线的效率高。但是，动态流水线的控制要复杂得多。所以目前大多数的流水线是静态流水线。

4. 线性流水线与非线性流水线

按照流水线中是否存在反馈回路，可以把流水线分为以下两类。

(1) 线性流水线。线性流水线是指各段串行连接、没有反馈回路的流水线。数据通过流水线中的各段时，每一个段最多只流过一次。

(2) 非线性流水线。非线性流水线是指各段除了有串行的连接外，还有反馈回路的流水线。图 8.28 是一个非线性流水线的示意图。它由 4 段组成，经反馈回路和多路开关使某些段要多次通过。S_3 的输出可以反馈到 S_2，而 S_4 的输出可以反馈到 S_1。

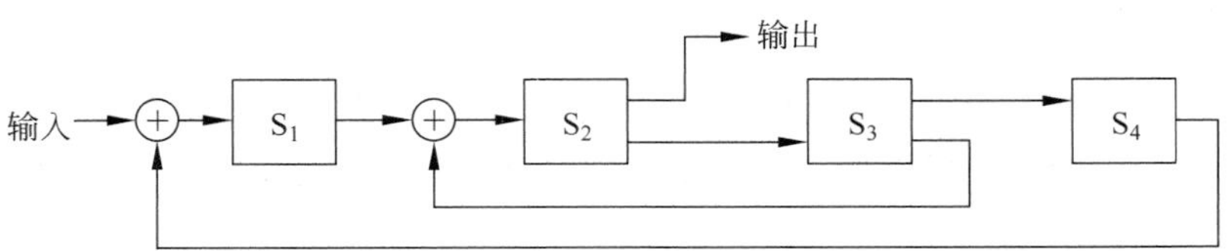

图 8.28　非线性流水线举例

非线性流水线常用于递归或组成多功能流水线。在非线性流水线中，一个重要的问题是确定什么时候向流水线引进新的任务，才能使该任务不会与先前进入流水线的任务发生争用流水段的冲突。这就是所谓的非线性流水线的调度问题。

5. 顺序流水线与乱序流水线

根据流水线中任务流入和流出的顺序是否相同，可以把流水线分为以下两种。

(1) 顺序流水线。在顺序流水线中，流水线输出端任务流出的顺序与输入端任务流入的顺序完全相同。每一个任务在流水线的各段中是一个跟着一个顺序流动的。

(2) 乱序流水线。在乱序流水线中,流水线输出端任务流出的顺序与输入端任务流入的顺序可以不同,允许后进入流水线的任务先完成。这种流水线又称为无序流水线、错序流水线。

通常把指令执行部件中采用了流水线的处理机称为流水线处理机。如果处理机具有向量数据表示和向量指令,则称为向量流水处理机,简称向量机;否则就称为标量流水处理机。

8.7.2 流水线的性能指标

衡量流水线性能的主要指标有吞吐率、加速比和效率。

1. 流水线的吞吐率

流水线的吞吐率 TP 是指在单位时间内流水线所完成的任务数量或输出结果的数量。

$$\mathrm{TP}=\frac{n}{T_{\mathrm{k}}} \tag{8.1}$$

式中,n 为任务数;T_{k} 是处理完 n 个任务所用的时间。该式是计算流水线吞吐率最基本的公式。

2. 流水线的加速比

流水线的加速比是指使用顺序处理方式处理一批任务所用的时间与使用流水线处理方式处理同一批任务所用的时间之比。设顺序执行所用的时间为 T_{s},按流水线方式处理所用的时间为 T_{k},则流水线的加速比为:

$$S=\frac{T_{\mathrm{s}}}{T_{\mathrm{k}}} \tag{8.2}$$

3. 流水线的效率

流水线的效率即流水线设备的利用率,它是指流水线中的设备实际使用时间与整个运行时间的比值。由于流水线有通过时间和排空时间,因此在连续完成 n 个任务的时间内,各段并不是满负荷地工作。

8.7.3 一条经典的 5 段流水线

在 8.5 节中,给出了简化了的 MIPS 机的一个 5 个时钟周期实现方案。这 5 个时钟周期依次为取指令周期(IF)、指令译码/读寄存器周期(ID)、执行/有效地址计算周期(EX)、存储器访问/分支完成周期(MEM)、写回周期(WB)。在这个实现方案中,分支指令和 store 指令需要 4 个周期,其他指令需要 5 个周期才能完成。在追求更高性能的方案中,可以把分支指令的执行提前到 ID 周期完成,这样分支指令只需要两个周期。不过,为了实现这一点,需要增设一个专门用于计算转移目标地址的加法器。

把上述实现方案改造为流水线实现是比较简单的，只要把上面的每一个周期作为一个流水段，就构成了如图 8.29 所示的 5 段流水线，改造后的数据通路如图 8.30 所示。

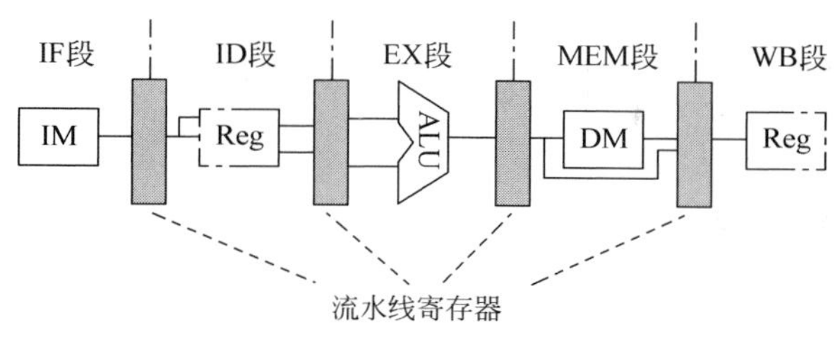

图 8.29　一条经典的 5 段流水线

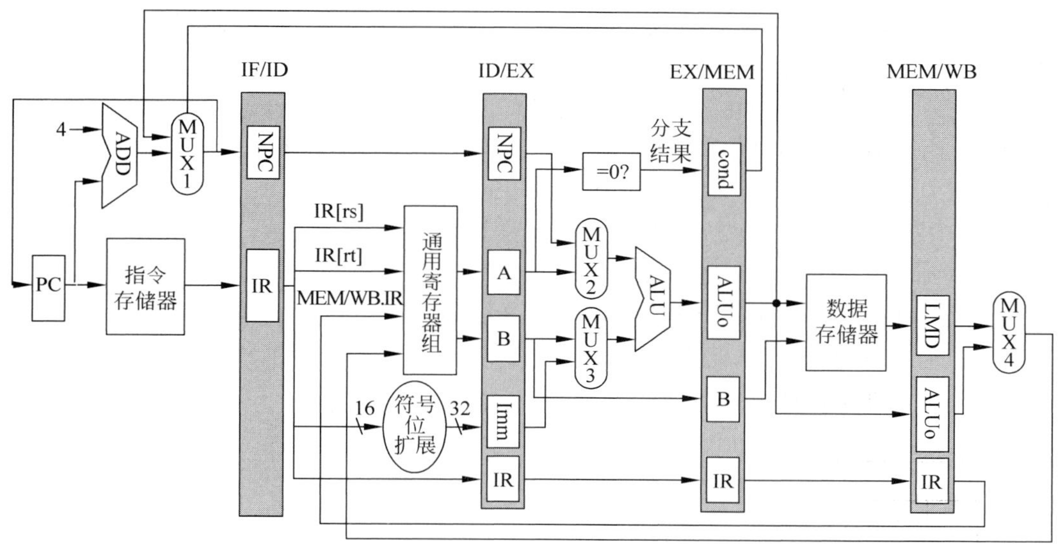

图 8.30　MIPS 流水线的数据通路

这里主要进行了以下变动。

(1) 设置了流水寄存器。在段与段之间设置了流水寄存器。流水寄存器的作用如下。

① 将各段的工作隔开，使得它们不会互相干扰。流水寄存器是边沿触发写入的，这点非常重要。

② 保存相应段的处理结果。

③ 向后传递后面将要用到的数据或者控制信息。随着指令在流水线中的流动，所有有用的数据和控制信息每个时钟周期会往后流动一段。当然，在传递过程中，只保存后面需要用到的数据和信息，丢弃不再需要的信息。

如果把 PC 也看成是 IF 段的流水寄存器，那么每个段都有一个流水寄存器，它位于该流水段的前面，提供指令在该段执行所需要的所有数据和控制信息。

(2) 增加了向后传递 IR 和从 MEM/WB.IR 回送到通用寄存器组的连接。

当一条指令从 ID 段流到 EX 段时，新的指令会进入 ID 段，冲掉 IF/ID 中的内容。所以指令中的有用信息必须跟着指令流动到 ID/EX.IR。以此类推，后面需要用到的指令信息要依次往后传递，直到 MEM/WB.IR，其中的目标寄存器地址回送到通用寄存器组，用于实现结果回写到通用寄存器组。实际上，除了传递 IR 之外，还增加了其他一些数据的传递连接。

(3) 将对 PC 的修改移到了 IF 段，以便 PC 能及时地加 4，为取下一条指令做好准备。

8.8 经典微处理器

8.8.1 Intel 80386/80486

80386 是 Intel 公司于 1985 年推出的 32 位的微处理器芯片。它的出现标志着微型计算机进入 32 位时代，4 年后 Intel 公司又推出了 80486。它基本上沿用了 80386 的体系结构，相当于一个增强型的 80386、一个浮点处理部件、一个高速缓存(Cache)的集成。到 1993 年为止，80486 是 32 位微机中最主要的 CPU 芯片，其主要性能如下。

(1) 采用 5 级流水线，运算速度约为 20MIPS。

(2) 字长 32 位，系统总线的数据通路宽度为 32 位。

(3) 高速缓存容量为 8KB。

(4) 32 位地址，可直接寻址的物理存储空间为 4GB(4×10^9 字节)。

(5) 具有存储管理部件，使虚拟存储空间(逻辑地址空间)可达 64TB(64×10^{12} 字节)。

80486 的内部结构如图 8.31 所示。

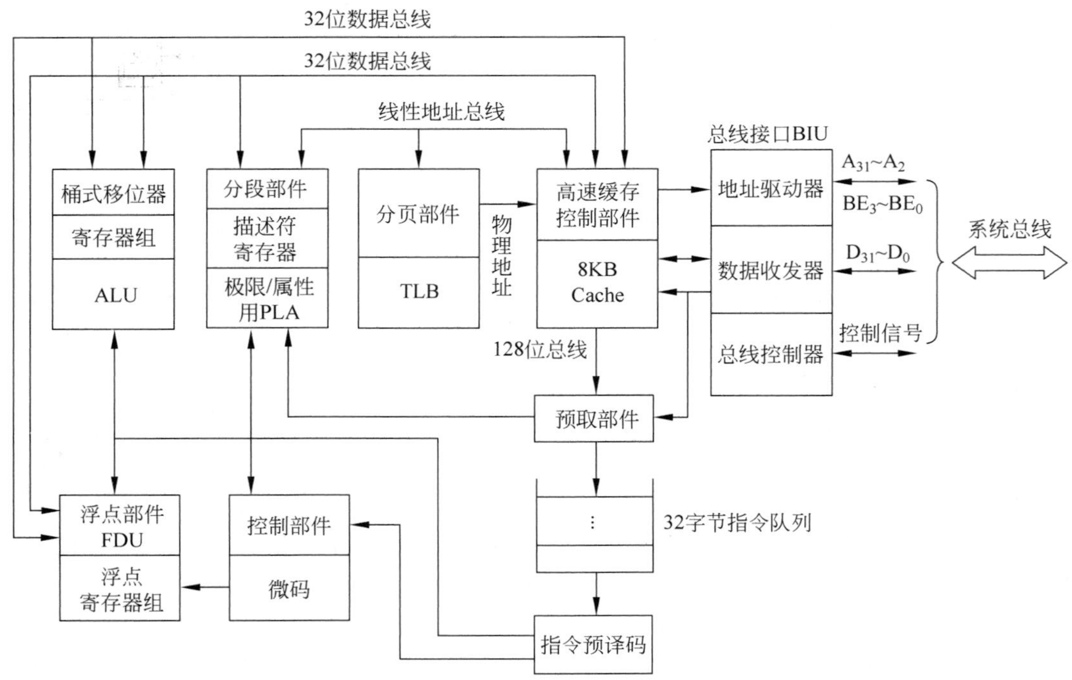

图 8.31　80486 内部结构框图

(1) 通用寄存器。共有8个32位通用寄存器,分别命名为EAX、EBX、ECX、EDX、ESI、EDI、EBP、ESP。它们的低16位可以单独访问,又可进一步分为高位字节与低位字节单独访问。

(2) 段寄存器与描述寄存器。80386/80486设置了6个16位段寄存器,分别是代码段寄存器CS、数据段寄存器DS、堆栈段寄存器SS、附加段寄存器ES、FS、GS。

有6个描述寄存器用于存放描述符,描述符描述各段的基址、上限和其他属性。这些段描述符构成了全局描述符表(GDT)和局部描述符表(LDT)。段寄存器(选择器)中的内容用来说明该段的描述符在哪个表中,序号是多少及特权的高低。

(3) 用于控制与调试的一组寄存器。

(4) 总线接口部件BIU。BIU包含地址驱动器、数据总线收发器、总线控制器,提供CPU与系统总线之间的高速接口。

(5) 指令部件。指令部件包含指令预取部件、指令队列(32字节)、指令预译码以及产生微命令的控制部件。80386采取微程序控制方式,80486采取硬连逻辑控制与微程序控制方式相结合,并部分采用了RISC技术,以提高速度。在80486中,一些基本指令,如加减、取数、存数等,由硬连逻辑执行,可在一个时钟周期内完成。而一些复杂指令则仍由微程序实现。

(6) 执行部件。执行部件包含8个32位通用寄存器、1个64位的桶式移位器及1个包含乘除功能的ALU。桶式移位器可在一个时钟周期内实现任意位数的移位。

(7) 浮点处理部件。与80386比,80486芯片内增加了一个浮点处理部件FPU,有效地提高了浮点运算的速度。它主要由运算控制单元、浮点寄存器组、浮点运算器等组成。

(8) 高速缓存部件。80486在片内设置了一个8KB的混合式高速缓存(Cache),用于存放CPU近期用到的指令和数据,其命中率为92%。在高速缓存与指令预取部件之间有128位宽的代码总线,这就防止了一般CPU常有的总线瓶颈问题。高速缓存与两个运算部件之间有两组32位数据总线,也可合并为一组64位总线,以增加内部数据总线的传输能力。

(9) 存储管理部件(MMU)。存储管理是操作系统的重要功能之一。MMU在硬件上对存储管理提供支持,使存储管理操作得以快速实现。存储管理部件包括分段部件、分页部件以及TLB。TLB(Translation Lookaside Buffer,变换旁查缓冲器,也称为快表)用于存放最近用到的页面项。

8.8.2 Pentium微处理器

Pentium微处理器是Intel 80x86系列微处理器的第五代产品,其性能比它的前一代产品又有较大幅度的提高,但仍保持与8086、80286、80386、80486兼容。Pentium微处理器芯片规模比80486芯片大大提高,除了基本的CPU电路外,还集成了16KB的高速缓存和浮点协处理器。芯片引脚增加到了270多个,其中外部数据总线为64位,在一个总线周期内,数据传输量比80486增加了一倍;地址总线为36位,可寻址的物理地址空间高达64GB。Pentium微处理器具有比80486更快的运算速度和更高的性能。微处理器的工作时钟频率可为66~200MHz。在66MHz频率下,指令平均执行速度为112MIPS,与相同工作频率下的80486相比,整数运算性能提高一倍,浮点运算性能提高近4倍。常用的整数运算指令与浮点运算指令采用硬件电路实现,不再使用微程序解释执行,使指令的执行速度进一步加快。Pentium微处理器还是第一个实现系统管理方式的高性能微处理器,它能很好地实现微机系统的能耗和安全管理。

Pentium微处理器之所以有如此高的性能,在于该微处理器体系结构采用了一系列新的设计技术,如双执行部件、超标量体系结构、集成浮点部件、64位数据总线、指令动态转移预测、回写数据高速缓存、错误检测与报告等。Pentium微处理器的功能结构如图8.32所示。

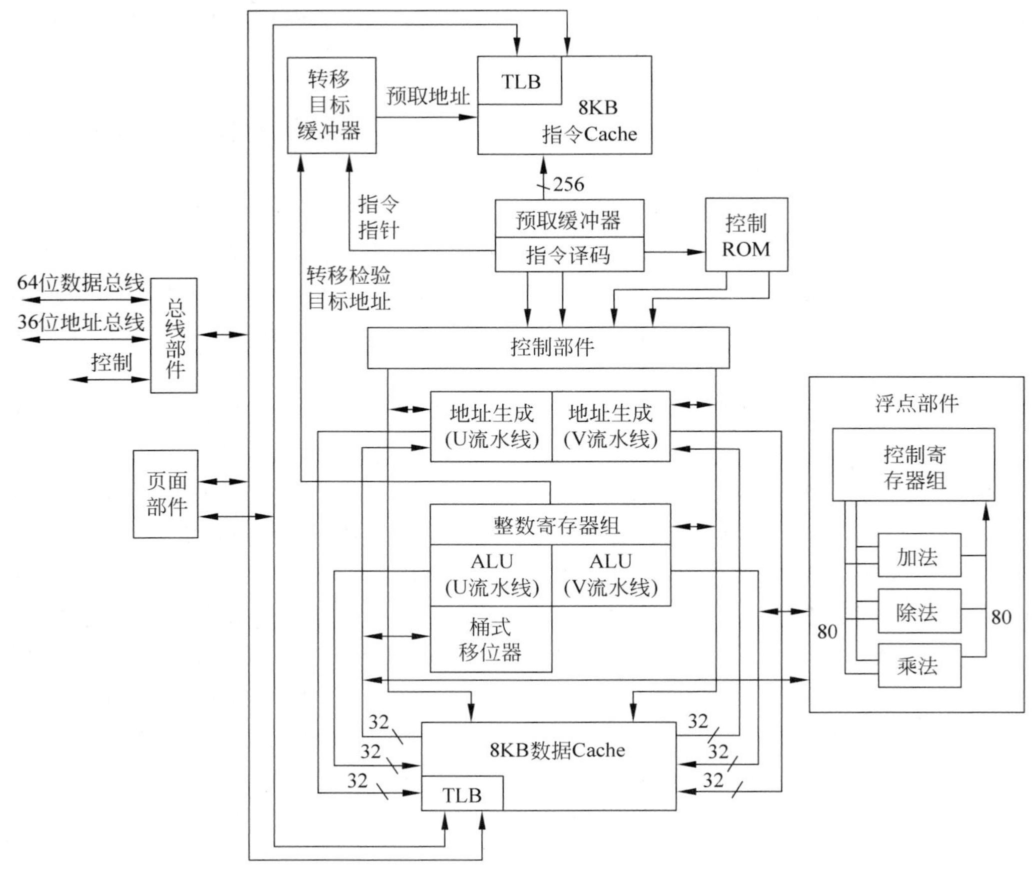

图8.32　Pentium微处理器的功能结构图

(1) 超标量体系结构。

Pentium微处理器具有3条指令执行流水线:两条独立的整数指令流水线(分别称为U流水线与V流水线)和一条浮点指令流水线。两条整数指令流水线都拥有它们独立的算术逻辑运算部件、地址生成逻辑和高速数据缓存接口。每个时钟周期可以同时执行两条指令,因而相对同一频率下工作的80486来说,其性能几乎提高了一倍。我们把这种能一次同时执行多条指令的处理器结构称为超标量体系结构。

(2) 浮点指令流水线与浮点指令部件。

Pentium微处理器的整数指令流水线与80486相似,也具有指令预取、指令译码、生成地址和取操作数、指令执行、写操作数等5级。每一级处理需要一个时钟周期。当流水线装满时，指令流水线以每个时钟周期一条指令的速率执行。

浮点指令流水线具有8级指令执行流水线，实际上是U流水线的扩充。U流水线的前4级用来准备一条指令，浮点部件中的后4级执行特定的浮点运算操作并报告执行错误。此外在浮点部件中，对常用的浮点指令(加、减、除)采用专用硬件电路执行，而不像其他指令由微程序来执行。因此，大多数浮点指令都可以在一个时钟周期内完成，这比相同频率下的80486浮点处理性能提高了4倍。

(3) 指令转移预测部件。

大多数情况下，程序指令的执行是一条指令接着一条指令顺序执行的。指令流水线正是利用了这个特点，在同一时刻内，多个部件同时操作并形成流水线，这样可提高指令执行的吞吐量。但是程序中有时也有转移执行情况，即下一条指令需从另一存储区获取并执行，转移执行指令会冲掉流水线已有的内容，并重新装载指令流水线，这样会降低流水线效率和指令执行速度。如果微处理器知道何时发生转移和转移的目标地址，就可不暂停流水线的操作，处理器执行速度才不会降低。

Pentium微处理器提供了一个小型的1KB缓存，称为转移目标缓冲器(BTB)，用来预测指令转移。它用来记录正在执行的程序最近所发生的几次转移，这就好像一张指令运行路线图，指明转移指令很可能会引向何处。BTB将进入流水线的新指令与它所存储的有关转移的信息进行比较，以确定是否将再次转移。如果找到一次匹配(BTB的特征位命中)，就产生一个目标地址，提前指出要发生的转移。如果预测正确，就立即执行程序转移，这样就不需要计算下一条指令的地址，而且可防止指令流水线停顿。反之，如果预测错误，将冲掉流水线中的内容，重新取入正确的指令，但这会有4个时钟周期的时延。程序的局部性原理使得转移预测部件在大多数情况下能够正确预测，这就足以将处理的性能提高不少。

(4) 数据和指令高速缓存。

Pentium芯片内部有两个超高速缓存存储器，一个是8KB的数据高速缓存，另一个是8KB的指令高速缓存，它们可以并行操作。这种分离的高速缓存结构可减少指令预取和数据操作之间可能发生的冲突，提高微处理器的信息存取速率。

数据高速缓存除具有80486高速缓存的通写方式外，还增加了数据回写方式，即高速缓存数据修改后不是立即写回主存，而是推迟到以后写入。这种延迟写入主存的方式减少了片内高速缓存与主存交换信息所占用的系统总线的时间，这对于多处理器共享一个公共的主存时特别有价值。当然，具有回写方式的数据高速缓存需要更复杂的高速缓存控制器。

(5) Pentium的内部寄存器。

Pentium微处理器对80486的寄存器做了如下扩充。EFLAGS标志寄存器增加了两位：VIF(位19)、VIP(位20)，它们用于控制Pentium虚拟8086方式扩充部分的虚拟中断。控制寄存器CR0的CD位和NW位被重新定义以控制Pentium的片内高速缓存，并新增了CR4控制寄存器对80486结构进行扩充。EFLAGS还增加了几个模式专用寄存器，用于控制可测试性、执行跟踪、性能检测及其检查错误等。

8.8.3 Alpha微处理器

数字设备公司(DEC)在20世纪60年代后期推出的PDP-11系列，曾是当时最具代表性的16位小型机,至今仍在许多教科书中作为一种背景机型,用来阐明指令系统组成等基本原理。

1977年,DEC公司开始推出32位的超级小型机VAX-11系列,继续作为32位小型机的"首席"代表。随着微处理器技术(存取速率、访存空间、字长)的迅速发展,传统的VAX-11技术已显落后。因此,DEC公司于1992年推出了一种64位的高速RISC微处理器芯片Alpha,一方面用它构造64位的工作站,另一方面用来改造传统的VAX-11系列高档机。由于Alpha的高性能和具有继续扩展的结构潜力,甚至最著名的巨型机制造者CRAY公司也尝试用多个Alpha芯片改造其巨型计算机。因此,选择它作为第四代典型微处理器加以简略介绍。

Alpha芯片的内部结构框图如图8.33所示,其主要性能如下。

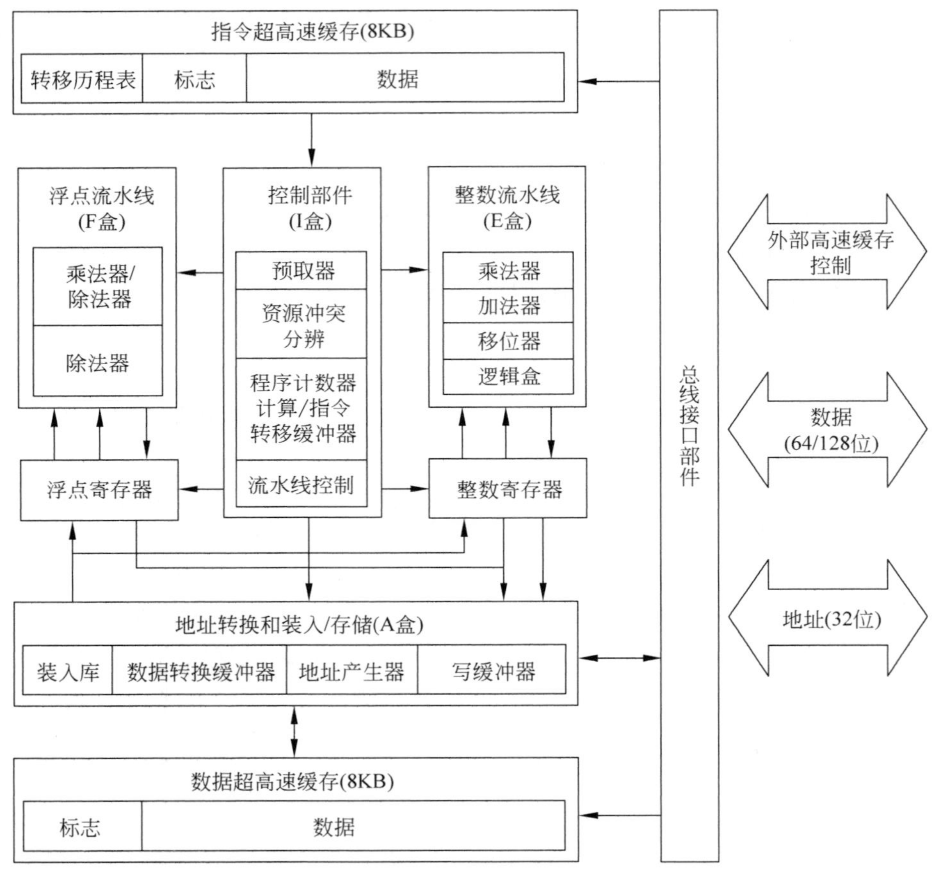

图8.33 Alpha芯片的内部结构框图

① 32位物理地址,可直接寻址的物理存储空间为4GB。

② 64位虚拟地址,使虚拟存储空间可达16×1024PB。

③ 分别有8KB的指令超高速缓存与8KB的数据超高速缓存。

④ 字长64位,外部数据通道64/128位。

⑤ 片内时钟频率为200MHz,外部时钟频率为400MHz,峰值速度为400MIPS。

1. 片内超高速缓存

片内分设两个超高速缓存：一个用于指令缓存，包含指令转移历史表、标志与指令代码（泛称为数据），命中率很高；另一个用于数据缓存。相对于 80486，Alpha 的片内高速缓存能力更强，还允许在片外配置高速缓存。

2. 3 个功能部件

（1）整数部件，称为 E 盒，即常规定点运算部件，包含加法器、乘法器、移位器、逻辑运算部件（除法运算可转化为乘法进行）。

（2）浮点部件，称为 F 盒，即浮点运算器，包含加法器、乘法器和专门的浮点除法器。

（3）地址转换和装入/存储部件，称为 A 盒，负责将整数/浮点数装入整数寄存器/浮点寄存器，或者将寄存器中的数据写入数据超高速缓存。

3. 控制部件

控制部件称为 I 盒，同时采用了流水线技术与超标量技术，Alpha 采用多级流水线，并分设整数流水线与浮点流水线两条流水线，从预取指令，到进行资源冲突的分析，通过流水线控制，使指令按流水线处理方式执行。超标量技术指可以同时执行几条数据无关联的指令，Alpha 在一个时钟周期内可以并行执行两条 32 位长指令，它可将两条指令分配到功能部件中去执行（整数存储和浮点操作，或者浮点存储和整数操作不能同时执行）。

4. 总线接口部件

总线接口部件的基本功能与前述几种 CPU 相似，但 Alpha 的总线接口部件运行用户配置 64 位或 128 位的外部数据总线，调整所需要的外部超高速缓存容量和访问时间，控制总线接口部件的时钟频率，使用 TTL 电平或是 ECL 电平。

Alpha 的结构可扩展性很好，现正发展为一种系列。其低档芯片已进入个人计算机领域，而高档芯片发展潜力很大。DEC 公司乐观地认为，这一系列可望有 25 年的生存期，未来的 Alpha 芯片可以并行地执行更多条指令，其性能将提高 1000 倍，运算速度可望高达每秒执行 4000 亿条指令。

习题 8

8.1　简述 CPU 的主要功能。

8.2　设计 CPU 中的控制器的技术有哪两种？简述其思想。

8.3　控制器由哪几部分构成？每一部分的主要功能是什么？

8.4　控制器的控制方式通常分为哪两种实现方法？各有何优缺点？

8.5　用图示说明指令周期、节拍、脉冲之间的关系。

8.6　写出表 8.5 真值表中其他输出控制信号的表达式。

8.7　为什么现在的中央处理机多采用单周期的设计方案？

8.8 对图8.14的设计方案作如下修改。

(1) 把指令存储器IM和数据存储器DM合并为一个存储器MM。

(2) 去掉计算PC+4的加法器,而让ALU来代替它完成PC+4的工作。

请完成以下设计工作。

(1) 画出新的数据通路。

(2) 写出类似于表8.5的操作表。

(3) 画出类似图8.21的状态图。

(4) 写出各控制信号的逻辑表达式。

8.9 解释下列术语:

流水线技术	通过时间	排空时间	部件级流水线
指令流水线	系统级流水线	单功能流水线	多功能流水线
静态流水线	动态流水线	线性流水线	非线性流水线
顺序流水线	乱序流水线	吞吐率	流水线加速比
流水线的效率			

8.10 简述流水线技术的特点。

8.11 在一条单流水线多操作部件的处理机上执行下面的程序,取指令、指令译码各需一个时钟周期,MOVE、ADD和MUL操作各需要2个、3个和4个时钟周期。每个操作都在第一个时钟周期从通用寄存器中读操作数,在最后一个时钟周期把运算结果写到通用寄存器中。

```
K:      MOVE  R1,R0         ; R1←(R0)
K+1:    MUL   R0,R2,R1      ; R0←(R2)*(R1)
K+2:    ADD   R0,R3,R2      ; R0←(R2)+(R1)
```

画出指令执行的流水线时序图,并计算执行完3条指令共使用了多少个时钟周期。

第 9 章　微程序控制器

前面论述的组合逻辑控制器存在两个比较突出的缺点：①设计复杂、烦琐，缺乏规律性，设计效率低。特别是当指令系统比较复杂时，这个问题就更加突出；②不易修改和扩充，缺乏灵活性。组合逻辑控制器在其印制电路板生产出来后，想要进行修改或扩充指令系统，几乎是不可能的。

微程序技术能很好地解决上述问题。微程序的概念和原理是英国剑桥大学的 M. V. Wilkes 教授于 1951 年提出的。目前已广泛应用于各种计算机的设计。当然，微程序技术也不是没有缺点。其主要的缺点是速度比较慢。所以 RISC 计算机一般不采用微程序技术，而仍旧采用传统的硬连逻辑设计。这也是因为 RISC 的指令系统比较简单，用组合逻辑实现控制器还不至于太复杂。

9.1　微程序控制的基本原理

微程序的基本思想是比较简单的，它实际上就是用二进制编码字（称为微指令字）来代替组合逻辑控制器中的微操作控制信号的产生。也就是说，把产生微操作控制信号的电路去掉，而改用一条微指令字代替之，并把微指令字中的每一位与相应的控制信号相连。如果用“1”表示进行相应的微操作，“0”表示不进行操作，则图 9.1 中的微指令字所对应的微操作集合为：{PC+4，读指令}（假设其他各位都是 0）。把在一条指令的执行过程中各节拍要进行的微操作集合都用一个微指令字来表示，然后把它们按节拍的先后顺序存放到一个特殊的存储器中。该存储器称为控制存储器（CM）。执行该指令时，只要按顺序把这些微指令字依次读到寄存器中，并在该寄存器中存放与节拍宽度相同的时间。那么从外部来看，它产生的微操作控制信号与组合逻辑控制器产生的信号是相同的。

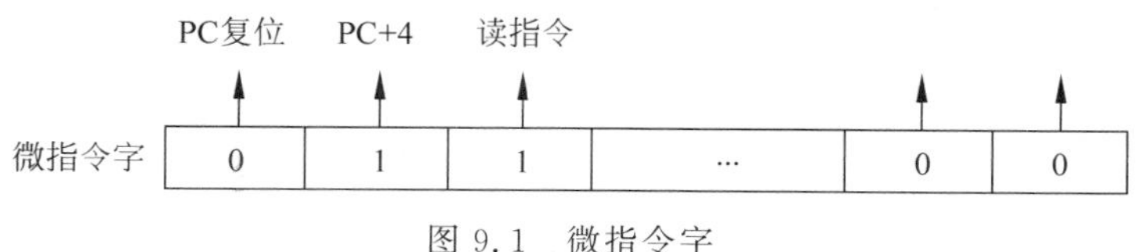

图 9.1　微指令字

微程序控制的实质是用程序设计的思想方法来组织操作控制逻辑，用规整的存储逻辑来代替繁杂的组合逻辑。

在详细地讨论微程序控制器之前，先介绍几个基本概念。

（1）微命令和微操作。微命令是构成控制信号序列的最小单位。例如，打开或关闭某个控制门，多路器选择哪个输入等。微命令由控制部件通过控制线向执行部件发出。

微操作则是指执行部件接收微命令后所进行的最基本的、不可再细分的操作。微操作可分为相容的微操作和互斥的微操作两种。相容的微操作是指可以同时进行的微操作,而互斥的微操作则是指不能同时进行的微操作。

(2) 微指令和微程序。微指令是指用来产生微控制信号的二进制编码字。用于控制完成一组微操作。其字长取决于系统中有多少个微操作和采用什么编码。

微程序是指由一系列微指令构成的有序集合。在采用微程序控制的机器中,每一条机器指令都对应于一段微程序,通过解释执行这段微程序,完成指令所规定的操作。

(3) 微指令周期。微指令周期是指微程序控制器的工作周期。在不考虑重叠执行的情况下,它的时间长度一般是取从控制存储器读取一条微指令到执行完相应的微操作所需时间的最大值。

9.2 微程序控制器的组成与工作过程

图9.2是Wilkes微程序控制器的原理图。图中的左边部分与组合逻辑控制器中的并无两样,它们的主要区别在于微操作控制信号形成部件不同。它用规整的存储逻辑取代了组合逻辑控制器中复杂的逻辑网络。微程序控制器主要由以下几部分组成。

(1) 控制存储器(CM)。控制存储器简称控存,用于存放实现整个指令系统的所有微程序。其中的每个单元存放一个微指令字。图9.2中的每条横线表示一个单元,其中每个交叉点表示微指令的一位,有“\”表示该位为1,否则为0。由于一般计算机的指令系统是固定的,因此控制存储器可以用只读存储器实现。由于每个时钟周期都要从控存读取微指令,因此其速度对整个计算机系统的性能有很大的影响。从这一点来看,必须用快速存储器实现CM。

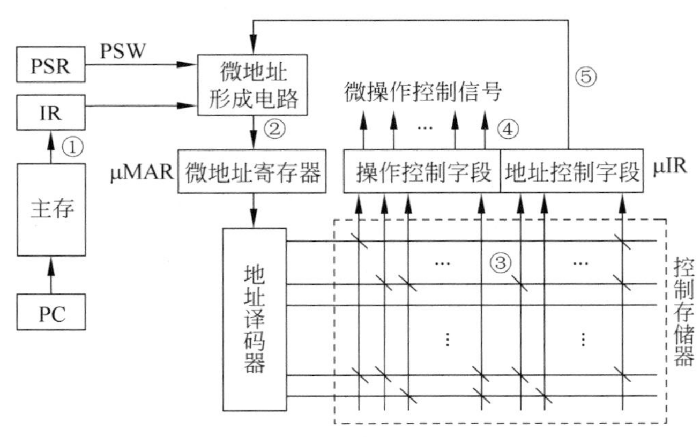

图9.2　Wilkes微程序控制器原理图

(2) 微指令寄存器μIR。微指令寄存器用来存放从控存读出的当前微指令。微指令中包含两个字段:操作控制字段和地址控制字段。操作控制字段直接与控制信号线连接,控制相关的部件完成微指令所规定的微操作。地址控制字段则用于控制下一条微指令地址的产生。

(3) 微地址形成电路。该电路根据地址控制字段中的信息产生后续微地址。这个微地址可以是连续的下一个地址，也可能是跳转的地址。当要开始执行一条新的机器指令时，该电路将根据该指令的操作码形成其相应微程序的入口地址。

(4) 微地址寄存器 μMAR。微地址寄存器接收微地址形成电路送来的地址，为读取下一条微指令做好准备。

(5) 地址译码器。它将 μMAR 中的微地址进行译码，找到被访问的控存单元，将其中的微指令读出并存放于 μIR 中。

下面通过一条机器指令的执行过程来说明微程序控制器的工作过程(假设其微程序已经在控存中准备好)。

① 启动取指微程序，把要执行的机器指令(其地址由 PC 给出)从主存取到指令寄存器 IR 中，并完成对 PC 的增量操作(参照图 9.2 中的①)。

② 根据 IR 中指令的操作码，微地址形成电路产生该指令的微程序的入口地址，并送入 μMAR。

③ μMAR 中的微地址经过译码，从控存中读取相应的微指令，送入 μIR。

④ μIR 中微指令的操作控制字段直接(或经过译码)产生一组微命令，送往相应的功能部件，控制它们完成所规定的微操作。

⑤ 微地址形成电路根据 μIR 中微指令的地址控制字段和机器的状态信息，如程序状态字(PSW)，产生下一条微指令的地址并送往 μMAR。

⑥ 重复上述步骤③～⑤，直到该机器指令的微程序全部执行完毕。

9.3　微程序设计技术

前面已经论述了微程序控制器的基本原理。下面进一步来讨论微程序设计中的几个关键问题，包括微指令编码方法，微指令的格式，微程序的顺序控制方法，以及微指令的执行方式。

9.3.1　微指令的编码方法

在设计微指令结构时，我们追求的目标是：减少微指令的宽度，减少微程序的长度，提高执行速度，保持微程序设计的灵活性。一条微指令由两部分构成：微操作控制字段和地址控制字段。本小节先讨论如何对微操作控制字段进行编码。

对微操作控制字段进行编码的方法有 4 种：直接控制编码、最短字长编码、分段直接编码、分段间接编码。

1. 直接控制编码法

在这种编码法中，微操作控制字段的每一位直接对应一个微操作。当某位为 1 时，就表示执行相应的微操作；为 0 时就不执行该微操作。由于这种方法不需要译码，因此也称为不译码法，如图 9.3 所示。

这种编码法的优点是结构简单，并行性最好，操作速度快。其缺点是微指令字太长。显

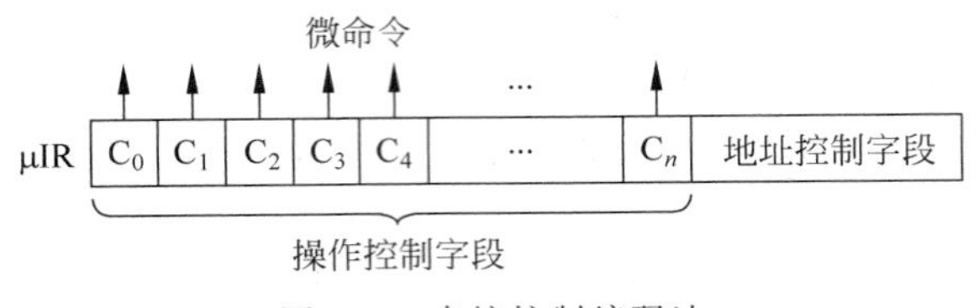

图9.3　直接控制编码法

然，机器中有多少个微操作，该字段就有多少位。在实际机器中，微操作的个数往往有几百个，这么长的字长显然是无法忍受的。所以这种方法只用于微操作数量少或者对速度要求特别高的系统，或者是与其他方法联合使用，仅有部分位采用直接编码法。

2. 最短字长编码法

顾名思义，最短字长编码法是使微指令字长最短，它与上述直接控制编码法正好构成两个极端，一个字长最长，另一个字长最短。这种方法是将所有的微命令进行统一的二进制编码，每条指令只定义一个微操作。执行按这种方法编码的微指令时，需对整个微操作控制字段进行译码，产生相应的一组微命令，如图9.4所示。

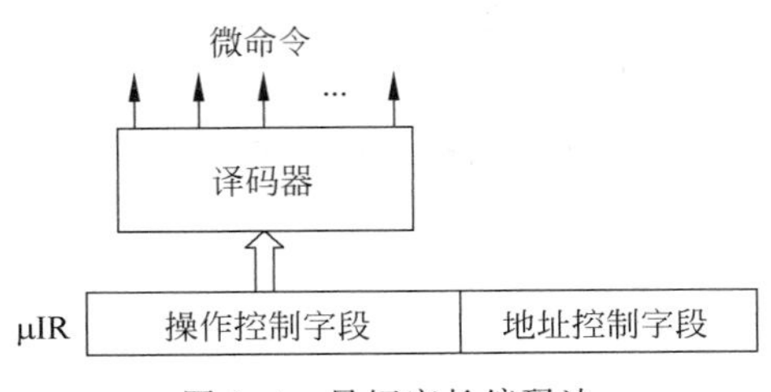

图9.4　最短字长编码法

采用这种编码法时，微操作控制字段的长度 L 与微命令的总数 N 的关系为：

$$L \geqslant \log_2 N$$

最短字长编码法的优点是微指令的字长最短，但要经过译码后才能得到所需要的微命令，执行速度会受到影响。另外，在一条微指令中只能产生一个微命令，无法利用硬件所具有的并行性。所以这种方法在实际中很少采用。

3. 字段直接编码法

这种方法是把微操作控制字段进一步划分为若干字段，每个字段单独编码，每个码点表示一个微命令。这样，在一条微指令中，每个字段(地址控制字段除外)都能表示一个微命令，多个字段就能实现微操作的并行执行，如图9.5所示。实际上，这种编码法是把上面两种方法结合起来形成的折中方案：字段之间采用直接控制，而字段内部则采用最短字长编码。

进行字段划分时，需要注意以下原则。

(1) 可以按功能和部件划分，对于机器中的每一种功能类型或每一个部件，分配一个字段。

(2) 把互斥的微操作分在同一字段，把相容的微操作分到不同的字段。

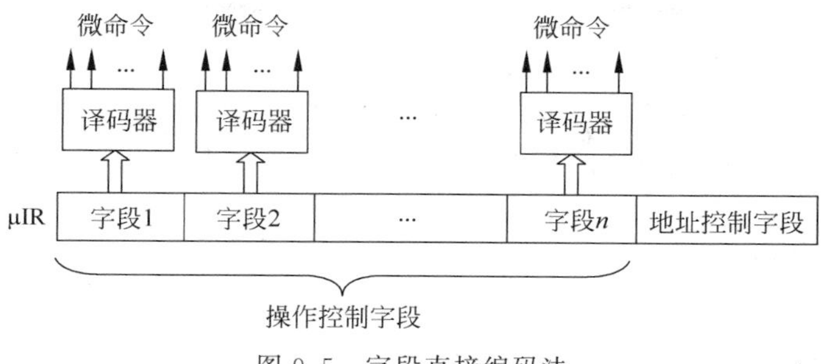

图 9.5 字段直接编码法

(3) 字段的划分应与数据通路相适应。

(4) 一般每个字段应留出一个码点,用于表示不发任何微命令。

字段直接编码已经得到了广泛的应用(例如 IBM370 系列机采用了这种编码法),这是因为它既能缩短微指令字长,又能实现较高的并行性,执行速度比较快。

4. 字段间接编码法

这种编码法是在上面字段直接编码的基础上,进一步缩短微指令字长的一种方法。所谓"间接"是指字段的编码的含义(即表示什么微命令)要由另外一个字段的编码来解释确定。当然,一个解释字段要同时对多个字段进行控制(解释),才能有效地缩短字长。解释字段应有某些分类的特征,如指出是二进制运算还是十进制运算等。图 9.6 是这种编码法的示意图。

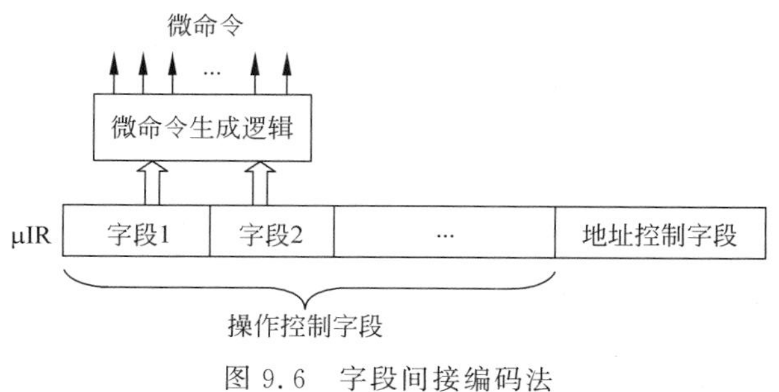

图 9.6 字段间接编码法

5. 常数源字段的设置

在微指令中,一般设有常数源字段。它跟机器指令中的立即数一样,是用来提供常数的,为微程序设计者提供方便。如给计数器置初值,参与某些运算等。它的另一个用途是参与其他字段的间接编码。

9.3.2 微指令格式

微指令格式的设计是微程序设计的主要部分,它直接影响微程序控制器的结构和微程序的编制,也直接影响计算机的速度和控存的容量。不同机器的微指令格式相差可能比较大,但总体上可以分为两大类: 水平型微指令和垂直型微指令。

1. 水平型微指令

水平型微指令是指一次能定义并执行多个微操作的微指令。这个定义比较笼统,无法精确定义。下面用水平型微指令的特点来进一步说明。一般来说,水平型微指令具有以下特点。

(1) 微指令字较长,一般为几十位到上百位,例如 VAX-11/780 机的微指令字长为 96 位。

(2) 微指令中描述并行微操作的能力强,在一个微周期中,能并行执行多个微操作。显然,数据通路并行性强的机器宜采用这种类型的微指令。

(3) 微指令译码简单,一般采用直接控制编码法和分段直接编码法。微命令与数据通路各控制点之间有比较直接的对应关系。

采用水平型微指令编制的微程序具有并行操作能力强、执行速度快、代码长度短的优点。其缺点是微指令字比较长,明显增加了控存的宽度。另外,水平型微指令与机器指令的差别比较大,一条微指令中要编码的微命令又多,所以编制这种微程序比较复杂,难度较大,也不易实现设计的自动化。

2. 垂直型微指令

还有一种与水平型微指令差别很大的微指令,一次只能定义一两个微操作(一般是数据传送),而且微指令字长比较短。这就是垂直型微指令。例如,一条垂直型运算操作的微指令的格式,如图 9.7 所示。

μOP	源寄存器 1	源寄存器 2	目的寄存器	其他

图 9.7 垂直型运算操作的微指令的格式

其中 μOP 是微操作码。该微指令描述的是:把两个源寄存器中的内容进行 μOP 所规定的操作,结果存入目的寄存器字段所指定的寄存器中。

垂直型微指令具有以下特点。

(1) 微指令字短,一般为一二十位。

(2) 微指令的并行微操作能力差,一条微指令只能控制数据通路的一两种信息传送。

(3) 与机器指令类似,垂直型微指令是通过一个称为微操作码的字段来定义微指令的基本功能和信息传送路径。执行时,需进行完全译码,译码比较复杂。

(4) 微指令的各二进制位与数据通路的各个控制点之间完全不存在直接对应关系。

采用垂直型微指令编制微程序的主要优点是直观、规整,易于编制微程序和实现设计自动化。而且由于微指令字比较短,控存的横向比较窄。并且可以直接应用现有程序设计语言的结果。其缺点是:用垂直型微指令编制的微程序比较长,而且垂直型微指令产生微命令要经过译码,程序执行速度慢。此外,它描述并行微操作的能力很差,不适合用于数据通路有较多并行性的机器。

以上两种类型的微指令格式是各有优缺点。实际使用中,经常是兼顾两者的优点,设计出混合的方案,以达到既不采用太长的字长,又具有一定并行控制能力的目的。

9.3.3 微程序的顺序控制

如前所述，在采用微程序控制的计算机中，机器指令的执行是通过一段微程序的解释执行来实现的(这一层次的工作是在计算机层次结构中的最底层)。当要开始执行一条机器指令时，微程序控制器需要知道该指令所对应的微程序的入口地址(也称初始微地址)，以便跳转过去执行。而且，在微程序的执行过程中，微程序控制器也要能形成下一条微指令的地址(称为后继微地址)。这就是微程序的顺序控制问题，有时也称为微程序地址控制问题。

1. 微程序入口地址的形成

计算机执行机器指令的第一步是把该指令从主存中取出，放到指令寄存器 IR 中。这一步是由公用的“取指令”微程序来完成的。该微程序一般存放在控存中第 0 号单元或其他指定的控存单元开始的一片控存区域中。这个地址是固定不变的。每当执行完一条机器指令后，微程序控制器都要执行该“取指令”公用微程序。

当把机器指令取到 IR 后，下一步就是根据 IR 中的操作码(简称 OP)，找到该指令所对应的微程序的入口地址。这实际上是一个从操作码到入口地址的映像问题，可以用以下方法来实现。

1) 直接对应法

当所有指令的操作码的位数和位置都相同时，可以采用直接对应法，即直接把操作码与微地址码的部分位对应。例如，可指定微地址为“Const|OP”，其中“|”表示拼接，OP 为操作码，Const 为一常数，它们都是二进制数。Const 可被看作微程序入口地址的基址，不同的操作码可被看作偏移量。这种办法不需要专门的硬件，只需用连线将对应的位直接连接即可。

由于操作码一般是连续编码的，因此直接对应过去的地址是连续的。也就是说，每个操作码对应过去的只有一个控存单元。因此该单元中存放的应该是一条跳转微指令，由它转移到真正的入口地址。当然也可以在上述拼接的微地址后面再拼接若干位 0(设为 n 位)，使得每个操作码在所对应的区域中有一片单元(2^n 个)可用。

如果操作码的位数和位置不固定，但在每一类指令中，操作码的位数和位置都是相同的，则可以采用两级分转，即先按指令类型转移，区分出是哪一类指令，然后再按上面的直接对应法分转到各指令的微程序入口地址。

2) 查表法

在操作码的位数或位置不固定的情况下，需要用专门的硬件实现操作码到入口地址的映像。通常采用查表法，即用 PLA 或 ROM 实现一个表格，该表格给出了各操作码所对应的微程序的入口地址。使用该表时，只要用操作码作为输入，就能在其输出端得到该指令的微程序入口地址。

2. 后继微地址的形成

每条微指令执行后，都要按要求形成后继微指令的地址。后继微地址的形成方法对于微程序编程的灵活性和微指令字长都有很大的影响。后继微地址的产生主要有两种方式：增量方式与断定方式。

1) 增量方式

这是采用类似于传统机器级程序计数器PC的机制，在微程序控制器中设置一个微程序计数器μPC。在顺序执行微程序时，通过给μPC增加一个增量(通常为1)来给出下一条微指令的地址。遇到转移时，由微指令给出转移目标的微地址。

采用这种方式的微指令格式如图9.8所示。

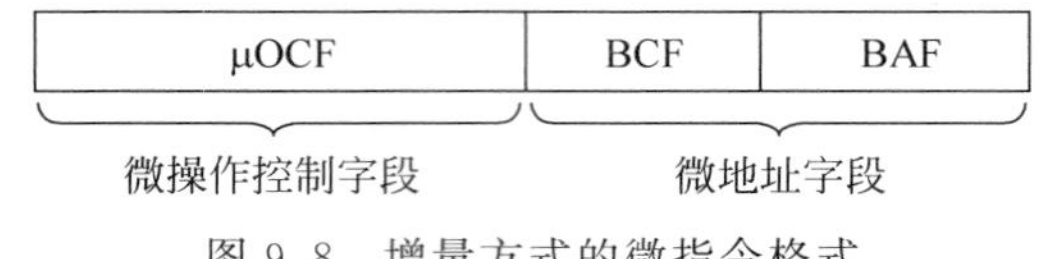

图9.8　增量方式的微指令格式

这里把微地址字段SCF分成了两个字段：转移控制字段BCF和转移地址字段BAF。BCF用于规定是顺序执行还是转移。如果是转移，就由BCF指出转移地址的来源。转移地址的来源有以下3种。

(1) 由BAF给出的地址。

(2) 机器指令所对应的微程序的入口地址。

(3) 微子程序入口地址和返回地址(存放在返回地址寄存器中)。

下面通过一个例子来进一步说明。假设BCF为3位，用于控制实现顺序执行、初始转移、无条件转移、条件转移、循环测试、转微子程序、微子程序返回等，如表9.1所示。图9.9是相应的微地址控制方式的原理框图。表9.1中，RR为微子程序返回地址寄存器。当执行转微子程序指令时，把返回地址(μPC+1)送入返回地址寄存器RR中，并将转移地址送入μPC中。当执行返回微指令时，将RR中的返回地址送入μPC，返回微主程序。

表9.1　转移控制字段

BCF	转移控制方式	测试条件	后继微地址及有关操作
000	顺序执行		μPC+1→μPC
001	初始转移		由操作码形成
010	条件转移	不成立	μPC+1→μPC
		成立	BAF→μPC
011	无条件转移		BAF→μPC
100	循环测试	不成立	μPC+1→μPC
		成立	BAF→μPC
101	转微子程序		μPC+1→RR,BAF→μPC
110	微子程序返回		RR→μPC
111	备用		

上述增量方式的顺序控制与传统程序的顺序控制很相似，其优点是SCF字段比较短，后继微地址生成逻辑比较简单，编制微程序也比较容易。其缺点主要是不能直接实现多路转移。当需要多路转移时，通常采用下面要介绍的断定方式。

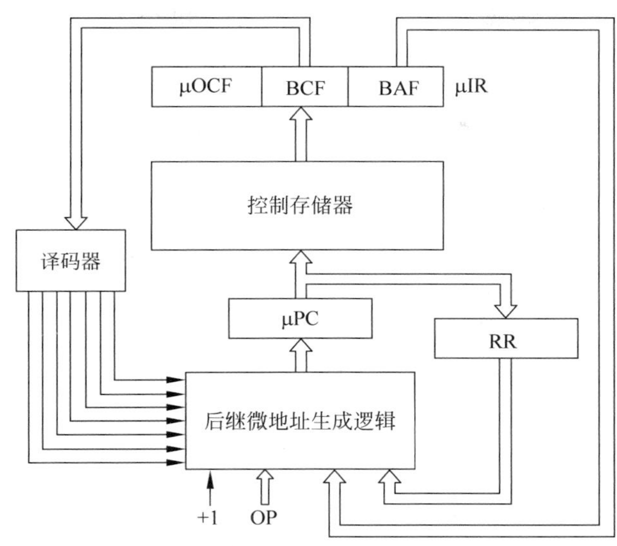

图 9.9　微地址控制方式的原理框图

2）断定方式

断定方式是指后继微地址可按以下方式确定：

(1) 由微程序设计者直接指定。

(2) 由微程序设计者指定的测试判别逻辑字段控制产生。

采用这种方式后，微指令在控制存储器中不再受按顺序存放的约束。在每条微指令的执行过程中，其后继微地址由其 SCF 字段直接生成。后继微地址生成的方式有两种：直接拷贝和测试生成。这时的 SCF 如图 9.10 所示。在直接拷贝方式中，后继微地址就是 MA。MA 的位数由控制存储器的容量决定。例如，对于 4K 字的控制存储器，其 MA 是 12 位。

图 9.10　采用断定方式时的 SCF

当采用测试生成方式时，后继微地址一般由两部分组成：非测试地址和测试地址。非测试地址截自 MA 的高位，它构成微地址的高位部分；而测试地址则是在微程序的执行过程中通过测试一些状态位而动态决定的，它构成微地址的低位部分。这种方式下的微地址格式如图 9.11 所示。

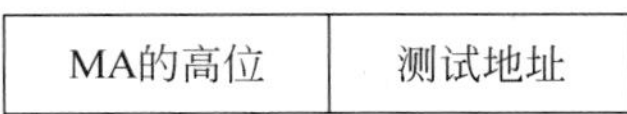

图 9.11　测试生成方式下的微地址格式

其中，“MA 的高位”的位数＝MA 的位数－测试地址的位数。

测试地址的位数决定了并行分支的路数，而且也决定了测试控制字段的个数。这是因为一般来说，每位测试地址对应一个测试控制字段。例如当测试地址位数为 m 时，分支的路数为 2^m，而测试字段的个数为 m。至于测试字段的位数 n，则是取决于测试条件的个数

N,一般地,有 $n=[\log_2 N]+1$。

图9.12是一个具有两位测试地址的微地址的生成过程。

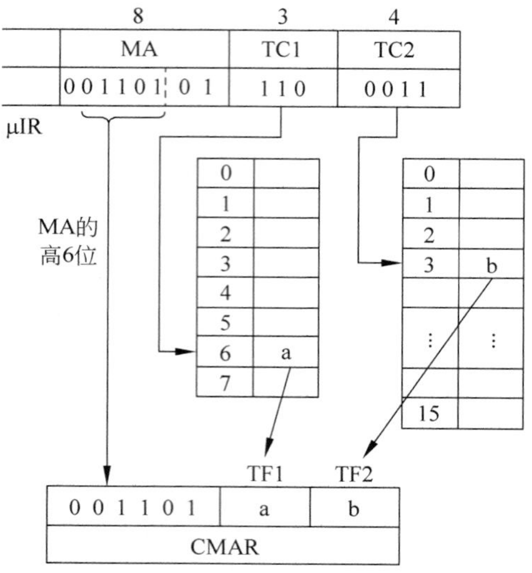

图9.12　具有两位测试地址的断定型微地址的生成过程

图9.12中,MA的高6位为非测试地址,直接送CMAR(控存地址寄存器)的高6位。TC1是TF1的测试控制字段,TC1的位数为3位,最多可以有8个测试条件。根据TC1中给出的编码直接找到对应的测试条件(第6个)的值a(0或1),送到TF1。例如,假设第6个测试条件是进位CF,那么当CF=1时,TF1也为1,当CF=0时,TF1也为0,从而实现了根据进位CF的值进行分支的功能。类似地,TC2是TF2的测试控制字段,TC2的位数为4位,最多可以有16个测试条件。根据TC2中给出的编码直接找到对应的测试条件(图9.12中是第3个)的值b(0或1),送到TF2。这样,后继微地址由MA的高6位、TF1和TF2组成,其取值范围为00110100～00110111,能实现4路并行转移功能。

断定方式的优点是能够实现快速多路转移,提高微程序的执行速度,而且微程序在控存中的存放位置也很灵活、方便;其缺点是后继微地址的生成方法比较复杂,微程序的执行顺序不直观。

9.3.4　微指令的执行方式

微程序控制器是通过按规定的顺序逐条地执行微程序来实现指令控制的。执行一条微指令的过程分为两步进行:①按给定的微地址从控存取出微指令,并打入μIR;②执行微指令所规定的微操作。根据取后继微指令和执行现行微指令之间的时间关系的不同,微指令的执行方式可分为两种:串行执行与并行执行。

1. 串行执行方式

采用这种方式时,取微指令和执行微指令是完全串行进行的。在前一条的微指令执行完之后,才能取下一条微指令。其时间关系如图9.12所示。

可以看出,在这种方式中,控存与数据通路是串行轮流工作的,在取微指令时,控存是在

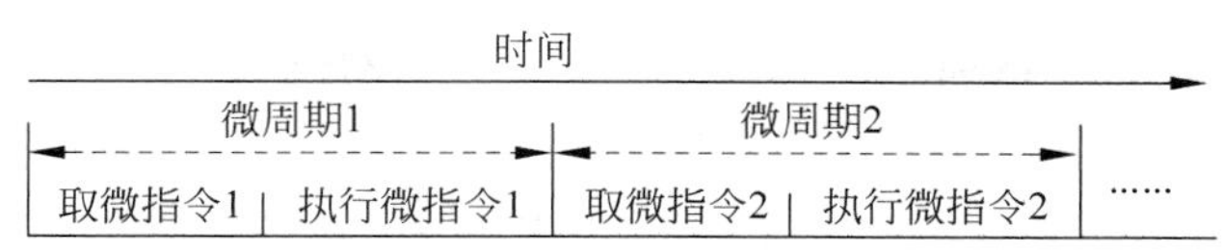

图 9.12　串行执行方式

工作的，而数据通路却没事可做；在执行微指令时，数据通路忙碌，控存却是空闲的。很显然，这种方式的缺点是设备效率低，执行速度慢。但它控制简单，易于实现。

2. 并行执行方式

采用这种方式时，当前微指令的执行和下一条微指令的取出是重叠进行的。其时间关系如图 9.13 所示。这里假设执行当前微指令和取下一条微指令所需要的时间相同。如果不同，则应取这两个时间中比较长的那个作为微周期。

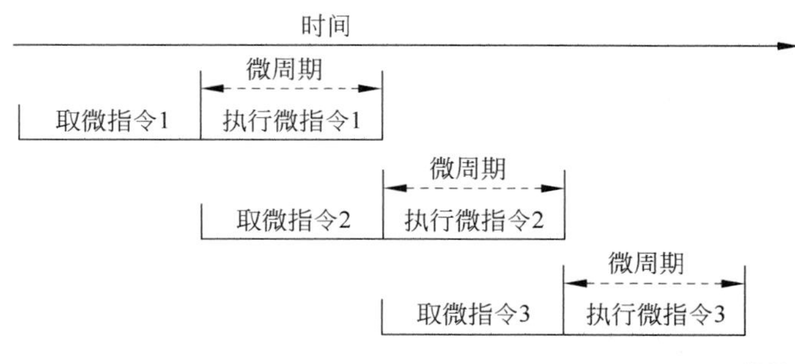

图 9.13　并行执行方式

这种方式的优点是提高了执行速度和设备利用率。但遇到需要根据当前微指令的执行结果进行转移时，存在一些问题。有两种处理方法供选择：一种是推迟下一条微指令的取出，使之取出的时间跟串行执行方式时相同；另一种方法是猜测法，即猜测性地选择两条分支中的一个作为后继微指令。

9.4　模型机的微程序控制器

下面来看看如何进行 8.2 节中所述模型机的微程序控制器的设计。

9.4.1　模型机的微指令格式

对于该模型机，采用字段直接编码，给每一个部件分配一个字段，如图 9.14 所示。其中最左边的 Label 仅仅是一个地址标号，用于标识微指令的地址。采用标号有助于对微程序的理解，这跟传统汇编程序中采用标号是一样的道理。

Label	ALUCtrl	SRC1	SRC2	RegCtrl	MemCtrl	PCCtrl	IRWrite	Sequencing

图 9.14　模型机的微指令格式

各字段的功能如表9.2所示。

表9.2　模型机的微指令中各字段的名称与功能

字　段　名	字段的功能
IRWrite	控制IR的写入
ALUCtrl	指定ALU所进行的操作
SRC1	指定ALU的第一个操作数的来源
SRC2	指定ALU的第二个操作数的来源
RegCtrl	指定对寄存器组进行的操作(读或写);对于写操作,指定写入值的来源
MemCtrl	指定对存储器进行的操作(读或写);对于读操作,指定目标寄存器;对于写操作,指定写入值的来源
PCCtrl	控制对PC的写操作,指定写入内容的来源
Sequencing	指定怎样选取下一条将执行的微指令

在模型机中,确定下一条微指令地址的来源有3种方法(由Sequencing字段指出)。

(1) 当前微指令地址加1(即顺序执行)。由于微指令经常是顺序执行的,因此许多微程序控制器将之作为默认方式。用Sequencing字段取值为"Seq"来表示这种情况。

(2) 转移到"取指令"的公共入口。当执行完一条指令所对应的微程序后,都是转移到这个入口,开始取下一条指令。用Sequencing字段取值为"Fetch"来表示这种情况。

(3) 根据指令操作码散转到该指令(或该类指令)的入口。这种情况相当于高级语言中的case或switch指令,实现多路散转。它是用操作码作为索引,去查一个用硬件实现的表格(一般放在ROM或PLA中),得到相应的转移地址(微程序地址)。为了减少微程序所占的空间,可以采用两级散转,即先散转到相关的一类指令的公共操作微程序入口。等公共操作完成后,再进行第二次的散转,转移到具体指令的微程序入口。用Sequencing字段取值为"Dispatch1"和"Dispatch2"来分别表示这两种情况。

图9.15中,散转ROM1和散转ROM2分别用于第一级和第二级散转。这里Fetch表示"取指令"公共微程序的入口,AddrCtrl为微指令地址多路器MUX的控制信号。当AddrCtrl的值分别为00、01、10、11时,MUX分别选择以下4个来源。

① "取指令"公共微程序的入口Fetch。

② 从散转表ROM1查到的地址。

③ 从散转表ROM2查到的地址。

④ 当前微指令地址加1。

ROM1散转表和ROM2散转表的内容分别如表9.3和表9.4所示。其中符号地址值是相应指令的微程序入口地址的标号。

表9.3　ROM1散转表

OP	OP名称	符号地址值
000000	R型	RFORMAT1
111111	beq	BEQ1
100011	load	LDST1
101011	store	LDST1

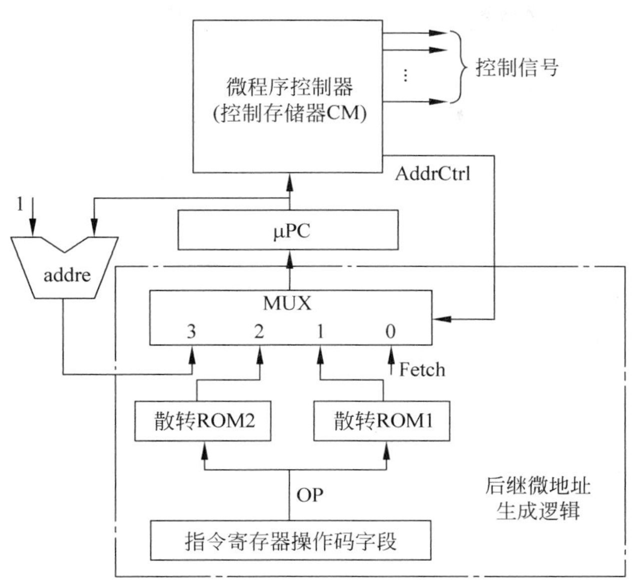

图 9.15　模型机的微程序控制器

表 9.4　ROM2 散转表

OP	OP 名称	符号地址值
100011	load	LOAD2
101011	store	STORE2

表 9.5 给出了微指令各个字段所允许的取值、各种取值情况下所形成的控制信号以及功能。

表 9.5　模型机微指令各字段的取值和功能

字段名	字段值		控制信号（激活）	功　　能
	符号	二进制值		
IRWrite		0		无操作
		1		对 IR 进行写入操作
ALUCtrl	Add	00	ALUOp=00	使 ALU 进行加操作
	funct code	10	ALUOp=10	用机器指令的 funct 字段来决定 ALU 的操作
SRC1	PC+4	0	ALUSrcA=0	选 PC+4 为 ALU 的第一个输入
	A	1	ALUSrcA=1	选寄存器 A 为 ALU 的第一个输入
SRC2	B	00	ALUSrcB=00	选寄存器 B 为 ALU 的第二个输入
	Extend	01	ALUSrcB=01	选“Imm”部件的输出作为 ALU 的第二个输入
	Extshft	10	ALUSrcB=10	选“左移两位”部件的输出作为 ALU 的第二个输入

续表

字段名	字段值		控制信号(激活)	功能
	符号	二进制值		
RegCtrl	Read	00		使用 IR 的 rs 和 rt 字段作为寄存器地址来读两个寄存器,将数据写入寄存器 A 和 B
	Write ALU	01	RegWrite=1 RegDst=1 DMtoReg=1	以 IR 的 rd 字段作为寄存器地址,以 ALUOut 的内容作为数据,写入寄存器组
	Write LMD	10	RegWrite=1 RegDst=0 DMtoReg=0	以 IR 的 rt 字段作为寄存器地址,以 LMD 的内容作为数据,写入寄存器组
DMCtrl	Read ALU	0	DMRead=1	用 ALUo 作为地址来读存储器,结果写入 LMD
	Write ALU	1	DMWrite=1	用 ALUo 作为地址,B 的内容作为数据来写存储器
PCCtrl	PC+4	0	PCWrite=1 Branch=0	将 PC+4 写入 PC
	Branch ALU	1	PCWrite=1 Branch=1	如果 cond 为 1,将 ALUo 的内容写入 PC
Sequencing	Fetch	00	AddrCtrl=00	跳转到"取指令"的公共入口,开始取和执行一条新的机器指令
	Dispatch 1	01	AddrCtrl=01	用 ROM1 进行散转
	Dispatch 2	10	AddrCtrl=10	用 ROM2 进行散转
	Seq	11	AddrCtrl=11	顺序选择下一个微指令地址

9.4.2 构造微程序

根据图 8.19 中的状态图和表 9.5,可以很容易地构造出模型机控制器的微程序。下面先介绍各指令的微程序,然后将它们合并到一起。

在下面的微程序中,有些字段为空,它们表示以下情况。

① 用于写控制信号或者功能部件控制码,表示不进行操作。

② 用于多路器的控制信号,表示不关心该多路器的输出。

1. 公共操作的微程序

模型机中的公共操作是取指令、PC 加 4 和根据机器指令的操作码进行第一级散转。PC 加 4 是用专用的加法器做的,不需要控制。该微程序段由两条微指令构成,如表 9.6 所示。其入口地址为 Fetch,其中第一条微指令完成把所取指令写入 IR 的操作,第 2 条微指令根据机器指令的操作码进行第一级散转。

有关各字段取值的含义,如表 9.5 所示。

在第 2 条微指令中,还让 ALU 计算分支目标地址,以便减少 BEQ 指令的微指令条数。虽然这个操作对其他指令来说是没用的,但这样处理也无妨,反正这时 ALU 是闲着的。

表 9.6 公共操作的微程序

Label	ALUCtrl	SRC1	SRC2	RegCtrl	DMCtrl	PCCtrl	IRWrite	Sequencing
Fetch							1	11(Seq)
	00(Add)	0(PC+4)	10(Extshft)					01(Dispatch1)

2. R 型指令的微程序

该微程序的入口地址为 RFORMAT1(标号)。它由两条微指令构成：第一条完成 ALU 操作，第 2 条将计算结果写入寄存器组，如表 9.7 所示。执行完后，再跳转到整个微程序的第一条的地址 Fetch。

表 9.7 R 型指令的微程序

Label	ALUCtrl	SRC1	SRC2	RegCtrl	DMCtrl	PCCtrl	IRWrite	Sequencing
RFORMAT1	10 (funct code)	1(A)	00(B)					11(Seq)
				1 (Write ALU)				00(Fetch)

3. BEQ 指令的微程序

该微程序的入口地址为 BEQ1(标号)。由于在前一条微指令(公共操作微程序的第 2 条)已经计算出了分支地址(在 ALUo 中)，而且“=0?”的测试也已经完成，结果在 cond 中，所以这里只需要一条微指令就够了，如表 9.8 所示。其中 Branch ALU 表示：如果 cond 中的值为 1，则将 ALUo 的内容写入 PC。

表 9.8 BEQ 指令的微程序

Label	ALUCtrl	SRC1	SRC2	RegCtrl	DMCtrl	PCCtrl	IRWrite	Sequencing
BEQ1						1(Branch ALU)		00(Fetch)

4. load 指令和 store 指令的微程序

load 和 store 指令的入口相同，都是 LDST1。在完成访存地址计算后，进行第 2 级散转，跳转到 LOAD2(load 指令)或 STORE2(store 指令)，如表 9.9 所示。

表 9.9 load 指令和 store 指令的微程序

Label	ALUCtrl	SRC1	SRC2	RegCtrl	DMCtrl	PCCtrl	IRWrite	Sequencing
LDST1	00(Add)	1(A)	01(Extend)					10(Dispatch2)
LOAD2					0(Read ALU)			11(Seq)
				10(Write LMD)				00(Fetch)
STORE2					1(Write ALU)			00(Fetch)

5. 模型机的微程序

把上面的微程序段合并起来,就可以得到模型机的微程序,如表9.10所示。

表9.10 模型机的微程序

Label	ALUCtrl	SRC1	SRC2	RegCtrl	DMCtrl	PCCtrl	IRWrite	Sequencing
Fetch							1	11
	00	0	10					01
RFORMAT1	10	1	00					11
				1				00
BEQ1						1		00
LDST1	00	1	01					10
LOAD2					0			11
				10				00
STORE2					1			00

习题9

9.1 简述微程序控制的基本思想。

9.2 什么叫指令?什么叫微指令?二者有什么关系?

9.3 微程序控制器由哪几大部分组成?解释各组成部分的作用。

9.4 微指令中,对微操作控制字段编码时,常采用哪4种方法?解释之。

9.5 微指令格式有哪两种?各有什么特点?

9.6 微程序顺序控制中,产生后继微地址的方法有哪些?

9.7 简述在字段直接编码法中,按什么指导性原则进行字段划分。

9.8 用图示说明微指令的两种执行方式的特点。

9.9 试比较微程序控制和组合逻辑控制的优缺点。

9.10 某计算机有8条微指令$I_1 \sim I_8$,每条微指令所包含的微操作如题表9.10所示,a~j分别对应10种不同性质的微操作信号。假设微指令的微操作控制字段不超过8位,请安排微指令的控制字段格式。

题表9.10 微指令的微操作

微指令	a	b	c	d	e	f	g	h	i	j
I_1	√	√	√	√	√					
I_2	√			√		√	√			
I_3		√						√		
I_4			√							
I_5			√		√		√		√	
I_6	√							√		√
I_7			√	√				√		
I_8	√	√						√		

9.11　已知某计算机采用微程序控制方式，其控制存储器容量为 512×48(位)，微程序在整个控制存储器中实现转移，能实现 8 路并行转移。可控制微程序的测试条件共 7 个，分成 3 组，第一组 2 个，第二组 2 个，第三组 3 个。微指令采用水平型格式，后继微指令地址采用断定方式，如题图 9.11 所示。

微操作字段	地址字段MA	测试控制字段
操作控制	SCF字段	

题图　9.11

(1) 微指令中的上述 3 个字段分别应为多少位？

(2) 画出类似于题图 9.11 的逻辑框图。

第 10 章　运算方法与运算器

计算机的基本功能之一是对数据信息进行加工，其基本思想是将各种复杂的运算分解为最基本的算术运算和逻辑运算，实现这些基本运算的部件就是运算器。本章重点讨论计算机中实现加、减、乘、除运算的算法以及硬件实现。

10.1　移位运算

在移位运算中，被移位的数据可以是逻辑数，也可以是数值数据。移位操作时，要指明：①移位的方向：左移或右移；②一次移位的位数。如果为一位，可以省略不说明。③移位的性质。①和②比较容易理解，这里重点讨论根据移位性质划分的 3 种移位运算，且一次移位的位数为一位。

1. 逻辑移位

逻辑移位运算中，被移位的数据是逻辑数，既无符号，也没有数值的大小。

（1）逻辑左移 shl(**sh**ift **l**eft)：将数据的各位依次向左移一位，最高位移出丢弃，最低位移入“0”。

（2）逻辑右移 shr(**sh**ift **r**ight)：将数据的各位依次向右移一位，最低位移出丢弃，最高位移入“0”。

例如，若 X=10110101，则 shl X 和 shr X 的操作如图 10.1 所示。

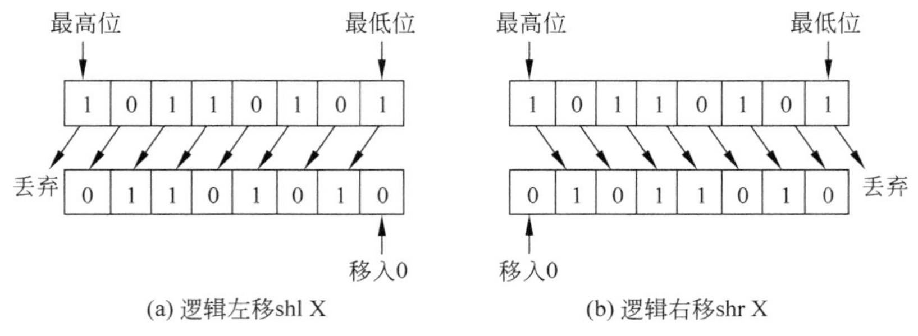

图 10.1　逻辑移位

逻辑移位运算常用于对数据字的装配、拆卸等操作中。

2. 循环移位

循环移位的规则与逻辑移位相似，不同的是：循环移位中将被移位数据的左右两端连接起来，形成闭合的移位环路。

例如，若 X=10110010，则 cil X 和 cir X 的操作如图 10.2 所示。

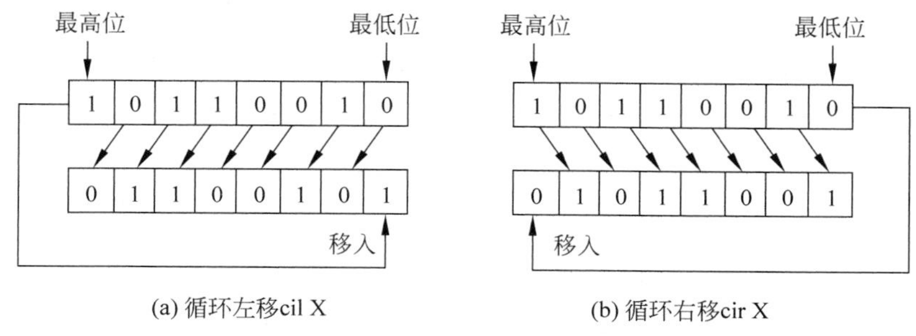

图 10.2　循环移位

3. 算术移位

算术移位是对带符号的数进行移位，移位会引起数值的变化。算术右移一位相当于将该数除以 2(乘以 1/2)，算术左移一位相当于将该数乘以 2。

带符号的数有原码、补码和反码 3 种常见的表示方式。用不同表示方式表示的数，其算术移位的规则也不同。

1）原码算术移位

对用原码表示的数进行算术移位时，符号位不参加移位，只是将相应的数值位依次左移(或右移)，移出去的最高位(或最低位)自动丢弃，最低位(或最高位)移入“0”。

例如，若$[X]_{原}$=10110101，则原码 ashl X 和 ashr X 的操作如图 10.3 所示。

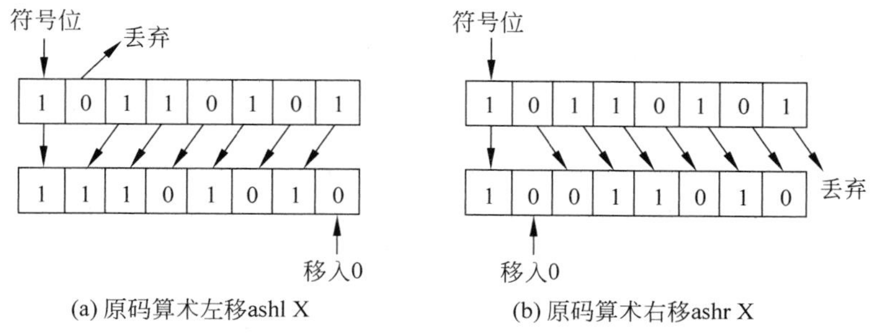

图 10.3　原码算术移位

2）补码算术移位

对补码表示的数进行算术移位时，符号位一起参加移位，其移位规则如下。

(1) 算术左移：连同符号位一起各位依次向左移一位，最高位(符号位)移出丢弃，最低位移入“0”。

(2) 算术右移：连同符号位一起各位依次向右移一位，符号位保持不变，最低位移出丢弃。

例如，若$[X]_{补}$=11010011，则补码 ashl X 和 ashr X 的操作如图 10.4 所示。

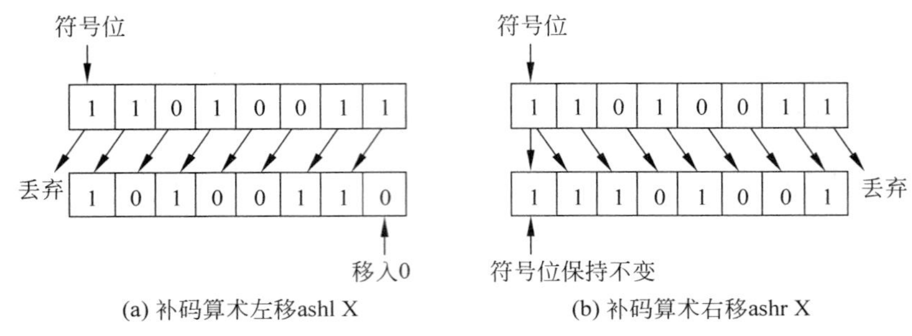

(a) 补码算术左移ashl X　(b) 补码算术右移ashr X

图 10.4　补码算术移位

对补码数进行算术左移时,可能发生溢出,即移位后的数超出了机器表示数的范围。这时符号位右边的那一位移入符号位,改变了原来的符号位。

如$[X]_补$=10010011,算术左移一位后得 00100110,X 从正数变成了负数,结果显然出错了。

3）反码算术移位

正数反码的移位规则与补码一样,不管左移还是右移,都是连同符号位一起左移或右移一位,移出去的位自动丢弃,空出的位移入"0",右移时符号位保持不变。而负数反码却有些不同,也是连同符号位一起左移或右移一位,移出去的位自动丢弃,但空出的位移入"1",右移时符号位保持不变。

例如,若$[X]_反$=01010011,则反码 ashl X 和 ashr X 的操作如图 10.5 所示。

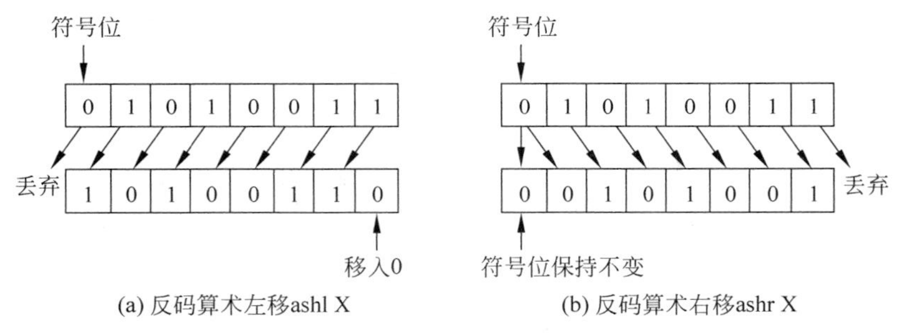

(a) 反码算术左移ashl X　(b) 反码算术右移ashr X

图 10.5　反码算术移位(正数)

例如,若 $[X]_反$=11010011,则反码 ashl X 和 ashr X 的操作如图 10.6 所示。

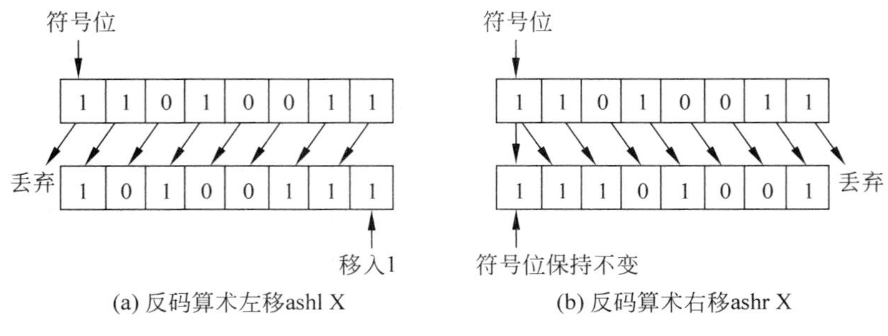

(a) 反码算术左移ashl X　(b) 反码算术右移ashr X

图 10.6　反码算术移位(负数)

10.2　定点数的加减法运算

加减运算是计算机中最基本的运算，是实现算术运算的基础，利用加减运算与移位运算可以实现乘除法运算。用不同方式表示的机器数的运算方法各不相同。原码的加减运算规则复杂，很少采用；而补码加减运算规则简单，易于硬件实现，因此现代计算机中广泛采用补码进行加减运算。下面只讨论补码的加减法运算。

10.2.1　补码加减法运算规则

设$[X]_补$与$[Y]_补$均为 n 位补码数，其中包含一位符号位。

则
$$[X+Y]_补=[X]_补+[Y]_补$$
$$[X-Y]_补=[X]_补+[-Y]_补\quad (\text{mod } M)$$

（证明略）。

如果 X、Y 是定点小数，则 $M=2$；如果 X、Y 是定点整数，则 $M=2^n$。

由上式可知，补码加减运算的基本规则：① 参加运算的两个操作数和运算结果均用补码表示；② 符号位与数值位一起参加运算；③ 补码加法时，将两个补码数直接相加，即得两数之和的补码；④ 补码减法运算转化为加法运算进行，将$[X]_补$与$[-Y]_补$相加，即得两数之差的补码；⑤ 补码是在模 M 的意义下相加减，如果运算结果超过了模（即符号位运算产生了进位），则将该进位自动丢弃。

【例 10.1】　$[X]_补=01001$，$[Y]_补=00101$，求$[X+Y]_补=?$ $[X-Y]_补=?$

解：$[X+Y]_补=[X]_补+[Y]_补=01001+00101=01110$

$[X-Y]_补=[X]_补+[-Y]_补=01001+11011=00100$

【例 10.2】　$[X]_补=01001$，$[Y]_补=11011$，求$[X+Y]_补=?$ $[X-Y]_补=?$

解：$[X+Y]_补=[X]_补+[Y]_补=01001+11011=00100$

$[X-Y]_补=[X]_补+[-Y]_补=01001+00101=01110$

【例 10.3】　$[X]_补=11010$，$[Y]_补=11101$，求$[X+Y]_补=?$ $[X-Y]_补=?$

解：$[X+Y]_补=[X]_补+[Y]_补=11010+11101=10111$

$[X-Y]_补=[X]_补+[-Y]_补=11010+00011=11101$

10.2.2　补码加减法运算的硬件实现

设$[X]_补$和$[Y]_补$是两个 n 位的补码操作数，保存在两个 n 位的寄存器中，$[F]_补$是加减法运算的结果（$[F]_补=[X\pm Y]_补$），保存在一个 n 位寄存器中。实现补码加减法运算的电路如图 10.7 所示。

（1）as 为 0 时，则

$$[F]_补=[X]_补+([Y]_补\oplus 0)=[X]_补+[Y]_补=[X+Y]_补$$

该电路做加法运算。

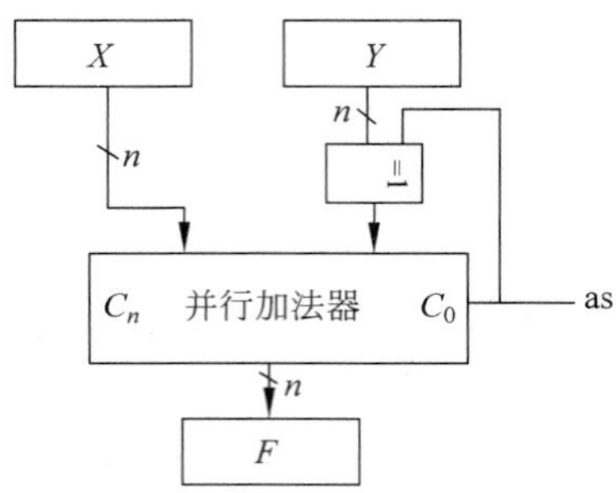

图 10.7 补码加减法运算的电路

(2) as 为 1 时,则

$[F]_{补}=[X]_{补}+([Y]_{补}\oplus 1)+1=[X]_{补}+\overline{[Y]_{补}}+1=[X]_{补}+[-Y]_{补}=[X-Y]_{补}$

该电路做减法运算。

10.2.3 溢出的判断

下面先来看一个例子。

【例 10.4】 $[X]_{补}=10101$,$[Y]_{补}=10011$,求$[X+Y]_{补}=?$

解:

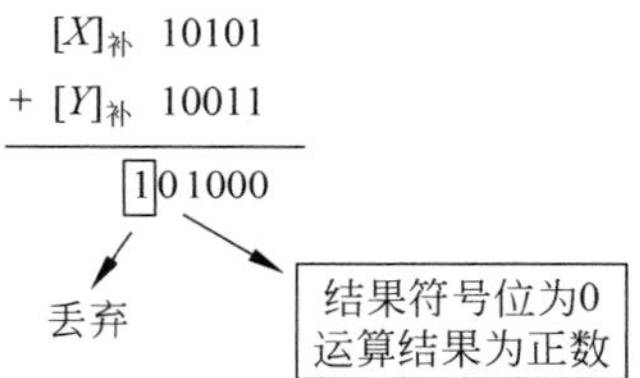

两个负数相加,得到的结果却为正数,显然出错了。造成错误的原因是运算结果超过了定点数的表示范围。这时,我们说它发生了溢出。如果两个正数相加的结果大于机器所能表示的最大正数,则称为正溢出。如果两个负数相加的结果小于机器所能表示的最小负数,则称为负溢出。

在例 10.4 中,X 和 Y 用 5 位补码来表示,而 5 位补码能表示的数的范围为:[−16,15)。$X=-13$,$Y=-11$,X 与 Y 的和为−24,小于机器所能表示的最小负数(−16),因此产生了溢出,且为负溢出。

溢出会导致运算结果的错误,因此计算机要能正确地判断溢出。有 3 种常用的溢出判断方法。

(1) 采用两个操作数和结果的符号来判断。在定点运算中,只有两个同号数相加的结果才可能超出机器数的表示范围。当两个同号数的补码相加,若得到的结果的符号与两个操作数的符号不同,则发生了溢出,如例 10.4 所示。

溢出的判断条件为:

$$\text{overflow}=\overline{X}_f\overline{Y}_fF_f+X_fY_f\overline{F}_f$$

当 overflow＝1 时，则发生了溢出。

其中 X_f、Y_f 是两个操作数的符号位，F_f 是运算结果的符号位。

（2）采用最高数值位产生的进位与符号位产生的进位是否相同来判断。当不相同时，则发生了溢出。

【例 10.5】 ① $[X]_补=01010$，$[Y]_补=01001$，求 $[X+Y]_补=?$

② $[X]_补=10000$，$[Y]_补=11111$，求 $[X+Y]_补=?$

$$\begin{array}{r} [X]_补\ 01010 \\ +[Y]_补\ 01001 \\ \hline 10011 \\ C_f=0\quad C_4=1 \\ C_f\neq C_4\quad 溢出 \end{array}\qquad\qquad \begin{array}{r} [X]_补\ 10000 \\ +[Y]_补\ 11111 \\ \hline 01111 \\ C_f=1\quad C_4=0 \\ C_f\neq C_4\quad 溢出 \end{array}$$

溢出的判断条件为：

$$overflow=C_f\oplus C_{n-1}$$

其中，C_f、C_{n-1} 分别是最高数值位的进位和符号位产生的进位。

（3）采用变形补码来判断。在前面论述的补码加减运算中，我们只使用了一位符号位，当发生溢出时，正确的符号位被溢出的数值位挤掉了。如果将符号位扩展为两位，在进行运算时，即使出现了溢出，数值位挤掉了一个符号位，但另一个符号位仍是正确的。这种采用两位符号位表示的补码称为变形补码。

【例 10.6】 已知① $X=+1110$，② $X=-0110$，求 X 的变形补码。

解：① $[X]_补=01110$　$[X]_{变形补}=001110$

② $[X]_补=11010$　$[X]_{变形补}=111010$

与普通补码的加减运算相同，采用变形补码运算时，两个符号位与数值部分一起参加运算。如果运算结果的两个符号位相异（为 10 或 01），则产生了溢出。若结果符号位为 01，则表示结果为正溢出；若结果符号位为 10，则表示结果为负溢出。

溢出的判断条件为：

$$overflow=F_{f1}\oplus F_{f2}$$

其中 F_{f1}、F_{f2} 为运算结果的两个符号位。

重新计算一下例 10.5 中的两个加法运算。

$$\begin{array}{r} [X]_{变形补}\ 00\ 1010 \\ +[Y]_{变形补}\ 00\ 1001 \\ \hline 01\ 0011 \end{array}\qquad \begin{array}{r} [X]_{变形补}\ 11\ 0000 \\ +[Y]_{变形补}\ 11\ 1111 \\ \hline 10\ 1111 \end{array}$$

结果的符号为 01，溢出　　结果的符号为 10，溢出

10.3　定点数的乘除法运算

计算机中一般是用加法运算与移位运算来实现乘除法运算。可以采用以下 3 种方式。

（1）采用计算机中的加减运算指令、移位指令以及控制指令组成循环程序，通过反复的加减操作，得到运算结果。这种用软件编程的实现方法速度太慢。

(2) 采用加法器、移位寄存器、计数器等逻辑器件组成乘除运算部件。

(3) 采用专用的运算部件,提高乘除法运算的速度。常用的有流水线、阵列乘除法运算器等。这些方法都是依靠硬件资源的重复设置,同时进行多位乘除法运算,以达到高速运算的目的。

本节主要介绍后面两种硬件实现的方法。

10.3.1 原码一位乘法

设被乘数 $X_fX=X_fX_{n-1}X_{n-2}\cdots X_1X_0$,乘数 $Y_fY=Y_fY_{n-1}Y_{n-2}\cdots Y_1Y_0$,乘积 $U_fUV=X\times Y$。

X、Y 都是 n 位;乘积 UV 为 $2n$ 位,其中 U 为乘积的高 n 位,V 为乘积的低 n 位;X_f、Y_f、U_f 分别为被乘数、乘数、乘积的符号位。

原码一位乘法比较简单,根据"同号相乘,乘积为正;异号相乘,乘积为负"的原则,符号位单独处理。

$$U_f=X_f\oplus Y_f$$

结果的数值部分是两个数的绝对值相乘,即两个正数相乘。

下面先来看一下人工乘法运算的过程,然后再将它稍作修改,得到在计算机中实现乘法运算的移位相加乘法。

设两个正数 $X=1011$,$Y=1101$,则人工乘法计算过程以下:

```
        1011
       ×1101
      ------
        1011  ←-- 位积P0
       0000   ←-- 位积P1
      1011    ←-- 位积P2
     1011     ←-- 位积P3
     -------
    10001111
```

为便于叙述,写出 Y 的符号表示:$Y=[Y_3Y_2Y_1Y_0]=1101$。首先,X 乘以 Y 的最低位 $Y_0(1)$,得位积 $P_0=1011$;接着,X 乘以 Y 的次低位 $Y_1(0)$,得位积 $P_1=0000$。把该位积放在前一个位积的左边一位处(即左移一位);然后,X 乘以 $Y_2(1)$,得位积 $P_2=1011$。该位积的放置位置进一步左移一位;以此类推。最后将所有位积相加,得到最终结果。

为便于硬件实现,对上述计算过程作以下两个修改。

(1) 每求出一个位积后就与部分积相加求和(部分积是位积逐步累加的结果,其初值为0),而不是在乘法的最后一步将多个位积一次求和。这是因为在硬件上实现两个数的加法比较容易,而实现多个数的加法则复杂得多。

(2) 在人工计算中,每一个位积都依次多左移一位,因此硬件实现时,就要求不同的位积被送到不同的位置,比较复杂。同时,我们可以看到在部分积与位积的相加中,最右边的几位是不变的。为了便于硬件实现,可以用右移部分积来代替左移位积。每当产生一个新的位积并与部分积相加后,得到的和就右移一位。

由上可得,原码一位乘法的运算规则如下。

(1) 符号位单独处理。用被乘数和乘数的数值位部分进行运算。设部分积的初值为0。

(2) 若乘数 Y 的最低位 $Y_0=0$，则将上一次的部分积右移一位，得新的部分积；若乘数 Y 的最低位 $Y_0=1$，则将上一次的部分积与被乘数 X 相加，然后右移一位，得新的部分积。乘数 Y 循环右移一位。

(3) 将上述过程(2)重复 n 遍，n 为被乘数和乘数数值位的位数。最后得到的部分积就是乘积的数值部分。

原码一位乘法的运算流程如图 10.8 所示。其中 C 为加法的进位。

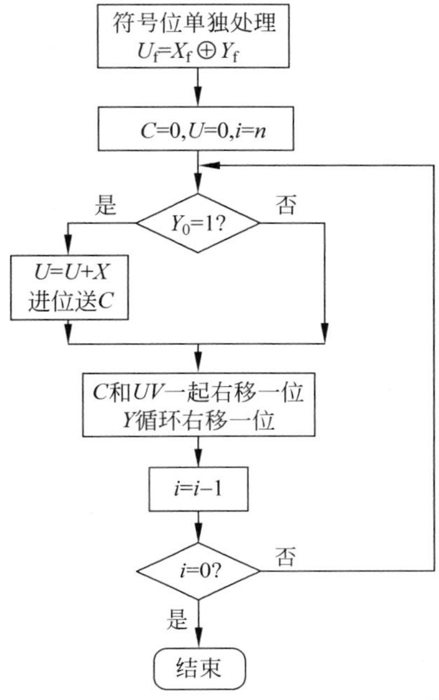

图 10.8　原码一位乘法的运算流程图

【例 10.7】　已知$[X_fX]_原=01101$，$[Y_fY]_原=11011$，$n=4$，求$[U_fUV]_原=[X_fX]_原\times[Y_fY]_原=?$

解： 符号位 $U_f=0\oplus1=1$，其操作过程如表 10.1 所示。

表 10.1　原码一位乘法运算操作过程

步数 n	操　　作	进位 C	部分积 UV		乘数 Y
初值		0	0000	××××	101$\underline{1}$
4	$Y_0=1$，$+X$	0	1101	××××	
	C 和 UV 一起右移一位 Y 循环右移一位	0	0110	1×××	110$\underline{1}$
3	$Y_0=1$，$+X$	1	0011		
	C 和 UV 一起右移一位 Y 循环右移一位	0	1001	11××	111$\underline{0}$
2	$Y_0=0$，不做加法				
	C 和 UV 一起右移一位 Y 循环右移一位	0	0100	111×	011$\underline{1}$
1	$Y_0=1$，$+X$	1	0001		
	C 和 UV 一起右移一位 Y 循环右移一位	0	1000	1111	1011

得:

$$[U_fUV]_{原}=[X_fX]_{原}\times[Y_fY]_{原}=110001111$$

实现原码一位乘法的逻辑电路如图10.9所示。

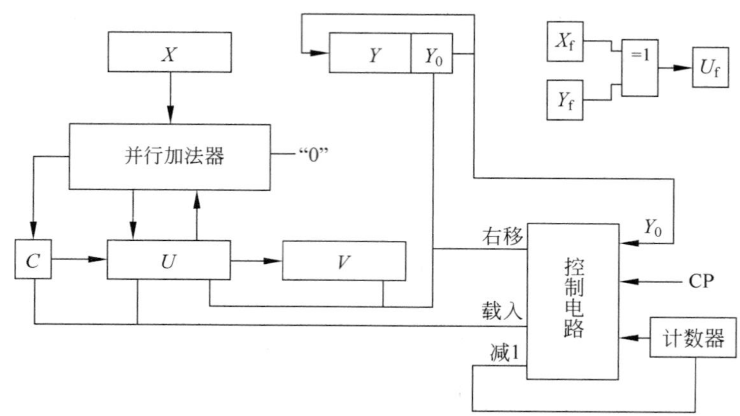

图10.9 原码一位乘法的逻辑框图

其中,被乘数X保存在n位寄存器中;乘数Y、部分积高位部分U、部分积低位部分V保存在n位移位寄存器中,运算结束后,UV中分别存放乘积的高n位和低n位。

计数器为减1计数器,初始值为n。用来控制乘法运算的步数。

控制电路用来产生运算过程中所需的控制信号。它根据计数器的值、Y_0的值以及CP脉冲,产生寄存器C、U的"载入"信号,U、V、Y的"右移"一位信号,计数器的"减1"信号。

10.3.2 补码一位乘法

补码乘法可以采用很多种不同的算法,但最广泛使用的是Booth乘法。它是由英国的布斯(A. D. Booth)夫妇首先提出的。

若参加运算的为两个n位的定点补码数,则乘积为$2n$位的补码数。其中各自包含一位符号位。

设被乘数$X=X_{n-1}X_{n-2}\cdots X_1X_0$,乘数$Y=Y_{n-1}Y_{n-2}\cdots Y_1Y_0$,则乘积$UV=X\times Y$。

与原码乘法不同,补码乘法中乘数和被乘数的符号位不需要单独处理,与其后的数值位一同参加运算。

Booth乘法的运算规则如下。

(1) 参加运算的数都是补码表示的,符号位一同参加运算,得到的结果也是补码数。

(2) 乘数Y的末尾增设一位附加位Y_{-1},初始值为0。部分积的初值为0。

(3) 根据乘数Y的最低两位Y_0Y_{-1}的值,进行相应的操作。具体操作如表10.2所示。其中"$-X$"是通过"$+[-X]_{补}$"来实现。

表 10.2 Booth 乘法的操作

Y_0	Y_{-1}	操 作
0	0	上次部分积右移一位(补码算术移位);乘数 Y 循环右移一位,$Y_0 \rightarrow Y_{-1}$
0	1	上次部分积+被乘数 X,右移一位;乘数 Y 循环右移一位,$Y_0 \rightarrow Y_{-1}$
1	0	上次部分积−被乘数 X,右移一位;乘数 Y 循环右移一位,$Y_0 \rightarrow Y_{-1}$
1	1	上次部分积右移一位;乘数 Y 循环右移一位,$Y_0 \rightarrow Y_{-1}$

(4) 将上述过程(3)重复 n 遍,最后得到的部分积就是运算结果。

Booth 乘法的运算流程如图 10.10 所示。其中 $U=U-X$ 通过 $U=U+[-X]_补$ 来实现。

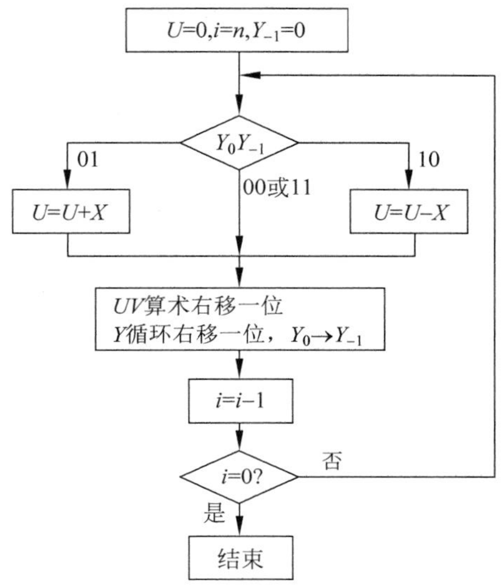

图 10.10 Booth 乘法的运算流程

【例 10.8】 已知 $[X]_补=1101$,$[Y]_补=1011$,$n=4$,求 $[UV]_补=[X]_补\times[Y]_补=?$

解: $[-X]_补=0011$,其操作过程如表 10.3 所示。

表 10.3 补码一位乘法运算操作过程

步数 i	操 作	U	V	Y	Y_{-1}
	初始化	0000	××××	1011	0
4	$Y_0Y_{-1}=10$,$-X$	0011			
	UV 算术右移一位,Y 循环右移一位,$1 \rightarrow Y_{-1}$	0001	1×××	1101	1
3	$Y_0Y_{-1}=11$				
	UV 算术右移一位,Y 循环右移一位,$1 \rightarrow Y_{-1}$	0000	11××	1110	1
2	$Y_0Y_{-1}=01$,$+X$	1101			
	UV 算术右移一位,Y 循环右移一位,$0 \rightarrow Y_{-1}$	1110	111×	0111	0
1	$Y_0Y_{-1}=10$,$-X$	0001			
	UV 算术右移一位,Y 循环右移一位,$1 \rightarrow Y_{-1}$	0000	1111	1011	1

得:

$$[UV]_补=[X]_补\times[Y]_补=00001111$$

Booth 乘法的逻辑框图如图 10.11 所示。

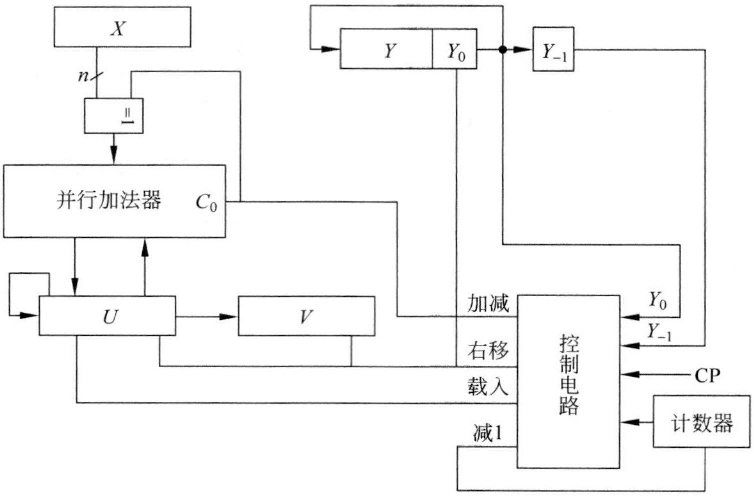

X：被乘数　　Y：乘数　　U、V：部分积

Y_{-1}：乘数的附加位　　计数器：减1计数器

右移：寄存器的右移控制信号　　载入：寄存器的数据载入控制信号

减1：计数器的减1控制信号　　加减：加减控制信号

图 10.11　Booth 乘法的逻辑框图

10.3.3　阵列乘法器

前面介绍的一位乘法运算算法是按位串行进行的，通过多次执行“加法—移位”操作来实现。这种方法所需的硬件较少，但运算速度太慢。随着大规模集成电路的迅速发展以及硬件价格的不断降低，出现了很多利用大量设置硬件来提高乘法运算速度的方法，形成了各种形式的并行乘法器。本小节主要介绍阵列乘法器的基本原理。

1. 无符号阵列乘法器

设有两个无符号的 4 位二进制定点数：

$$X = X_3X_2X_1X_0$$

$$Y = Y_3Y_2Y_1Y_0$$

人工计算 $U=X\times Y$ 的过程如图 10.12 所示。

阵列乘法器采用类似人工计算的方法，用大量的全加器排成阵列形式。图 10.13 为一个 4×4 位的阵列乘法器的逻辑框图。对照图 10.12 和图 10.13，就能理解如何用全加器搭建阵列乘法器。请注意，这里每一行中各全加器产生的进位是同时斜送到下一行全加器的进位输入端，参与下一行全加器的运算，而不用经过进位链(最后一行除外)，所以能大大提高乘法运算的速度。

阵列乘法器所用的加法器数量很多，但内部规则性强，运算速度快。

				X_3	X_2	X_1	X_0
			$\times$	Y_3	Y_2	Y_1	Y_0
				X_3Y_0	X_2Y_0	X_1Y_0	X_0Y_0
			X_3Y_1	X_2Y_1	X_1Y_1	X_0Y_1	
		X_3Y_2	X_2Y_2	X_1Y_2	X_0Y_2		
$+$	X_3Y_3	X_2Y_3	X_1Y_3	X_0Y_3			
U_7	U_6	U_5	U_4	U_3	U_2	U_1	U_0

图 10.12　人工做乘法运算的过程

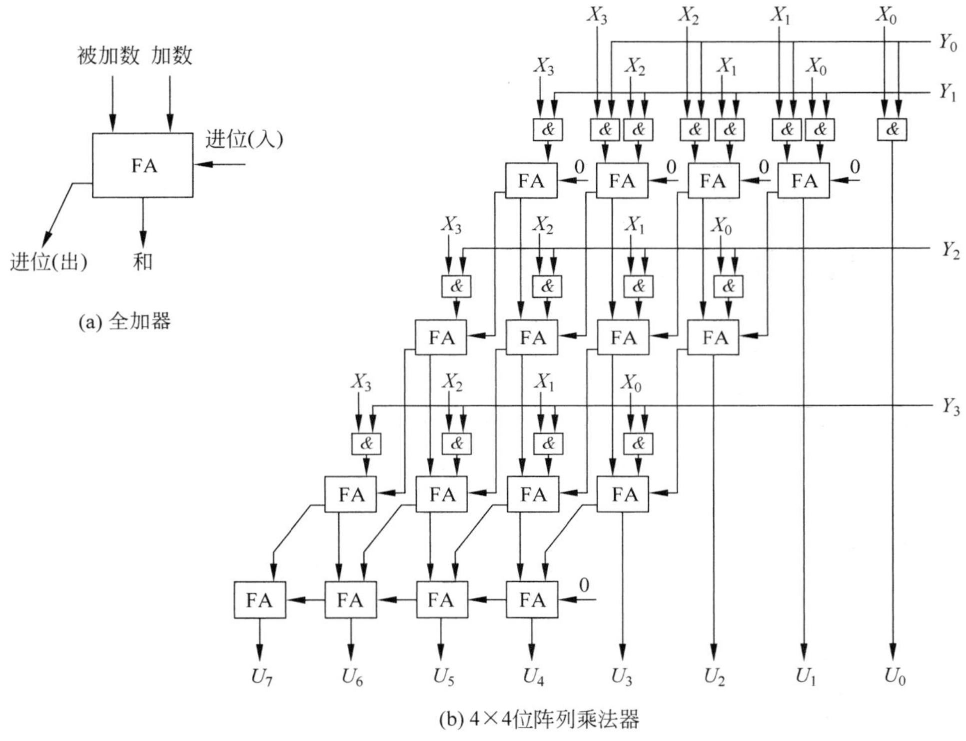

图 10.13　4×4 位的无符号阵列乘法器

2. 带符号阵列乘法器

因为计算机中广泛采用补码数据表示,因此这里只讨论对补码数进行运算的阵列乘法器。可以用两种方法来实现。① 最简单的电路是带求补级的阵列乘法器。在这种电路结构中,首先用两个算前求补器将两个补码表示的加数和被加数转化为正整数,然后采用上面介绍的无符号阵列乘法器计算出结果;最后再用一个算后求补器,根据结果的符号位,将运算结果转化为补码数。其逻辑结构如图 10.14 所示。② 直接用补码进行运算,不需要算前和算后的转化,构成直接补码阵列乘法器。但这种方法实现比较复杂,这里就不讨论了。

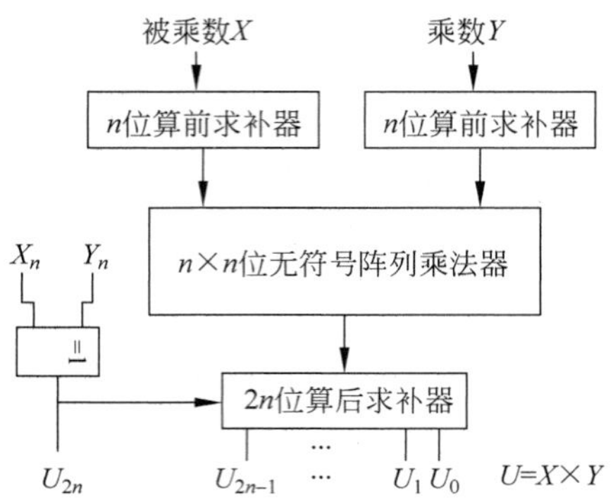

图 10.14　带求补级的阵列乘法器

10.3.4　原码一位除法

在原码除法中,参加运算的被除数和除数均采用原码表示,所得的商和余数也采用原码表示。符号位单独处理,处理规则为：同号相除,商为正；异号相除,商为负。余数的符号位始终与被除数相同。数值部分的运算就是两个数的绝对值相除,即两个正数相除。

下面先来看一下除法的运算过程,然后将它稍作修改,便可得出在计算机中实现除法运算的方法。

考虑两个正数的除法,设被除数 $UV=10010011$,除数 $X=1101$,则人工除法计算过程如图 10.15(a)所示。

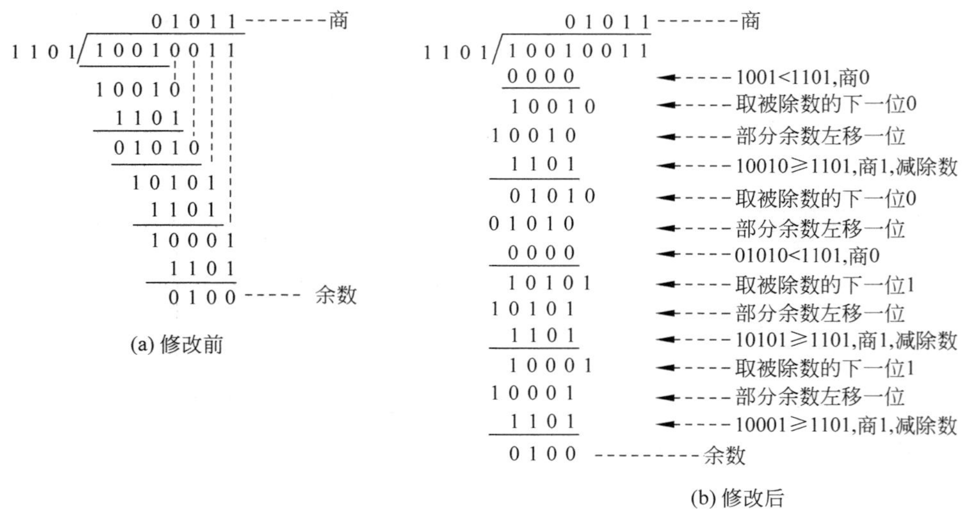

图 10.15　除法运算过程

从上面的运算过程可得人工除法的运算规则。

(1) 商的符号位单独处理。

(2) 把部分余数(初始值为被除数的高 n 位,n 为除数的位数)与除数进行比较。若部分余数大于或等于除数,则相应位上商 1,将部分余数减去除数得新的部分余数;若部分余数小于除数,则相应位上商 0,不做减法,部分余数不变。

(3) 从被除数中取下一位,接在部分余数的后面,形成新的部分余数。

重复(2)和(3),直到得到所需的结果。

为了便于用硬件实现,对上述过程作以下两点修改。

① 在手算过程中,部分余数和除数的大小比较是通过心算得到,而计算机中通常是用减法运算来实现,即将部分余数减去除数,根据运算结果是正数还是负数来判定它们的大小。采用这种方法时,当部分余数大于除数时不会有问题,因为本来就要做一次减法;但当部分余数小于除数时,本来是不需要做减法的,因此要将部分余数加上除数,恢复原值。采用这种方法的除法算法称为恢复余数法。

② 在手算过程中,除数放置的位置是逐次向右错开一位的,这将使加法器的规模增大,所需的加法器的位数必须是除数的两倍。为解决这个问题,可以用左移部分余数来代替除数的向右错开,而除数的位置则可以保持不动。这样处理的运算结果是一样的。

修改后的除法运算过程如图 10.15(b)所示。

1. 原码恢复余数法

设被除数为 U_fUV,除数为 X_fX,得到:余数 R_fR 和商 Y_fY,它们都是原码表示的。U、V 分别是被除数数值位的高 n 位和低 n 位,X、Y、R 分别是除数、商、余数的 n 位数值位,U_f、X_f、R_f、Y_f 为各自的符号位。

$$UV = X \times Y + R$$

在原码除法中,为了保证定点除法的运算结果不超过机器所能表示的数据范围,得到的商的数值位数应为 n 位,否则运算结果就溢出了。下面以定点整数为例,讨论原码恢复余数除法的算法。

原码恢复余数除法的运算规则如下。

(1) 符号位单独处理。用被除数和除数的数值位部分进行运算。

$$Y_f = U_f \oplus X_f \quad R_f = U_f$$

(2) 用被除数和除数的数值位部分进行运算。首先是判断溢出。如果被除数的高 n 位数值(作为余数 R 的初始值)大于除数 X,则除法发生溢出。这是通过减法运算来实现的,即做 $R=R-X$。若运算结果为正,则发生溢出,算法终止;否则做 $R=R+X$,继续进行下面的步骤。

(3) 余数左移一位,同时将被除数的下一位移入余数的低位。然后用余数减去除数。

(4) 若所得余数为正,表示够减,相应位上商为 1;若所得余数为负,表示不够减,相应位上商为 0,余数加上除数(即恢复余数)。

(5) 重复(3)到(4),直到求得商的各位为止。

需要注意的是:在原码除法的运算过程中,数值部分的计算是对被除数和除数的绝对值进行的,也即对两个正数进行运算。因为需要进行减法,所以将减法转化为补码加法来实现,即$[R]_{补}=[R-X]_{补}=[R]_{补}+[-X]_{补}$,因此运算时,余数和除数都需增设一位符号位。

再者,为了不使余数左移时破坏符号位的值,余数需再增设一位符号位,采用两位符号位。

原码恢复余数除法的流程如图 10.16 所示。

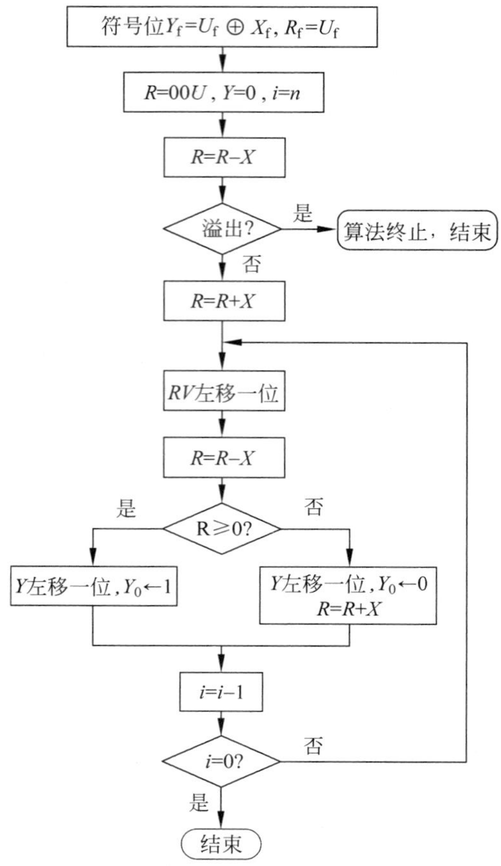

图 10.16 原码恢复余数除法的流程图

【例 10.9】 已知被除数 U_fUV=010010011,除数 X_fX=11101,n=4,求商 Y_fY 和余数 R_fR。

解:Y_f=1,R_f=0,RV=00 10010011,X=00 1101,$[-X]_{补}$=11 0011,其操作过程如表 10.4 所示。

表 10.4 原码恢复余数法示例 1

步数 i	操　　作	余数 R	V	商 Y
	初始化	001001	0011	0000
	判溢出:$R=R-X$	111100		
	余数为负,无溢出 $R=R+X$	001001		
4	RV 左移一位	010010	0110	
	$R=R-X$	000101		
	余数为正,Y 左移一位,Y_0←1			000<u>1</u>
3	RV 左移一位	001010	1100	
	$R=R-X$	111101		

续表

步数 i	操　作	余数 R	V	商 Y
	余数为负,Y 左移一位,$Y_0 \leftarrow 0$,恢复余数 $R=R+X$	001010		000<u>10</u>
2	RV 左移一位	010101	1000	
	$R=R-X$	001000		
	余数为正,Y 左移一位,$Y_0 \leftarrow 1$			<u>0101</u>
1	RV 左移一位	010001	0000	
	$R=R-X$	000100		
	余数为正,Y 左移一位,$Y_0 \leftarrow 1$			<u>1011</u>
0	结束			

所以,商 $Y_fY=11011$,余数 $R_fR=00100$。

【例 10.10】 已知被除数 $U_fUV=011100001$,除数 $X_fX=01101$,$n=4$,求商 Y_fY 和余数 R_fR。

解：$Y_f=0$,$R_f=0$,$RV=00\ 11100001$,$X=00\ 1101$,$[-X]_{补}=11\ 0011$,其操作过程如表 10.5 所示。

表 10.5　原码恢复余数法示例 2

步数 i	操　作	余数 R	V	商 Y
	初始化	001110	0001	0000
	判溢出：$R=R-X$	000010		
	余数为正,溢出算法终止			

实现原码恢复余数法的逻辑框图如图 10.17 所示。

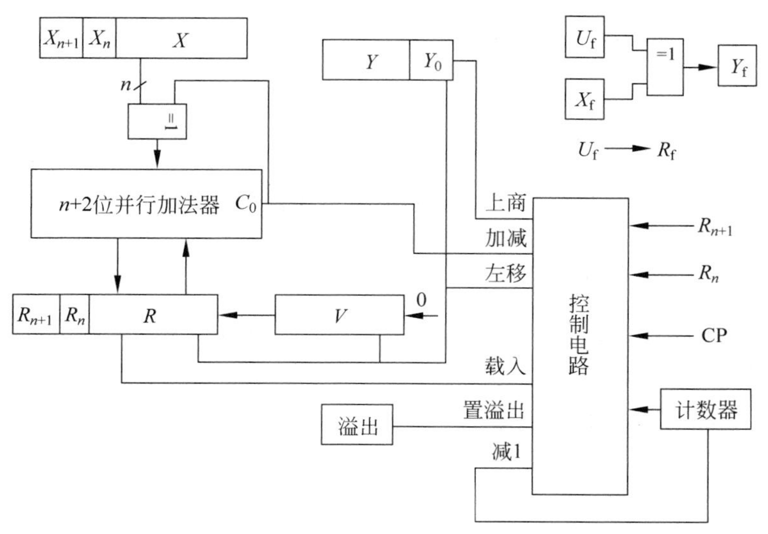

图 10.17　原码恢复余数法的逻辑框图

其中：被除数 R 和 V、商 Y 分别保存在3个移位寄存器中，运算结束后 R 为余数；除数 X 保存在 n 位寄存器中；R_{n+1}、R_n 为增设的附加位；U_f、X_f、Y_f、R_f 分别是被除数、除数、商、余数的符号位。

计数器为减1计数器，初始值为 n，控制乘法运算的步数。n 为除数的数值位位数。

控制电路根据计数器的值、R_{n+1}、R_n 以及CP脉冲产生运算过程中所需的控制信号，包括寄存器的"载入"信号，R、V、Y 的"左移"一位信号，计数器的"减1"信号。

"加减"控制信号控制并行加法器实现加法还是减法运算，当它为1时，做 $R+X$；当它为0时，做 $R-X$。

"上商"控制信号控制商"0"还是商"1"。当余数为正时，该信号控制 Y_0 置1。

2. 原码加减交替除法

在恢复余数除法中，由于要恢复余数，使得有时一步操作要进行两次加减法操作，运算速度太慢，控制也比较复杂。在实际应用中，更多的是采用加减交替除法。它与恢复余数除法不同的是：当所得余数为负，即不够减时，不必恢复余数，而是根据余数符号继续后面的运算。因此每一步或者做加法，或者做减法，只做一次运算，运算步数固定，控制简单。

在恢复余数除法中，当第 i 步的余数 $R_i<0$ 时，执行的操作是：加除数(R_i+X)，然后在下一步(第 $i-1$ 步)将之左移一位，减除数得到新余数 R_{i-1}。

$$R_{i-1}=2(R_i+X)-X=2R_i+X$$

根据上述式子，可知：当第 i 步的余数 $R_i<0$ 时，不用做加法恢复余数，而是在下一步(第 $i-1$ 步)执行以下操作：R_i 左移一位，然后加被除数 X 得到新余数 R_{i-1}。

原码加减交替除法的运算规则如下。

(1) 符号位单独处理。

$$Y_f=U_f\oplus X_f \quad R_f=U_f$$

(2) 用被除数和除数的数值位部分进行运算。首先是判断溢出。如果被除数的高 n 位数值(作为余数 R 的初始值)大于除数 X，则除法发生溢出。

这是通过减法运算来实现的，即做 $R=R-X$。若运算结果为正，则发生溢出，算法终止；否则继续进行下面的步骤。

(3) 若余数为正，表示够减，相应位上商为1；余数左移一位后减去除数；若余数为负，表示不够减，相应位上商为0；余数左移一位后加上除数。

(4) 重复(3)，直到求得商的各位为止。如果最后一次所得余数为负，则需再做一次加除数的操作以恢复余数。

原码加减交替除法的流程如图10.18所示。

【例10.11】 已知被除数 $U_fUV=010010011$，除数 $X_fX=11101$，$n=4$，求余数 R_fR 和商 Y_fY。

解：$Y_f=1$，$R_f=0$，$RV=00\ 10010011$，$X=00\ 1101$，$[-X]_{补}=11\ 0011$，其操作过程如表10.6所示。

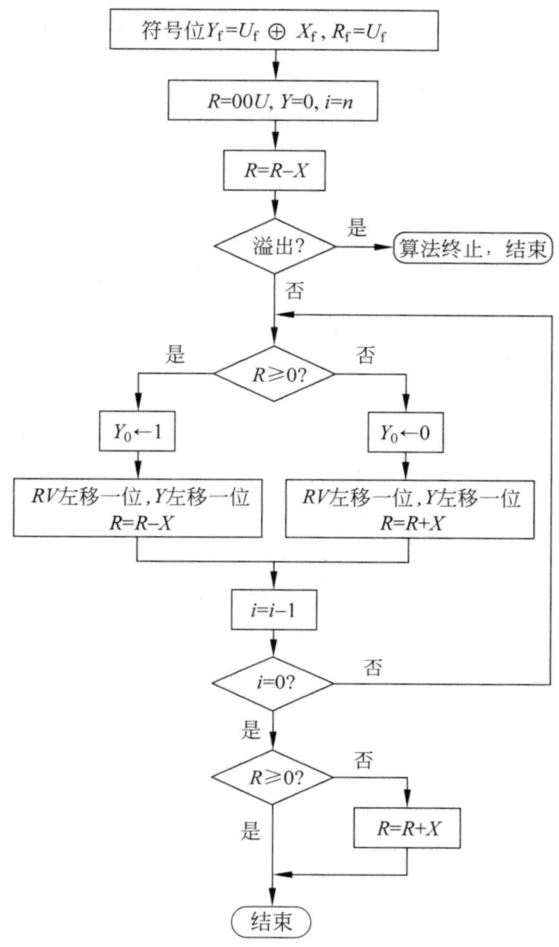

图 10.18　原码加减交替除法的流程图

表 10.6　原码加减交替除法示例

步数 i	操　　作	余数 R	V	商 Y
	初始化	001001	0011	0000
	判溢出：$R=R-X$	111100		
	余数为负，无溢出			0000
4	RV 左移一位，Y 左移一位	111000	0110	0000
	$R=R+X$	000101		
	余数 R 为正，Y_0←1			0001
3	RV 左移一位，Y 左移一位	001010	1100	0010
	$R=R-X$	111101		
	余数 R 为负，Y_0←0			0010
2	RV 左移一位，Y 左移一位	111011	1000	0100
	$R=R+X$	001000		
	余数 R 为正，Y_0←1			0101
1	RV 左移一位，Y 左移一位	010001	0000	1010

续表

步数 i	操　作	余数 R	V	商 Y
	$R=R-X$	000100		
	余数 R 为正,$Y_0 \leftarrow 1$			$\underline{1011}$
0	结束			

由此可得:商 $Y_fY=11011$,余数 $R_fR=00100$。

实现原码加减交替除法的逻辑电路和图 10.17 相似,只是控制电路有些不同。

10.3.5　阵列除法器

和阵列乘法器一样,阵列除法器也是一种并行运算部件,实现高速除法运算。阵列除法器有多种不同的形式,这里只介绍采用加减交替除法思想构成的阵列除法器。

阵列除法器的构成单元是可控加减单元 CAS,其组成电路如图 10.19 所示。

可控加减单元由一个全加器和异或门组成,有 4 个输入端和 4 个输出端,其中 X_i、Y_i 为本位输入,C_{i-1} 为低位来的进位输入,F_i 为本位的"和"或者"差",C_i 为向高位的进位输出,P 为加减控制信号。

把一行 CAS 按横向串接起来,就可以连接成如图 10.20 所示的处理行。图中,$X=X_3X_2X_1X_0$,$Y=Y_3Y_2Y_1Y_0$,$F=F_3F_2F_1F_0$。P、C、Q 分别为加减控制信号、最低位的进位输入、最高位的进位输出。

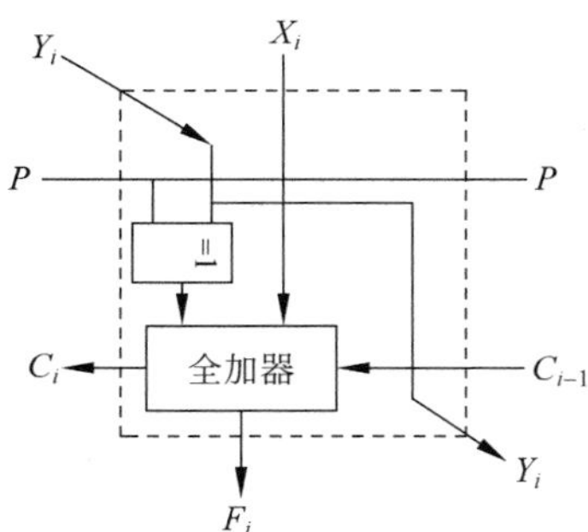

图 10.19　可控加减单元 CAS

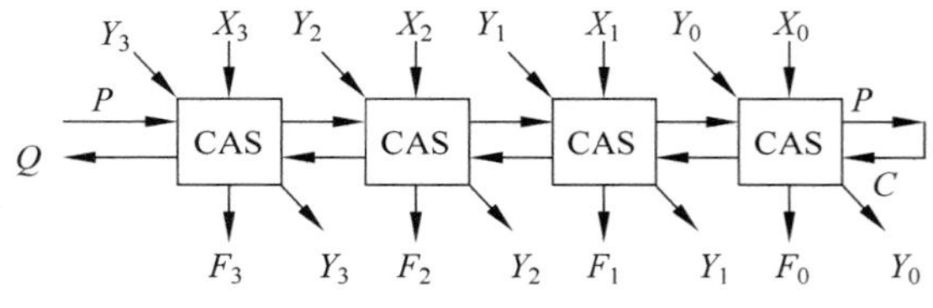

图 10.20　由 CAS 构成的处理行

根据图 10.20 可知,当 P 为 0 时,该处理行进行加法运算,即$[F]_补=[X+Y]_补$;当 P 为 1 时,该处理行进行减法运算,即$[F]_补=[X-Y]_补$。

假定被除数 $X=X_5X_4X_3X_2X_1X_0$,除数 $Y=Y_2Y_1Y_0$,都是正整数。设商 $Q=Q_2Q_1Q_0$,余数 $R=R_2R_1R_0$,则根据人工除法的计算过程(参见图 10.15(a))和上述加减交替除法的运算规则,可以画出 6 位除 3 位的阵列除法器的逻辑框图,如图 10.21 所示。这里每一行都与上一行错开一个位置,并且除数 Y 是斜送的。这是因为在人工做除法的计算过程中,除数是每一步向右错开一位的。另外,错开一位也使得被除数的低位依次加入到阵列中去参与运算(如图中的 X_2、X_1、X_0)。这与人工除法的计算过程相一致。

在这个阵列中,由于每一行左边的 P_i 是连接到上一行的 Q_{i+1}($i=0,1,2$),因此该行执行的操作究竟是加法还是减法,取决于其上一行的商。即如果上一步上商 0,则当前步做

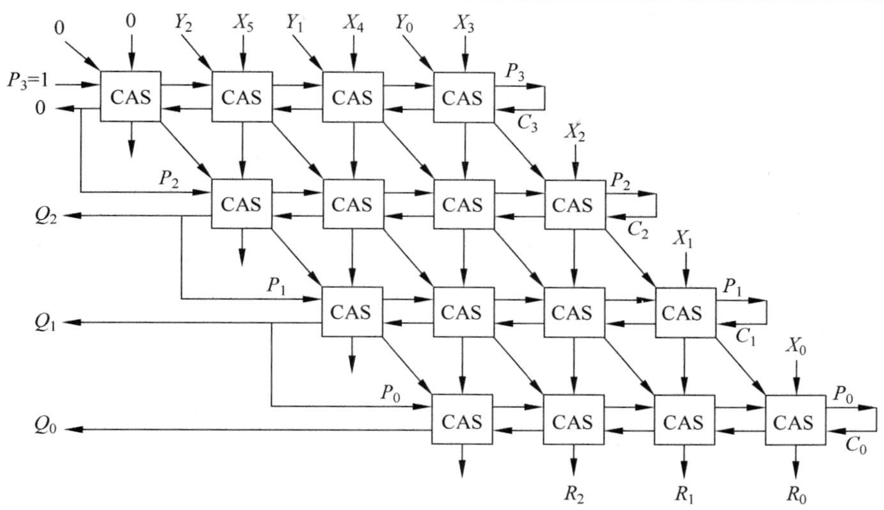

图 10.21　6 位除 3 位的阵列除法器

加法；如果上一步上商 1，则当前步做减法。由于第一行的控制信号 P_3 恒置 1，因此该行所执行的初始操作是减法。

【例 10.12】 已知被除数 $X=101001$，除数 $Y=111$，求余数 R 和商 Q。

解：

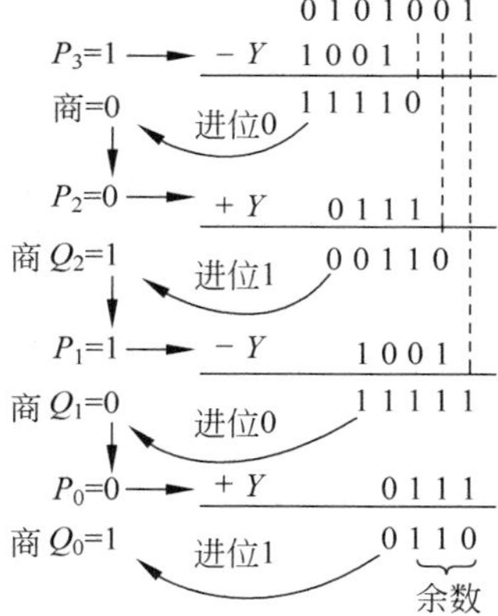

得：余数 $R=110$，商 $Q=101$。

10.4 定点运算器的构成

运算器是实现算术运算和逻辑运算的部件，主要由算术逻辑运算单元 ALU、寄存器组、数据总线以及一些相关附加电路构成。

10.4.1 算术逻辑运算单元

算术逻辑运算单元（ALU）是一个能完成多种算术运算和逻辑运算的组合逻辑电路。

它由逻辑运算部件、算术运算部件以及多路选择器三部分组成。

1. 逻辑运算部件

逻辑运算最简单,直接用相应的逻辑门就能实现基本的逻辑运算。图10.22为能完成两个n位数A和B的与运算、或运算、异或运算的逻辑运算单元。

图10.22中使用了n个与门、n个或门以及n个异或门,第i个门实现A和B的第i位A_i与B_i的相应运算。在两个控制信号S_1、S_2的控制下,3选1的多路选择器从3个运算结果中选择所需的运算结果。

2. 算术运算部件

算术运算部件主要完成加法和减法运算,其核心是一个二进制并行加法器。可以将前面介绍的n位并行加法器适当修改,得到n位加法/减法器,如图10.23所示。加减控制信号as控制算术运算部件完成的是加法运算还是减法运算,当as=0时,做加法$A+B$;当as=1时,做减法$A-B$。

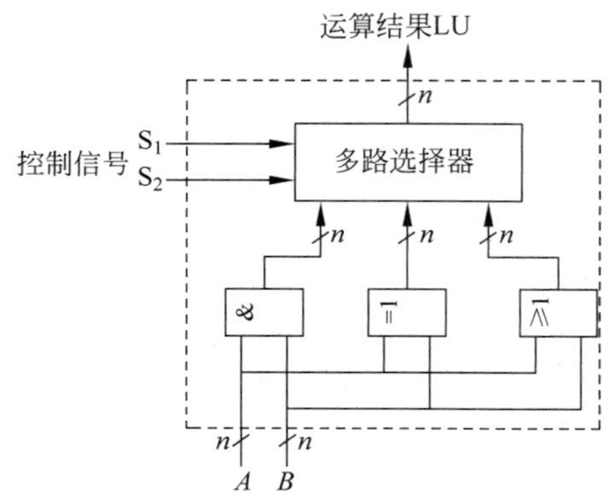

图10.22　n位的逻辑运算部件

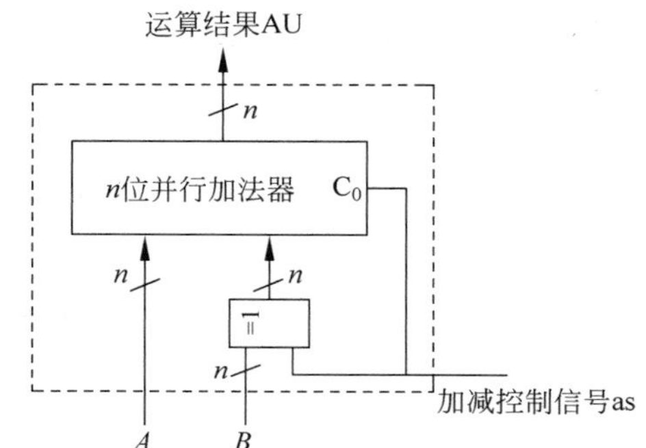

图10.23　n位的算术运算部件

3. n位的ALU

设计ALU时,首先根据要求分别设计出逻辑运算部件和算术运算部件,然后将它们组合起来,用2选1多路选择器选择所需的运算结果,如图10.24所示。

10.4.2　寄存器组

运算器中设置有大量的寄存器,构成寄存器组。运算器所需的操作数以及运算结果通常都是存放在寄存器中。寄存器组的实现原理与存储器的实现原理是相似的。要访问某个寄存器,就必须给出该寄存器号,寄存器号通过一个译码器产生选择该寄存器的控制信息,然后就可以对其进行相应的读/写操作。图10.25给出了寄存器组的两种实现方法。

在单端口寄存器组中,只有一个寄存器地址端和一个数据端。而在多端口寄存器组中,可以有多个数据输入端口和多个数据输出端口,相应地有多个寄存器的选择信号,可以同时

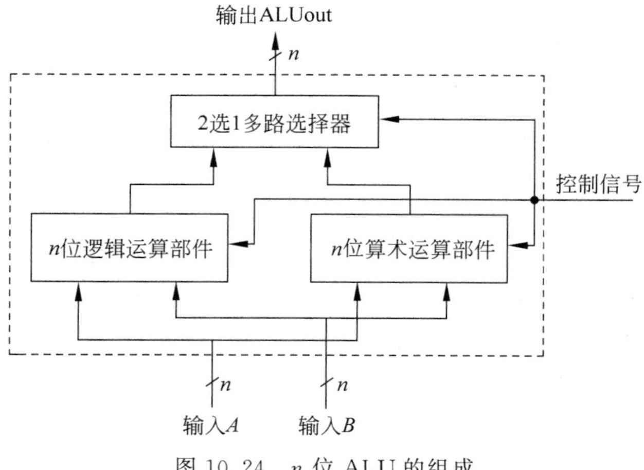

图 10.24　n 位 ALU 的组成

从不同的寄存器中读出多个数和写入多个数。图 10.25(b)的多端口寄存器组中有两个数据输出端口和一个数据输入端口，相应地有 3 个寄存器的选择信号，可以同时从不同的寄存器中读出两个数，并往一个寄存器中写入一个数。

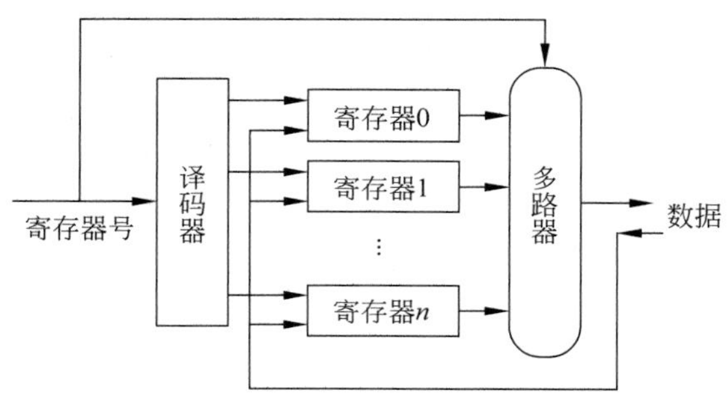

(a) 单端口寄存器组

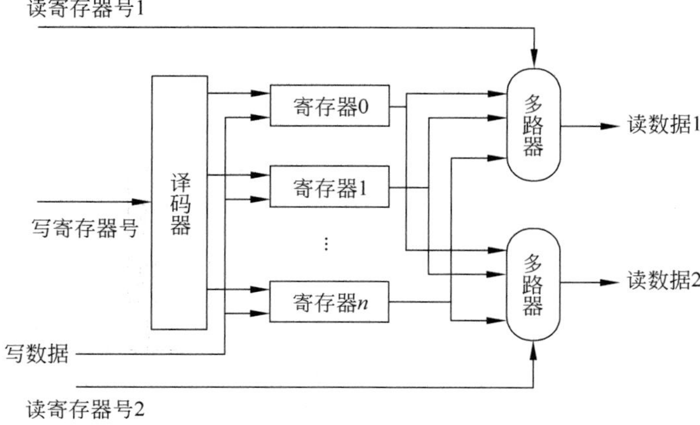

(b) 双端口寄存器组

图 10.25　寄存器组的实现方法

10.4.3 运算器的基本结构

计算机中的运算器一般采用以下3种结构形式。

1. 单总线结构的运算器

单总线结构的运算器如图10.26(a)所示。其中的所有部件都连到同一条总线上，任意两个寄存器之间或者任一寄存器与ALU之间都可以进行数据传送，但在同一时间内，只能有一个操作数在总线上传送。ALU运算所需的两个操作数不能一次同时送到，为此在ALU的输入端增设了两个数据缓冲器A和B。这种结构的运算器的优点是控制简单，但速度比较慢。

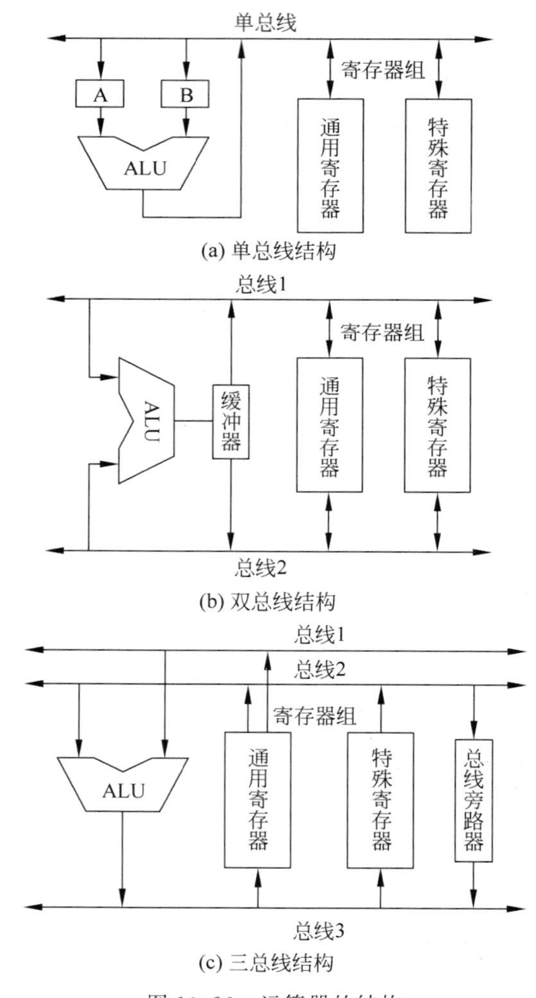

(a) 单总线结构

(b) 双总线结构

(c) 三总线结构

图10.26 运算器的结构

2. 双总线结构的运算器

在这种结构中，操作部件连接到两条不同的总线上，可以同时传输两个数据，如图 10.26(b)所示。在执行双操作数运算时，ALU 所需的两个操作数通过不同的总线同时送到，只需一步操作就能得到运算结果。但由于输出该运算结果时，两条总线都被输入操作数占用着，该运算结果不能直接加到总线上，因此需要将它暂时存放在缓冲器中，等到下一步再将它通过总线送入目的寄存器。这样，ALU 的运算需要两步操作才能完成。

3. 三总线结构的运算器

图 10.26(c)为三总线结构的运算器，操作部件连接到 3 条总线上，可以同时传输 3 个数据。利用两条总线传送两个操作数，并用第 3 条总线传送一个运算结果。这样，ALU 的运算只需一步操作就能完成。与前两种结构相比，三总线结构的运算器的速度最快，但控制也最复杂。

在这种结构中，通常还设置一个总线旁路器，可以直接将数据从总线 1 传送到总线 2。

在 3 种结构的运算器中，如果具有乘法器或除法器，那么它们所处的位置与 ALU 一样。

10.5　浮点运算

浮点运算分为规格化和非规格化两类。由于规格化浮点数具有数的表示唯一、有效精度高等优点，因而得到了广泛的使用。本节如果没有特别说明，都采用规格化浮点运算，也即参加运算的操作数都是规格化浮点数，运算结果也应为规格化浮点数。

从第 2 章可知，浮点数由阶码和尾数两部分构成，因此在进行浮点运算时，阶码和尾数分别进行运算。浮点数中的阶码和尾数实际上都是用定点数来表示的，因此浮点运算最终可转化为定点运算。

10.5.1　浮点加减法运算

设有两个规格化浮点数 X 和 Y，分别为：

$$X: X_E X_M$$

$$Y: Y_E Y_M$$

其中，X_E 和 Y_E 分别为 X 和 Y 的阶码，X_M 和 Y_M 分别为 X 和 Y 的尾数。

浮点加减法运算要经过判 0 操作、对阶、尾数加/减、规格化与舍入 5 个步骤，并且在规格化的过程中还要判断运算结果是否溢出。

1. 判 0 操作

判 0 操作就是检测两个操作数 X 和 Y 中是否有为“0”的。若有，则不需要进行运算，直接就能设置运算结果；否则进入下一步。

2. 对阶

要对两个浮点数进行加减运算,必须使小数点对齐。而在浮点数中,小数点的实际位置是由阶码决定的,因此,需要对其中的一个操作数进行变换,使两个操作数的阶码相等。这个过程称为对阶。

对阶的过程可以分以下两步实现。

(1) 求阶差 $\Delta_E = X_E - Y_E$。如果 $\Delta_E = 0$,则表示两数的阶码已经相等,两个操作数都不需作任何调整。

(2) 若 $\Delta_E > 0$,则表示 X 的阶码大于 Y 的阶码($X_E > Y_E$),这时需调整操作数 Y。将 Y 的尾数 Y_M 右移,每右移一位,其阶码 Y_E 加 1,直到两数的阶码相等为止。

若 $\Delta_E < 0$,则表示 X 的阶码小于 Y 的阶码($X_E < Y_E$),这时需调整操作数 X。调整的方法与上面的一样。

对阶完成后,两数的阶码相等,运算结果的阶码也与它们一样。

3. 尾数加/减

将两数的尾数 X_M 和 Y_M,按照相应的定点加减运算规则进行加减法运算,得到运算结果的尾数。

4. 结果规格化并判溢出

尾数加/减后,若得到的结果不是规格化的数,必须对其进行规格化处理。

在第 2 章中,大家已经知道,规格化浮点数是指其尾数的绝对值在 1/2 到 1 之间。

若得到的运算结果的绝对值大于 1,则需要右规,即将该结果右移一位,相应的阶码加 1。右规最多只有一位,因为是两个定点小数(其绝对值都小于 1)相加减。

若得到的运算结果的绝对值小于 1,则需要左规,即将该结果左移,每左移一位,相应的阶码减 1,直到运算结果的绝对值大于等于 1/2 为止。

浮点数的溢出是以其阶码是否溢出来判断的。因此,在规格化时,阶码每次加 1 或减 1 以后,都要判断阶码是否超出所能表示的范围。

若阶码上溢,即阶码大于可能表示的最大正数,则置溢出标志,或者将结果当作 $+\infty$ 或 $-\infty$ 处理。

若阶码下溢,即阶码小于可能表示的最小负数,这时,可以置溢出标志,也可以将结果当作 0 处理。一般选择后者。

5. 舍入处理

在浮点运算中,当将尾数右移时(如对阶、规格化过程中),尾数的末若干位可能被丢掉,造成一定的误差。为减少误差,需要进行舍入处理。

常用的舍入方法有以下几种。

(1) 0 舍 1 入法。这是最常用的方法,类似于十进制的"四舍五入法"。

(2) 截断法。这是一种最简单的方法。将右移移出的数位一律舍去,余下的位不做任何改变。

(3) 朝$+\infty$舍入法。若为正数,只要移出的数位不全为 0,则最低有效位加 1;若为负数,则采用截断法。

(4) 朝$-\infty$舍入法。若为负数,只要移出的数位不全为 0,则最低有效位加 1;若为正数,则采用截断法。

表 10.7 给出了几个数值在不同舍入方法下的舍入结果。这里是将 8 位值舍入为 4 位值。

表 10.7　不同舍入方法的舍入值

数　值	0 舍 1 入法	截断法	朝$+\infty$舍入法	朝$-\infty$舍入法
.0110 1001	.0111	.0110	.0111	.0110
−.0110 1001	−.0111	−.0110	−.0110	−.0111
.1000 0111	.1000	.1000	.1001	.1000
−.1000 0111	−.1000	−.1000	−.1000	−.1001
.1000 0000	.1000	.1000	.1000	.1000

【例 10.13】 已知 $X=+0.110101\times 2^{+0011}$,$Y=-0.111010\times 2^{+0010}$,求 $X\pm Y$。

假设浮点数格式为:

数符	阶码	尾数
1位	5位	6位

阶码、尾数均采用补码表示,阶码用双符号位,尾数用单符号位。舍入处理采用简单的截断法。

解:将 X 和 Y 转化成规格化浮点表示

X:0　00011　110101

Y:1　00010　000110

① 求阶差并对阶

$$[\Delta_E]_{补}=00011+11110=00001>0$$

调整 Y:将 Y 的尾数 1000110 右移一位(按补码算术右移规则),阶码加 1,得

$$Y:1\quad 00011\quad 100011$$

运算结果的阶码为:00011

② 尾数加/减。

运算时,为了能保存结果的正确符号位,采用变形补码,即用双符号位。

$[X_M+Y_M]_{补}=00110101+11100011=00011000$

$[X_M-Y_M]_{补}=[X_M]_{补}+[-Y_M]_{补}=00110101+00011101=01010010$

③ 规格化并判溢出。

$[X_M+Y_M]_{补}$的结果为 00011000,需要将尾数左移一位,同时阶码减 1,没有溢出,得:

$X+Y$:0　00010　110000　　即$+0.110000\times 2^{+0010}$

$[X_M-Y_M]_{补}$的结果为 01010010,需要将尾数右移一位,同时阶码加 1,没有溢出,得:

$X-Y$:0　00100　101001　　即$+0.101001\times 2^{+0100}$

10.5.2 浮点乘除法运算

浮点乘除法运算实质上也是尾数和阶码分别按定点运算规则进行。

设有两个规格化浮点数 X 和 Y,分别为:

$$X: X_E X_M$$

$$Y: Y_E Y_M$$

其中,X_E 和 Y_E 分别为 X 和 Y 的阶码,X_M 和 Y_M 分别为 X 和 Y 的尾数。

浮点乘除法运算规则如下。

浮点乘法时,运算结果的尾数是两数的尾数之积,运算结果的阶码是两数的阶码之和。浮点除法时,商的尾数是两数的尾数相除的商,商的阶码是两数的阶码之差。

1. 浮点乘法运算

浮点乘法运算按以下4个步骤进行。

(1) 判0操作。判0操作就是检测两个操作数 X 和 Y 是否为0。如果操作数中有一个为0,则将运算结果置为0,运算结束。

(2) 阶码相加。将两数的阶码按相应码制的运算规则相加,并判断阶码是否溢出。如果阶码上溢或下溢,则按浮点加减法中一样的方式处理,运算结束。如果没有溢出,则相加的和即为乘积的阶码。

(3) 尾数相乘。将两数的尾数按相应码制的运算规则相乘,得到乘积的尾数。

(4) 规格化并舍入。按浮点加减法中同样的方法,对结果(乘积)规格化,同时进行舍入。在规格化的过程中,若需要改变阶码的值,还需要判断阶码是否溢出。

2. 浮点除法运算

浮点除法运算的步骤与乘法运算类似,也分为以下4个步骤。

(1) 判0操作。若除数 Y 为0,则为非法操作,运算结束。若被除数 X 为0,则将运算结果置为0,运算结束。

(2) 阶码相减。将两数的阶码按相应码制的运算规则相减,并判断阶码是否溢出。如果阶码上溢或下溢,则按浮点加减法中一样的方式处理,运算结束。如果没有溢出,则相减的结果即为商的阶码,余数的阶码与被除数 X 的相同。

(3) 尾数相除。将两数的尾数按相应码制的运算规则相除,得到商和余数的尾数。

(4) 规格化并舍入。按浮点加减法中同样的方法,对结果(商)规格化,同时进行舍入。在规格化的过程中,若需要改变阶码的值,还需要判断阶码是否溢出。

习题 10

10.1 设 A、B 寄存器的内容分别为1101和0110,依次进行 $B \leftarrow \overline{B}$,$A \leftarrow A \oplus B$,及 $A \leftarrow A \vee 0001$ 运算后,A 中的值为多少?

10.2 已知 $A=01011010$,$B=11011011$,分别写出 A 和 B 经过下列移位操作后的结果。

(1) 算术左移一位； (2) 逻辑左移一位；

(3) 算术右移一位； (4) 逻辑右移一位；

(5) 循环右移一位； (6) 循环左移一位。

10.3 已知 X 和 Y,用变形补码计算 $X+Y$,并指出结果是否溢出。

(1) $X=11011$,$Y=00011$；

(2) $X=11011$,$Y=-10101$；

(3) $X=-10110$,$Y=-00001$。

10.4 已知 X 和 Y,用变形补码计算 $X-Y$,并指出结果是否溢出。

(1) $X=0.11011$,$Y=-0.11111$；

(2) $X=0.10111$,$Y=0.11011$；

(3) $X=0.11011$,$Y=-0.10011$。

10.5 已知$[X]_{补}$,$[Y]_{补}$,用补码运算方法求$[X+Y]_{补}$和$[X-Y]_{补}$,并判断运算结果是否溢出。

(1) $[X]_{补}=0.11011$,$[Y]_{补}=0.00011$；

(2) $[X]_{补}=010111$,$[Y]_{补}=100101$；

(3) $[X]_{补}=101010$,$[Y]_{补}=110001$。

10.6 已知 $X=0011$,$Y=-0101$,试用原码一位乘法求 $X\times Y=$? 给出规范的运算步骤。

10.7 已知 $X=0011$,$Y=-0101$,试用补码一位乘法中的 Booth 算法求 $X\times Y=$? 给出规范的运算步骤。

10.8 当 $X=9$,$Y=14$ 时,试用原码一位乘法求 $X\times Y=$? 给出规范的运算步骤。

10.9 当 $X=0110$,$Y=1011$ 时,试用补码一位乘法中的 Booth 算法求 $X\times Y=$? 给出规范的运算步骤。

10.10 当 $UV=0110\ 1011$,$X=-1010$ 时,试用原码恢复余数除法算法求 $UV/X=$? 给出规范的运算步骤。

10.11 当 $UV=0110\ 1011$,$X=1010$ 时,试用原码加减交替除法算法求 $UV/X=$? 给出规范的运算步骤。

10.12 按浮点加减运算方法求 $X\pm Y$。

(1) $X=0.100101\times 2^{-011}$,$Y=-0.011110\times 2^{-010}$

(2) $X=-0.010110\times 2^{-101}$,$Y=0.010110\times 2^{-100}$

假设浮点数格式为：

数符	阶码	尾数
1位	5位	6位

阶码、尾数均采用补码表示,阶码用双符号位,尾数用单符号位。舍入处理采用 0 舍 1 入法。

10.13 已知 $X=0.110000\times 2^{101}$,$Y=-0.111000\times 2^{100}$,设阶码为 7 位,其中 2 位符号位；尾数为 8 位,其中 2 位符号位,阶码和尾数都采用补码表示。按浮点运算步骤求 $X\times Y$。

第 11 章　存　储　器

存储器是计算机的核心三大部件之一，用于存放程序和数据。实际上，它是如此重要，以至于一般计算机中都要包含一个存储子系统。如何设计一个容量大、速度快、成本低的存储子系统，始终是计算机设计的一个关键问题。本章介绍存储层次、主存储器、高速缓冲存储器以及辅助存储器的组成和工作原理。

11.1　存储子系统概述

11.1.1　三级存储层次

容量大、速度快、价格低的存储器一直是人们所梦寐以求的。但这“容量大、速度快、价格低”3 个要求却是相互矛盾的。综合考虑不同的存储器实现技术，我们会发现：

(1) 速度越快，价格就越高；

(2) 容量越大，价格就越高；

(3) 容量越大，速度越慢。

从实现“容量大、价格低”的要求来看，应采用能提供大容量的存储器技术；但从满足性能需求的角度来看，又应采用昂贵且容量较小的快速存储器。显然单靠一种存储器，实现上述目标非常困难。例如，硬盘，它的容量很大，但对于 CPU 来说，其速度太慢。主存(也称为内存)的速度比硬盘快多了，但其容量又不够大。

解决这个问题的唯一方法，是用不同的存储器构建一个存储层次。现代计算机系统一般都具有如图 11.1 所示的存储层次。

它由高速缓冲存储器(简称高速缓存)Cache、主存(PC 中的内存条)、辅存(一般是硬盘)3 种不同速度和容量的存储器构成。最靠近 CPU 的 Cache 速度最快，容量最小；离 CPU 最远的硬盘速度最慢，但容量最大。从 CPU 看过去，就好像有一个不仅速度快(Cache 的速度)，而且容量也很大(硬盘的容量)的一个存储子系统。

为实现这一点，就必须保证 CPU 所访问的指令和数据的绝大部分都能在 Cache 中找到。幸运的是，这完全是可以做到的。其依据是程序访问的局部性原理，即程序在一小段时间间隔内所访问的指令和数据在地址上是相对集中的。

例如，如图 11.2 所示，程序在 Δt_1 时间间隔内所访问的地址集中在区域 S1，在 Δt_2 和 Δt_3 所访问的地址集中在区域 S2 和 S3。

图 11.1 中包含了两个存储层次：“Cache—主存”层次和“主存—辅存”层次。“Cache—主存”层次的目的是解决主存速度不足的问题，借助于辅助硬件，构成一个整体。从 CPU 看，其速度接近于 Cache 的速度，容量是主存的，每位价格是接近于主存的。

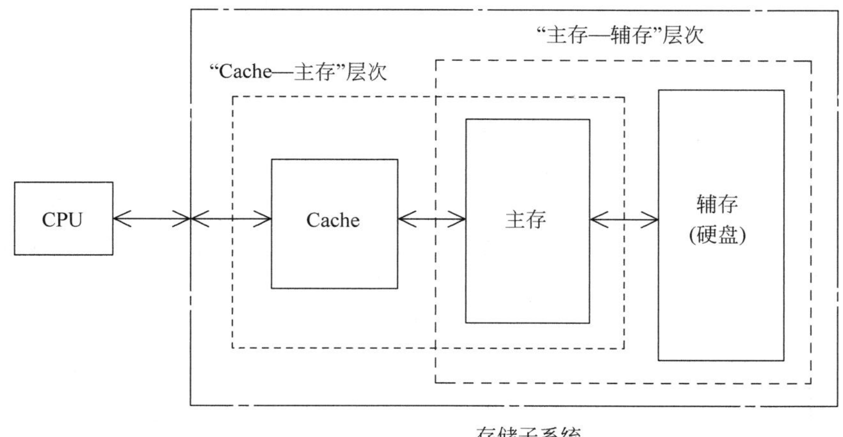

图 11.1 "Cache—主存—辅存"三级存储层次

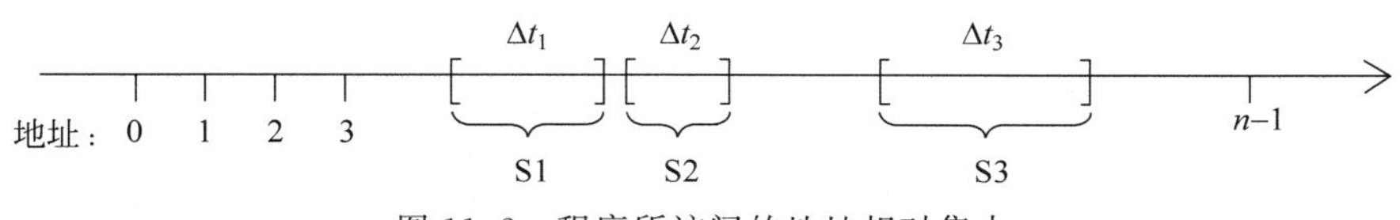

图 11.2 程序所访问的地址相对集中

"Cache—主存"层次对于系统程序员和应用程序员都是透明的。

"主存—辅存"层次的目的是解决主存容量不足的问题。借助于辅助软硬件，构成一个整体。从 CPU 看，其速度接近于主存的，容量是辅存的，每位价格是接近于辅存的。该层次常被用来实现虚拟存储器，向编程人员提供"用不完"的程序空间。

"主存—辅存"层次对于系统程序员是不透明的。

11.1.2 存储器的分类

随着计算机技术的发展，存储器的种类越来越多。可以从不同的角度将存储器分成不同的类型。

1. 按在计算机系统中的作用分类

(1) 主存储器。主存储器又称为内部存储器，简称主存或内存。它是整个存储系统的核心，用来存放计算机当前执行的程序以及所需的数据，CPU 可直接用地址对它的任何一个单元进行访问。程序在执行前，必须先调入内存。

(2) 辅助存储器。辅助存储器又称为外部存储器，简称为辅存或外存。它是为了弥补主存的容量不足而设置的存储器。程序和数据文件经过输入设备传送给计算机时，一般都是存放在辅存上。CPU 不能直接访问它，当需要运行辅助存储器中的程序时，需将它们调入主存后供 CPU 使用。

(3) 高速缓冲存储器 Cache。高速缓冲存储器是为了弥补主存的速度不足而设置的存储器，它位于 CPU 和主存储器之间。其速度接近于 CPU 的速度，容量一般为几十 KB 到几MB。

2. 按存取方式分类

存取方式是指访问存储器中存储单元的方法。

(1) 随机存储器(Random Access Memory,RAM)。在这种存储器中,可以随机地进行访问。也就是说,对于任意给定的一个地址,都可以直接对相应的单元进行读或写访问。访问所花的时间是固定的,与存储单元的物理位置无关。在系统断电后大多数随机存储器RAM所保存的信息将丢失,所以也称为易失性存储器。RAM读写方便,使用灵活。常用作主存和Cache。

(2) 只读存储器(Read Only Memory,ROM)。这种存储器也是可以随机访问任何一个单元的。但它只能读,不能进行写入操作。这类存储器常用来存放那些不需要改变的信息。由于信息一旦写入存储器就固定不变了,即使断电,写入的内容也不会丢失,所以又称为固定存储器。ROM除了存放某些系统程序(如BIOS)外,还用来存放专用的子程序,或用作函数发生器、字符发生器及微程序控制器中的控制存储器。

(3) 顺序存取存储器(Sequential Access Memory,SAM)。这种存储器只能按顺序访问存储器中的信息,访问时间与信息在存储器中所处的物理位置有关。在这类存储器中,信息通常以文件或数据块的形式存放。如磁带和磁盘存储器就是顺序存取存储器。

3. 按存储介质分类

存储介质一般具备3个特点:①具有两种稳定的状态,分别代表二进制代码0和1;②能方便地检测出存储介质所处的状态;③两种状态容易相互转换。磁介质、触发器、电容、光盘是几种常用的存储介质。现在常用的存储器有以下3种。

(1) 半导体存储器。这是指用半导体器件组成的存储器,通常用触发电路或电容来保存信息(0或1)。这种存储器主要有MOS型和双极型(包括TTL电路和ECL电路)两种。MOS型存储器的特点是集成度高、功耗低、访问速度较慢。而双极型存储器的特点则是相反,即访问速度快、集成度较低、功耗较大、价格较高。

(2) 磁表面存储器。这种存储器是在金属或塑料基体上,涂上一层磁性材料,用磁层存储信息。它利用磁性材料在不同方向的磁场作用下具有两个稳定的剩磁状态来记录信息0和1。磁带和磁盘存储器是磁表面存储器。它具有容量大、价格低、访问速度慢的特点。故一般用作辅助存储器。

(3) 光存储器。光存储器是指利用光学原理制成的存储器。它是通过能量高度集中的激光束照射在基体表面引起物理或化学变化,记忆二进制信息。如光盘存储器。光盘分为只读式、一次写入式、可多次擦写式3种。

11.2　主存储器

主存储器(以后简称主存)是存储子系统的核心,用于存放正在运行的程序和所需要的数据。它是一个可随机访问的存储器,一般用半导体存储芯片来构建。CPU可以随时访问它的任何一个单元。

11.2.1　主存储器的组成

现代计算机的主存储器基本上都是由半导体存储器实现的。图 11.3 是主存储器的基本组成结构，它由 4 部分构成。

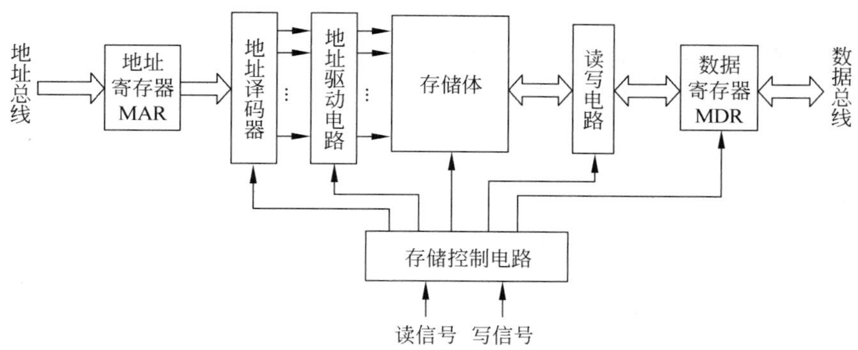

图 11.3　主存储器的基本组成

(1) 存储体。它是存储二进制信息的主体，由大量存储单元构成，每一个存储单元存放 1～8 字节(对于具体一个存储器来说，是一个固定字节数)。每一个存储单元都有一个统一的编号，称为地址。地址与存储单元之间是一一对应的。图 11.4 是一个存储体的例子，它的每个存储单元可以存放 4 字节，也称其宽度为 4 字节。

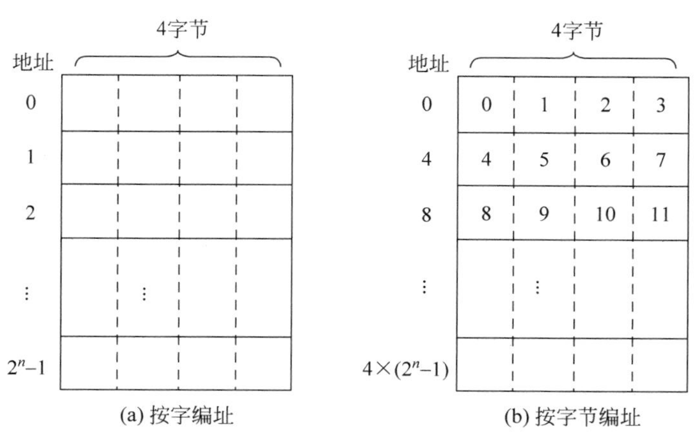

图 11.4　宽度为 4 字节的存储体

图 11.4(a)是按字(每个字 4 字节)寻址的情况，即其可以按地址访问的最小单位是字。每个单元的地址 0、1、2、3、……、2^n-1 为字地址。这种编址方式对于访问存储单元中的某个字节比较麻烦，所以大部分计算机都采用了按字节寻址，即可以按地址访问的最小单位是字节，对于每一字节都有一个地址，如图 11.4(b)所示。字节地址标在了每一字节的方框内。这样，每个字的起始地址(即第一字节的地址)就分别是 0、4、8、……、$4\times(2^n-1)$。

(2) 地址译码和驱动电路。当 CPU 或 I/O 要访问主存时，要先将访问地址送到地址寄存器MAR,地址译码器对其进行译码,选中该地址所对应的存储单元,最后由驱动电路驱动该存储单元完成指定的操作。

(3) 读写电路。根据CPU或I/O的读写命令,把所选中存储单元的内容读出送到MDR。或者把数据寄存器MDR的内容写入选中的存储单元。

(4) 存储控制电路。根据来自CPU或I/O的读写控制信号,产生一系列时序信号,控制存储器完成读写操作。

11.2.2 数据在存储器中的存放

1. 字节顺序

计算机中一般是用多个字节来表示一个数据,因此当在存储器中存放这些数据时,它们会占用多字节。这就有个存放次序的问题。常用的多字节数据存放方式有两种:低端优先(little endian)和高端优先(big endian)。在低端优先方式中,如果数据的最低字节存放在单元X(按字节寻址)中,则次低字节存放在单元X+1中,以此类推。在高端优先方式中,顺序正好相反。即如果最高字节存储在单元X中,则次高字节存储在单元X+1中,以此类推,如图11.5所示。

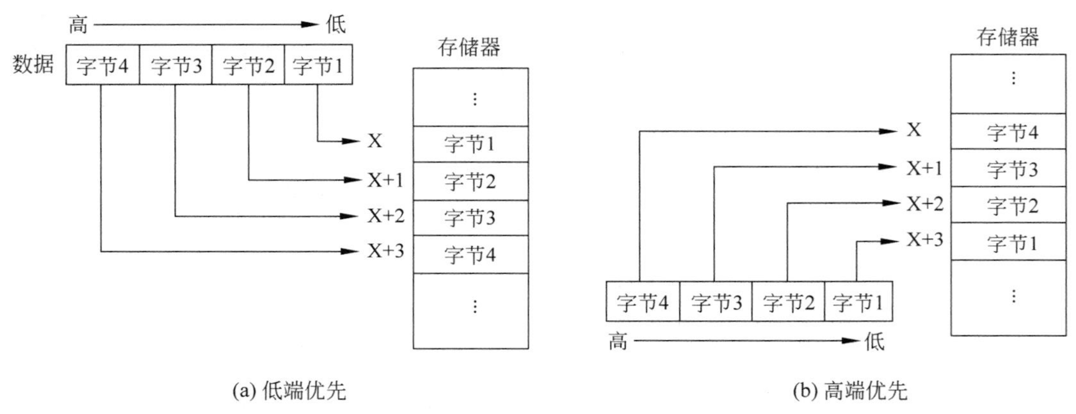

图11.5 多字节数据的存放方式

这两种方案都得到了广泛的应用,也分不出优劣,这给计算机之间的数据通信带来了麻烦,编程者必须知道通信双方的字节顺序,在不同时要进行顺序转换。

Intel 80x86采用小端方案,IBM370、Motorola 680×0和大多数RISC机器则采用大端方案。Power PC则比较特别,两种都支持(在加电启动时选定一种)。

2. 整数边界

通常存储器中会同时存放有宽度不同的信息。如何在存储器中存放这些不同宽度的信息呢?下面以IBM370为例进行讨论。IBM370中的信息有字节、半字(双字节)、单字(4字节)和双字(8字节)等宽度。主存宽度为8字节。采用按字节编址,各类信息都是用该信息的首字节地址来寻址。如果允许它们任意存储,就很可能会出现一个信息跨存储字边界而存储于两个存储单元中，如图 11.6(a)所示。在这种情况下，读出该信息需要花费两个存储周期，这显然是不可接受的。为了避免出现这个问题，可以要求信息宽度不超过主存宽度的信息必须存放在一个存储字内，不能跨边界。为了实现这一点，就必须做到：信息在主存中存放的起始地址必须是该信息宽度（字节数）的整数倍，即满足以下条件。

字节信息的起始地址为：×…××××

半字信息的起始地址为：×…×××0

单字信息的起始地址为：×…××00

双字信息的起始地址为：×…×000

这就是信息存储的整数边界原则。图 11.6(b)是图 11.6(a)中的信息按整数边界存储后的情况。从图中可以看出，按整数边界存储，可能会导致存储空间的浪费。所以这是在速度和占用的空间之间进行权衡。为了保证访问速度，现在的计算机一般都是按整数边界存储信息。

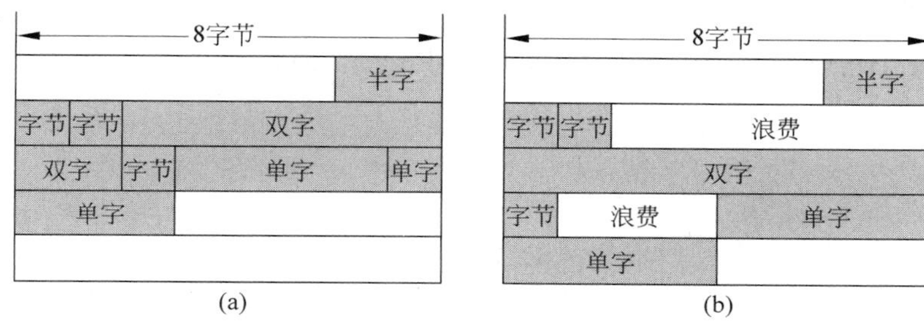

图 11.6　各种宽度信息的存储

11.2.3　主存的主要技术指标

主存的主要技术指标有 4 个：存储容量、存取速度、可靠性和功能。

1. 存储容量

存储容量是指存储器所能存储的二进制信息的总量。常表示为多少 KB（千字节）、MB（千字节）、MB（兆字节）、GB（千兆字节）、TB（兆兆字节）等，或者表示为 $W\times n$ 位，其中 W 为字数，n 为每个字的位数，W 的单位可为 K、M、G 或 T 等。例如，256K×32，表示有 256K 个存储单元，每个单元 32 位。

2. 存取速度

主存的存取速度通常用存取时间 T_A、存取周期 T_M 和带宽 B_M 来表示。

(1) 存取时间 T_A。存取时间又称为访问时间或读写时间，它是指一次访存操作中，从启动存储器到完成该操作所需要的时间。例如，读出时间是指从向主存发出读命令开始到数据被读出（可以使用了）所需要的时间。

(2) 存取周期 T_M。存取周期又称为访问周期、读写周期，是指连续两次启动存储器访问所需的最小时间间隔。它包括存储器的存取时间和自身恢复时间。一般来说，$T_M>T_A$，这是因为在读写操作之后,总要花一些时间来恢复内部状态。对于破坏性读出的RAM,T_M往往比T_A大得多。

(3) 主存带宽B_M。主存带宽是指存储器单位时间内所能存取的信息量,也称为数据传输率,还称为主存的数据传频率,单位为位/秒或字节/秒。

所用单位是位/秒(bps)或字节/秒(Bps)。

B_M的计算公式是:

$$B_M = 每个存储单元的位数/T_M(位/秒)$$
$$= 每个存储单元的位数/(T_M \times 8)(字节/秒)$$

提高B_M的方法有3种:增加存储单元的位数、减少T_M、采用多个存储体(这个在11.6节中介绍)。

3. 可靠性

可靠性是指在规定的时间内,存储器无故障读写的概率。通常,用平均无故障间隔时间(Mean Time Between Failures,MTBF)来衡量可靠性。MTBF越长,说明存储器的可靠性越高。

4. 功耗

功耗是指单位时间存储器所消耗的电能,单位是瓦特/秒。

它也反映了存储器的发热情况,一般希望存储器的功耗要尽可能地小,特别是在嵌入式计算机中。

11.3 随机存储器

按保存数据的方式不同,可将随机存储器分为两类:静态随机存储器(SRAM)和动态随机存储器(DRAM)。

11.3.1 静态随机存储器

静态随机存储器(SRAM)是利用触发器来存储二进制信息的。触发器有两个稳定的状态,用来保存一位二进制信息。只要不断电,所保存的信息就不会丢失。通常,我们将存储一位二进制信息的电路称为一个存储位元电路。

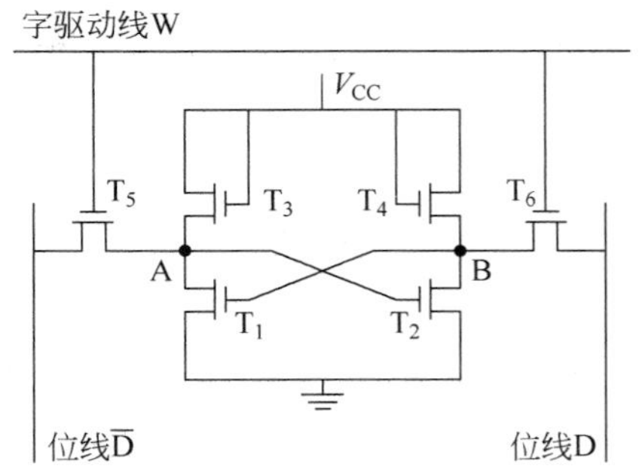

图11.7 一个六管SRAM存储位元电路

图11.7是一个六管SRAM存储位元电路,它是由两个MOS反相器交叉耦合而成的触发器,利用触发器的两个不同状态来存储一位二进制信息。

图11.7中T_1、T_2管是工作管,它们交叉耦合构成触发器;T_3、T_4管是负载管;T_5、T_6管是门控管。

假设 T_1 导通、T_2 截止为“1”状态，这时位线 D 为高电位，保存信息“1”；相反，T_2 导通，T_1 截止为“0”状态，这时位线 D 为低电位，保存信息“0”。

1. 保持

当字驱动线 W 处于低电位时，门控管 T_5、T_6 都处于截止状态，切断了两根位线与触发器之间的联系，使得触发器保持原来状态不会改变，即所存储的二进制信息保持不变。

当要写入或读出信息时，首先要使字驱动线处于高电位，将 T_5、T_6 管打开处于导通状态，两根位线分别连接到 A、B 两点。

2. 写入操作

如果要写入“1”，则在位线 $\bar{D}$ 上加低电位，位线 D 上加高电位，即 B 点为高电位，A 点为低电位。这样不管触发器原来为何种状态，都将导致 T_1 导通，T_2 截止，保存了信息“1”。

如果要写入“0”，则在位线 $\bar{D}$ 上加高电位，位线 D 上加低电位，即 B 点为低电位，A 点为高电位。这样不管触发器原来为何种状态，都将导致 T_2 导通，T_1 截止，保存了信息“0”。

3. 读操作

若原存信息为“1”，即 T_1 导通，T_2 截止。这时 B 点为高电位，A 点为低电位，分别传给两根位线，使得位线 $\bar{D}$ 为低电位，位线 D 为高电位，表示读出的信息为“1”。

若原存信息为“0”，即 T_2 导通，T_1 截止。这时 A 点为高电位，B 点为低电位，分别传给两根位线，使得位线 $\bar{D}$ 为高电位，位线 D 为低电位，表示读出的信息为“0”。

在读出过程中，并没有破坏触发器原来的状态，原存信息保持没变。所以这种存储位元是非破坏性读出的，读操作后不需要进行恢复工作。

由于 SRAM 的基本存储位元电路中所含晶体管较多，故集成度较低，功耗较大。但 SRAM 工作速度快，稳定可靠，不需要外加刷新电路，从而简化了外电路设计。

近年来出现了四管 SRAM 存储位元电路。可以有效地提高集成度。

11.3.2 动态随机存储器

动态随机存储器(DRAM)是利用 MOS 晶体管的管极电容来存储二进制信息的，电容上有电荷或无电荷分别代表二进制信息“1”和“0”。

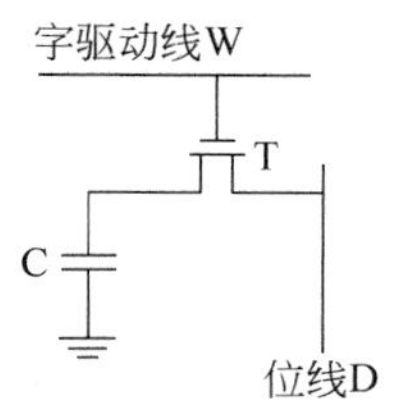

图 11.8 单管 DRAM 存储位元

图 11.8 是一个单管 DRAM 存储位元电路。它由一个晶体管 T 和一个电容 C 构成。电容 C 为存储电容，是特制的 MOS 电容，C 上有电荷表示所存信息为“1”，无电荷表示所存信息为“0”。

1. 保持

当字驱动线 W 处于低电位时，T 截止，切断了电容 C 的通路，使得 C 保持其电荷不变。

当要写入或读出信息时，首先要使字驱动线处于高电位，将 T

管打开处于导通状态,电容C与位线相连。

2. 写入操作

如果要写入"1",则在位线D上加高电位,通过T对电容C充电,使C充满正电荷,写入的信息"1"以电荷的形式保存在电容上。

如果要写入"0",则在位线D上加低电位,电容C通过T放电,使C上原有电荷几乎放光,存储了信息"0"。

3. 读操作

当T导通以后,若原存信息为"1",电容C上的电荷通过T输出到位线上,在位线上检测到电流,表示所存信息为"1"。

若原存信息为"0",电容C上几乎无电荷,在位线上检测不到电流,表示所存信息为"0"。

从上面的读出过程中看到,原存信息为"1"时,读出后电容C上的电荷都已放掉,所保存的信息被读出破坏了,因此这种存储位元是破坏性读出的,读操作后需要进行恢复工作。恢复就是再给电容C充电,相当于进行一次写"1"的操作。

DRAM的基本存储位元电路中所含晶体管数目少,所以它具有集成度高、成本低、功耗小的特点,但它需外加刷新电路。由于是破坏性读出且需要刷新,因此DRAM的工作速度比SRAM慢得多。一般微型机系统中的内存储器多采用DRAM。

11.3.3 RAM芯片

大量的存储位元按一定的规则排列起来就构成了存储体。将存储体、读写电路、译码驱动电路、控制电路等集成在一块芯片上,就可以组成各种不同类型的存储芯片。

1. 存储芯片的内部组成

芯片内部的存储位元有两种不同的排列方式,它们的地址译码方式也随之不同。

(1) 线性组成。在这种方式中,所有存储单元线性排成一列,每一个存储单元中的多个存储位元的字驱动线连在一起,构成字线;位线分别连接到相应的数据线。图11.9为一个16字×1位的存储芯片示意图,其内部采用线性组成。

图11.9中的每一个小方框代表一个存储位元,其中的数字(i,j)表示第i个字的第j位。16个存储位元排成16行,每一行1个,组成一个存储单元。使用了一个译码器,4根地址输入线。地址经译码后选中某一根字线,就可对相应存储单元进行读写操作。由读写信号确定是读还是写。片选信号后面会详细介绍。

当地址位数n较大时,译码器的规模随之增大很多,导致电路复杂,译码时间很长,存储芯片的速度太慢。这种情况下不适合采用线性组成方式。

(2) 二维组成。在这种方式中,所有存储单元排列成矩阵形式(尽可能为方阵),将地址分成两组,分别送给X方向和Y方向的两个译码器,在行和列的交叉点共同选择一个存储单元,对其进行读写操作。图11.10为一个采用二维组成的16字×1位的存储芯片。

图中的每一个小方框代表一个存储单元,其中的数字(i,j)表示第i行和第j列。16个

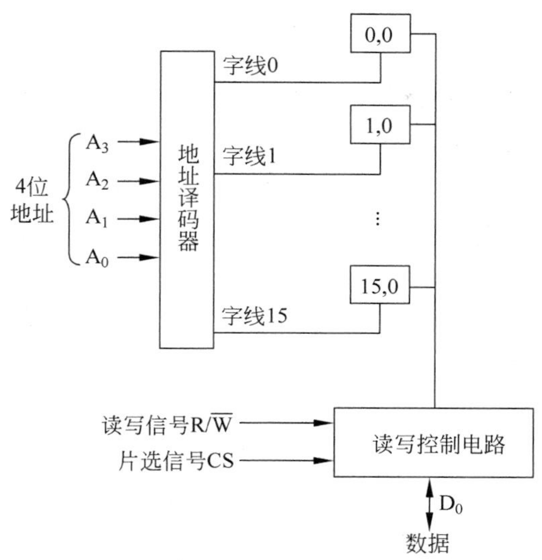

图 11.9　采用线性组成的 16 字×1 位的存储芯片

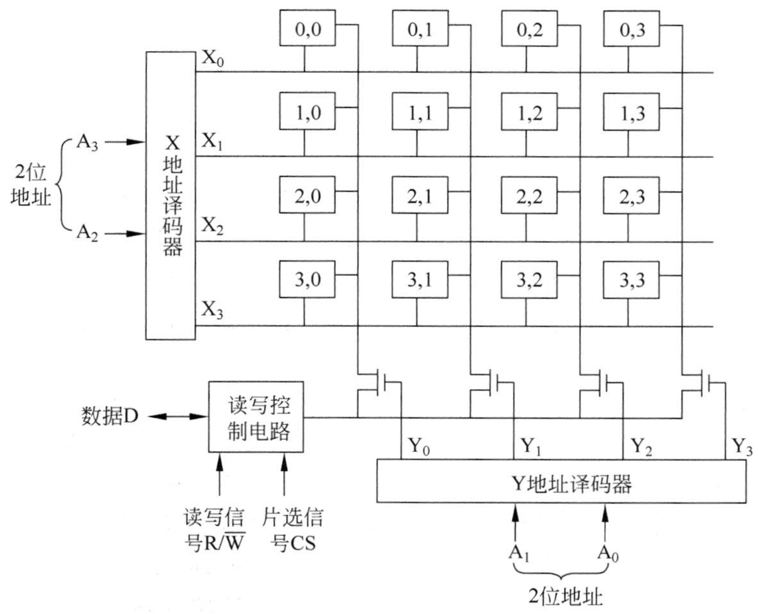

图 11.10　采用二维组成的 16 字×1 位的存储芯片

存储单元排列成 4×4 的方阵，4 位地址分为两组分别送给两个译码器同时译码，A_3、A_2 选择 0～3 中的任一行，A_1、A_0 选择控制各列的位线控制门。

假设输入地址为 0110，X 方向由 01(A_3A_2)选中 X_1，这一行中的 4 个存储单元都被选上；Y 方向由 10(A_1A_0)选中第二列 Y_2，相应的控制门被打开，第二列的位线通过读写控制线路与数据线相连；由行和列的交叉点确定对存储单元(1,2)进行读写操作。

二维组成方式适合于构造大容量的存储芯片，得到了广泛的应用。

2. RAM 芯片

静态 RAM 芯片和动态 RAM 芯片的内部存储体由不同的存储位元构成，但两种芯片的外封装特性基本相同，统称为 RAM 芯片。

图 11.11 为 Intel 2114 静态芯片的外特性示意图。$A_0 \sim A_9$ 为地址输入端，$D_0 \sim D_3$ 为数据输入输出端；$R/\overline{W}$ 为写允许信号(低电平有效)，当它为低电位时进行写操作；$\overline{CS}$ 是片选信号(低电平有效)，片选信号是控制芯片是否工作的一个信号，当它有效时，相应芯片进行读或写操作；当它无效时，不管芯片的其他信号处于什么状态，相应芯片不进行任何操作。V_{CC} 是电源端，GND 为接地端。

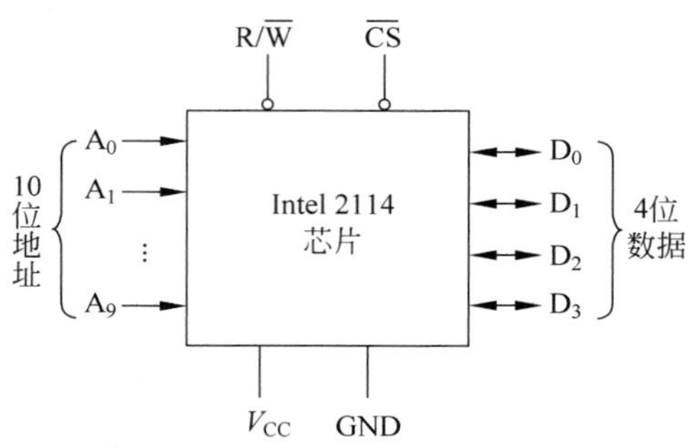

图 11.11 Intel 2114 芯片的外特性示意图

图 11.12 为动态 RAM 芯片 2116 的内部逻辑结构示意图。动态 RAM 芯片 2116 是 16K×1 位的存储芯片，内部存储位元排列成 128×128 的方阵。要访问 16K 个存储单元，需要 14 根地址线，但为了减少芯片封装的引脚数，2116 芯片的地址引线只有 7 根，采用地址复用技术，分两次将 14 位地址送入芯片。在芯片内部有两个地址锁存器：行地址锁存器和列地址锁存器。CPU 首先通过 7 根地址线送来 7 位地址，由行选通信号 $\overline{RAS}$ 将其打入行地址锁存器中暂存，译码后选择 128 行中的一行；随后再送来 7 位地址，由列选通信号 $\overline{CAS}$ 将其打入列地址锁存器中暂存，译码后选择 128 列中的一列。动态 RAM 芯片 2116 没有设置片选信号 $\overline{CS}$，用 $\overline{RAS}$ 兼作片选信号，只有 $\overline{RAS}$ 有效，芯片才工作。

已制成的芯片的读写时序是确定的，在与 CPU 连接时，必须注意 CPU 的控制信号与存储器的读写时序信号之间的配合。下面来看一下 RAM 芯片的读/写操作时序。

图 11.13 是静态 RAM 芯片读操作周期和写操作周期的时序图。

在整个读操作周期内 $R/\overline{W}$ 一直为高电平，因此图中没有画出来。$\overline{CS}$ 必须有效(低电平)。

① 读周期时间 t_{RC} 是对芯片进行两次连续读操作的最小间隔时间。

② 读出时间 t_A 是指从地址有效后，经译码、驱动电路的延迟，到读出所选单元的内容，再到数据稳定出现在数据总线上的时间。读出时间通常小于读周期时间。

③ t_{CO} 是指从片选信号 $\overline{CS}$ 有效后，到读出的数据稳定出现在数据总线上的时间。

④ t_{OTD} 为在片选信号无效后数据还能保持的时间。

要实现写操作，$\overline{CS}$ 和 $R/\overline{W}$ 必须有效(低电平)。写周期时间 t_{WC} 是对芯片进行两次连续写操作的最小间隔时间。在地址有效后，必须经过一段时间 t_{AW} 后，$R/\overline{W}$ 信号才能变为

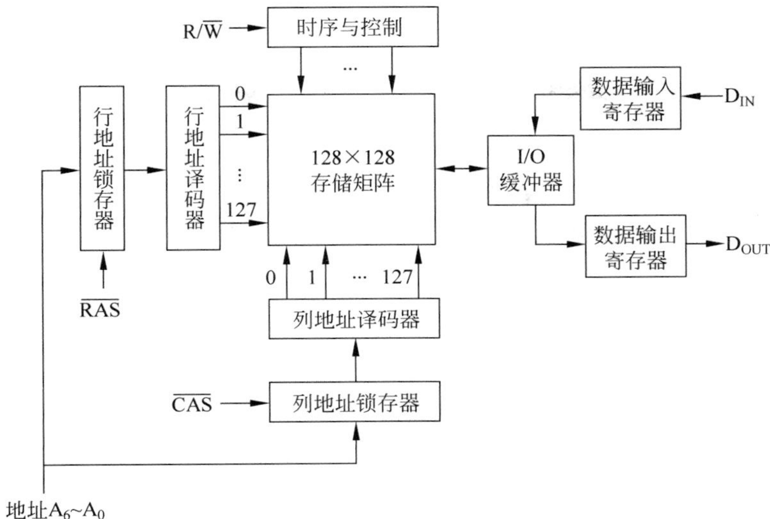

图 11.12　动态 RAM 芯片 2116 的内部逻辑结构示意图

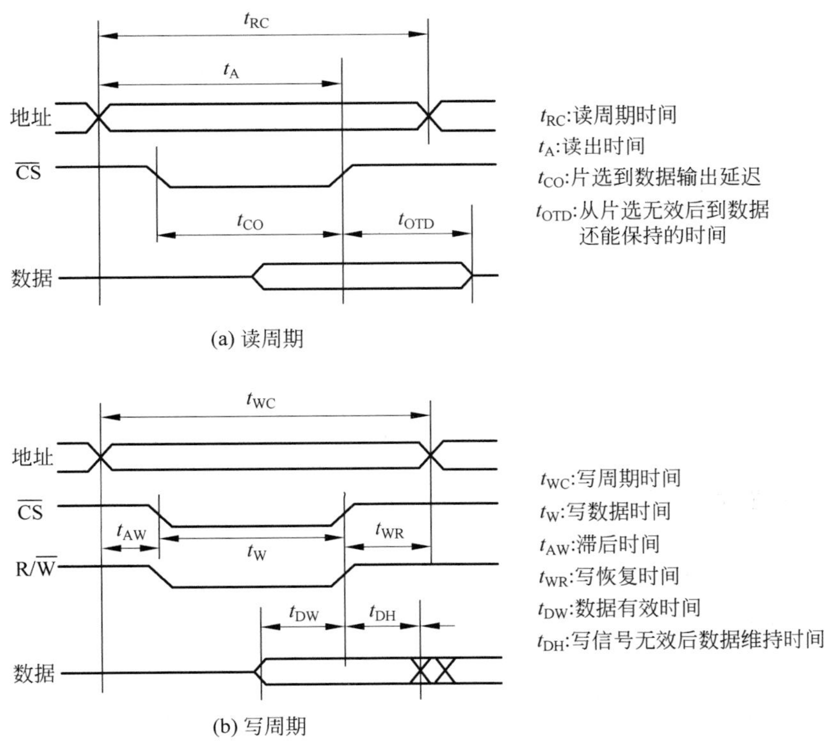

图 11.13　静态 RAM 芯片的读/写周期时序

有效(低电平),并且在 R/$\overline{W}$ 变为无效(高电平)后,再经过 t_{AR} 时间,才允许改变地址信号。为了保证 $\overline{CS}$ 和 R/$\overline{W}$ 信号变为无效前能将数据可靠地写入,要求数据必须在 t_{DW} 之前出现在数据总线上,并在 R/$\overline{W}$ 无效后再保持一段时间 t_{DH}。

图 11.14 是动态 RAM 芯片读操作周期和写操作周期的时序图。

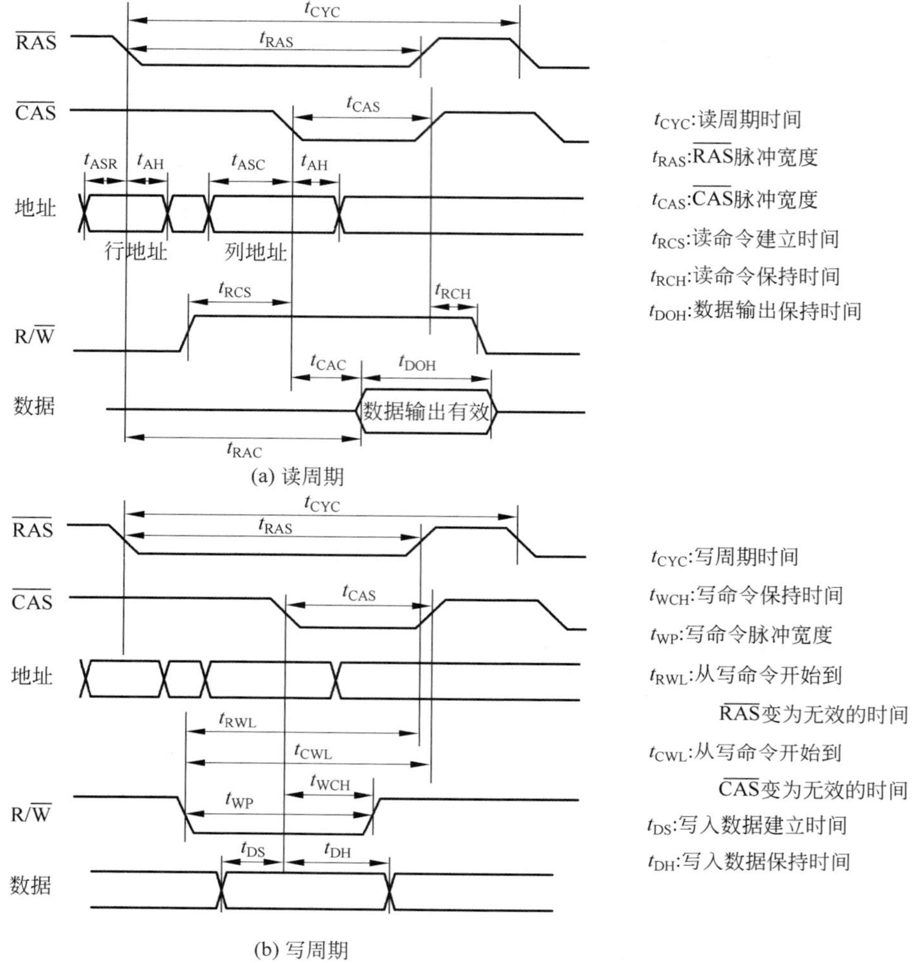

图 11.14　动态 RAM 芯片的读/写周期时序

动态 RAM 芯片一般不设置片选信号 $\overline{CS}$,用 $\overline{RAS}$ 兼作片选信号,只有 $\overline{RAS}$ 有效,芯片才工作。

为了使行地址和列地址能正确选通相应的锁存器,行地址必须在行选通 $\overline{RAS}$ 信号有效前 t_{ASR} 时间有效,且在 $\overline{RAS}$ 有效后应保持一段时间 t_{AH};列地址必须在列选通 $\overline{CAS}$ 信号有效前 t_{ASC} 时间有效,并保持一段时间 t_{AH}。

整个的读周期时间为 t_{CYC}。在 $\overline{RAS}$ 有效后,经过时间 t_{RAC},读出数据有效。$\overline{CAS}$ 必须在从 $\overline{RAS}$ 有效起至($t_{RAC}-t_{CAC}$)时间前变为有效。

由于动态 RAM 芯片中有地址锁存器,因此列地址按要求保持一段时间后,在读写周期完成以前,地址总线上的地址可以改变,这一点与静态 RAM 不同。

写周期中,$\overline{RAS}$ 信号和 $\overline{CAS}$ 信号以及它们与地址信号之间的关系与读周期一样。

为了保证在 t_{RAS} 时间内,把数据总线上的数据可靠地写入存储器,写命令 R/$\overline{W}$ 信号需

在 $\overline{RAS}$ 变为无效前 t_{RWL} 时间，或 $\overline{CAS}$ 变为无效前 t_{CWL} 时间有效。

写入的数据必须在信号（$\overline{CAS}$ 信号和 R/$\overline{W}$ 信号中较晚出现的那个）有效前 t_{DS} 时间已经稳定，且应保持一段时间 t_{DH}。

11.3.4 动态 RAM 的刷新

如前所述，DRAM 是利用电容上保存的电荷来存储信息的，由于存在漏电阻，即使电源不掉电，时间长了，电容上的电荷也会慢慢泄漏掉，DRAM 内存储的信息会自动消失。为维持 DRAM 所存信息不变，需要定时地对 DRAM 中的电容充电，以补充泄漏掉的电荷。这个过程称为刷新。

DRAM 是采用读出方式进行刷新的，因为 DRAM 所采用的存储位元是破坏性读出的，读操作后需要进行恢复工作，即再给电容 C 充电。刷新是按行进行的，依次对存储器的每一行进行读出，完成刷新。从上一次对整个存储器刷新结束到下一次对整个存储器刷新结束所需的时间称为刷新周期。其大小主要取决于电容电荷的泄漏速度，一般为 2ms、4ms、8ms 或更长。

通常有 3 种不同的刷新方式。

1. 集中式刷新

在一个刷新周期内，集中一段时间连续地对全部存储单元逐行刷新一遍。在刷新操作期间，不允许 CPU 对存储器进行正常的访问。

例如，某存储器芯片容量为 16K×1 位，存储矩阵为 128×128，在 2ms（刷新周期）内要对 128 行全部刷新一遍。假设存储器的存取周期为 0.5μs，则在 2ms 内有 64μs 时间集中用于刷新，其余 1936μs 时间用于正常的存储器访问，进行读/写操作或维持信息，如图 11.15 所示。

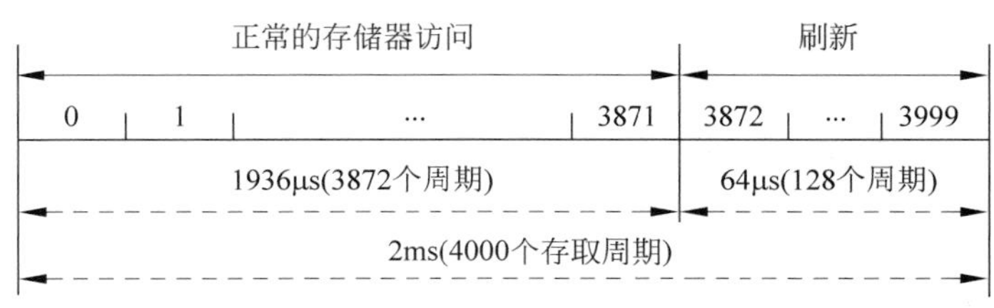

图 11.15 集中式刷新

集中式刷新方式的优点是读写操作时不受刷新工作的影响，因此系统的存取速度比较高。主要缺点是在集中刷新期间必须停止读写，这一段时间称为“死区”，而且存储容量越大，死区就越长。

2. 分散式刷新

把对每行存储单元的刷新分散到每个系统存取周期内完成，此时系统存取周期被分为两部分，周期前半段时间进行正常的存储器访问，后半段时间进行刷新操作。在一个系统存取周期内刷新存储矩阵中的一行。这种刷新方式增加了系统的存取周期，如存储芯片的存取周期为0.5μs,则系统存取周期应为1μs。仍以前述的128×128矩阵为例,整个存储芯片刷新一遍需要128μs,如图11.16所示。

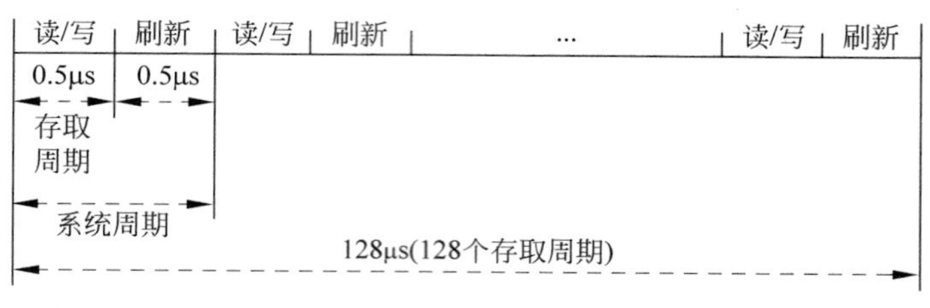

图11.16　分散式刷新

这种刷新方式没有死区,但是刷新过于频繁(图11.16中每128μs就重复刷新一遍),尤其是当存储容量比较小的情况下,没有充分利用所允许的最大刷新间隔(2ms)。系统存取周期是存储芯片存取周期的两倍,降低了访问存储器的速度。

3. 异步式刷新

异步式刷新是将上述两种方式相结合的一种方式,是一种常用的刷新方式。把刷新操作平均分配到整个最大刷新间隔内进行,相邻两行的刷新间隔为:最大刷新间隔时间÷行数。在前述的128×128矩阵例子中,2ms内分散地将128行刷新一遍,即每隔15.5μs(2000μs÷128≈15.5μs)刷新一行,如图11.17所示。

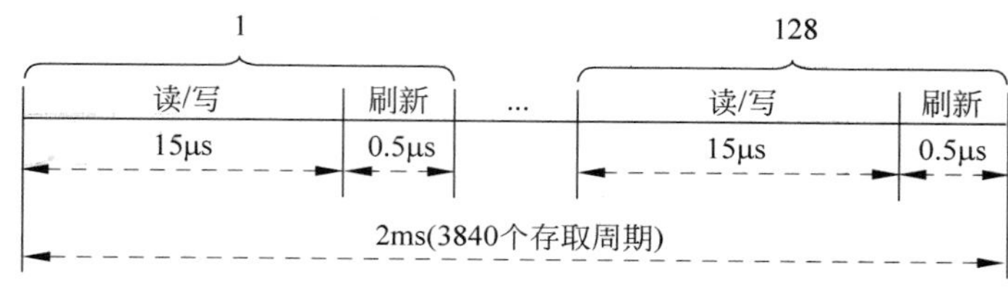

图11.17　异步式刷新

11.4　只读存储器和闪速存储器

11.4.1　只读存储器

根据可编程的方式和频度的不同,只读存储器可分为几种不同的类型。编程是指往只读存储器中写入数据的过程。

1. 掩膜式ROM

掩膜式ROM简称为ROM。生产厂家在制造芯片时就已将数据编程写入芯片了,用户不能更改存储器的内容,只能读出数据使用。这类芯片可靠性高,集成度高,批量生产之后价格便宜,但灵活性差。

图11.18为双极固定掩膜式ROM的逻辑框图。图中有三极管的地方表示信息“1”,被

掩膜遮盖没有三极管的表示信息“0”。

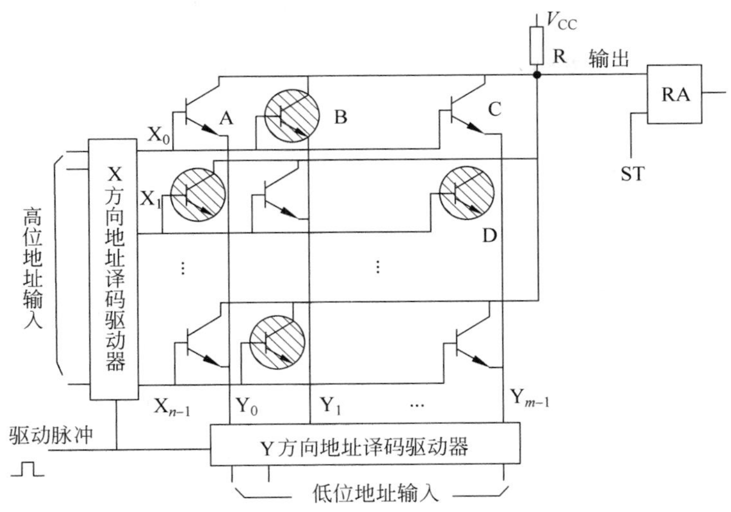

图 11.18 双极固定掩膜式 ROM 的逻辑框图

不工作时，没有驱动脉冲，X 方向地址译码驱动输出都为低电位，Y 方向地址译码驱动输出都为高电位，因此整个存储矩阵中的三极管都处于截止状态。

当要读出数据时，先把地址送给 X、Y 方向进行地址译码，当驱动脉冲来到时，X 方向和 Y 方向各有一条驱动线被选中。如要读 A 号单元，则 X_0、Y_0 被选，X_0 为高电位，Y_0 为低电位，X_0 和 Y_0 交叉处的 A 存储单元被选中。A 处有三极管，且处于导通状态，于是有电流经电阻 R 流过三极管，则输出为低电位，表示读出的信息为“1”。如要读 B 号单元，则 X_0 和 Y_1 交叉处的 B 存储单元被选中，但 B 处没有三极管，故没有电流通过，输出为高电位，表示读出的信息为“0”。

2. 一次可编程 ROM(PROM)

芯片在生产时，所有存储单元均被写成“0”或均被写成“1”，用户可以利用专门的编程器，根据需要将某些存储单元的内容改为“1”或“0”，但只能改写一次。这类芯片可靠性较差，又只能一次编程，现在基本上已经不用。

PROM 存储位元的基本结构有两种：全“1”熔断丝型和全“0”肖特基二极管型，如图 11.19 所示。

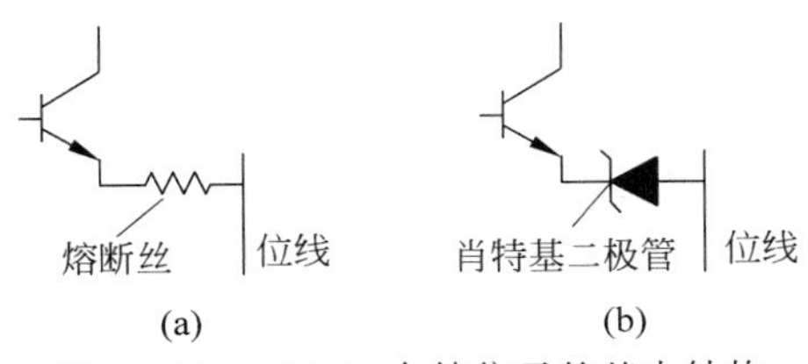

图 11.19 PROM 存储位元的基本结构

全“1”熔断丝型是指在存储矩阵的各个存储位元电路中，串联一个熔断丝。在正常工作电流下，熔断丝不会被烧断；当通过几倍于工作电流的情况下，熔断丝立即被烧断。在

PROM 中,当要把某个存储位元的内容改为“0”时,就将它的熔断丝烧断。在读出信息时,当熔断丝被烧断的存储位元被选中时,不构成通路没有电流,表示存储信息“0”;熔断丝保留的存储位元被选时,三极管导通,回路有电流,表示存储信息“1”。

全“0”肖特基二极管型是用肖特基二极管代替熔断丝。在正常情况下,肖特基二极管呈高阻抗,当存储位元被选时,没有电流通路,表示存储信息“0”。当作用于肖特基二极管两端的反向电压超过它的击穿电压时,PN 结将被击穿,反向特性遭到破坏后不能再恢复,并呈低阻抗。当 PN 结被击穿的存储位元被选中时,可形成电流通路,表示存储信息“1”。

3. 紫外线可擦除的 PROM(EPROM)

EPROM 能够像 PROM 一样编程,但它的内容可以擦除,然后重新编程。一般可擦除、编程几千次。EPROM 的芯片封装上方有一个石英玻璃窗口,擦除时用紫外线照射该透明窗口(十几分钟时间),芯片中原存内容被擦去。由于是用紫外线进行擦除,所以只能对整个芯片擦除,而不能对芯片中个别需要改写的存储单元单独擦除。这类芯片不能在线进行擦除和编程,需要使用专门的擦除器和编程器。

大多数 EPROM 采用叠栅注入 MOS 管(Stacked-gate Injection MOS,SIMOS 管)。SIMOS 管的结构如图 11.20(a)所示。它有两个栅极,一个是控制栅 CG,另一个是浮动栅 FG。FG 在 CG 的下面,FG 被 SiO_2 包围,与四周绝缘。

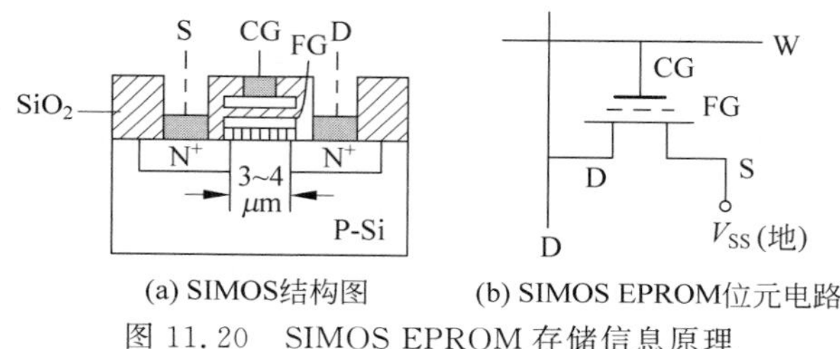

图 11.20　SIMOS EPROM 存储信息原理

单个 SIMOS 管构成的存储位元如图 11.20(b)所示。字线 W 与 CG 相连,位线 D 与漏极相连,源级接地。利用 FG 上有无电子驻留来存储信息,当有电子时表示存储信息“0”,无电子时表示存储信息“1”,反之也可。因为 FG 被绝缘材料包围,其上的电子不获得足够的能量很难跑掉,所以可以长时间保存信息,即使断电也不丢失。读出时,字线 W 上加高电平,根据 SIMOS 管的导通和不导通两个状态,来判断所存储的信息是“1”还是“0”。

SIMOS EPROM 芯片出厂时,FG 上没有电子,即都是存储信息“1”。编程写入时,向某些存储位元的 FG 注入一定数量的电子,将它们改写为“0”。当要擦除信息时,只要设法将 FG 上的电子清除掉,重新变回“1”。用紫外线照射就是让 FG 上的电子获得足够的能量跑掉。

4. 电可擦除的 PROM(EEPROM 或 E^2PROM)

EEPROM 是用电在线擦除和编程的,重编程只需几秒钟。它可以擦除和编程单个存储单元或者数据块。

EEPROM 存储管分为两类,但它们实质上都是 N 沟道 MOS 管。下面简单介绍一下其中的一类——浮栅隧道氧化层 MOS(FLOating-gate Tunneling Oxide MOS,FLOTOX)存储管,其结构如图 11.21 所示。

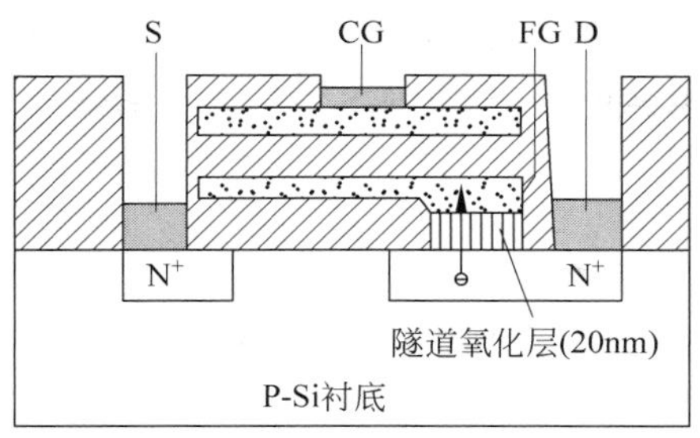

图 11.21　FLOTOX EEPROM 存储信息原理

FLOTOX 管和 SIMOS 一样,也是采用叠栅结构,都是利用 FG 上有无电子来存储信息,根据管的导通和不导通来读出所存储的信息。不同的地方是:FLOTOX 中的 FG 虽然跨越整个沟道,但隧道氧化层仅在漏区的上方,厚度很薄且面积很小。隧道氧化层的厚度、面积和位置导致了 FLOTOX 和 SIMOS 在编程、擦除方式上的不同。

FLOTOX 管的 CG 与 FG、FG 的超薄氧化层与部分漏区构成两个串联的平板电容 C_1、C_2。在制作时,使 C_1 的电容比 C_2 的大很多。编程写入时,CG 加高电平,漏极接地,电容 C_1、C_2 分压使 FG 和漏极间存在强正电场,导致漏区的自由电子被强拉到 FG。要擦除信息时,将 FG 上的自由电子拉回漏区即可。

不管是哪一种 ROM 存储芯片,它们的外封装特性基本相同。如果一个芯片有 2^n 个字,每个字有 m 位,则它有 n 个地址输入 $A_{n-1}\sim A_0$,m 个数据输出 $D_{m-1}\sim D_0$(当芯片被编程时,数据引脚可以用作输入),还有一个片选信号 $\overline{CS}$。除了掩膜式 ROM,所有其他的 ROM 都有一个编程控制输入端(V_{PP}),芯片编程器用它来向芯片写入数据。

图 11.22 为 2716 型 EPROM(2K×8 位)的内部结构图。共有 11 根地址线,其中 7 根用于行译码,4 根用于列译码。8 根数据线。V_{CC}、V_{PP} 是两根电源引出线,芯片正常工作时使用+5V 电源,V_{PP} 在芯片脱机编程时加+25V 电源。PD/PGM 是功率下降/编程输入端。为了减少功耗,可以在 PD/PGM 输入端输入一个 TTL 高电平信号,让 EEPROM 工作在功耗下降方式。

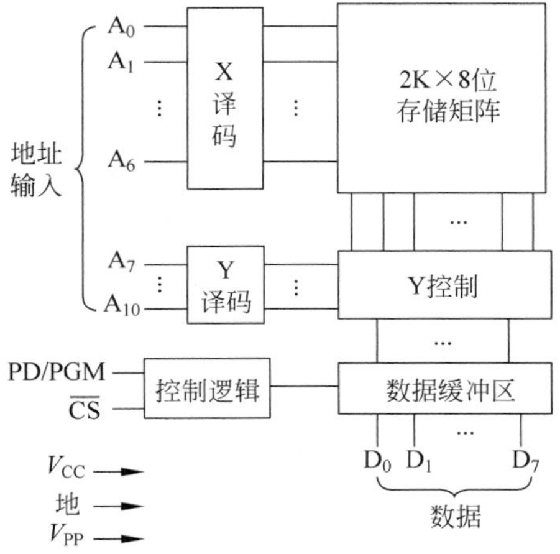

图 11.22　2716 型 EPROM(2K×8 位)的内部结构图

擦除 EPROM 后，其存储的信息为全"1"。写入时，V_{PP} 加+25V 电源，$\overline{CS}$ 维持高电平，给定地址后，选中所要写入的单元，提供要写入的8位数据，然后在 PD/PGM 输入端加上一个宽度为 50ms 的 TTL 高电平脉冲，就可以实现写入。

11.4.2 闪速存储器

闪速存储器(Flash EEPROM)简称闪存，是由 Intel 公司于20世纪80年代后期首先推出的。它是一种高密度、非易失性的可读/写存储器。非易失性是指断电后，存储器中所存储的信息保持不变。闪速存储器可在不加电的情况下长期保存信息，又能在线进行快速擦除与重写，兼备了 EEPROM 和 RAM 的优点。但它只能擦除和编程数据块，而不能对单个存储单元进行操作。

Flash 存储技术是在 EPROM 和 EEPROM 的基础上发展起来的。它吸取了两者的优点，既有像 EPROM 一样的单管位元结构和传统 EPROM 的编程机制，又具有 EEPROM 的擦除特点。

图 11.23 是 Flash 存储器的两种单管叠栅存储位元结构。它的 CG 与 FG 之间的氧化层厚度更薄，FG 与 P-Si 表面间的超薄隧道氧化层质量更高，沟道长度(栅长)也更短。这样使得它的编程与擦除效率更高，性能也就与 EPROM 和 EEPROM 不同。

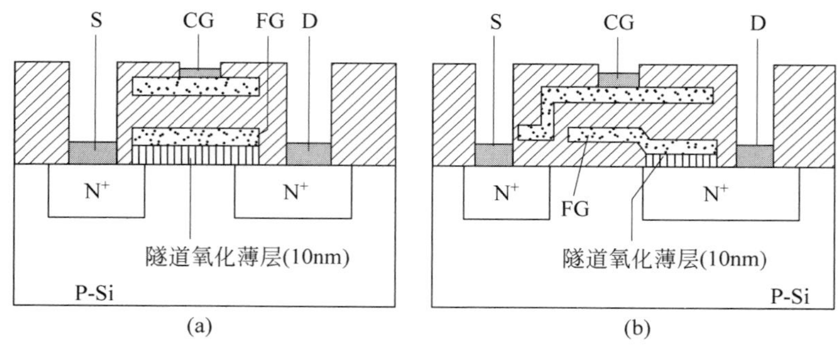

图 11.23 Flash 存储器单管叠栅位元结构

11.5 主存的设计

单个存储芯片的容量是有限的，在字数和字长两个方面都很难满足实际需要，因此必须将若干存储芯片连接起来，在字和位两个方向上进行扩展，组成一个满足实际需求的大容量存储器。将多片连接起来常采用位扩展法、字扩展法、字和位同时扩展法。

1. 位扩展法

位扩展是指在位数方向扩展(增加存储字长)，而芯片的字数和存储器的字数是一致的。位扩展的连接方式是将各存储芯片的地址线、片选线和读写线相应地并联起来，而将各芯片的数据线单独引出。

例如，用 4K×2 位的 RAM 存储芯片构成 4K×8 位的存储器，如图 11.24 所示。这里用了 4 片 RAM 存储芯片。

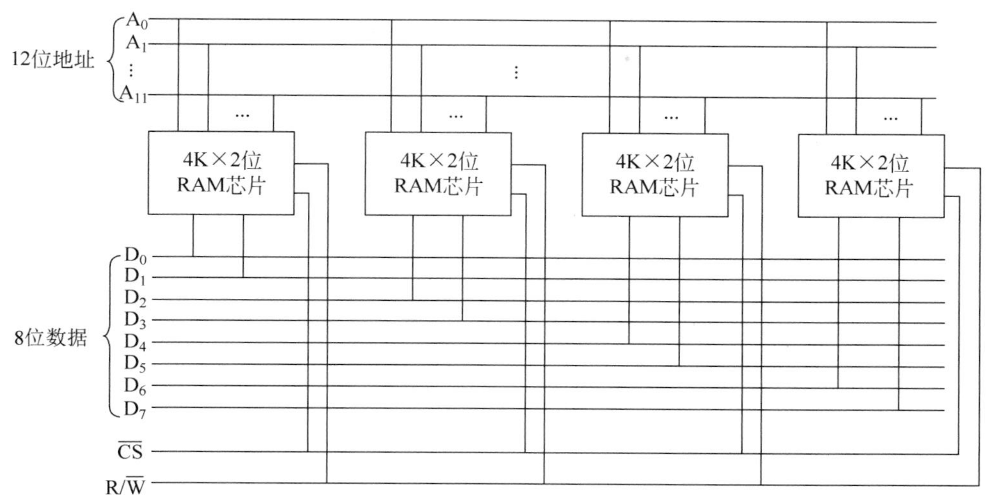

图 11.24　存储器位扩展举例

2. 字扩展法

字扩展是指在字数方向扩展，而位数不变。字扩展的连接方式是将各存储芯片的地址线、数据线、读写线并联，由片选线来区分各个芯片。

例如，用 2K×8 位的 RAM 存储芯片构成 8K×8 位的存储器。需要 4 片 RAM 存储芯片。

8K×8 位的存储器共有 13 位地址，而 2K×8 位的 RAM 存储芯片只需要 11 位地址。从 13 位地址中选择 11 位作为存储芯片的片内地址，剩下的 2 位地址用于形成 4 片芯片的片选信号。可有两种不同的选择方法。

(1) 高位交叉：选择若干高位地址形成片选线。图 11.25 选了 2 位高地址 A_{12}、A_{11}。同一芯片的所有存储单元在存储器中的地址是连续的。

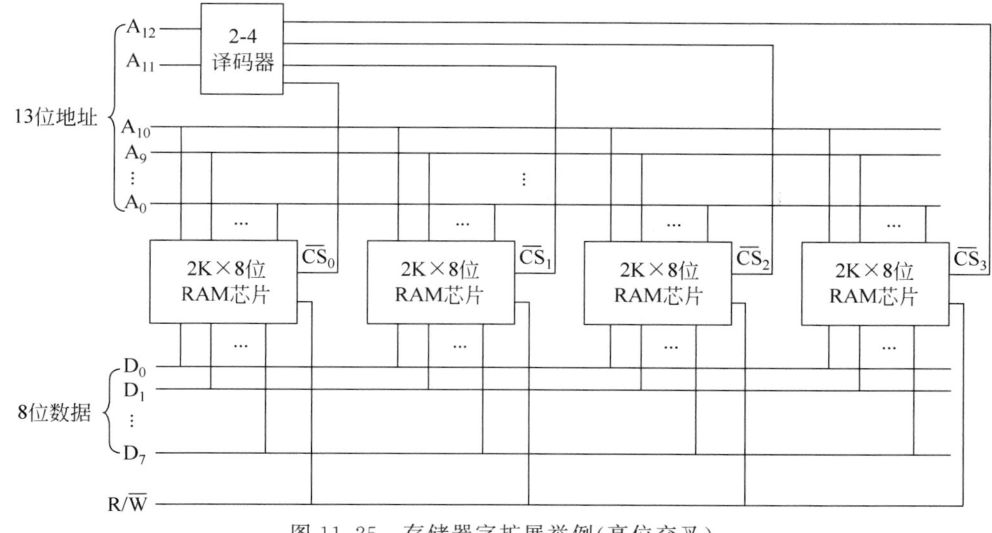

图 11.25　存储器字扩展举例(高位交叉)

(2) 低位交叉：选择若干低位地址形成片选线。图 11.26 中是选 2 位低地址 A_1、A_0。

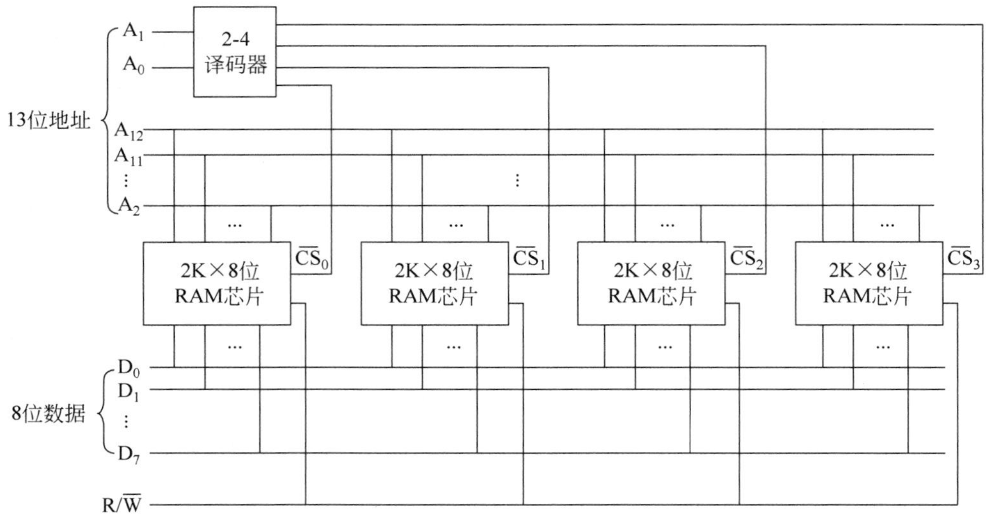

图 11.26　存储器字扩展举例(低位交叉)

3. 字和位同时扩展法

若使用 2K×4 位的存储芯片构成 4K×8 位存储器，则需要在位和字两个方向同时扩展。需要 4 片 RAM 存储芯片，分为 2 组，组内进行位扩展，组与组之间进行字扩展，如图 11.27 所示。

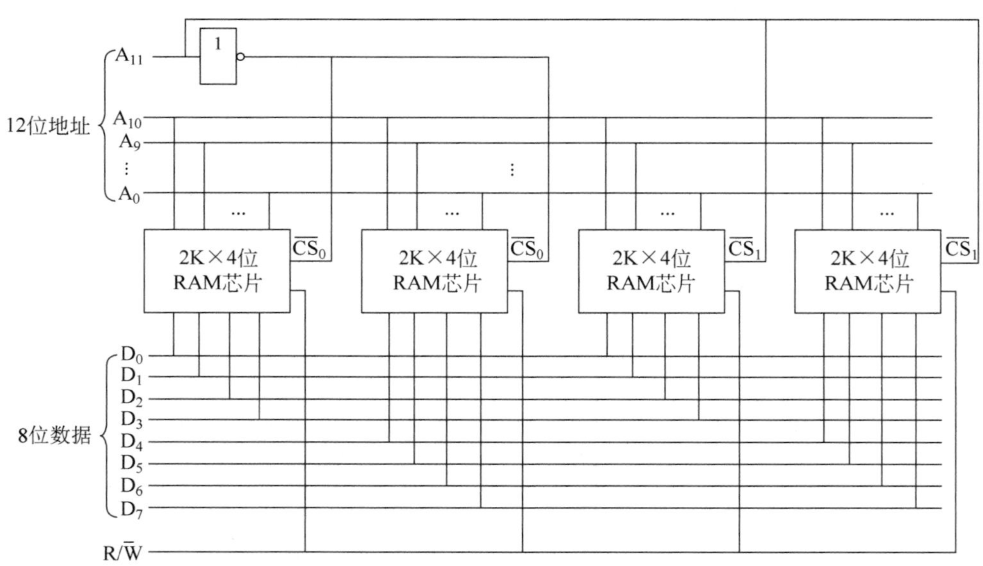

图 11.27　存储器字和位同时扩展举例

11.6　并行主存储器

主存的性能主要用延迟和带宽来衡量。

并行主存储器是在一个访存周期内能并行访问多个存储字的存储器，它能有效地提高存储器的带宽。

图 11.28 是一个普通的存储器，这是一个单体单字宽的存储器，其字长与 CPU 的字长相同。每一次只能访问一个存储字。假设该存储器的访问周期是 T_M，字长为 W 位，则其带宽为：

$$B_M=\frac{W}{T_M}$$

在相同的器件条件（即 T_M 相同）下，如果要提高主存的带宽，可以采用单体多字存储器和多体交叉存储器两种并行存储器结构。

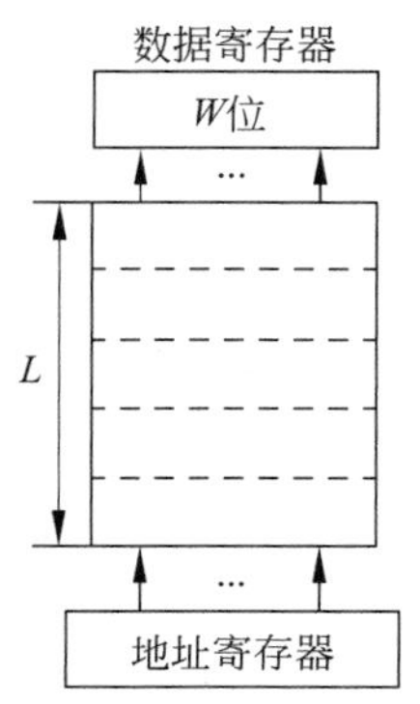

图 11.28　普通存储器

11.6.1　单体多字存储器

图 11.29 是一个单体 m（这里 $m=4$）字存储器的示意图。该存储器能够每个存储周期读出 m 个 CPU 字。因此其最大带宽提高到原来的 m 倍：

$$B_M=m\times\frac{W}{T_M}$$

当然，由于程序执行过程中所访问的指令和数据具有一定的随机性，因此一次读出的 m 个指令字或数据字中可能有些是当前无用的。所以单体多字存储器的实际带宽比最大带宽小。

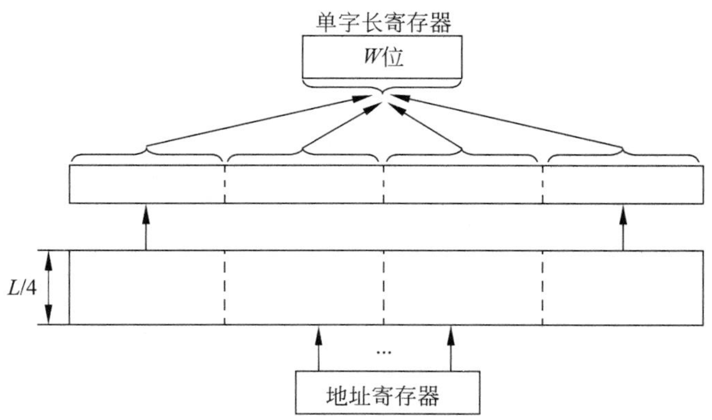

图 11.29　单体 m（$m=4$）字存储器

单体多字并行存储器的优点是实现简单，缺点是访存效率不高，其原因包括以下四方面。

(1) 单体多字并行存储器一次能读取 m 个指令字。如果这些指令字中有分支指令，而且分支成功,那么该分支指令之后的指令是无用的。

(2) 单体多字并行存储器一次取出的 m 个数据不一定都是有用的,而另一方面,当前执行指令所需要的多个操作数也不一定正好都存放在同一个长存储字中。由于数据存放的随机性比程序指令存放的随机性大,因此发生这种情况的概率较大。

(3) 在这种存储器中,必须凑齐了 m 个数之后才能一起写入存储器。如果只写个别字,就必须先把相应的长存储字读出来,放到数据寄存器中,然后在地址码的控制下修改其中的一个字,最后再把长存储字写回存储器。

(4) 当要读出的数据字和要写入的数据字处于同一个长存储字内时,读和写的操作就无法在同一个存储周期内完成。

11.6.2 多体交叉存储器

多体交叉存储器由多个单字存储体构成,如图 11.30 所示。每个体都有自己的地址寄存器以及地址译码和读/写驱动等电路。假设共有 m 个体,每一个体有 n 个存储单元。这 $n\times m$ 个单元可以看成是一个由存储单元构成的二维矩阵。但是,对于计算机使用者来说,存储器是按顺序线性编址的。如何在二维矩阵和线性地址之间建立对应关系?这就是对多体存储器如何进行编址的问题。

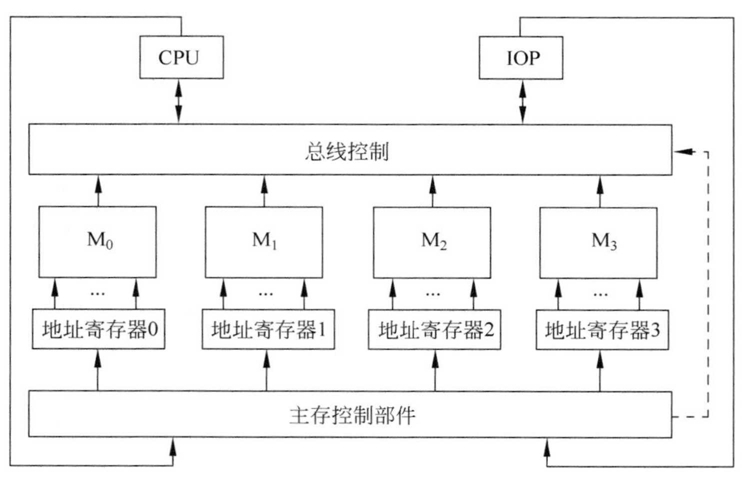

图 11.30　多体($m=4$)交叉存储器

有两种编址方法:高位交叉编址与低位交叉编址。其中只有低位交叉编址存储器才能有效地解决访问冲突问题。下面着重介绍这种存储器。但由于高位交叉编址目前使用也很普遍,能很方便地扩展常规存储器的容量,所以对它也作简单介绍。

1. 高位交叉编址

这种方式相当于对存储单元矩阵按列优先的方式进行编址,如图 11.31 所示。即先给第 0 列的各单元按从上到下的顺序依次赋予地址,然后再给第 1 列的各单元按顺序依次赋予地址,……,最后给最后一列的各单元按顺序依次赋予地址。可以看出,同一个体中的高

$\log_2 m$ 位都是相同的，这就是体号。

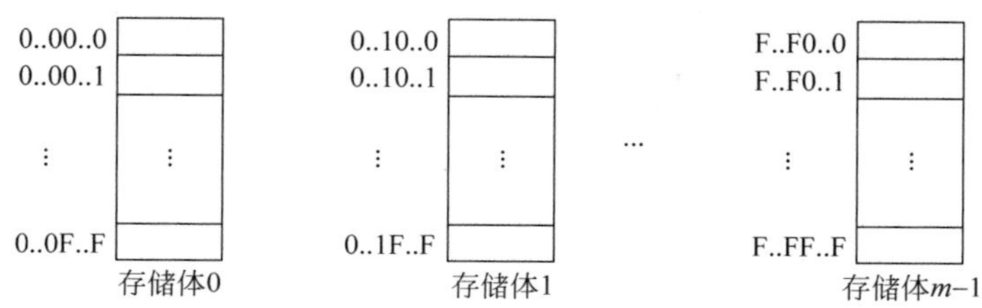

图 11.31　高位交叉编址

考虑处于第 i 行第 j 列的单元，即体号为 j、体内地址为 i 的单元，其线性地址可按下式求得：

$$A = j \times n + i \quad （其中 j = 0,1,2,\cdots,m-1；i = 0,1,2,\cdots,n-1）$$

反过来，如果已经知道一个单元的线性地址为 A，则其体号 j 和体内地址 i 可按以下公式求得：

$$j = \left\lfloor \frac{A}{n} \right\rfloor$$

$$i = A \bmod n$$

如果把 A 表示为二进制数，则其高 $\log_2 m$ 位就是体号，而剩下的部分就是体内地址，如图 11.32 所示。

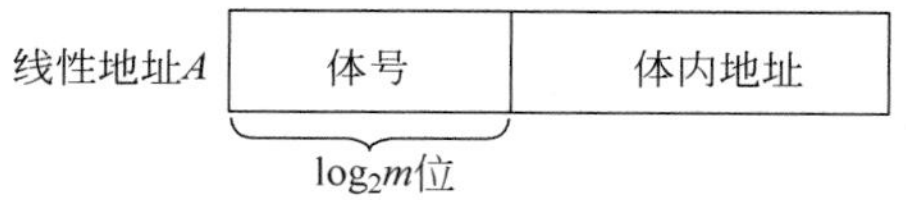

图 11.32　高位交叉编址的线性地址

2. 低位交叉编址

这种方式相当于对存储单元矩阵按行优先进行编址，如图 11.33 所示。即先给第 0 行的各单元按从左到右的顺序依次赋予地址，然后再给第 1 行的各单元按顺序依次赋予地址，……，最后给最后一行的各单元按顺序依次赋予地址。可以看出，同一个体中的低 $\log_2 m$ 位都是相同的，这就是体号。

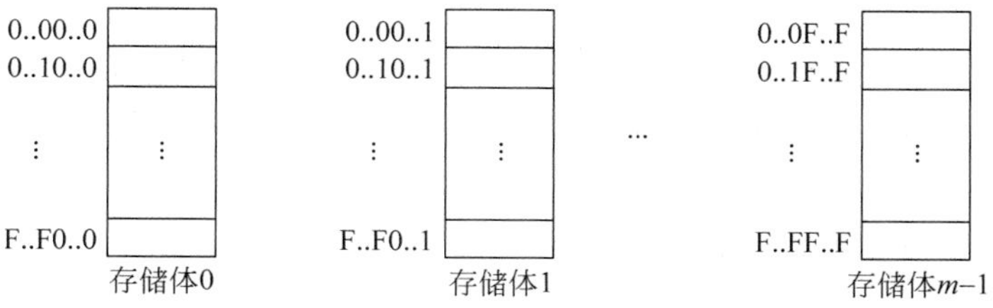

图 11.33　低位交叉编址

考虑处于第 i 行第 j 列的单元，即体号为 j、体内地址为 i 的单元，其线性地址可按下式求得：

$$A=i\times m+j\quad (其中\ i=0,1,2,\cdots,n-1;\ j=0,1,2,\cdots,m-1)$$

反过来,如果已经知道一个单元的线性地址为 A,则其体号 j 和体内地址 i 可按以下公式求得:

$$i=\left\lfloor \frac{A}{m} \right\rfloor$$

$$j=A \bmod m$$

如果把 A 表示为二进制数,则其低 $\log_2 m$ 位就是体号,而剩下的部分就是体内地址,如图 11.34 所示。

图 11.34　低位交叉编址的线性地址

图 11.35 是一个采用低位交叉编址的存储器的例子。这是一个由 8 个存储体构成、总容量为 64 的存储器。格子中的编号就是其线性地址。

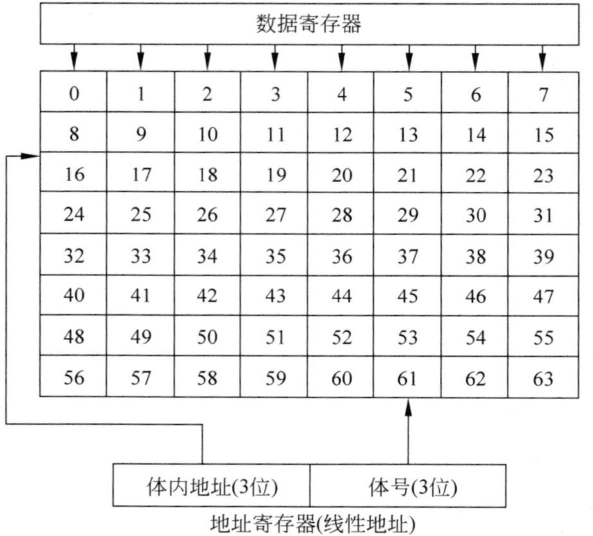

图 11.35　采用低位交叉编址的存储器(8 个存储体)

为了提高主存的带宽,需要多个或所有存储体能并行工作。由于程序执行过程中,CPU 所访问的指令和数据的地址是按顺序连续的,因此必须采用低位交叉访问的存储器,并在每一个存储周期内,分时启动 m 个存储体,如图 11.36 所示。

如果每个存储体的访问周期是 T_M,则各存储体的启动间隔为:

$$t=T_M/m$$

采用低位交叉访问方式能大幅度地提高主存储器的带宽,目前这种存储器已经在高性能的单处理机和多处理机中得到了广泛应用。

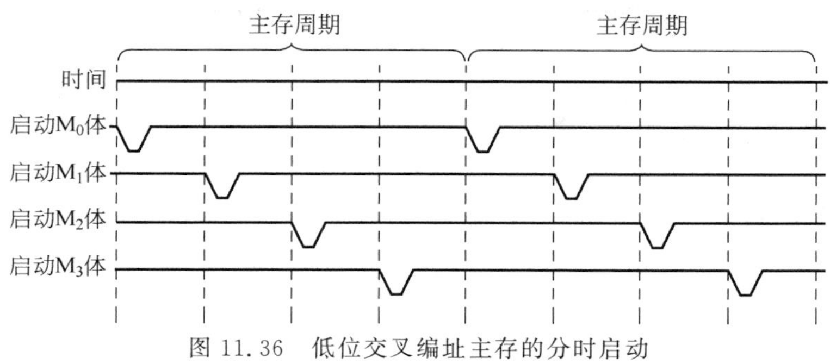

图 11.36　低位交叉编址主存的分时启动

11.7　辅助存储器

辅助存储器又称为外部存储器，通常作为主存的后援存储器，用来弥补主存容量的不足。辅助存储器的特点是容量大、价格低、可脱机保存信息，但速度较慢。目前主要有磁表面存储器和光盘存储器两大类。

11.7.1　磁表面存储器

常见的磁表面存储器有硬磁盘、软磁盘、磁带。

1. 磁记录原理

磁表面存储器是把某些磁性材料均匀地涂敷在载体表面上，形成一定厚度的磁层，将信息记录在磁层上。利用磁性材料在不同方向的磁场作用下，形成的两种稳定的磁化状态来记录二进制信息“0”和“1”。磁层以及所附着的载体称为磁记录介质。载体是由非磁性材料构成的。磁带的载体为带状；磁盘的则为盘状。

磁头是磁表面存储器的读写元件，是由软磁材料做铁芯绕有读写线圈的电磁铁，能实现电磁转换。把电脉冲表示的二进制代码转换成磁记录介质上的磁化状态；反过来，能把磁记录介质上的磁化状态转换成电脉冲。

在读写过程中，磁记录介质与磁头之间做相对运动，如图 11.37 所示。

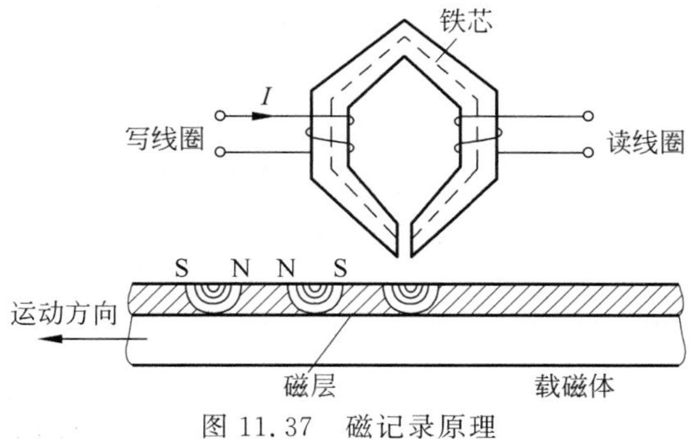

图 11.37　磁记录原理

写入信息时,在写线圈中通以一定方向的电流,磁头的导磁体被磁化,产生一定方向的磁场。在磁场的作用下,磁头缝隙下方的一个局部区域被磁化,形成一个磁化单元(或称记录单元)。不同方向的电流产生不同的磁场方向,磁化单元被磁化的方向也就不同,从而记录不同的信息。

读出时,磁头线圈不外加电流。当某一磁化单元运动到读磁头下方时,使得磁头中通过的磁通量有很大的变化,于是在读磁头线圈两端产生感应电动势。

2. 磁记录方式

磁记录方式是一种编码方式,即按照某种规律将一连串的二进制数字信息变换成磁层上相应的磁化状态。常用的磁记录方式有 6 种,其写入电流波形如图 11.38 所示。

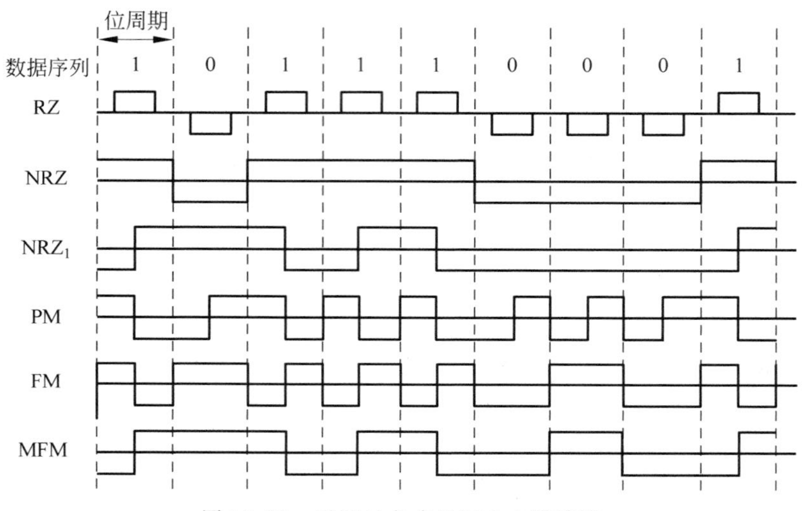

图 11.38　磁记录方式的写入电流波形

(1) 归零制(RZ)。记录"1"时,写磁头线圈中通以正向脉冲电流;记录"0"时,通以反向脉冲电流。相邻的两个脉冲之间有一段间隔没有电流,相应的这段磁层未被磁化。由于脉冲电流均要回到零,故称为归零制。

(2) 不归零制(NRZ)。记录"1"时,写磁头线圈中通以正向电流;记录"0"时,通以反向电流。磁头中始终有电流。这种方式中,连续记录相同的信息时,写电流方向不变;只有相邻两位信息不相同时,写电流才改变方向,所以又称为"见变就翻"的不归零制。

(3) 见"1"就翻的不归零制(NRZ_1)。这是一种改进的不归零制,记录"1"时,在位周期中间写电流改变一次方向;记录"0"时,写电流方向维持不变。

(4) 调相制(PM)。调相制又称为相位编码。它利用电流相位的变化记录"1"和"0"。记录"1"时,写电流在位周期中间由正变为负;记录"0"时,写电流在位周期中间由负变为正。当相邻两位相同时,两位交界处电流要改变一次方向。这种记录方式常用于低速磁带机中。

(5) 调频制(FM)。调频制是根据写电流变化的频率不同来记录"1"和"0"的。不论记录"1"还是"0",在相邻两位交界处电流都改变一次方向;记录"1"时,写电流在位周期中间改变一次方向;而记录"0"时,写电流在位周期中间方向不变。这种记录方式主要应用于早期的硬磁盘机和单密度软磁盘机中。

(6) 改进的调频制(MFM)。MFM 制是在 FM 制基础上改进的一种记录方式。记录"1"时,写电流在位周期中间总是改变方向;记录单个"0"时,写电流不改变方向,但记录连续的"0"时,写电流在相邻两位边界改变方向。

采用 MFM 制的记录密度是 FM 制的两倍,这种记录方式广泛应用于硬磁盘机和倍密度软磁盘机上。

除了上述几种记录方式以外,还有成组编码 GCR、游程长度受限码 RLLC 等记录方式。

不同的记录方式有不同的特点,主要用编码效率与自同步能力来评价它们。编码效率是指每次磁层状态翻转所存储的数据信息位数。自同步能力是指从读出的数据脉冲序列中提取同步时钟信号的能力。PM、FM、MFM 3 种记录方式都具有自同步能力。

11.7.2　磁盘存储器

磁盘存储器是计算机系统中使用最广泛的辅助存储器,包括软盘和硬盘两种。下面对硬盘进行简单介绍。

1. 硬磁盘存储器的基本组成

硬磁盘存储器由磁盘控制器、磁盘驱动器和盘片三部分组成,如图 11.39 所示。

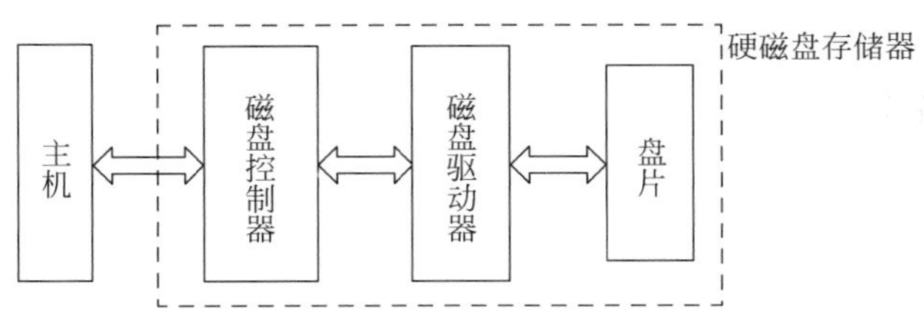

图 11.39　磁盘存储器基本结构示意图

磁盘控制器是主机与磁盘驱动器之间的接口。它接收主机发来的命令,将之转换成磁盘驱动器的控制命令,控制驱动器进行相应的操作,并实现主机与驱动器之间的数据格式转换与数据传送。

磁盘驱动器又称为磁盘机或磁盘子系统,是独立于主机之外的完整装置。通常包含主轴、磁头定位系统和数据控制电路。主轴上装有磁盘盘片组,受传动机构控制,磁盘盘片组做高速旋转运动。磁头定位系统的作用是驱动磁头寻找目的磁道,是一个带有速度和位置反馈的闭环控制系统。数据控制电路主要是控制数据的读出和写入。

盘片是存储信息的介质。

2. 磁盘信息记录格式

磁盘由一组绕轴旋转的盘片组成,盘片的数量为 1～12 片,转速一般在 5400～15 000r/min,盘径大小主要为 2.5～10in(6.4～25.4cm)。磁盘每个盘片的表面分成以中心为圆心的磁道。每个盘片通常有 5000～30 000 条磁道。具有相同的直径、同时位于一组磁头下方的所有磁道构成一个柱面。每条磁道又分成若干扇区,一条磁道可以包含 100～500 个扇区。扇区是读写的最小单位。通常每扇区可记录 512 字节的数据。为提高可靠性,扇区中还记录有纠错编码等信息。扇区之间的空隙被称为扇区间隙,用以记录扇区号或者磁盘伺服信息等,如图 11.40 所示。

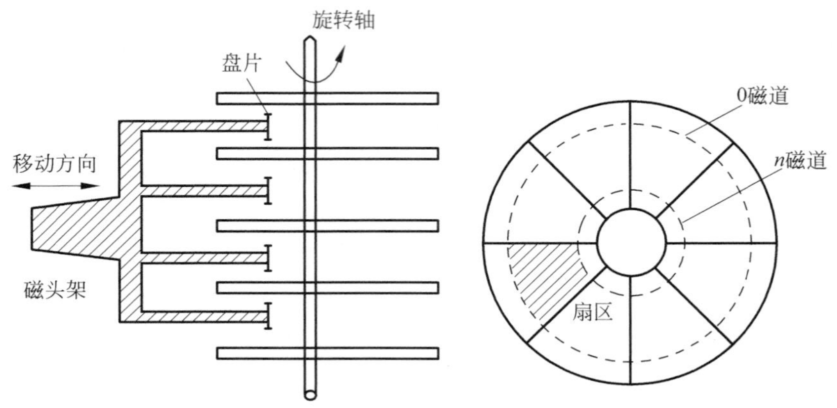

图 11.40 磁盘结构和扇区

磁盘中的每条磁道和扇区都有一个编号。磁道是从外向内依次编号,最外一个同心圆称为 0 磁道,最里面的一个同心圆称为 n 磁道。扇区可以连续编号,也可以间隔编号。这样,磁盘地址可表示为:

驱动器号	柱面号	盘面号	扇区号

当主机配有多个磁盘驱动器时,驱动器号用来指定所需的驱动器。若系统只有一个磁盘驱动器,则可省略驱动器号。

磁盘存储器的每个扇区记录定长的数据,一个扇区内的信息记录格式如图 11.41 所示。

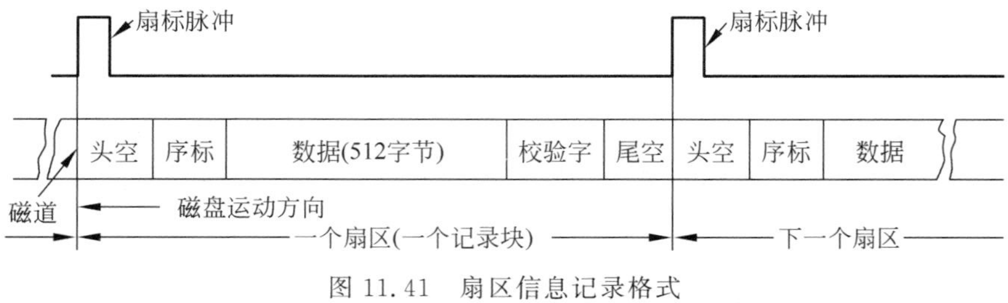

图 11.41 扇区信息记录格式

11.7.3 光盘存储器

光盘是利用光学方式读写信息的圆盘。用激光束在某种记录介质上写入信息,然后再用激光读出信息。记录介质可以是磁性材料,也可以是非磁性材料。

根据性能和用途的不同,可将光盘存储器分为以下 3 类。

(1) 只读型光盘。又称为 CD-ROM,它由生产厂家预先写入信息,使用时用户只能读出,不能修改或写入新内容。

(2) 只写一次型光盘。光盘可由用户写入一次信息,信息写入后不能再修改,但可以多次读出。这种光盘在写入信息时,使记录介质的物理特性发生不可逆转的永久性变化。

(3) 可擦写型光盘。这种光盘类似于磁盘,可重复读写信息。

光盘的读写原理有以下 3 种。

① 形变。形变型光盘使记录介质的形态发生变化,且这种变化是不可逆的。

将激光束聚焦成直径小于 1μs 的微小光点,照射在记录介质上。由于记录介质的吸光能力强、熔点低,被照区域迅速升温熔化,形成小洞(凹坑)。有凹坑的位置表示记录了"1",没有凹坑的位置表示"0"。

读出时,用比写入时功率低的聚焦激光束照射到光盘上,根据有凹坑处和无凹坑处反射光强弱的不同,可以判断读出的二进制信息。

② 相变。利用介质晶体结构的改变来记录信息;利用介质处于晶态和非晶态区域时,对激光有不同的反射率来判断读出的信息;此技术称为相变可重写技术。

写入时,用高功率激光束照射在介质上,被照区域局部温度升高至熔点,然后再快速冷却,使之处于非晶态状态。擦除时,用中功率激光束使被照区域局部温度升高到结晶温度,然后再快速冷却,使之处于晶态。读出时,用低功率激光束照射,不会改变晶体结构。

③ 磁光存储。利用激光在磁性薄膜上产生热磁效应来记录信息。由磁记录原理可知,在一定温度下,对磁介质表面加一个强度高于该介质矫顽力的磁场,就会发生磁通翻转。而矫顽力的大小是随温度而变化的,温度高,矫顽力就小;反之温度低,矫顽力就大。

写入时,利用激光照射磁性薄膜,使局部温度升高,矫顽力下降,在外加磁场的作用下,照射处发生磁通翻转,磁化方向与外磁场相同。在被照射处与不被照射处有不同的磁化方向,从而记录信息"1"和"0",如图 11.42 所示。

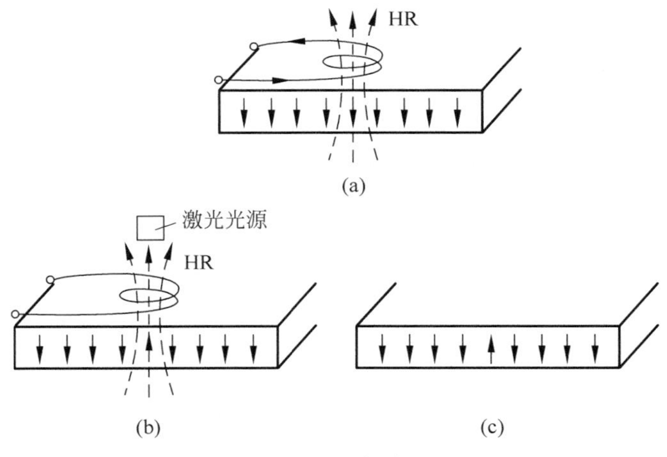

图 11.42　磁光存储的原理

擦除时与写入时一样,对写入的信息用激光照射,外加一个反方向的磁场,那么被照射处又发生反方向磁化,恢复为写入前的状态。

读出时,利用磁光效应来检测介质的磁化方向。磁光效应是指对应于不同磁化方向上的反射光或透射光,其偏振面将向不同方向偏转的现象。当激光照射到记录处时,记录处有不同的磁化方向,导致反射光的偏振面发生左旋或右旋,从而判断记录的不同二进制信息。

习题 11

11.1 存储器可以按哪几个方面进行分类？各分为哪几类？

11.2 什么叫刷新？动态随机存储器为什么需要刷新？有哪几种常用的刷新方法？

11.3 比较半导体 DRAM 和 SRAM 的差别。为什么 DRAM 芯片的地址一般要分两次接收？

11.4 画出以下各值分别以低端优先和高端优先格式存储在存储器里的情况。假设每个值都是从地址 20H 处开始存储的。

(1) 23456789H；

(2) 1928H；

(3) 6661313H。

11.5 画出一个 8×2 存储器芯片的线性内部组成。

11.6 画出一个 16×4 的存储器芯片的二维内部组成。

11.7 什么叫 RAM？什么叫 PROM？什么叫 EPROM？什么叫 E^2PROM？

11.8 什么是闪速存储器？它有哪些特点？

11.9 设有一个具有 20 位地址和 32 位字长的存储器，问：

(1) 该存储器能存储多少个字节的信息？

(2) 如果存储器由 512K×8 位 SRAM 芯片组成，需要多少片？需要多少位地址作芯片选择？

11.10 用 16K×8 位的 DRAM 芯片构成 64K×32 位。

(1) 画出该存储器的组成框图。

(2) 设该存储器读/写周期为 0.5μs，CPU 在 1μs 内至少要访问一次。试问采用哪种刷新方式比较合理？两次刷新的最大时间间隔是多少？对全部存储单元刷新一遍所需的实际刷新时间是多少？

11.11 某计算机系统具有 6 位的地址总线和 8 位的数据总线。它有 32 字节的 ROM，起始地址为 00H，由 32×2 的芯片构成；有 32 字节的 RAM，起始地址为 20H，由 16×4 的芯片构成；试画出存储器子系统的组成框图。

11.12 计算机系统具有 8 位的地址总线和 8 位的数据总线。它有 32 字节的 ROM，起始地址为 00H，由一个 32×8 的芯片构成；有 128 字节的 RAM，起始地址为 80H，由 64×4 的芯片构成；试画出存储器子系统的组成框图。

11.13 设存储器容量为 4M 字，字长 32 位，分体数 $m=4$，分别用顺序方式和交叉方式进行组织，存储周期 $T=200$ns，数据总线宽度 32 位，总线传送周期 $\tau=50$ns。问顺序存储器和交叉存储器带宽各是多少？

11.14 设主存每个分体的存储周期为 2μs，存储字长为 4B，采用 m 个分体低位交叉编址。由于各种原因，主存实际带宽只能达到最大带宽的 3/5，现要求主存实际带宽为 4MB/s，问主存分体数应取多少？

11.15 磁表面存储器的特点有哪些？

11.16 写入代码为 11010100110，试画出 NRZ、NRZ_1、PM、FM、MFM 制写电流波形。

11.17 光盘的记录原理有哪 3 种？解释其含义。

11.18 一个硬磁盘内有 8 片盘片，每片盘片有两个记录面，每个记录面上共有 1000 个磁道，每个磁道分为 32 个扇区，磁盘转速为 5400 转/分。问：

（1）磁盘内共有多少个存储面？

（2）磁盘内共有多少个柱面？

（3）该磁盘的存储容量为多少？

（4）在读写访问时磁盘能提供的数据传输率是多少？

11.19 程序存放在模 32 单字交叉存储器中，设访存申请队列的转移概率 λ 为 25%，求每个存储周期能访问到的平均字数。当模数为 16 呢？由此可得出什么结论？

第 12 章　总 线 系 统

12.1　总线概述

12.1.1　总线的基本概念

计算机由 CPU、存储器和 I/O 设备等功能部件构成，这些功能部件是以某种方式相互连接的。最常用的连接方法是采用总线。总线是这些功能部件之间进行数据传送的公共通路。借助总线，计算机可以在各系统功能部件之间实现地址、数据和控制信息的交换。

总线，可以看成是构成计算机系统的骨架，它不但影响计算机系统的结构与连接方式，而且影响计算机系统的性能和效率。由此，足以看出总线技术在计算机领域中的地位。

1. 总线的特性

总线的特性包括物理特性、电气特性、功能特性和时间特性。

(1) 物理特性。总线的物理特性是指总线在物理连接上的特性，包括连线的数量、连线类型，总线的插头、插座形状以及引脚线的排列方式等。依据连接类型的不同，总线可以分为电缆式、主板式和底板式。依据连线数量的不同，总线可以分为串行总线（一根数据线）和并行总线。

(2) 电气特性。总线的电气特性是指总线的每一根线上的信号传递方向、信号有效电平的范围。传递方向一般是从 CPU 的角度来看的，即送入 CPU 的信号是输入信号，由 CPU 发出的信号是输出信号。例如，地址线一般是输出信号，数据线为双向信号，控制线一般都是单向的，有的是输出信号，有的是输入信号。地址线和数据线都是高电平有效，控制线有的是高电平有效，有的则是低电平有效。

(3) 功能特性。总线的功能特性是指总线中每一根线的功能。地址总线用来传送地址信息，其宽度决定了总线能够直接访问存储器的地址空间范围；数据总线用来传送数据信息，它的宽度决定了访问一次存储器或外设时能够交换的数据的位数；控制总线用来传送控制信息，包括 CPU 发出的各种命令、请求信号与仲裁信号、外设与 CPU 的时序同步信号、中断信号、DMA 控制信号等。

(4) 时间特性。总线的时间特性是指总线中每根线在什么时间内有效，以及每根线产生的信号之间的时序关系。

2. 总线的内部结构

图 12.1 是当代流行的总线内部结构，这是一些标准总线，追求与结构、CPU 技术无关

的开发标准，并满足包括多个 CPU 在内的主控者环境需求。在这种结构中，CPU 作为一个模块与总线相连，并且在系统中允许存在多个这样的处理器模块。由总线控制器完成多个总线请求者之间的协调与仲裁。整个总线分成以下四部分。

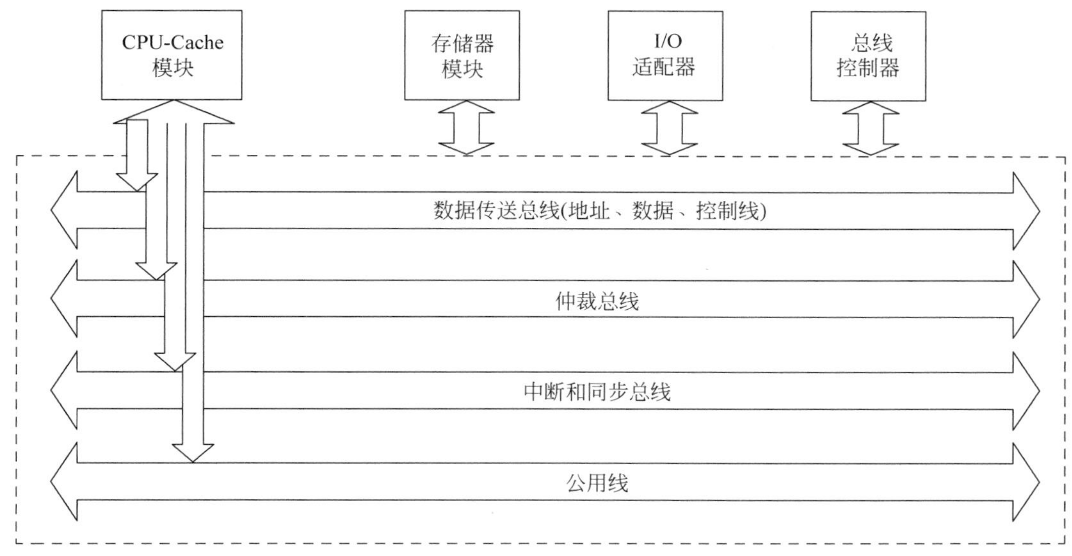

图 12.1　当代总线的内部结构

(1) 数据传送总线：由地址线、数据线、控制线组成。地址线一般是 32 根，数据线是 32 或 64 根。为了减少连线的数量，地址线常常和 64 位数据线的低 32 位按多路复用方式共享连线。

数据线用于源部件和目的部件之间的数据传送，地址线用来给出源数据或目的数据所在的主存单元或 I/O 端口的地址。控制线用来控制对数据线和地址线的访问和使用，并且传送定时信号和命令信息等。因为数据线和地址线是被连接在其上的所有设备共享的，如何使各个部件能正确地使用总线，需靠控制线来协调。

(2) 仲裁总线：包括总线请求线和总线授权线。

(3) 中断和同步总线：用于处理带优先级的中断操作，包括中断请求线和中断认可线（中断响应线）。

(4) 公用线：包括时钟信号线、电源线、地线、系统复位线以及加电或断电的时序信号线等。

3. 总线的参数

现在市面上的总线标准有很多，这是因为没有哪一种总线可以很好地满足各种场合的需要。虽然各类总线在设计上有许多不同，但从总体原则上看，它们的主要性能指标是可以比较的。总线的参数一般有以下几个。

(1) 时钟频率。时钟频率即总线的工作频率，通常以 MHz 表示，它是影响总线传送速率的重要因素之一。对于同步总线来说，由于采用统一的时钟脉冲作为定时基准，因此在数据总线宽度相同的情况下，总线的时钟频率越高，其数据吞吐量就越大。

(2) 总线宽度。总线宽度是指总线的数据连线的数量,通常以位为单位,如8位、16位、32位、64位总线等。每根连线一次能够传送一位数据,总线的数据连线越多,则总线宽度越宽,一次能够传送的数据量就越大。所以它在很大程度上决定了总线的性能。一般来说,总线的宽度与计算机的字长相同。

地址线的数量决定着系统的寻址能力。假设地址线为 n 条,则计算机可以直接寻址的地址空间为 2^n 个存储单元。地址线还可以用来寻址外部设备,其宽度决定了总线上可连接设备的数量。

(3) 总线传送速率。总线传送速率是指总线每秒钟能够传送的字节数,用 MB/s 表示,即每秒多少兆字节。若总线工作频率为 8MHz,总线宽度是 8 位,则其最大传送速率为 8MB/s。若工作频率为 33.3MHz,总线宽度是 32 位,则其最大传送速率为 133MB/s。

(4) 同步方式。总线有同步和异步方式之分。关于这一点,将在12.3.2节进一步讨论。

(5) 是否多路复用。多路复用是指总线的数据线和地址线是公用一组连线,也就是说允许某一时刻该线用作地址线,而另一时刻则用作数据线。其优点是可以减少总线连线的数目。

(6) 负载能力。一般采用"总线上可以连接部件(或模块)的最大数目"来表示。虽然这样定义并不严谨,但它基本上反映了总线的负载能力。

(7) 信号线数。信号线数是指总线拥有多少根信号线,它是数据、地址、控制线、电源线等各种连线数量的总和。要注意,信号线数与性能不成正比,但与复杂度成正比。

(8) 总线控制方式。包括如传送方式(基本传送还是成组传送)、并发工作、设备自动配置、仲裁方式等。

(9) 其他性能。例如,电源电压等级是5V还是3.3V,能否扩展到64位宽度等。

4. 总线的特点

总线具有以下优点。

(1) 多个部件采用总线方式互连,可以大大降低部件之间互连的复杂性,大幅度减少连线的数量,降低成本。

如果不采用总线,而在多个部件之间两两相连,则其连接很复杂,所需要的设备量很大。例如,假设系统中有 n 个部件需要交换信息,即使两个部件之间仅用一根信号线相连,实现这些部件之间的两两相连,也需要 $n(n-1)/2$ 条信号线。

(2) 使用总线互连后,各部件之间连接的多个接口变成了每个部件与总线间的单一连接接口,接口的器材量大幅度减少。

(3) 可扩展性好。通过定义一种标准的互连模式,设备可以很容易地加到总线上。外部设备可以在具有相同总线的计算机系统之间移动和使用。

总线的缺点如下。

(1) 总线由它所连接的所有部件分时共享使用,当多个部件同时需要传送数据时,有可能成为系统的瓶颈。

(2) 总线是计算机系统的核心部分之一。当总线出故障时,系统会瘫痪。

(3) 总线的速度受到物理因素的严重限制:总线长度和总线上的设备数量(和由此导致的总线负载)。这些都限制了总线性能的进一步提高。

12.1.2　总线的分类

对于总线的分类，从不同的角度来分，有多种分类方法。

按照总线所处的位置以及所连接的模块功能大小的不同，可以将总线分成 3 类：内部总线、系统总线和 I/O 总线。

内部总线是指 CPU 芯片内部连接各模块的总线，因为它处于芯片内部，所以也称为片内总线。

系统总线是指连接计算机系统中 CPU、存储器和 I/O 模块等主要功能部件的总线。系统总线把它们连接起来，构成主机系统。由于这些部件通常制作在插件板上，故也称为板级总线。

I/O 总线也称为设备总线，是指专门用于连接主机和 I/O 设备的总线。这类连接涉及许多方面，包括距离的远近、速度的快慢和工作方式等，它们差异很大，所以 I/O 总线的种类很多。典型的有 PCI 总线等。

总线还可以按其他的标准进行分类。按照总线一次传送的数据位数可将总线分为串行总线(1 位)和并行总线(多位)；按照总线的信号是否有多种功能分为专用总线和复用总线；按照总线的定时方式的不同分为同步总线和异步总线；按照所传送的信息的类型分为地址总线、数据总线和控制总线。按照允许的数据传送方向分为单向传送(单工)总线和双向传送(双工)总线。

串行传送是指数据的传送在一根线路上按位进行。常用这种方式连接计算机的慢速外围设备，如鼠标、调制解调器等。串行传送只需一根数据传送线，线路的成本低，适合长距离的数据传送。并行传送时，每个数据位都需要单独一根传送线。在这种方式中，所有的数据位同时进行传送。采用并行传送方式的总线，除了有传送数据的线路外，还可以具有传地址和控制信号的线路。并行传送比串行传送快得多，但是以增加信号线数量为代价的。

12.1.3　总线的连接方式

先介绍一下主设备/从设备的概念。主设备是指连接在总线上、能够独立发起并控制总线操作的设备，而从设备则是指只能响应主设备发来的总线命令的设备。

总线是各个设备共享的信息传送线。但是若过多的设备连接到总线上，则总线会成为系统的瓶颈。其原因是：总线上连接的设备越多，同时申请使用总线的总线主设备就可能越多，而在同一时间内能获得总线使用权的总线主设备只能有一个，这样其他的主设备就必须等待，而且多个总线主设备竞争使用总线还可能增加仲裁电路所花费的时间。此外，设备的速度往往也有很大的差别，都挂接在同一条总线上显然是不合理的。为解决这些问题，必须对总线的连接方式进行研究和选择。

依据连接方式的不同，可以把总线结构分为单总线结构、双总线结构和多总线结构。单总线结构最简单，但是容易产生数据传送的瓶颈问题。因此，多数计算机系统都选择使用双总线或者多总线结构。

1. 单总线结构

单总线结构用一条总线连接了计算机系统中的CPU、存储器和输入/输出设备等,是一种最简单的总线结构。图12.2给出了单总线计算机系统的典型结构。可以看出,CPU、主存、外部设备都处于同等位置。它们之间都有可能直接进行通信(提供了物理通路)。

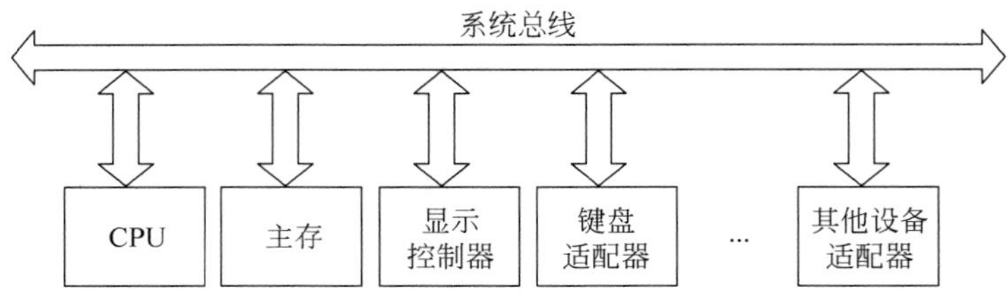

图12.2 单总线计算机系统

在单总线系统中,虽然所有的设备都挂在一条总线上,但是该总线每次只能为一对部件(或外设)提供数据传送服务,只能分时地被它们所共享。故存在以下缺点。

(1) 系统工作效率不高。原因是多种速度相差很大的设备连接在一根总线上,即不论是速度很快的显示器还是速度较慢的键盘设备,都连接在一根总线上。这使得慢速设备只要使用一次总线,就会对快速设备使用总线产生影响,从而降低了整个系统的效率。并且当多台设备竞争总线的使用权时,也会降低总线系统的整体效率。

(2) 计算机的扩展能力受到限制。如果总线上存在较多的主设备,会增加总线控制器的仲裁时间。考虑到整个系统的效率,单总线上连接的设备不能太多。

解决单总线存在问题的方法有很多,其中一种是在单总线结构中,要求所有连到总线上的各个部件必须能够高速运行,以便当某些设备需要使用总线时,能够迅速获得总线的使用权;而当设备不再需要总线时,能够迅速释放总线使用权。另一种解决方法是采用双总线结构。

2. 双总线结构

图12.3是一种双总线结构的示意图。这种结构中有两条可使用的总线,它是在单总线结构的基础上增加了一条高速的存储总线,专门用来连接CPU和主存。这样既保持了单总线结构简单、易于扩充的特点,又使CPU能通过专用总线与存储器交换信息,而不会与其他部件之间的信息交换发生冲突。存储总线也减轻了系统总线的负担。同时主存仍旧可以通过系统总线与其他外设之间实现DMA操作,而不必经过CPU。当然,这种双总线结构是以增加硬件为代价的。

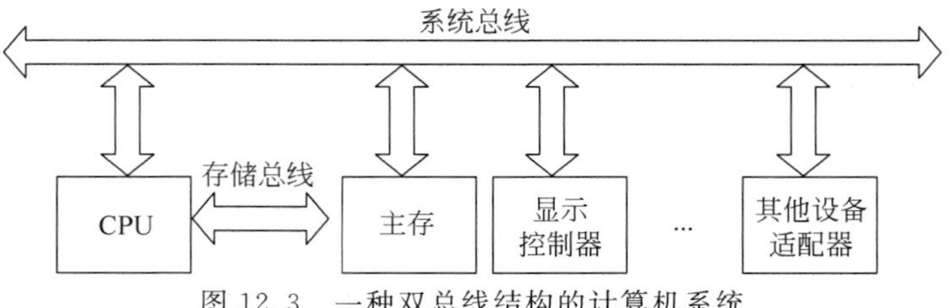

图12.3 一种双总线结构的计算机系统

双总线结构在一定程度上缓解了总线上的冲突，但并没有解决系统总线上慢速设备对快速设备效率的影响等问题。下面介绍的多总线结构能较好地解决这个问题。

3. 多总线结构

图 12.4 是三总线结构的示意图。它是在双总线结构的基础上增加 I/O 总线形成的。其中系统总线是 CPU、主存和通道之间进行数据传送的公共通路，而 I/O 总线则是外设与通道之间信息传送的公用通路。

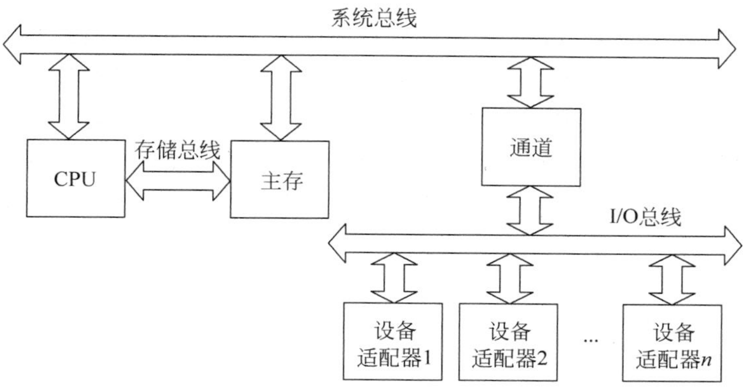

图 12.4 一种三总线结构的计算机系统

在这种结构中，采用了通道对外设进行管理。通道是一个专门的部件，能代替 CPU 对输入/输出进行有效的管理，因而使整个系统的效率大为提高。多总线结构的另一个优点是可以增加系统外接设备的台数。在实际系统中，每条总线的驱动能力有限，但通过设置多条总线，可以有效地增加计算机系统连接设备的数量。一般情况下，计算机系统中总是存在以各种速度工作的设备。如果把它们都连接在一条总线上，设备之间的速度差异会带来速度不匹配问题。慢速设备使用总线会对快速设备使用总线产生很大的影响。为解决这个问题，可以将不同速度的设备分别连接到不同速度的总线上，低速总线作为高速总线的一个设备工作，总线之间通过桥接器(Bridge)进行连接，构成所谓的多级总线结构，如图 12.5 所示。

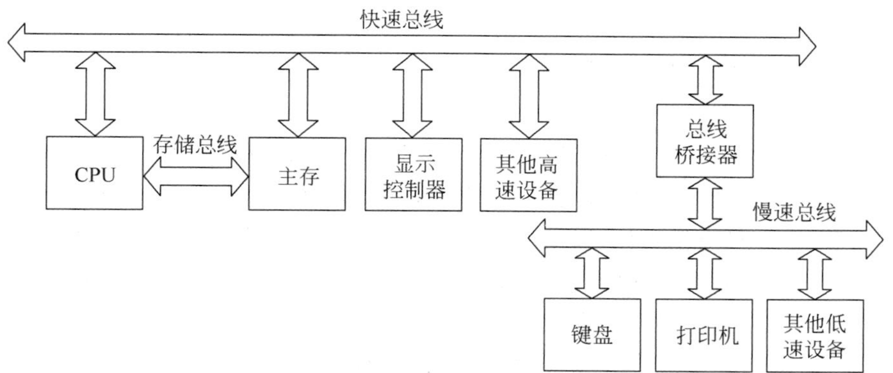

图 12.5 一种多级总线结构的计算机系统

12.2 总线系统的工作原理

12.2.1 主设备/从设备

总线主设备是总线操作的发起者,一般具有较完备的总线控制功能;而总线从设备则不能引发总线操作,它只能在总线操作中作为被操作的对象。总线主设备和从设备的概念是按总线设备的逻辑功能来划分的。例如,当CPU要求磁盘控制器读写一块存储空间时,CPU是主设备,磁盘控制器为从设备。但是,当磁盘控制器要求主存接收它从磁盘驱动器上读到的数据时,磁盘控制器就成了主设备。主存通常不作为主设备使用。

由于总线是被所有总线设备共享的,因此在任意时刻一根总线上工作的主设备不能超过一个,否则将会导致总线使用权和总线上信息的混乱。这是总线系统工作的基本原则之一。

12.2.2 总线控制器

总线控制器是总线系统的核心。它的任务是负责管理总线的使用。在具体实现中,可以设置一个专门的总线控制器,也可以将控制器的功能分布到总线的各个部件或设备上去实现。总线控制器的具体功能如下。

(1) 总线系统的资源分配与管理。负责向使用总线的功能模块分配中断向量号、DMA通道号和I/O地址等资源。

(2) 提供总线定时信号。产生总线操作所需要的各种总线命令和标识信号,产生各种定时信号等。

(3) 负责总线使用权的仲裁。当总线中有多个模块都要使用总线发送信息时,总线控制器要按照一定的优先权算法,从中确定一个模块为当前总线的控制者,把总线的控制使用权交给它。即使它成为当前的主设备,这时其他使用总线的设备都是从设备。

(4) 负责实现不同总线协议的转换和不同总线之间传送数据的缓冲。

12.2.3 总线的工作过程

概括地讲,总线系统的工作就是在总线控制器的作用下,通过总线设备接口控制和管理连接在总线上的各种设备。总线设备为了使用总线,必须首先获得总线的使用权。总线设备使用完以后,必须释放使用权,以便于其他设备使用。这些操作是通过设备和总线控制器之间的请求与应答信号来完成的。图12.6给出了设备使用总线的时序关系。

设备使用总线的具体过程如下。

(1) 设备发出总线使用请求,并等待获得总线使用权。

(2) 总线控制器根据使用总线的规则,对该请求给出应答,允许该设备使用总线。

(3) 设备在得到应答以后,开始使用总线进行数据交换。

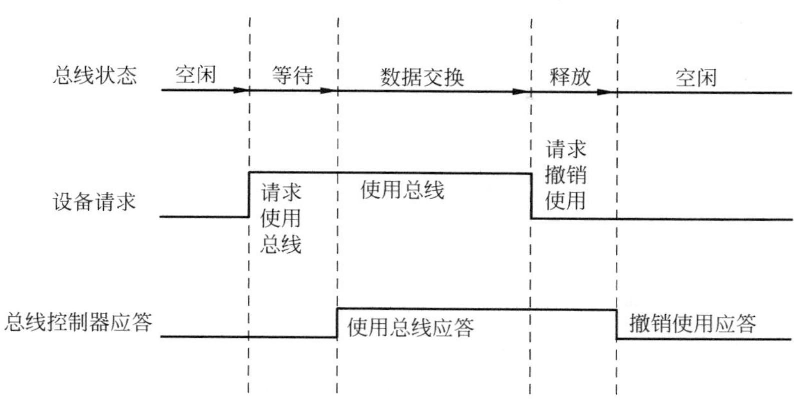

图 12.6　总线设备使用总线的时序图

(4) 数据交换完成后，设备将发出撤销使用总线请求，表示本次使用总线完毕。

(5) 总线控制器在接收到撤销使用总线的请求信号后，收回总线使用权，使总线处于释放状态，然后发出总线撤销使用应答信号。

(6) 总线进入空闲状态，可以接收新的请求。

12.2.4　总线接口

总线接口是指在外围设备与总线之间提供连接的逻辑部件(也称为适配器)，在它所连接的外设与总线之间起着"转换器"的作用，以便实现它们之间的信息传送。图 12.7 给出了总线、接口(适配器)和外设之间的关系。

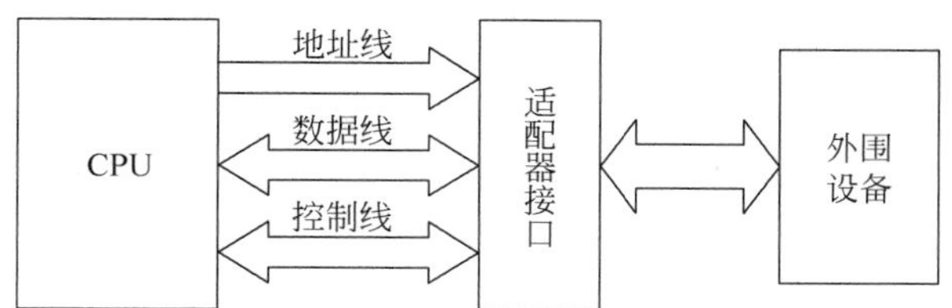

图 12.7　总线、接口和外围设备

由于外设种类繁多而且速度各不相同，因而每种设备都带有自己的设备控制器，这些控制器分别适应各自设备的工作特点。设备控制器的功能主要是通过接口接收来自其他部件的各种信息，并根据设备的不同要求把这些信息传送到设备，或者从设备中读出信息传送到接口，再送给其他部件。

实际上，一个适配器包含两部分接口：一个是和总线的接口，另一个是和外设的接口。与总线的接口按总线标准与总线相连，能够识别总线上的各种操作和控制命令。与外设的接口则按规定与设备控制器相连，能用设备控制器所能理解的信号与之交互，通过它控制设备进行各种操作和向总线传递状态信息等。

和总线的接口一般是采用并行方式进行数据交换，而和外设的接口可能是并行方式，也可能是串行方式。因此，根据外设提供串行数据或并行数据的方式不同，适配器分为串行数据接口和并行数据接口两大类。

不论哪种外设,只要选用总线所规定的某种数据传送控制方法,并按它的规定通过总线与其他部件相连,就可进行信息交换。接口逻辑通常是做成标准化的。

典型的接口一般具有以下功能。

(1) 控制:接口依据程序指令能控制外设的动作,如启动、关闭设备等。

(2) 缓冲:接口在外设和系统的其他部件之间提供缓冲功能,以补偿各种设备在速度上的差异。

(3) 状态:接口能监视外设的工作状态并保存状态信息。状态信息包括数据"准备就绪""忙""错误"等,供CPU询问外设时进行分析。

(4) 转换:接口可以完成任何要求的数据转换,例如并—串转换或者串—并转换,因此数据能在外设和CPU之间以及外设之间正确地进行传送。

(5) 整理:接口可以完成一些特别的功能,例如在需要时可以修改字计数器或当前内存地址寄存器。

(6) 程序中断:每当外设向CPU请求某种动作时,接口即发出一个中断请求信号给CPU。例如,如果设备完成了一个操作或设备中存在一个错误,接口就发出中断信号。

12.3 仲裁、定时和数据传送

12.3.1 总线的仲裁

总线系统中总线主设备获得总线控制权的过程被称为总线使用权的仲裁,简称总线仲裁。大家知道,对于每次总线操作,只能有一个主设备占用总线控制权。不过同一时间里,可以有一个或多个从设备响应。为了解决多个主设备同时竞争总线控制权的问题,必须通过总线仲裁部件,以某种方式选择其中一个主设备来控制和使用总线。总线的仲裁机制就是分配总线使用权的策略,仲裁机制也称为仲裁方式。

总线的仲裁方式有多种。按照是否有集中的仲裁电路,可把仲裁方式分为集中式仲裁和分布式仲裁;按是否有独立的总线请求信号线和总线允许信号线,可分为并行仲裁和串行仲裁;从优先级的角度来看,可以分为固定优先级和动态优先级仲裁。

所谓集中式仲裁,是指在系统中设置一个集中的仲裁电路,专门来处理设备提出的总线使用请求。集中对它们的优先权进行比较,由此确定获得总线控制权的设备,并向该设备发应答信号。所有要使用总线的主设备都是向该仲裁电路发出请求,如图12.8(a)所示。

在分布式仲裁方式中,不存在集中式的仲裁电路,所有的总线主设备中都有一个比较复杂的总线访问请求控制逻辑,优先级比较电路也是分布在各个总线设备中。当总线主设备发出请求时,各个仲裁电路之间根据一定的策略相互作用,共同决定总线使用权的归属,如图12.8(b)所示。

1. 集中式仲裁

常用的集中式仲裁方式有以下3种。

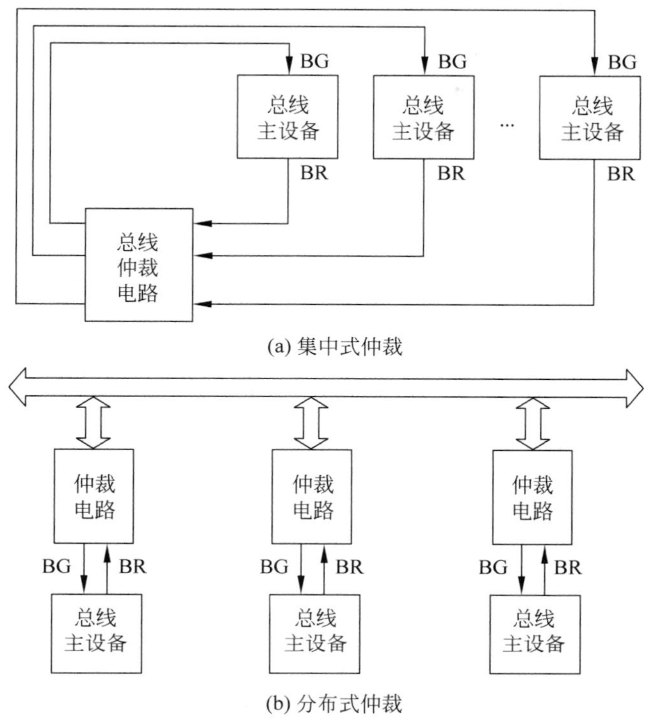

图 12.8 两种仲裁方式

1）菊花链查询方式

这是一种串行的仲裁方式，如图 12.9 所示。三根控制线 BS、BR 和 BG 分别表示总线忙、总线请求和总线允许。在这种方式中，优先级由主设备在总线上的位置来决定。离总线控制部件越近，设备的优先级越高。

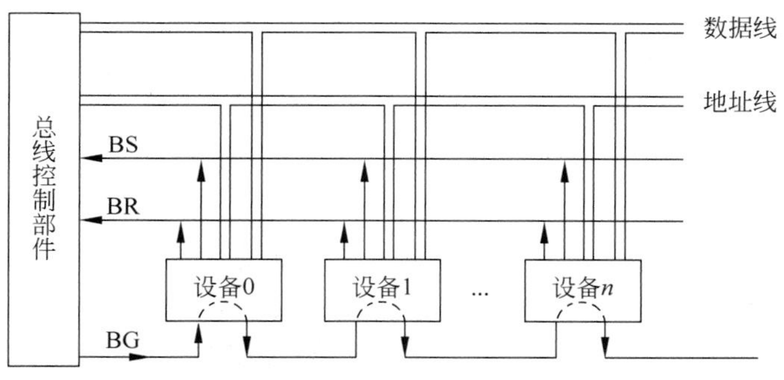

图 12.9 菊花链查询方式

总线允许线（BG）按从最高优先级设备到最低优先级设备的顺序依次串行相连，如果 BG 到达的设备有总线请求，BG 信号就不再往下传，该设备建立总线忙（BS）信号，表示它已获得了总线使用权，占用了总线。若 BG 到达的设备没有总线请求，则将 BG 传给下一个设备。

菊花链查询方式的优点：结构简单，只用很少的几根线就能按一定优先次序实现总线仲裁，并且很容易扩充设备。

缺点：因为查询链的优先级是固定的，当优先级高的设备频繁提出请求时，低优先级设备可能永远也得不到允许。显然这是不太合理的。而且这种结构对电路故障较敏感，一个设备的故障会影响到后面设备的操作。另外，当这个链比较长时，总线的速度会受到比较大的影响。

2）计数器定时查询方式

计数器定时查询方式如图12.10所示。与图12.9相比，少了一根总线允许线BG，多了一组设备线，并在控制器中设置一个计数器。总线控制器在接收到总线使用请求信号（BR线）后，在总线空闲的情况下（即BS＝0），计数器开始计数（循环计数），并通过设备线将计数值发给各设备。当某个有总线请求的设备号与计数值一致时，该设备便获得总线使用权，此时终止计数查询，并由该设备建立总线忙（BS）信号。

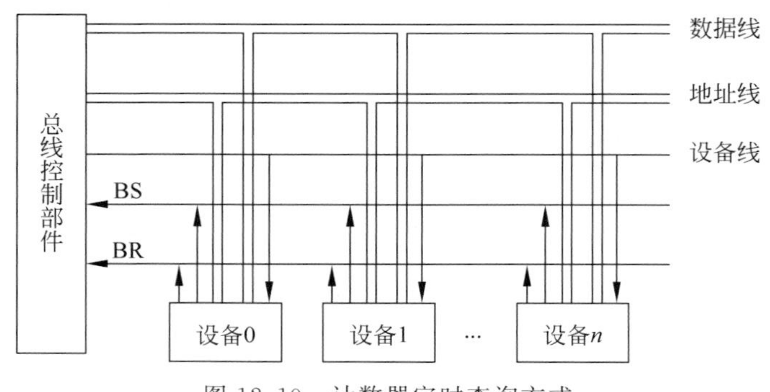

图12.10　计数器定时查询方式

计数器的初始值可由程序来设置，因而设备的优先级可以通过设置不同的计数初始值来改变。若每次计数从“0”开始，此时设备的优先次序是固定的；若每次计数的初始值总是上次得到控制权的设备的设备号加1，那么所有设备的优先级相等，这是一种循环优先级方式。

计数器定时查询方式除了具有灵活的优先级这个优点外，它也不像菊花链查询方式那样对电路故障非常敏感。但这种方式增加了一组设备线以及相关的计数和查询比较电路。

3）独立请求方式

这是一种并行仲裁方式，如图12.11所示。在这种方式中，每一台共享总线的设备都有一对线连接到控制器：总线请求线 BR_i 和总线授权线 BG_i。当设备需要使用总线时，便独立地发出请求信号。总线控制器中有一个排队电路，可根据一定的优先次序确定选择哪个设备使用总线，然后给该设备发授权信号 BG_i。

独立请求方式的优点是仲裁速度快，即确定优先响应的设备所花费的时间少，不用逐个设备地查询。其次，对优先次序的控制也比较灵活，可以通过向总线仲裁器发送不同的控制命令来实现不同的优先级策略。其缺点是每台设备与总线仲裁器之间都需要设置一根总线请求信号线和一根总线许可信号线。而且由于总线控制部件提供的连线的数目是固定的，这样就限制了可以连接到总线上的设备的数量。

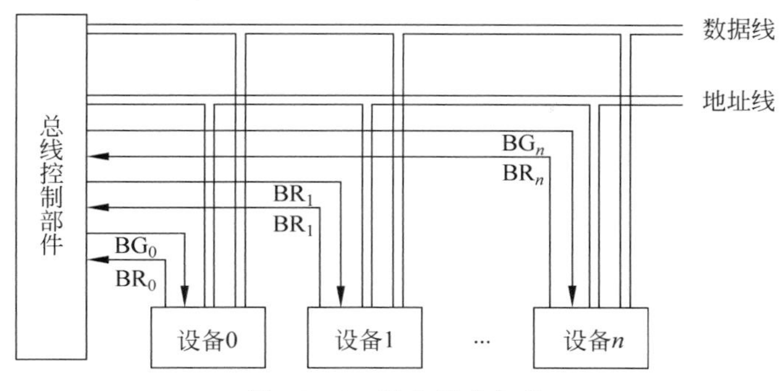

图 12.11　独立请求方式

2. 分布式仲裁

分布式仲裁不需要中央仲裁器，每个潜在的主设备都有自己的仲裁号和仲裁电路。当它们提出总线请求时，把它们各自唯一的仲裁号发送到共享的仲裁总线上，每个仲裁电路把从仲裁总线上得到的号与自己的号比较。如果仲裁总线上的号大，则它对于发给它的总线请求不予响应，并撤销其仲裁号。最后，获胜者的仲裁号保留在仲裁总线上。可以看出，分布式仲裁是以优先级仲裁策略为基础的。

12.3.2　总线的定时

总线的定时方式是指为了协调总线上发生的事件所采用的方法。这些事件是指总线为了使用总线传送信息所做的动作，例如向主存发送存储单元的地址、向主存发送读信号等。总线的定时方式包括同步定时和异步定时两种。采用同步定时工作方式的总线称为同步总线，采用异步定时工作方式的总线称为异步总线。

总线的一次数据传送过程大致可以分为 5 个阶段：申请总线、总线仲裁、寻址、信息传送、状态返回(或错误报告)。

1. 同步定时

在同步定时协议中，系统中有一个供所有设备使用的统一时钟，总线上事件的发生时刻都是以该时钟作为参照基准的(如都发生在时钟的上跳沿)。每个时钟周期是同步总线上操作的基本时间单位。设备之间按照约定的时钟时间进行数据交换。

图 12.12 是 CPU 经同步总线从存储器读取数据的时序图。在第一个时钟周期 T_1 的开始，CPU 首先发出读命令信号，并将存储器地址放到地址线上，随后马上发出一个启动信号，指明控制信息和地址信息已出现在总线上。存储器模块识别地址码，经一个时钟周期延时(存取时间)后，在第 3 个时钟周期 T_3 将数据和确认信息放到总线上，被 CPU 读取。

通过以上工作过程，可以发现同步总线具有以下特点。

(1) 所有总线设备都是在统一的总线时钟下进行总线操作。

(2) 所有总线信号和命令信号必须与总线时钟同步，即总线上所有事件都在总线时钟开始(如上跳沿)或结束时(如下跳沿)发生。

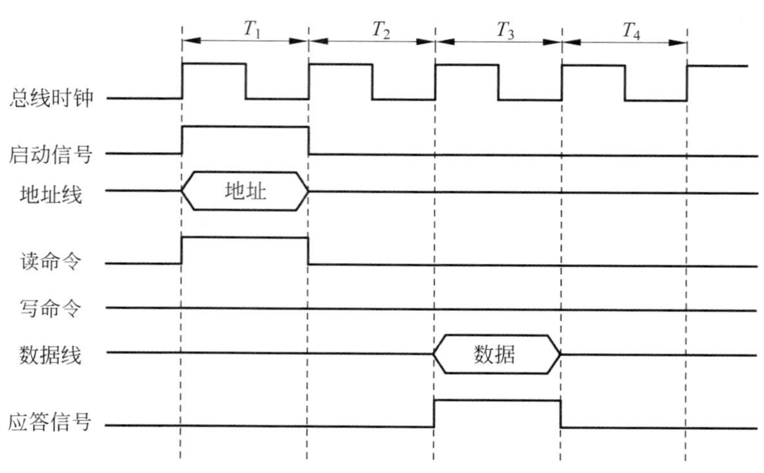

图 12.12　同步总线的存储器读过程

(3) 所有总线操作都是以总线周期为基本时间单位,即所用的时间都是时钟周期的整数倍。即使在最后一步所需要的时间比一个时钟周期少很多,也要分配一个时钟周期给它。存在时间上的浪费。

同步定时适用于总线长度较短、总线上各设备速度比较接近的情况,并且由于同步总线必须按最慢的设备来设计公共时钟,当各设备速度相差很大时,将会大大损失总线效率。但相对于异步总线来说,同步总线的设计、使用和调试等都比较简单。因此目前使用的总线大部分都是同步总线。

2. 异步定时

异步定时方式是建立在应答式信号的基础之上的。在这种系统中,不需要统一的时间标志,总线周期的长度也是可变的,任何一个事件出现在总线上的时刻都取决于前一事件的出现。

图 12.13 说明了通过异步总线对存储器进行读操作的过程。①总线主设备发出读命令信号和存储器地址信号,经一段时间,待信号稳定后,再发出主设备同步请求信号 MSYN。②当存储器(总线从设备)接收到 MSYN 信号后,进行存储器读操作。操作完成时,将读出的数据送到数据总线上,然后发出总线从设备同步请求信号 SSYN。③当总线主设备接收到 SSYN 信号后,就从数据总线上接收数据,并撤销请求 MSYN。④总线从设备发现 MSYN 被撤销,得知主设备操作完毕,随即撤销 SSYN 信号。⑤在总线主设备和总线从设备都撤销同步请求以后,地址总线和操作的命令信号线进入恢复阶段。总线控制器经恢复后,即可处理后续请求。

异步定时的优点是总线周期的长度根据实际需要的时间而自动调整,因而允许快速设备和慢速设备连接到同一条总线上。但控制电路实现起来比较复杂,成本也比较高。而且,每次发送或接收数据都要在主、从设备之间多次交换信息,所以数据传送效率比较低。

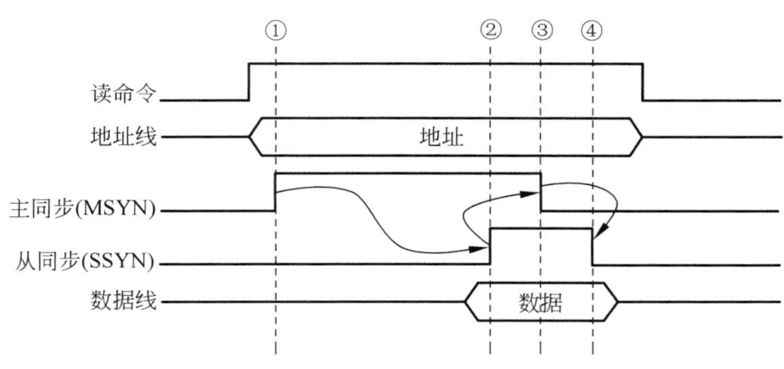

图 12.13　异步总线的存储器读过程

12.3.3　总线的数据传送方式

总线上的信息交换包括两个阶段：地址命令阶段(简称地址期)和数据传送阶段(简称数据期)。对于复用型总线来说,地址线和数据线是共享同一组连线。在地址期内,该连线上传送的是地址；在数据期,该连线上传送的是数据,如图 12.14 所示。

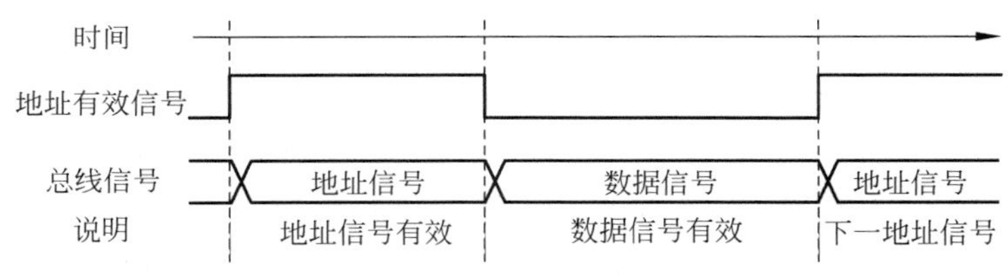

图 12.14　复用型总线上的地址和数据信号

总线的数据传送方式有 3 种：基本数据传送方式、成组数据传送方式、特殊数据传送方式。

1. 基本数据传送方式

总线最基本的数据传送方式是单个数据读和单个数据写。这种方式的典型特征是数据传送阶段只进行一次数据传送操作。读操作是把数据从从设备读到主设备,写操作是把数据从主设备传送到从设备并写入相应的地方(如存储单元)。

对于复用型总线来说,主设备一般先以一个总线周期发出命令和从设备地址,经过一定的延时后再开始数据传送周期。为了提高总线利用率,减少延时损失,主设备完成寻址总线周期后可以让出总线控制权,以便其他主设备完成更紧迫的操作。然后再重新竞争获得总线,完成数据传送总线周期。

在复用型总线上进行读操作的时间关系示意图如图 12.15 所示。每传送一个数据就需要一个地址期和一个数据期。

2. 成组数据传送方式

成组数据传送方式也称为块传送方式或猝发传送方式。

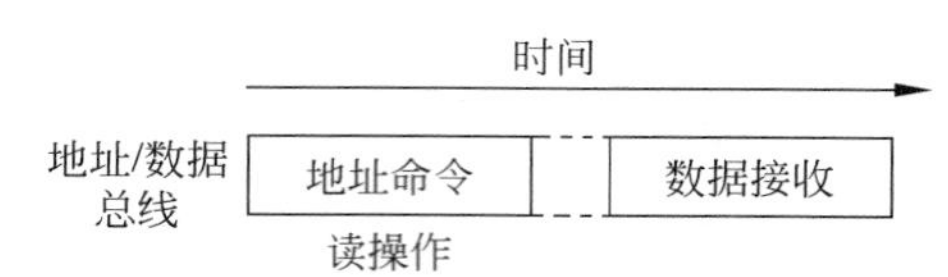

图 12.15　复用型总线的基本传送方式(读操作)

采用这种传送方式的目的,是为了能高效率地进行成块数据(存放在一片连续的地址空间中)的传送。由于这些数据的地址是连续的,因此就不必像上面的基本传送方式那样每传送一个数据就送一个地址,而是在第一个地址发送以后,就可以连续地传送数据,省去了第一个数据以外的所有其他数据的地址命令处理时间。也就是说,在一个地址期后面可以跟一连串的数据期,如图 12.16 所示。可以看出,这种方式能大幅度地减少整批数据的传送时间。

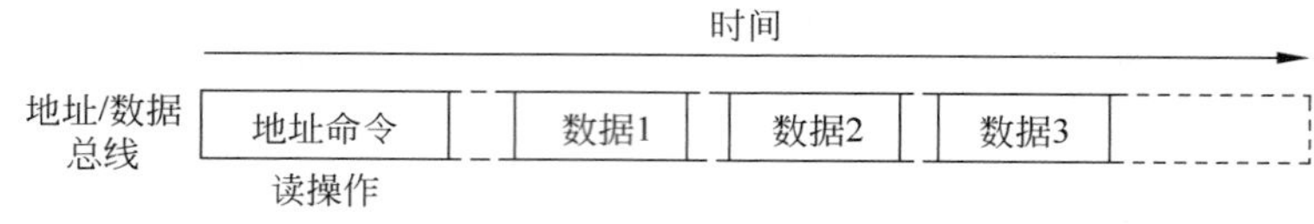

图 12.16　复用型总线的成组数据传送方式(读操作)

3. 特殊数据传送方式

在有些应用中,对总线的数据交换可能有一些特殊要求,这就需要设置一些特殊的数据传送方式,以提供特别的支持。"读后写"和"写后读"是比较常见的两种特殊数据传送方式。"读后写"又被称为"读—修改—写",即对一个地址中的数据进行读出、修改后再写回去,而且整个操作过程不能被打断。进行该操作的总线设备一旦获得了总线的使用权,就一直占用总线,直到全部操作完成为止。"读后写"主要用于实现操作系统中的原语。

与"读后写"类似,"写后读"也是在进行操作的过程中,不允许被中断。它也是一个原语操作。它的操作是:先进行写操作,然后紧接着就读出刚写进去的值,并进行数据校验,以确定数据是否被正确地写入。"写后读"操作往往用于对数据传送的可靠性要求非常高的场合。

12.4　总线实例

12.4.1　总线的标准化

总线标准是指通过总线将各个设备连接成一个系统所必须遵循的规范。它为各种设备的互连提供了一种标准,使不同厂家生产的遵循同一总线标准的部件能够互连,甚至可以互换使用(如果功能相同的话)。因此,总线的标准化是非常重要的。

总线标准一般从五方面来描述总线的功能与特性:逻辑规范、时序规范、电气规范、机械规范和通信协议。逻辑规范主要是引脚信号的功能描述,如信号的含义、信号的传送方向,以及采用的电平极性等;时序规范定义各信号有效/无效的发生时间以及不同信号之间的时间关系；电气规范描述各信号所采用的电平标准和负载能力；机械规范定义了诸如插槽/插头或插板的结构、形状、大小方面的物理尺寸等；通信协议定义数据通过总线传送时采用的连接方法、数据格式、发送速度等方面的规定。

总线标准有正式标准和业界标准两种。正式标准是指由具有权威性的标准化组织（如电气电子工程师协会 IEEE，国际标准化组织 ISO，美国国家标准协会 ANSI 等）制定的标准，业界标准是指由在业界内有影响力的一个或几个厂家提出，并得到业内其他厂家认可和广泛采用的标准。业界标准经国际标准化组织的认可后，就可以成为正式标准。

12.4.2　PCI 总线

1. PCI 总线概述

PCI 总线是一种与处理器无关的高性能总线，目前已经广泛使用于微型计算机、工作站、服务器等各种计算机系统中。以前在微型计算机中使用比较多的是 ISA、EISA 等总线，当它们已经不能满足系统的需要时，Intel 公司首先提出了 PCI 概念，并联合 IBM、Compaq、AST、HP、Apple 等几十家公司共同制定了 PCI 标准（1992 年）。PCI 是 Peripheral Component Interconnect（设备部件互联）的缩写。其 1.0 版本于 1992 年发布，2.0 版本于 1993 年发布，2.1 版本于 1995 年发布，PCI2.2 版本于 1999 年发布。

图 12.17 是一个基于 PCI 构成的多级层次总线结构的示意图。这里总线共有 3 级。第一级即 HOST 总线，是该系统的系统总线，用于实现 CPU 与主存的连接，并通过 HOST 桥与第二级总线相连。第二级是 PCI 总线，其上挂接有多个 PCI 设备，它一方面通过 PCI/PCI 桥与第三级中的 PCI 总线相连，另一方面又通过 PCI/E(ISA)桥与第三级中的 E(ISA)总线相连。这样的多级结构有效地扩充了整个系统的 PCI 总线的负载能力。

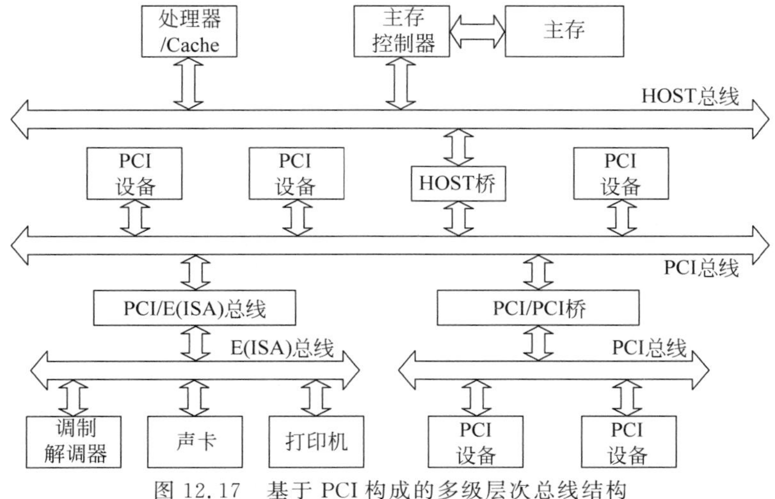

图 12.17　基于 PCI 构成的多级层次总线结构

可以看出，在上面的结构中，桥起着重要的作用。它连接两条总线，使它们之间相互通信。HOST 桥还是第二级总线（PCI）的控制器。另外，桥还起着总线转换部件的职能，它把一条总线的地址空间映射到另一条总线的地址空间上。

PCI主要具有以下的特点。

(1) 总线宽度大。PCI总线的宽度为32位或64位,与现代微处理器字长相适应。

(2) 支持成组传送,数据传送速率高。PCI总线的时钟频率为33.3MHz/66.6MHz,所以其最大传送速度可达533MB/s,这是其他总线难以达到的。PCI总线能够满足高速设备数据传送的需要,大大缓解了数据I/O瓶颈,使高性能CPU的功能得以充分发挥。

(3) 通过桥接器可以构成多级层次总线结构。采用PCI总线可以在一个系统中让多种总线共存,容纳不同速度的设备一起工作。

(4) 独立于CPU。PCI总线不依附于某一具体CPU,即PCI总线支持多种处理器及将来发展的新处理器,设备可以独立于处理器升级。

(5) 提供自动配置能力。使用配置寄存器来支持设备的自动识别和配置。

(6) 可靠性高。在地址、命令和数据线上提供了奇偶校验。

2. PCI总线信号

表12.1列出了PCI总线中各信号线的名称、分组情况和具体的功能说明。它采用32位或64位数据和32位地址线,数据线和地址线使用同一组物理线,分时复用。信号后面有"#"标志的表明该信号是低电平有效,没有"#"标志的为高电平有效。in表示输入线(站在设备的角度上看),out表示输出线,t/s表示双向三态信号线,s/t/s表示一次只被一个拥有者驱动的抑制三态信号线,o/d表示开路驱动,允许多台设备以线或方式共享该线。

表12.1 PCI总线中各信号线的名称、分组情况和具体的功能说明

	功能组	信号	类型	描述
必有类信号	系统	CLK	in	同步时钟线(33MHz或66MHz),上升沿采样
		RST#	in	复位信号线,强制所有PCI寄存器、计数器和信号回到初始状态
	地址数据	AD[31-0]	t/s	地址线或数据线(复用)
		C/BE#[3-0]	t/s	总线命令或字节有效指示(复用)。地址期内为总线命令,在数据期内则用于指示各字节是否有效
		PAR	t/s	奇偶校验位线,对地址或数据提供校验
	接口控制	FRAME#	s/t/s	总线周期启动信号,由主设备驱动该信号,以表示AD和C/BE信号已发出,一个新的总线事务已经开始
		IRDY#	s/t/s	主设备就绪信号。进行写操作时表明数据已在AD线上;进行读操作时,表明主方已做好接收数据的准备
		TRDY#	s/t/s	从设备就绪信号。进行写操作时表明从方已做好接收数据的准备;进行读操作时,表明有效数据已在AD线上
		STOP#	s/t/s	停止信号,从设备要求主设备立即中止当前的总线事务
		IDSEL#	in	主设备被选中信号,选定读配置区
		DEVSEL#	s/t/s	从设备被选中信号。当设备地址被译码后,发现该从设备被选中,就发出此信号
	仲裁	REQ#	t/s	总线申请信号。当主设备需要使用总线时发此请求
		GNT#	t/s	总线授权信号,中央仲裁器授权该主设备在下一个总线事务中控制和使用总线
	报错	PERR#	s/t/s	检测到数据奇偶校验错
		SERR#	o/d	检测到地址校验错或系统错

续表

	功能组	信　号	类型	描　述
可选类信号	64 位扩展	AD[63-32]	t/s	地址线或数据线(复用),用于扩充到 64 位
		C/BE#[7-4]	t/s	总线命令或字节有效指示(复用)
		REQ64#	s/t/s	用于请求 64 位传送
		ACK64#	s/t/s	授权进行 64 位传送
		PAR64	t/s	对扩充的 AD 线和 C/BE 线提供偶校验
	Cache 支持	SBO#	in/out	指出对修改行的监听命中
		SDONE	in/out	指出监听结束
	中断	INTA#	o/d	中断请求信号
		INTB#	o/d	中断请求信号,仅对多功能设备有意义
		INTC#	o/d	中断请求信号,仅对多功能设备有意义
		INTD#	o/d	中断请求信号,仅对多功能设备有意义
	边界扫描	TCK	in	JTAG 测试时钟
		TDI	in	JTAG 测试输入
		TDO	out	JTAG 测试输出
		TMS	in	JTAG 测试模式选择
		TRST#	in	JTAG 测试复位

PCI 总线的基本信号按功能可以分为以下几组。

① 地址和数据信号：包含 32 根分时复用的地址/数据线。

② 接口控制信号：控制数据交换的时序,使发送端和接收端协调工作。

③ 错误报告信号：用于报告错误。

④ 仲裁信号：PCI 总线采用集中式仲裁,每台 PCI 总线主设备都有自己独立的一对仲裁信号线,它们直接与总线仲裁电路相连。

⑤ 系统信号：时钟和复位信号。

PCI 总线的扩展信号按照功能可以分为以下几组。

① 64 位总线扩展信号：包括分时复用的地址/数据线以及用于协调使用 64 位总线的控制信号。

② 接口控制信号：用于锁定总线。

③ 中断信号：供那些必须产生中断服务请求的设备使用。每台 PCI 设备都通过各自的中断信号线与中断控制器连接。

④ Cache 支持信号：用于支持实现多 Cache 的一致性(监听法)。

⑤ 边界扫描信号：用于支持 IEEE 1149.1 标准定义的测试。

3. 总线周期类型

PCI 总线周期由当前的主设备发起,该主设备通过在 C/BE#[3-0]线上发送 4 位编码来指出当前要进行的总线周期。在从设备译码确认被选择后,主从设备协调配合完成指定的总线周期操作。PCI 支持任何主设备和从设备之间点到点的访问,也支持某些广播读写。

PCI 总线的命令如表 12.2 所示。

表 12.2 PCI 总线的命令

C/BE#[3-0]	命令名称	C/BE#[3-0]	命令名称
0000	中断确认周期	1000	保留
0001	特殊周期	1001	保留
0010	I/O 读周期	1010	配置读周期
0011	I/O 写周期	1011	配置写周期
0100	保留	1100	存储器多重读周期
0101	保留	1101	双地址周期
0110	存储器读周期	1110	存储器读写周期
0111	存储器写周期	1111	存储器写和使无效周期

4. PCI 总线仲裁

PCI 主设备在使用总线之前,需先向总线仲裁电路发送使用总线的请求。PCI 总线采用集中式仲裁方式,每个 PCI 主设备都有自己独立的 REQ#(总线请求)、GNT#(总线授权)两条信号线与中央仲裁器相连。由中央仲裁器根据一定的算法对各主设备的申请进行仲裁,分配总线的使用权。但是 PCI 总线并没有规定仲裁算法,具体的仲裁算法由厂商决定。

PCI 总线支持隐藏式仲裁。这种方式是指在总线被某一主设备(设为 A)占用期间,中央仲裁器可以对当前的使用总线请求进行仲裁,确定下一次将要使用该总线的主设备(设为 B),它可以置 GNT#-A 为无效,而置 GNT#-B 为有效。这样,当主设备 A 完成数据传送、释放 FRAME# 和 IRDY# 信号线后,设备 B 可以立即开始一个新的总线周期。由于隐藏式仲裁使裁决过程可以在当前总线周期内进行,所以不需要单独的仲裁总线周期,提高了总线的工作速度和利用率。不过,在中央仲裁器使 GNT#-A 无效和使 GNT#-B 有效之间,至少要有 1 个时钟周期的延迟,以保证信号线由 A 驱动变为 B 驱动时在临界情况下也不产生冲突。

5. PCI 总线的数据传送方式

PCI 总线支持基本数据传送方式和成组数据传送方式。下面以一次读操作为例来说明通过 PCI 总线进行成组数据传送的过程。假设该成组数据传送一次需要读出 3 个数据,其读时序如图 12.18 所示。

如图 12.18 所示,总线时钟周期以上跳沿开始,前半个周期高电平,后半个周期低电平。总线上信号的电平转换是发生在总线时钟的下跳沿,而对信号的采样则是在时钟的上跳沿进行。另外,图中的环形箭头表示该信号线由一个设备驱动转换成另一个设备驱动的过渡期,在此期间,要避免两个设备同时驱动一根信号线的冲突。

下面分时钟周期介绍总线上的操作。

(1) 时钟周期 T_1。主设备将成组数据的起始地址放在 AD 线上,将读命令送 C/BE# 信号线,然后置 FRAME# 信号为有效,以表明一次新的总线传送的开始。FRAME# 信号将一直保持到主设备接收最后一个数据时为止。

(2) 时钟周期 T_2。从设备根据 AD 线和 C/BE# 线上的信号进行地址匹配,同时主设备终止对 AD 信号线的驱动,改变 C/BE# 线上的信号,使之表明 AD 线上的哪些字节是有

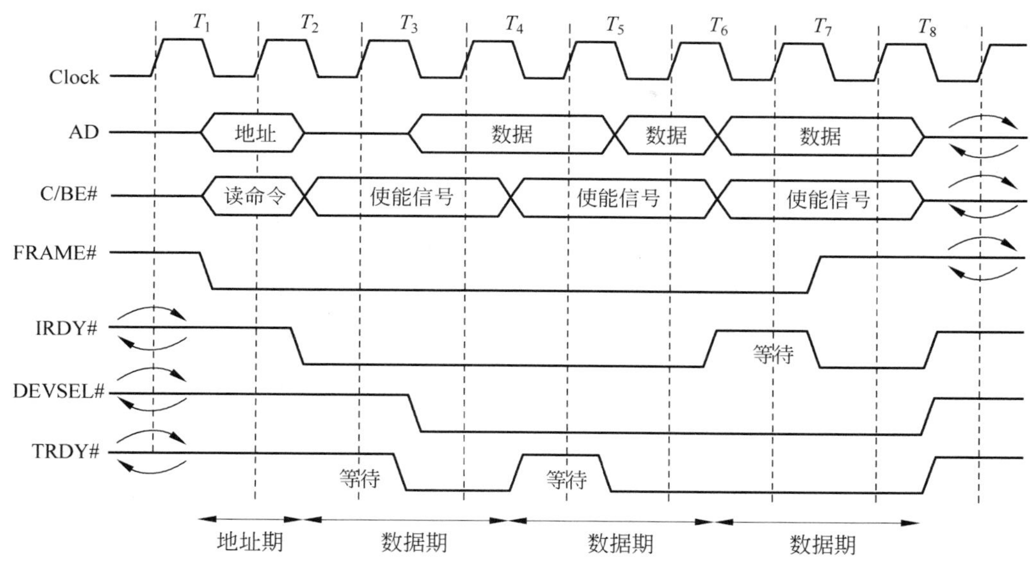

图 12.18 PCI总线的成组传送方式(读操作)

效数据。主设备还置 IRDY#信号为有效,以表示主设备已经就绪。不过,由于此时 TRDY#信号还是无效,即从设备尚未就绪,不能提供数据,所以在本周期还不能进行数据传送。

(3) 时钟周期 T_3。从设备置 DEVSEL#信号为有效,表明它已识别出自己是主设备所要进行数据传送的从设备。它把主设备所请求的数据放在 AD 线上,并置 TRDY#信号为有效,表明数据已经准备就绪。

需要说明的是,当主设备进行了上述 T_1 周期中的操作后,从设备在经过一个时钟周期的延迟后,必须以有效的 DEVSEL#信号予以响应。否则,主设备将终止本次总线传送。

(4) 时钟周期 T_4。在这个时钟周期的一开始(时钟上跳沿),由于 IRDY#信号和 TRDY#信号都有效,主设备从 AD 线上读第一个数据。同时改变 C/BE#线的内容,为读下一个数据做准备。每一次数据传送是在 IRDY#信号和 TRDY#信号都有效的情况下完成的。任一信号无效,都将使得插入等待周期。

(5) 时钟周期 T_5。假设从设备由于某种原因(如访问速度较慢),它尚未准备好第二个数据。从设备通过把 TRDY#置为无效来向主设备报告这种情况。于是主设备不从 AD 线上读取数据,并且在此时钟周期内保持 IRDY#信号以及 C/BE#信号上的内容不变。这相当于在 T_5 插入了一个等待周期。

(6) 时钟周期 T_6。由于 IRDY#信号和 TRDY#信号都有效,主设备从 AD 线上读第二个数据。同时改变 C/BE#线的内容,为读下一个数据做准备。

(7) 时钟周期 T_7。在这个周期,假设主设备由于某种原因(如缓冲区满)还没有做好读取下一个数据的准备,它通过把 IRDY#置为无效来表示这种情况。这时虽然从设备已经将数据放在 AD 线上,但主设备无法取走。这导致从设备将总线上的数据再保持一个时钟周期。

本周期为主设备开始处理第三个数据(即本次成组传送的最后一个)的周期,主设备把 FRAME#置为无效,告诉从设备和总线控制器这是最后一个数据传送。

(8) 时钟周期 T_8。在本周期的一开始,IRDY#信号和 TRDY#信号都有效,于是主设备从AD线上读取第三个数据。本次成组数据传送过程结束,主设备把IRDY#置为无效。由于在上一个时钟周期中,主设备已经把FRAME#置为无效,所以在本周期中,从设备把DEVSEL#和TRDY#置为无效。此后,如果没有新的总线操作,总线将进入空闲状态。

12.4.3 ISA总线

ISA总线的全称是工业标准总线(Industry Standard Architecture)。由于它是IBM于1984年为推出微型计算机PC/AT而建立的系统总线标准,因此也称为AT总线。它是在原先的PC/XT总线的基础上扩充而来的。它在推出后得到了许多厂商的认可,后来出现了许多采用该标准的微型计算机。

ISA总线共有98根信号线,分成地址线、数据线、控制线、时钟线和电源线5种。ISA总线的主要特点如下。

(1) ISA总线是由8位的PC总线发展而来的16位总线,最高工作频率为8MHz,数据传输速率达到16MB/s,地址线24条,可寻址16M字节地址空间。

(2) 支持8种总线操作:存储器读、存储器写、I/O读、I/O写、中断响应、DMA响应、存储器刷新和总线仲裁。

(3) 与原来微机上用的PC/XT总线完全兼容。

(4) 设有独立的地址线和数据线。

(5) ISA总线主要是面向单用户应用的总线,故不适用多用户应用环境。

(6) ISA总线带宽为5MB/s,不适用于32位CPU的计算机系统。不过一些微机主板上仍保留有ISA总线的插槽,目的是便于利用市场上丰富的各类中、低速适配卡,如声卡、CD-ROM适配器、以太网卡等。

12.4.4 EISA总线

EISA总线的全称是扩充的工业标准总线(Extended Industry Standard Architecture)。它是在ISA总线的基础上扩充而来的32位总线。它共有198根信号线,是在ISA的基础上扩充了100根信号线,与原ISA完全兼容。其时钟频率为8.33MHz。EISA总线支持多个总线主控和成组传送,它具有独立的数据线和地址线,其宽度都是32位,所以其最大寻址空间为4GB,最大数据传送速率为33MB/s,是一种高性能总线。EISA是由当时的Compaq、HP、AST、EPSON、NEC等9家公司联合起来推出的,为的是对抗IBM公司的MCA总线标准,防止IBM公司对PC制造业的垄断。

EISA总线的主要缺点是:①EISA总线比ISA总线复杂得多,所以其实现成本更高;②EISA总线仍然是一种与处理机体系结构密切相关的总线,它并不是一种独立的总线标准;③EISA总线的带宽仍然偏低,不能很好地满足一些新的视频显示适配器对总线带宽的要求。以上缺点使EISA总线的应用受到了限制。

12.4.5 VESA总线(VL总线)

VESA总线是VESA(Video Electronic Standard Association,即视频电子标准协会)与

60 多家公司联合推出的一种通用的全开放局部总线(1991 年),也称为 VL 总线(VESA Local bus)。它的推出为微机系统总线结构的革新奠定了基础。在此之前,微机一直采用单一慢速的系统总线结构。虽然系统总线从 PC 总线、ISA 总线发展到 EISA 总线,但仍然跟不上软件和 CPU 的发展速度。在执行程序的过程中,由于总线上的数据传送速率低,CPU 会经常处于等待状态。这表明这些总线已经成了系统性能的瓶颈问题。

解决这个问题的一个有效方法是将高速外设直接挂接到 CPU 局部总线上并以 CPU 速度运行。VL 总线就是为了实现这个目标而提出的。VL 总线的主要目标是支持 CPU 直接与高速视频控制器连接,其他的高速外设如硬盘、局域网卡等也可以使用 VL 总线,以充分提高系统的性能。

VL 总线的数据宽度为 32 位,可以扩展到 64 位。它直接采用 CPU 的时钟,最高主频可达 66MHz(实际上受限于 VL 总线扩展槽的性能,不能超过 40MHz),一般为 33MHz。VL 的最大传送率达到 132MB/s,是 ISA 总线传送率的 16 倍。

VL 作为一种局部总线,不能被独立地使用,而是作为对 ISA 或 EISA 等总线的扩充,形成 ISA/VL 或 EISA/VL 等总线体系结构。

可以看出 VESA 比 EISA 性能更完善,传送速率更高,大幅度地提高了外设的运行速度。不过,VESA 总线存在着规范定义不严格、兼容性差、总线速度受 CPU 速度影响等缺陷。

12.4.6　SCSI 总线

SCSI 是 Small Computer System Interface(小型计算机系统接口)的简称,是一种直接连接外设的并行 I/O 总线。SCSI 总线从 1984 年开始被广泛应用于苹果公司的 Macintosh 机。目前已非常普遍地用在了高档 IBM PC 兼容机、服务器和图形工作站。1986 年美国国家标准局(ANSI)制定出 SCSI 标准,后来又被国际标准化组织(ISO)确认为国际标准。SCSI 最初主要为管理磁盘而设计,是一种基于通道的接口。但到了现在,它除了用于连接硬盘以外,还用于连接光驱、扫描仪等需要高速数据传送的设备。

接在 SCSI 总线上的设备以菊花链的形式相连。该菊花链的一端与终端器连接,另一端则通过一个适配卡实现与主机的连接。这个适配卡插接到主机的总线上,如 PCI 总线,如图 12.19 所示。每台设备有两个连接口,一个用于输入,另一个用于输出。一个适配卡最多可以连接 7 台设备(SCSI-1)。

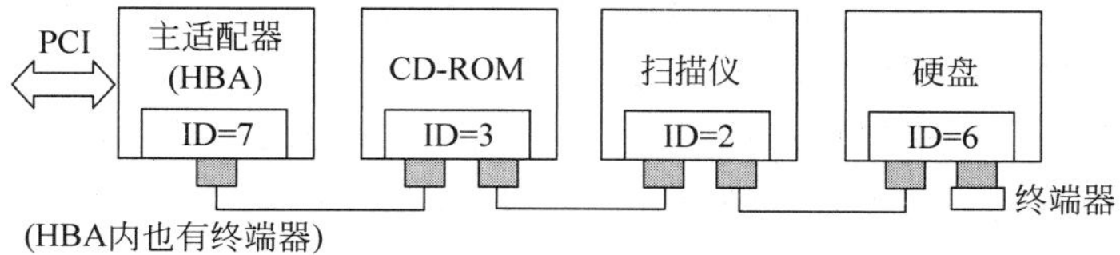

图 12.19　SCSI 接口配置实例

SCSI 总线的仲裁采用自举分布式方案,连接在总线上的每台设备都有一个唯一的标识号 ID(0～7)。这个标识号也就是该设备的优先级,7 为最高,0 为最低。

SCSI 总线的主要特性如下。

(1) SCSI是系统级的标准输入输出总线接口,可以与各种采用SCSI接口标准的外部设备相连,总线上的主机适配器和SCSI外设的总数最大为8个(SCSI-3允许连接16个)。

(2) SCSI支持多任务并行操作,具有总线仲裁功能。SCSI上的适配器和控制器可以并行工作,在同一个SCSI控制器控制下的多台外设也可以并行工作。

(3) SCSI可以按同步方式和异步方式传输数据。SCSI-1在同步方式下的数据传输速率为5MB/s,在异步方式下为2.5MB/s。

(4) SCSI-2将SCSI-1的8位数据总线电缆称为A电缆,并增加了一根B电缆——进行16位或32位的数据传送,采用同步通信,时钟频率提高到10MHz,所以最大数据传输率为20MB/s或40MB/s。1995年推出的SCSI-3的数据传输率达60~120MB/s。后来推出的Ultra 640 SCSI的时钟频率为160MHz,数据传输率达640MB/s。

(5) SCSI总线上的设备没有主从之分,双方平等。驱动设备和目标设备之间采用高级命令进行通信,不涉及外部设备的物理特性。因此使用方便、适应性强,便于集成。

12.4.7 USB总线

1. USB总线的由来

通用串行总线USB(Universal Serial Bus)是由Compaq、Digital、IBM、Intel、Microsoft、NEC和Nothern Telecom 7家公司联合推出的新一代标准接口总线。最早的版本是1994年4月推出的USB 0.7版本。接着,1998年发布了USB 1.1,1999年推出了USB 2.0规范。目前支持该规范的成员又增加了惠普、朗讯和飞利浦。表12.3为USB 1.1与USB 2.0的主要特性比较。

表12.3 USB 1.1与USB 2.0的主要特性

版本	传输速度 Mb/s	可连接点数	接点间距离(m)	拓扑结构	支持系统	支持特性	信号线条数
USB 1.1	1.5 / 12	127	5	星型	Windows 95以上	PnP、热插拔	4 / 9
USB 2.0	480	12	5	星型	Windows 98以上	PnP、热插拔	4 / 9

2. USB总线的特点

USB是一种中、低速的数据传输接口,旨在统一外设(如鼠标、打印机、扫描仪等)接口,取代传统的串口和并口,它具有以下优点。

(1) 使用方便。USB接口可以连接多个不同的设备,并支持热插拔。Windows 2000以上版本自动支持USB接口,不必作任何硬件配置,也无须安装驱动程序。主机连接USB外设也不必打开机箱。

(2) 速度快。USB接口的最高传输率可达每秒480Mb,比串口快了数百倍,比并口也快了数十倍。

(3) 连接灵活。USB接口支持多个不同设备的串行连接,一个USB口理论上可以连接127个USB设备。连接的方式也十分灵活,既可以使用串行连接,也可以使用集线器

(Hub),把多个设备连接在一起,再同 PC 的 USB 口相接。

(4) 低成本电缆(和 Hub)连接。USB 通过一根 4 芯的电缆传输信号和电源,电缆长度可达 5m。

(5) 独立供电。USB 电源能向低压设备提供 5V 的电源,因此新的设备就不需专门的交流电源,从而降低了这些设备的成本并提高了性价比。

不过,USB 存在一些问题。虽然在理论上 USB 可以实现高达 127 个设备的串联连接,但是在实际应用中,也许串联 3～4 个设备就会导致一些设备失效。另一个问题出在 USB 的电源上,尽管 USB 本身可以提供 500mA 的电力,但一旦碰到电耗多的设备,就会导致供电不足。这些问题可以通过采用集线器(Hub)来解决。

3. USB 总线的系统结构

在 USB 系统中,设备与主机采用星形连接,其拓扑结构如图 12.20 所示。其中集线器(Hub)也被看成是特殊的 USB 设备,它以星形的拓扑结构连接其他设备。主机根结点连接多台设备。虽然在物理结构上,设备通过 Hub 连接到主机上,但在逻辑上,主机直接与设备进行通信。

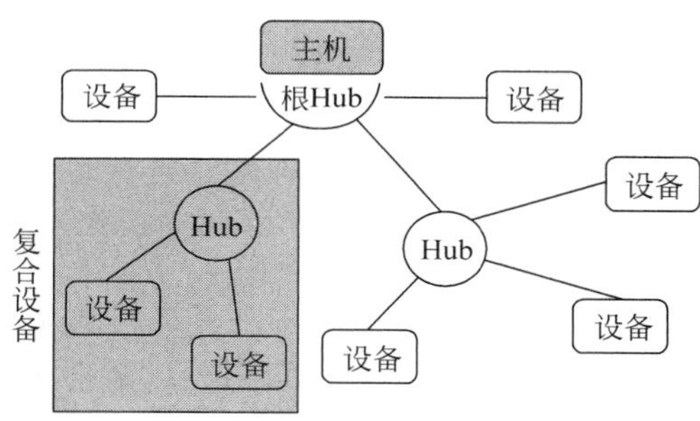

图 12.20　USB 总线拓扑结构

通常根 Hub 集成在主机的主控器中,具有 2～4 个 USB 端口,连接采用"级联"方式。USB 的最大串接能力为 5 个 Hub 集线器级联,最长扩展连接能力为 30m。

4. USB 的接口接头

USB 接口采用矩形插座和插头,有 9 针和 4 针两种。目前广泛采用的是 4 针引脚的 USB 接口接头,如图 12.21 所示。

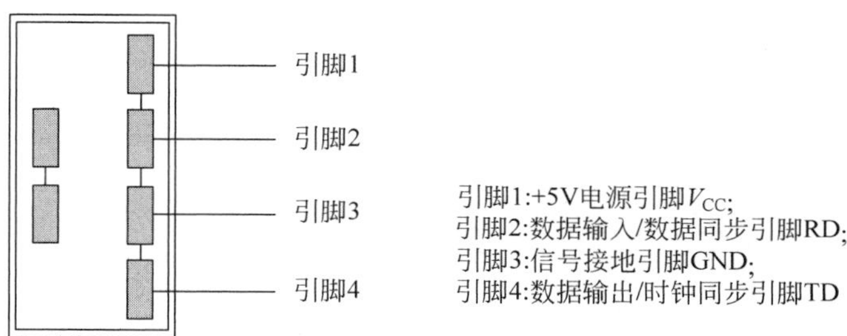

图 12.21　4 针引脚的 USB 插头外形

12.4.8 IEEE 1394总线

1. IEEE 1394总线的由来

IEEE 1394,又称为FireWire或iLink,是一种高性能的串行接口。目前已经成为数码影像设备的传输标准,它定义了数据的传输协定及连接系统,可以较低的成本达到较高的性能。IEEE 1394的前身是Apple公司于1987年发布的FireWire("火线")。但是,直到1995年SONY公司推出的数码摄像机加上了IEEE 1394接口以后,才真正引起人们的广泛重视。1995年,该总线协议成了由IEEE标准委员会发布的第1394个标准,IEEE 1394由此得名。在这个标准中,传输速率被定义为100/200/400Mb/s 3种,通常就称为S100/S200/S400。后来先后推出的IEEE P1394a以及IEEE P1394—1999、IEEE P1394—2000都在保持传输速率不变的前提下,对控制性能和互操作性进行了较大的改进。其中,高性能的IEEE P1394b的带宽在时钟800/1600/3200MHz下分别达到100/200/300MB/s。

2. IEEE 1394的主要技术特点

(1) 传输速率高,并具有升级性能。目前IEEE 1394规范的传输速率为100~400Mb/s,可以连接高速设备,如DVD播放机、数码相机、硬盘等。IEEE 1394b可以升级到800Mb/s、1.6Gb/s甚至3.2Gb/s。

(2) 分层的主控制器结构。IEEE 1394的拓扑结构中不需要集线器(hub)就可以连接63台设备(结点间距离为4.5m),并且可以用网桥再将这些独立的子网连接起来。它采用树形或菊花链结构,设备间电缆最大长度4.5m;采用树形结构时可达16层,从主机到最末端总长可达72m。

(3) 同时支持同步和异步两类传输模式,即在同步数据传输的同时可以进行异步数据传输。在异步数据传输模式下,信息传输可以被中断;在同步传输模式下,数据能在不受任何中断和干扰的情形下实现连续传输。在一定时间内能进行数据的顺序传输,以便将数字声音、图像等实时、准确地传输到接收设备。

(4) 采用对等结构(Peer to Peer),不强调要由计算机控制这些设备。任何两台支持IEEE 1394的设备可以直接连接,不需要通过计算机的控制。IEEE 1394采用公平仲裁和优先级相结合的总线访问,保证所有结点均有机会使用总线。

3. IEEE 1394的拓扑结构

图12.22为连接在PCI总线上的IEEE 1394串行总线的拓扑结构。这种拓扑结构具有以下特点。

(1) 端口结点和中继器。IEEE 1394拓扑呈树形结构,其中包含两个以上结点:有的结点只有一个端口,有的结点有多个端口。有一个端口的结点是其所在的分支的结束点,有两个以上端口的结点允许总线延续下去。图12.23表明了多端口结点允许扩展总线的拓扑结构。

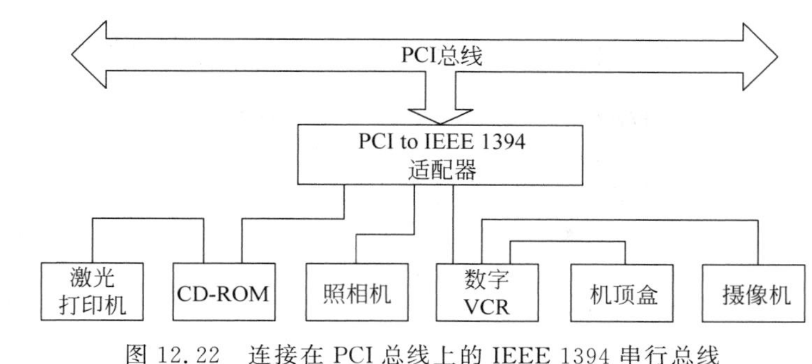

图 12.22　连接在 PCI 总线上的 IEEE 1394 串行总线

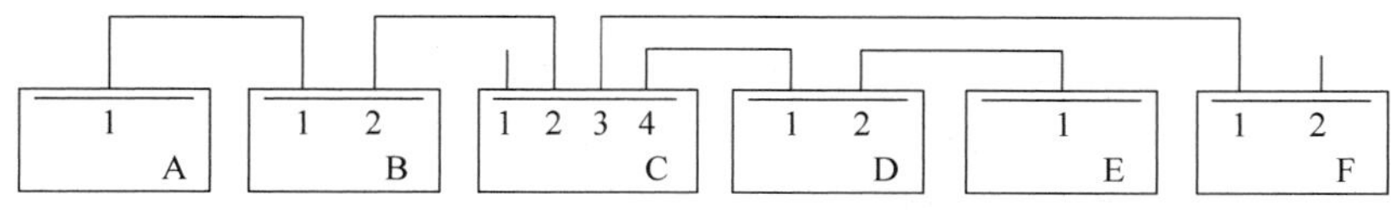

图 12.23　多端口结点允许扩展总线的拓扑结构

在 IEEE 1394 拓扑结构中，信号是点到点地传输的。数据包传输到一个多端口结点后，要被检测、接收，并按中继器本地时钟重新同步后转发到其他结点端口。

(2) 动态自动配置。IEEE 1394 不像其他总线那样依赖于处理器，它的所有结点都参与局限于串行总线的配置进程。当系统初始化加电和结点加入或者移出总线时，该结点就会自动地执行 IEEE 1394 总线的管理功能。

(3) 点到点传输。IEEE 1394 支持点到点传输，并且不需要主系统的干预。这样，在启用设备之间的高速 I/O 时，不影响计算机系统的性能。

(4) 设备插架。设备插架用于提供一种不用打开机箱盖就可以加入或更新外围设备的技术。这样，IEEE 1394 就可以取代 PCI 总线插槽，改进计算机的结构。

4. IEEE 1394 与 USB 的比较

USB 是迄今为止最通用的串行外部接口，目前市售的所有微机都带有 USB 2.0 或 USB 3.0 接口，但只有很少一些微机系统集成了 IEEE 1394 接口。不过，IEEE 1394 仍有一定的市场，这是因为它的一个重要优点是不要求连接微机就可以用来直接将数字视频(DV)摄像机连接到 DV-VCR 进行磁带复制或编辑。

由于 IEEE 1394 与 USB 在形式和功能上的类似性，人们容易对这两种接口技术产生混淆，表 12.4 总结了这两种接口技术的区别。

表 12.4　IEEE 1394 与 USB 的区别

特　　性	IEEE 1394	USB 2.0	USB 3.0
可连接结点数	63	127	127
热插拔	可以	可以	可以
设备间最大电缆长度	4.5m	5m	5m
传输率(Mb/s)	100，200，400	12	480

续表

特　　性	IEEE 1394	USB 2.0	USB 3.0
典型设备	DV便携式摄像机 高分辨率数码相机 高清数字电视(HDTV) 机顶盒 高速驱动器 高分辨率扫描仪 电子乐器	键盘 鼠标 游戏杆 低分辨率数码相机 低速驱动器 调制解调器 打印机 低分辨率扫描仪	除USB1.1外,还有: DV便携式摄像机 高分辨率数码相机 高清数字电视(HDTV) 机顶盒 高速驱动器 高分辨率扫描仪

从上述比较中,可看出IEEE 1394和USB这两种串行总线的性能,此外,它们还有一个更为突出的优点是,在串接多个设备时可以共享一个IRQ和一个I/O地址等宝贵的系统资源,这是至今任何一种总线都做不到的。

IEEE 1394总线是一种高速串行总线,它一开始就是面向高速外设的。而USB则一开始就是面向中低速的。但USB 2.0的性能已经接近IEEE 1394,也可以用来连接高速设备了。目前这两种总线都在应用,但USB在价格上有优势,所以应该是USB有更好的发展前景。

12.4.9 EIA RS-232-D总线

RS-232-D是一个已被广泛使用的串行总线标准。它于1987年由美国电子工业协会(EIA)制定。其前身为RS-232-C,是EIA于1969年制定的推荐标准。它正式制定了按位串行传输的数据终端设备(Data Terminal Equipment,DTE)和数据通信设备(Data Communication Equipment,DCE)之间的接口技术标准。

RS-232-C(D)是目前最常用的串行接口标准,用来实现计算机之间、计算机与外部设备之间的数据通信,信号最高传输速率为19.2Kb/s,最大传输距离为15m(在码元畸变≤4%时),适合于短距离或带调制解调器的通信场合。它要求使用DB-25连接器。图12.24为RS-232-C使用的DB-25连接器的机械特性。

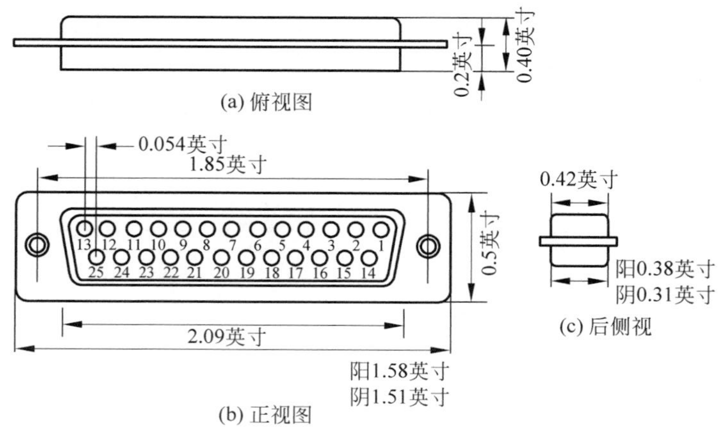

图12.24 RS-232-C使用的DB-25连接器机械特性

表 12.5 为 RS-232-C 的标准接口信号。它分为 3 组,一组供主信道使用(带 * 号者,共 15 条),另一组供辅助信道使用,第 3 组则是未定义的。辅助信道也是一个串行信道,但其速率远低于主信道。在一般的设备中并不需要用到信道的所有信号线。表中用粗体字标明的是常用的 8 个信号。

表 12.5　RS-232-C 的标准接口信号

引　脚	定　义	引　脚	定　义
*1	保护地(PGND)	14	辅助信道发送信息(STxD)
*2	发送数据(TxD)	*15	发送器定时
*3	接收数据(RxD)	16	辅助信道接收信息(SRxD)
*4	请求发送(RTS)	*17	接收器定时
*5	允许发送(CTS)	18	未定义
*6	数据准备就绪(DSR)	19	辅助信道请求发送
*7	信号地(SGND)	*20	数据终端准备就绪(DTR)
*8	载波检测(CD)	*21	信号质量检测(SD)
9	未定义	*22	振铃提示(RI)
10	未定义	*23	数据信号速率选择
11	未定义	*24	外部发送时钟
12	辅助信道载波检测	25	未定义
13	辅助信道允许发送		

为了保证数据的可靠传输,该标准提供了以下几条控制线。

(1) 请求发送(Request To Send,RTS)。当发送方准备发送数据时,向对方发出一个 RTS 信号,以询问接收方是否准备好。

(2) 允许发送(Clear To Send,CTS)。当接收方收到发送方送来的 RTS 信号时,如果接收方已准备好接收数据,则向发送方回送一个 CTS 信号作为回答。

(3) 数据终端准备好(Data Terminal Ready,DTR)。接收方做好了接收数据的准备后,就主动向发送方发送一个 DTR 信号,以通知发送方进行数据发送。

(4) 数据集就绪(Data Set Ready,DSR)。发送方收到接收方发送来的 DTR 信号后,如果做好了发送准备,就向接收方送出一个 DSR 信号作为回答。

(5) 载波检测(Carry Detect,CD)。用于检测是否建立了连接。

习题 12

12.1　什么叫总线?总线按功能分为哪几种?

12.2　在当代流行的总线内部结构中,总线由哪四部分组成?

12.3　比较单总线、双总线和多总线结构的性能特点。

12.4　什么是总线主设备和总线从设备?

12.5　简述总线控制器的主要功能。

12.6　描述设备使用总线的具体过程,并画出设备使用总线的时序关系。

12.7　何谓分布式仲裁？画出逻辑结构示意图进行说明。

12.8　画出菊花链方式的优先级判断逻辑电路图。

12.9　总线的一次信息传送过程大致分哪几个阶段？若采用异步定时方式，请画出读数据的异步时序图来说明。

12.10　什么是PCI总线？一般什么样的设备挂接在PCI总线上？

12.11　简要说明SCSI总线的主要特性。

12.12　简要说明USB总线的主要特点。

12.13　某系统总线的一个存储周期最快为3个时钟周期，在一个总线周期中可以存取32位数据。若总线的时钟频率为9.33MHz，则总线的带宽为多少MB/s。

12.14　(1) 某总线在一个总线周期中并行传送4字节的数据，假设一个总线周期等于一个总线时钟周期，总线时钟频率为33MHz，求其总线带宽。

(2) 如果把该总线改为每个总线周期能并行传送8字节的数据，而且总线频率升为66MHz，求其总线带宽。

(3) 分析哪些因素影响带宽。

第 13 章　输入/输出系统

13.1　I/O 系统概述

计算机的输入/输出系统简称 I/O 系统。它是计算机系统的一个重要组成部分(子系统)。计算机与外部交换信息都是通过它完成的,而且磁盘和磁带等外设还提供了大容量的外部存储器。所以其功能和性能与计算机系统的综合处理能力、兼容性和性能价格比等都有密切关系。I/O 系统由外部设备、设备控制器以及外设与处理机的连接组成。外设与处理机的连接包括 I/O 总线、I/O 接口、管理部件(如通道)及相关的软件。

长期以来,人们对 I/O 系统的作用和性能往往没有给予足够的重视。下面两点反映了这一事实。

(1) 在谈到计算机系统的性能时,人们更多的是关注 CPU 的性能。许多人甚至认为 CPU 的速度就是计算机的速度。

(2) I/O 设备通常被称为外围设备。

显然,这些观点都是片面和错误的。没有 I/O 的计算机系统就不是完整的系统,而且,I/O 系统的性能要与 CPU 的性能相匹配,否则它就会成为整个系统的瓶颈。

13.1.1　主机与外设之间的连接方式

在现代计算机中,主机与外设之间的连接方式可分为总线连接方式、通道连接方式和 I/O 处理机连接方式。

1. 总线连接方式

图 13.1 是一种简单的总线连接方式,它采用系统总线,把 CPU、主存与各种外设都连接了起来。而在 CPU 与存储器之间,则用专用存储总线进行连接,这是为了给 CPU 访存与设备访存提供不同的通路,使它们避免出现争用总线的冲突。这种连接方式的特点是控制简单,而且系统易于扩充。缺点是所有外设都挂接在该系统总线上,每次只能实现一对外设或部件之间的连接。系统总线容易成为瓶颈。

图 13.2 是一种在现代计算机中使用比较多的组织结构。这里采用多条总线,构成了连接的一种层次结构。不同速度、不同用途的外备挂接在不同的总线上,而这些总线则是以总线适配器作为桥梁互相连接的。

总线连接方式是目前大多数服务器和微型计算机所采用的连接模式,其优点是系统模块化程度高,I/O 接口扩充方便。但不适用于需要配备大量外设的场合。

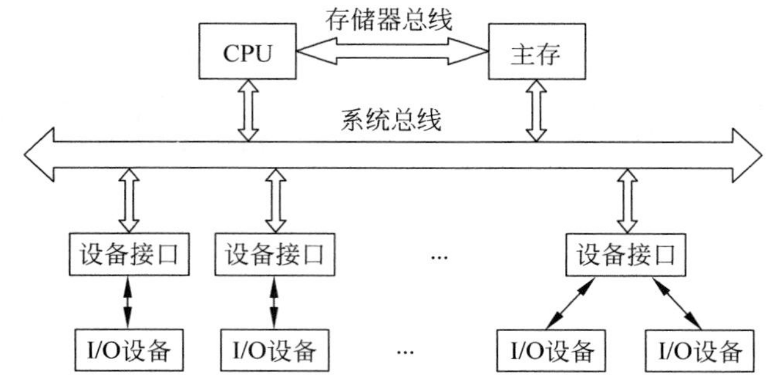

图13.1　总线连接方式

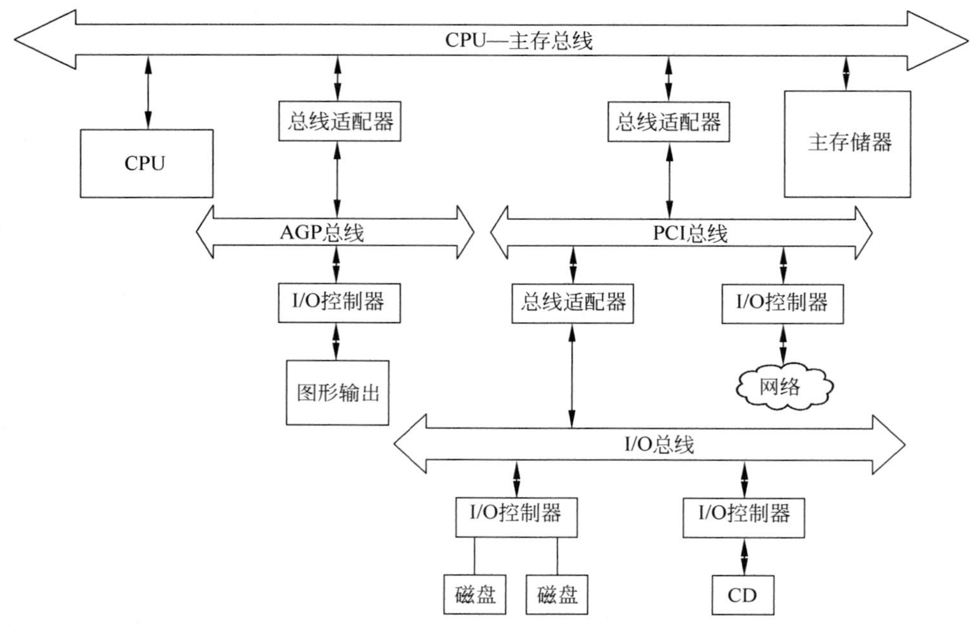

图13.2　典型的总线连接

2. 通道连接方式

在大型主机系统中,外设的台数一般比较多,设备的种类、工作方式和速度等都有比较大的差别。为了充分发挥主机的高速计算能力,需把对外设的管理工作从CPU中分离出来。从IBM360系列机开始,普遍采用了通道处理机技术,由一种称为通道的专用硬件来专门负责整个计算机系统的输入/输出工作。通道也称为通道处理机,因为它能执行指令,不过只能执行有限的一组专用于输入/输出的指令。这些指令称为通道指令。

通道连接方式一般是把I/O设备按其速度和功能进行分类,然后设置若干个通道控制器,用一个通道控制器去管理一类设备,如图13.3所示。这实际上是构成了“主机—通道—I/O接口(设备控制器)—外设”的4级I/O系统。

通道连接方式的缺点是实现成本比较高,故一般用于大、中型机系统中。

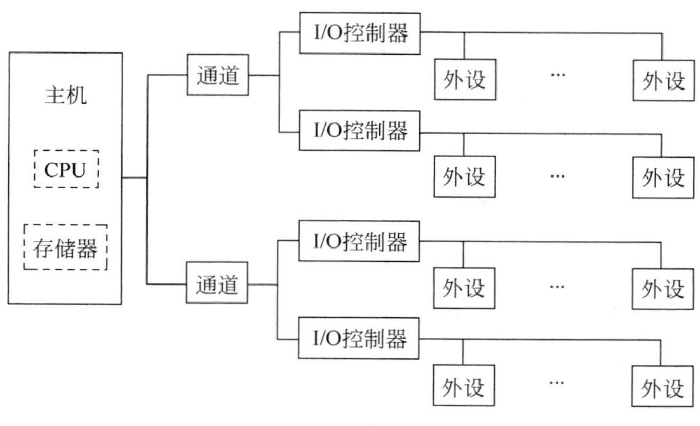

图 13.3　通道连接方式

3. 外围处理机连接方式

对于计算性能很高的计算机系统来说，CPU 是十分宝贵的资源，我们要设法把 CPU 从管理 I/O 工作中解放出来，让它充分忙碌于计算。其关键就是要把越来越多，甚至全部的 I/O 管理工作"下放"给功能更强的部件来完成。通道连接方式虽然在这个方向上迈进了一大步，但还不够。外围处理机连接方式则是用现成的通用处理机来代替上述的通道，把所有跟 I/O 有关的工作都接管过去。

在这种方式中，可以通过编制程序实现对 I/O 设备的控制，因而通用性好，适应性强。巨型计算机往往采用这种方式，以充分发挥巨型计算机的超级计算能力。除了所有的 I/O 管理工作外，外围处理机还把编辑、源程序编译等几乎所有的"外围工作"(相对于 CPU 的计算工作而言)都接管过去。

13.1.2　I/O 设备的编址方式

为了使 CPU 能方便地找到要进行信息交换的设备，需要对外设进行编址，使得每一台外设都有唯一的地址。实际上，对设备编址就是对设备接口中的寄存器进行编址，这些寄存器经常被称为端口。由于设备接口中一般有若干寄存器，包括数据寄存器、状态寄存器和控制寄存器等，因此每一台设备需要若干端口地址。对 I/O 设备的编址方式有两种：独立编址和统一编址。

1. 独立编址

在这种方式中，CPU 给 I/O 设备提供一个与主存地址空间分开、完全独立的地址空间。这时 I/O 设备使用的地址称为 I/O 地址或 I/O 端口地址。采用这种编址方式时，需要在 CPU 中设置专用的 I/O 指令来访问 I/O 设备。此时，CPU 需要发出一个标志信号来表示所访问的地址是 I/O 设备的地址(以区别于主存地址)。Intel 80x86 和 IBM 370 计算机中采用了这种编址方式。

2. 统一编址

这种方式也称为“存储器映射 I/O”。在这种方法中,将一部分存储器地址空间(如最高端的地址)专门留出来,分配给 I/O 设备。用访存指令(如 load 和 store)对这些地址进行读写将引起 I/O 设备的数据传输。另外,对控制寄存器的写入还可以用于对设备发控制命令。

13.1.3 数据传送控制方式

按照从简单到复杂、从低级到高级、从集中管理到分散管理的次序,数据传送控制方式可以分为 5 种:程序查询方式、程序中断方式、DMA 方式、通道方式、I/O 处理机方式。

1. 程序查询方式

在程序查询方式中,CPU 和外设之间的数据传送完全依靠计算机程序控制。在进行输入/输出操作后,CPU 需要反复不断地查询设备状态,以确定该操作是否完成,以便进行下一个 I/O 操作。这种方式所需要的硬件结构比较简单,CPU 与外设的操作能够同步。但由于与 CPU 相比,外设动作很慢,因此程序经常是在不停地查询和等待,浪费了大量的 CPU 时间。在这种方式中,外设的操作与 CPU 执行程序(查询程序除外)完全是串行的。除单片机外,这种方式现在已很少使用。

2. 程序中断方式

这是利用计算机系统的中断机制来提高 I/O 操作效率的方式。其基本思想是:CPU 在启动外设进行 I/O 操作后,不用反复地去查询是否完成,而是继续执行原来的程序,等外设完成所指定的操作后,通过中断系统向 CPU 报告(即发中断请求),CPU 暂时停止当时正在执行的程序,转去执行对该中断进行处理的中断服务程序,启动下一个数据传送或者进行必要的后处理(如果此 I/O 完成)。处理完后,CPU 再回到原来的程序继续执行。这种方式不仅能在一定程度上实现 CPU 与外设之间的并行工作,而且能实现多台外设之间的并行工作。后面将对中断系统和这种方式做详细的介绍。

你也许会问,如果 CPU 在启动外设进行 I/O 操作后,需要等到 I/O 完成后的结果才能继续执行下去怎么办?显然,不能让 CPU 干等着,操作系统会把它切换到其他进程。

同程序查询方式相比,程序中断方式的硬件结构相对复杂一些。

3. DMA 方式

虽然程序中断方式能把 CPU 从对 I/O 的轮询操作中解救出来,但每一次进行数据传送时仍然要占用 CPU 时间,而且是以 CPU 为中心的。例如,从一台外设传输一个包含 2048 个元素的数据块到存储器至少需要 2048 次从外设的取数据操作(到 CPU 中的寄存器)和 2048 次的存操作(从寄存器到存储器)。另外,处理中断也需要开销。由于 I/O 操作通常涉及数据块的传输,因此许多计算机系统设置了直接存储器访问(Direct Memory Access,DMA)硬件,允许在没有 CPU 干预的情况下传输多个数据字。DMA 是在外设和主存之间开辟一条直接的数据通路，在 DMA 控制器的控制下，外设能直接与主存进行数据交换，而不必经过 CPU。这是一种以主存为中心的结构。DMA 方式下，数据的传送速度很高，传送速率仅受到主存访问时间的限制。但与中断方式相比，需要更多的硬件。

4. 通道方式

DMA 方式的出现已经减轻了 I/O 操作对 CPU 的负担，使得 CPU 的效率有显著的提高。而通道方式的出现，则是更进一步把管理 I/O 的权利下放给一个被称为通道的部件。通道是一种具有特殊功能的处理器，能执行用于进行输入/输出操作的通道程序。当程序需要与某外设交换一批数据时，CPU 会根据相应的参数为之编制一个通道程序，然后执行一条启动 I/O 指令。之后，CPU 就可以继续执行原来的程序。而与外设的数据交换操作全部都是在通道的控制下完成的(通过执行通道程序)。这样，CPU 的操作和通道的 I/O 操作可以并行，而且外设之间也可以并行工作。和 DMA 方式一样，通道方式也是以主存为中心的结构。

5. I/O 处理机方式

13.1.1 节中已经对 I/O 处理机进行了讨论，这里就不重复了。

13.2　I/O 接口

1. I/O 接口简介

在计算机组成中，接口通常是指两个硬件部件之间的交接部分。主机与外设或其他外部系统之间的接口逻辑称为 I/O 接口。它在计算机系统中的位置，如图 13.4 所示。

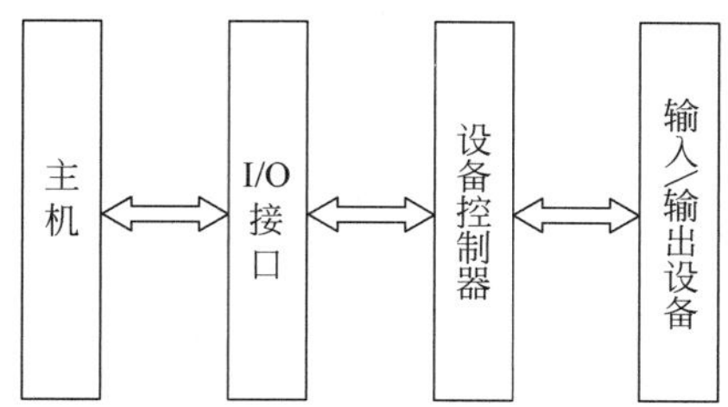

图 13.4　外设与主机的连接示意

I/O 设备与主机在技术特性上有很大的差异，例如它们都有各自的时钟和独立的时序控制逻辑，在速度上也相差甚远，因此两者之间操作的定时往往采用异步方式。另外，它们在数据格式上也会有所不同，所以当主机和外设相连时，必须采用相应的逻辑部件来解决它们的上述差异。这些问题需要通过设置相应的 I/O 接口逻辑来解决。

现代的计算机经常采用标准化接口。标准化接口是指在结构尺寸、接插连接、电平信号、逻辑电路和传输总线等方面都采用统一的标准。不同的设备都有各自的设备控制器，但它们往往是通过标准化接口与主机相连。采用标准接口，不但可以使主机的设计与外设无关，而且也可以使外设的设计与主机无关。

2. I/O接口的基本功能

一般来说,I/O接口的基本功能可以概括为以下几点。

(1) 数据格式转换。主机中的数据采用二进制编码,而外设大多是采用ASCII编码,所以I/O接口要完成它们之间的格式转换。另外,接口与主机之间一般以并行方式传送数据,而有些外设是采用串行传送。因此,接口应能完成串、并转换。在电气方面,外设之间、外设与主机之间的信号电平可能出现差异,需要由接口来完成信号电平的变换。

(2) 数据缓存和传送。接口为主机和外设之间的数据交换提供了数据通路,它接收从一方来的数据,并把该数据以另一方能够识别的格式传送给另一方。由于主机和外设的数据存取速度存在很大差别,接口一般都设有数据缓冲寄存器,用它来实现速度的匹配。

(3) 设备寻址。前面讲过I/O设备的编址方式,对于每台外设,都要分配给它们一个或若干个地址,分别对应于其I/O接口中的寄存器(端口)。对于从CPU发过来的地址,接口应能对其进行译码,然后选择相应的外设及其端口。

(4) 提供外设和接口的状态。为了能正确而高效地进行I/O操作,主机必须能随时地掌握外设和接口的状态。为了记录这些状态信息,接口中必须设置相应的触发器,如忙闲触发器、就绪触发器、中断请求触发器、屏蔽触发器、数据传送触发器、设备故障触发器等。这些触发器构成了状态寄存器。

(5) 实现主机对外设的通信和控制功能。主机对外设进行控制,一般是通过向其接口中的控制寄存器写入命令来实现的,这些命令包括启动外设、寻道、读/写等。而接口则能向主机回送信息。接口还能向主机发中断请求以及DMA请求等。

3. I/O接口的组成

I/O接口的基本组成如图13.5所示。

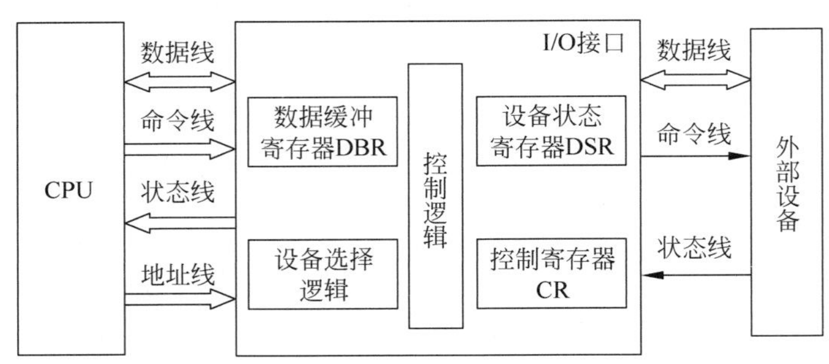

图13.5 I/O接口的基本组成

(1) 数据线:传送数据的一组连线,一般是双向的。

(2) 地址线:传送设备地址,它通常是一组单向线。

(3) 命令线:传送CPU向设备发出的命令,也是一组单向线。

(4) 状态线:将外设和接口的状态向CPU报告,也是一组单向线。

(5) 数据缓冲寄存器(DBR):用于暂存主机与外设交换的数据,它与数据线相连。

(6) 控制寄存器(CR):用来寄存CPU发过来的I/O命令码。

(7) 设备状态寄存器(DSR):用于存放外设和接口的状态信息,与状态线相连(有的设备是把控制寄存器和设备状态寄存器合并为一个"状态/控制寄存器"(SCR))。

(8) 设备选择逻辑:对地址线上的设备地址进行译码,选中本设备。

(9) 控制逻辑:产生 I/O 接口正常工作所需要的控制信号。

13.3　程序查询方式

采用这种方式的 I/O 接口比较简单,它至少包含数据缓冲寄存器、就绪触发器、忙/闲触发器、设备选择逻辑等部分。CPU 在进行数据传送之前,必须对外设的状态进行测试。如果设备处于"忙"状态,则 CPU 反复测试设备的状态,循环等待。当测试到该设备已经"就绪"时,便发出一条 I/O 指令,进行数据的传送。该操作的流程图如图 13.6 所示。

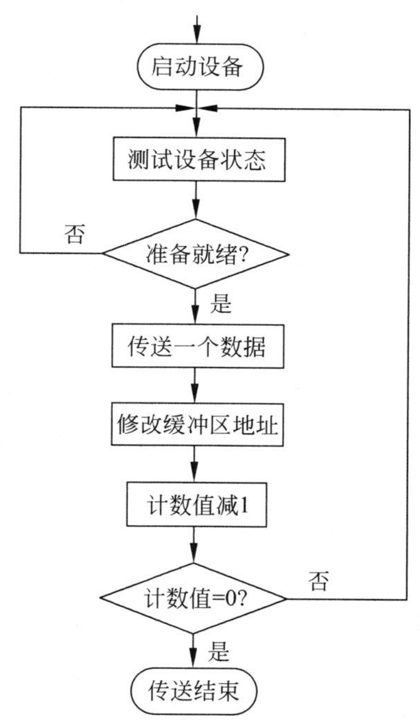

图 13.6　程序查询方式的操作流程图

13.4　中断系统

在现代计算机系统中,中断系统已经不仅仅属于 I/O 系统,它除了被用来管理各式各样的 I/O 设备之外,还有很多其他的应用,在整个计算机系统中有非常重要的作用。所以,本章中单列一节来专门讨论有关中断的问题。程序中断 I/O 控制方式将在下一节介绍。

13.4.1 中断概述

1. 中断的概念

中断是指 CPU 暂时中止现行程序的执行,转去执行处理更加紧迫的事件的服务程序,处理完后又自动返回源程序继续执行的过程。这些事件往往是随机出现的。中断系统是计算机中实现中断功能的软硬件的总称。

在理解中断时应注意以下事实。

① 中断过程实质上是一种程序切换过程,因此必须处理好保存旧现场、建立新现场的问题。

② 中断具有随机性,因此必须及时检测中断请求信号,以便能及时地处理中断。

③ 中断不具备重复性,即某个程序的两次执行中中断所发生的情况可能完全不同。这是因为每次执行这个程序的计算环境不可能是百分之百相同。

因此,相对于在 CPU 上运行的程序来说,中断具有随机性(不可预测性)、异步性和不可再现性。

2. 中断的作用

中断赋予计算机实时处理和自动处理计算机系统突发事件和内部故障的能力。具体来说,中断的作用主要包括以下几点。

(1) 实现主机与外设的并行工作。在前面讲过,采用程序控制方式时,CPU 要不断地去查询外设是否就绪,处于等待状态,系统的效率很低。引入中断后,CPU 不必反复去查询外设状态,而是继续执行原来的程序。外设就绪后,会主动向主机发中断请求,再由 CPU 进行相应的处理。

(2) 处理故障。计算机运行时,可能发生溢出、除数为0、非法指令、掉电、校验出错等软硬件故障。这些故障一旦出现就可能会使系统瘫痪。中断系统可在故障出现时发出中断请求,由相应的处理程序进行处理,将故障的危害减少到最低程度。

(3) 实现多道程序和分时操作。多道程序和分时系统经常采用基于时间片的调度方法,这需要借助于中断系统来完成。利用时钟定时发中断,实现一道程序到另一道程序的切换。

(4) 实现实时控制。在实时控制系统中,当有些监控指标超标或监控事件发生时,必须及时地通知计算机,中断计算机正在执行的程序,转到相应的中断服务程序。

(5) 实现人机联系与通信。有时,在程序的执行过程中,人们需要通过终端设备或控制台对程序进行干预,这需要通过中断系统来实现。

(6) 实现程序的跟踪调试。在调试用机器语言或汇编语言编写的程序时,常常需要在某些点(某条指令)暂停,然后查看中间结果或进行干预。这是通过在该指令设置断点来实现的。如果没有中断系统的支持,断点的设置和对断点的处理几乎不可能实现。

(7) 实现用户程序与操作系统的联系。通常是在用户程序(目态)中,安排一条访管指令来调用操作系统的管理程序(管态)。

(8) 实现多机系统中各处理机之间的相互联系及任务分配。

3. 中断的分类

从不同的角度来分类,可以得到不同的结果。最常见的分类有以下几种。

(1) 自愿中断和强迫中断。自愿中断又称为程序自中断,是指由程序中预先安排的广义指令引起的中断。自愿中断是可重现的、预知的。设置广义指令的目的是用于实现软件调试、调用系统功能和用户在目态情况下使用外设等。当用户程序执行到使用外设的广义指令时,从目态转入管态,根据指令中的参数加工形成使用外设所需的信息并启动外设工作,然后从管态返回目态,使 CPU 与外设并行工作。

强迫中断则不同,它是随机产生、不可预知的中断。这种中断发生时,中断系统强迫机器中止现行程序,转入中断服务程序以处理突发的事件,处理完后再继续执行被中止的程序。

(2) 内中断与外中断。内中断是指因主机内部原因所引起的中断,包括硬件故障中断和自陷(trap)。硬件故障如电源断电、各种校验错误等,这类故障需紧急处理。而自陷则是指由于程序本身的原因引起的中断,如非法操作码、"0"作除数、堆栈溢出、地址越界等。这种中断是可再现的。程序重复执行时,自陷将在同样的位置出现,故又称之为程序性中断。

外中断是指主机以外的部件引起的中断,如外设引起的 I/O 中断、操作员通过控制台对机器干预的中断、其他机器或系统产生的外部信号中断等。

在有些书中,把自愿中断和自陷这两类中断合称为异常。

(3) 单重中断与多重中断。如果在执行中断服务程序的过程中出现新的中断时,系统对新中断不予理睬,只有在该服务程序执行完后,才能响应,则称这样的中断系统为单重中断系统。

如果 CPU 在执行某个中断服务程序时,还可响应优先级别更高的中断请求,则称这样的中断系统为多重中断系统。这种重叠处理中断的现象又称为中断嵌套。多重中断与单重中断反映了计算机中断功能的强弱,有的机器能实现 3 级甚至更多级的多重中断。

(4) 可屏蔽中断和不可屏蔽中断。可屏蔽中断是指可以通过设置屏蔽码使得 CPU"看不到"的中断。显然,对于看不到的中断,CPU 对它的响应也就无从谈起。只有等以后通过改变屏蔽码使得它被 CPU"看见"了,才有可能被响应。关于屏蔽,后面将进一步介绍。

不可屏蔽中断则是指不能屏蔽的中断。不可屏蔽中断必须立即响应、不能回避和禁止。它们具有很高的优先级,如断电中断是具有最高优先级的不可屏蔽中断。

13.4.2　中断请求信号的建立、屏蔽与传送

1. 中断请求信号的建立与屏蔽

中断源是指引起中断的事件。对于每一个中断源,都设置一个相应的中断请求触发器。当该事件发生时,就把其对应的中断请求触发器置 1。当 CPU 响应该中断后,就把它置 0。这些触发器合在一起,就构成了中断请求寄存器,其内容称为中断字。

当中断请求触发器为"1"时,表示已建立了中断请求信号,但这个中断请求信号能否传

送到CPU,则取决于是否对该中断进行了屏蔽。对一个中断请求进行屏蔽就是用一个二进制位去阻止把该请求传送到CPU。这可以通过设置一个中断屏蔽触发器和一个与门来实现,如图13.7所示。当中断屏蔽触发器内容为"1"时,表示阻止(即屏蔽),为"0"表示不屏蔽。所有的中断屏蔽触发器构成了一个屏蔽寄存器,其内容称为屏蔽码。

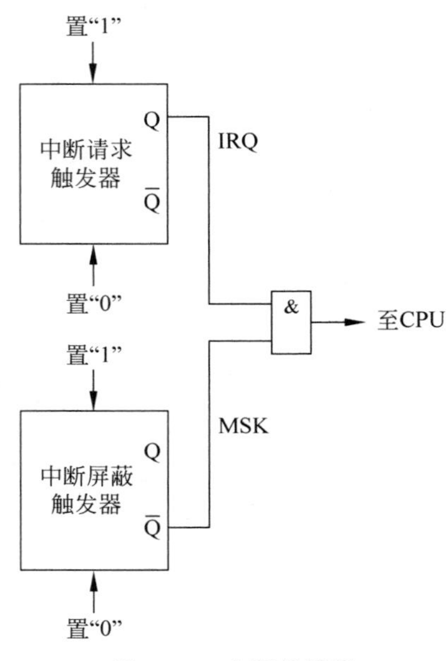

图13.7 中断的屏蔽

对于已经传送到CPU的中断请求,CPU是否立即响应和处理该请求,则取决于它的优先级以及CPU当前正在执行的程序的优先级。

2. 中断请求信号的传送

中断请求信号需要从其产生的地方传送到CPU的中断请求线(引脚)。根据CPU中断请求线数量的不同以及连接方式的不同,可以把传送模式分为以下4种。

(1) 各中断源单独设置自己的中断请求线,每条请求线都直接送给CPU,如图13.8(a)所示。

优点:响应速度快。因为当CPU接收到中断请求信号后,立即就可以知道请求源是哪一个,可以通过编码电路形成中断服务程序的入口地址。

缺点:这种模式只适合于CPU具有足够多中断请求线的情况,而且中断源难以扩充。

(2) 各中断源的请求信号通过三态门电路汇集到一根公共的中断请求线,如图13.8(b)所示。只要负载能力允许,挂在公共请求线上的中断请求信号线可以任意扩充,而对于CPU来说只需设置一根中断请求信号线就足够了。

(3) 采用类似(2)的连接模式,但在CPU外部设置一个中断控制电路,由它负责把所有中断源发出的中断请求汇集起来,通过或门向CPU请求中断,如图13.8(c)所示。该中断控制电路中也可以设置优先级比较电路,进行优先级的比较。例如,Intel公司为其80x86芯片配套的可编程中断控制器8259就属于这样的中断控制电路。

（4）采用上述（1）、（2）模式相结合的方式，如图 13.8(d)所示。即对于要求快速响应的少数几个中断请求，采取独立请求线方式，而把其余的中断请求汇集到一根公共的请求线上。这种方式既能实现少数几个中断的快速响应，又不需要 CPU 有太多的引脚。

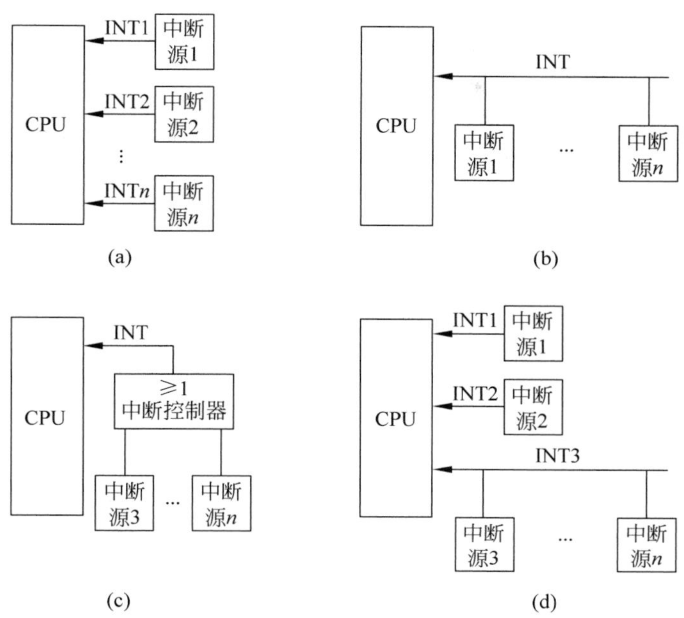

图 13.8　中断请求信号的传送模式

13.4.3　中断源的识别与判优

1. 软件查询

识别中断源最简单的方法是软件查询法。这种方法所需的硬件非常简单，几乎全部都是用软件来实现。

这种方法适用于所有中断源共用一条中断请求线的情况（图 13.8(b)）。不管哪一个中断源，也不管有多少个中断源发出中断请求，CPU 响应中断后，都是进入一个查询程序的入口。该查询程序按优先顺序逐个询问各中断源是否已提出了中断请求。如果有，则转入相应的中断服务程序。如果没有，就继续往下查询，如图 13.9 所示。查询的顺序是按优先级别从高到低的顺序进行的。改变查询的顺序，就等于是改变了优先级。

软件查询法的主要优点是灵活性好，通过改变程序，就可以灵活地改变优先级别。主要的缺点是速度太慢，特别是在中断源比较多的时候。

2. 串行排队链

为了提高速度，对于上述共享一条中断请求线的情况，可采用由硬件直接生成与中断源对应的编码的方法，即采用串行排队链，如图 13.10 所示。CPU 发出的中断响应信号 INTA 先送给优先级最高的设备。如果该设备提出了中断请求，则通过系统总线（数据线）

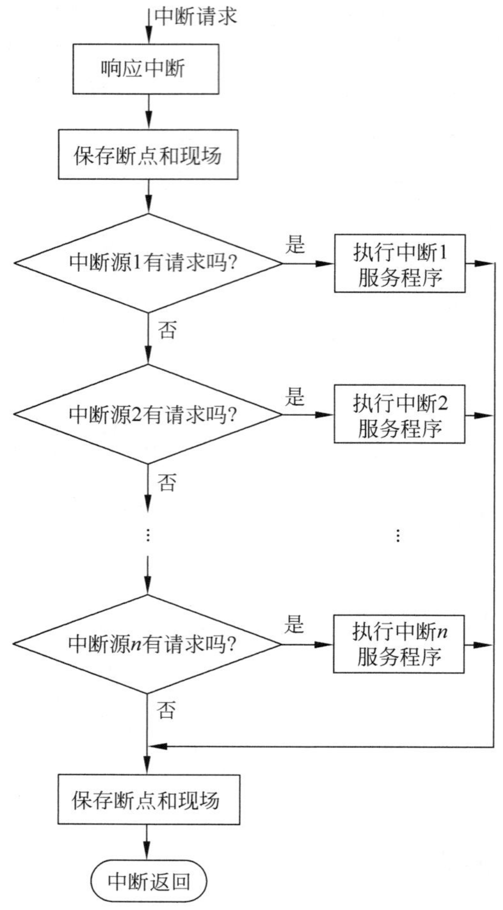

图13.9　软件查询中断的查询流程

向CPU送出自己的中断识别编码。INTA信号不再往下传送。如果该设备没有提出请求，就把INTA往下传送到优先级别低一级的下一个设备，以此类推。

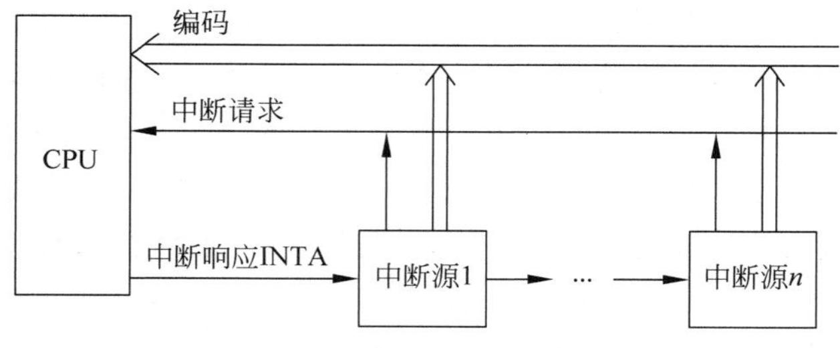

图13.10　识别中断源的串行排队链

在这种方法中，采用如图13.11所示的电路把所有可能作为中断源的设备按优先级从高到低的顺序连接成一条链，有的书将之称为菊花链。不妨把与一个中断源相对应的电路称为一个环节。每个环节的核心电路是图13.11下部的一排虚线方框中的电路，它由一个非门和一个与非门构成。每个环节中左边的信号 IN_i 表示其前一个环节是否有中断请求，为“1”表示有。

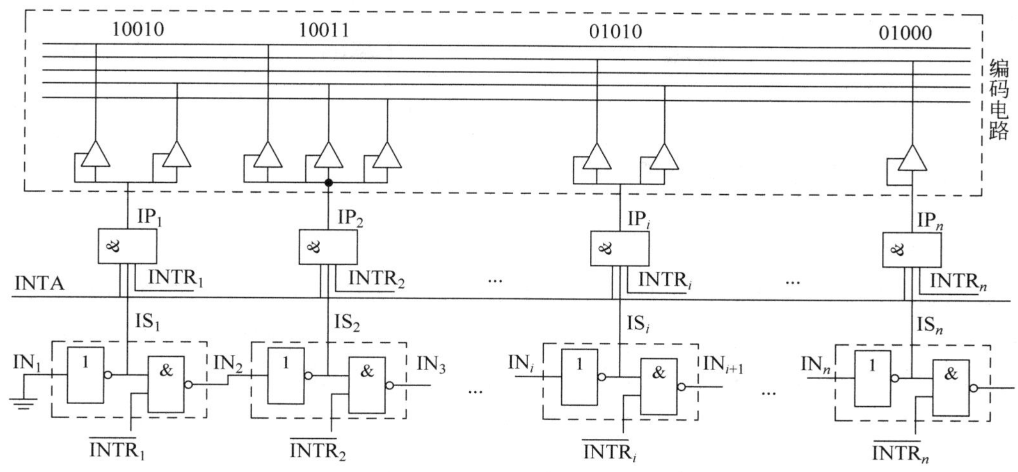

图 13.11 串行排队链

下面来说明该电路是如何工作的。当有中断请求时，如果按照从左到右的顺序第一个有中断请求的是第 i 个环节，则排队结果中只有 IP_i 为“1”，而所有其他各输出线 IP_j ($j \neq i$) 都为“0”(假设 INTA 为“1”)。分析如下。

对于任一个环节(设为 k)来说，有：

$$IN_{k+1} = \overline{IS_k \wedge \overline{INTR_k}} = \overline{\overline{IN_k} \wedge INTR_k}$$

$$IP_k = IS_k \wedge INTR_k \wedge INTA = \overline{IN_k} \wedge INTR_k$$

如果 $IN_k = 0$，则 $IN_{k+1} = IP_k = INTR_k$；

如果 $IN_k = 1$，则 $IN_{k+1} = 1$，$IP_k = 0$。

对于第一个环节来说，由于 $IN_1 = 0$，$INTR_k = 0$，故 $IN_2 = 0$，$IP_i = 0$。

以此类推，可知：对于每一个位于第 i 个环节左边的环节(设为 j)来说，都有 $IN_j = 0$，$IP_j = 0$。

对于第 i 个环节来说，由于 $IN_i = 0$，$INTR_i = 1$，故 $IN_{i+1} = 1$，$IP_i = 1$。

对于每一个位于第 i 个环节右边的环节(设为 m)来说，都有 $IN_m = 1$，$IP_m = 0$。

IP_i 为“1”，将使得该环节把其对应的编码放到总线上，送给 CPU。

采用串行排队链的方法，在 CPU 响应中断服务请求并转入公共的中断服务程序之后，用一条专门的指令直接读到具有最高优先级的中断源的编号，然后通过执行一条变址转移指令，就能转移到相应的中断服务程序入口。下面是示意性的代码：

```
        INTA   R1             //取具有最高优先权的中断源编号,放在 R1 中
        JMP@VTAB(R1)          //转向中断服务程序入口(VTAB+(R1))
VTAB:   DEV1                  //第 1 个中断源的中断服务程序入口
        DEV2                  //第 2 个中断源的中断服务程序入口
        ...
        DEVn                  //第 n 个中断源的中断服务程序入口
```

串行排队链方法与查询法相比，节省了用程序逐个测试中断源的时间，因此，中断源的

识别速度更快。由于串行排队器是分布在各个中断源的接口部件中的，所以各个中断源与处理机的连线很少，实现比较简单。但是，串行排队链法有以下两个缺点。

(1) 各个中断源的中断优先级是由硬件固定死的，不能由程序员通过软件来改变，因此它的灵活性比较差。

(2) 由于排队链是串行的，而且分布在各个中断源中，只要其中任何一个环节出现故障，整个串行排队链就都不能正常工作，所以它的可靠性比较差。

3. 独立请求法

这种方法的基本原理是：各中断源使用自己独立的中断请求信号线向CPU发请求。CPU内部采用并行优先级排队电路对这些请求进行排队，选择其中优先级最高的中断源进行响应，向该中断源发CLRI信号，清除其中断请求信号(参见图13.12)，同时立即转入这个中断源的中断服务程序。这样，不需要对中断源进行扫描，也不需要中断源返回编号等。

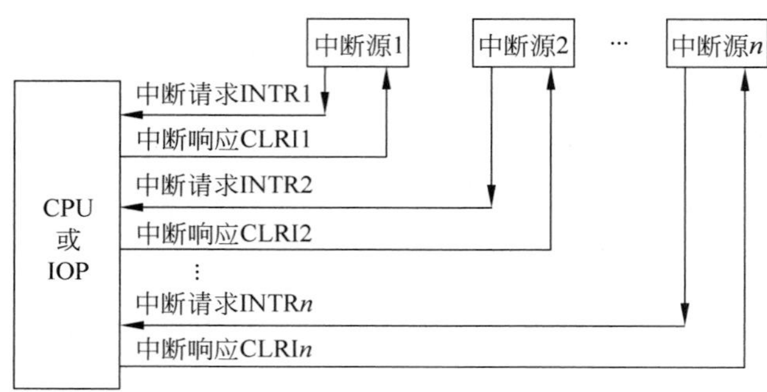

图13.12　独立请求法

图13.13是一个有4个中断请求的并行优先级排队电路，在这个电路中，最左边的中断请求优先权最高，从左到右依次递减。当高一级的中断源有请求时，经反向后输出，封锁所有在其右边(优先权较低)的所有中断请求。仅当高级别的中断源都没有中断请求时，低一级的中断请求方能排上队，因此，如果同时有几个中断源提出中断请求，则该排队电路只选其中级别最高的交给处理器来处理。

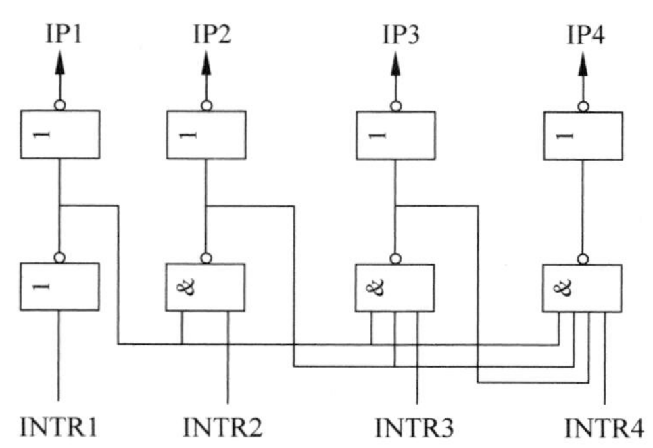

图13.13　并行优先级排队电路

与串行排队链法相比，上述方法实际上是把分布在各个中断源内的串行排队电路都集中到了CPU内，克服了串行排队链法可靠性差的缺点，而且提高了速度。其缺点是中断源与 CPU 的连线比较多,而且有时 CPU 的中断请求线还不够用。

当中断源很多时,可以把独立请求法与串行排队链法结合起来,采用二维结构的优先排队,如图 13.14 所示。即把中断源分成组,组之间采用独立请求法,组内采用串行排队链法。组的优先级称为主优先级,同一组中的中断源都有相同的主优先级,而组内中断源在该组中的优先级称为次优先级。实际上,这种方法与图 13.8(d)的方法是一致的。

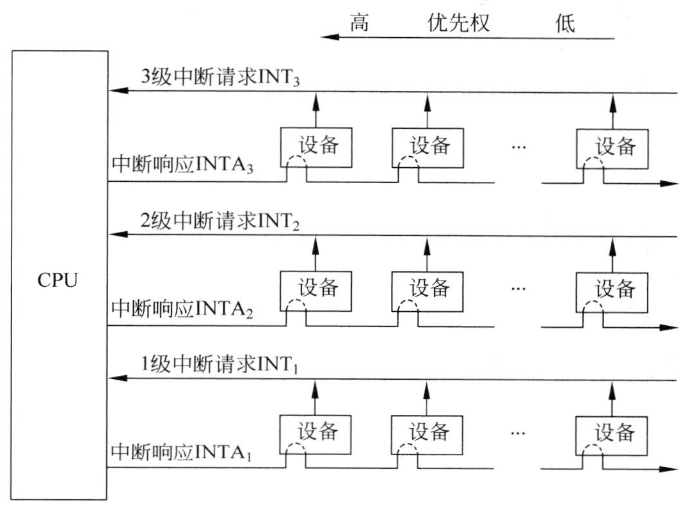

图 13.14　采用二维结构的优先排队逻辑

4. 获取中断服务程序入口地址的方法

获取中断服务程序入口地址的方法有两种：向量中断和非向量中断。

1）向量中断

为了说明向量中断法,先介绍以下两个概念。

中断向量：由中断服务程序的入口地址及程序状态字 PSW 组成的项。该项的长度(如字节数)是固定的。

中断向量表：一个由中断向量构成的表格,如图 13.15 所示。其中 PC_i 表示第 i 个中断服务程序的入口地址,PSW_i 为其程序状态字。

向量中断法的基本思想是：在中断响应过程中,用硬件的方法使 CPU 直接转移到相应的中断处理程序。这种方法是建立在中断向量表之上的。为此,在主存中开辟一个专用的区域,用来存放中断向量表。当 CPU 响应中断时,从中断源获取中断源的编码,然后据此计算对应于该中断的中断向量的地址,并用此地址从中断向量表取得服务程序的入口地址和 PSW。把该入口地址装入程序计数器 PC,把 PSW 装入机器的程序状态字中,就实现了 CPU 到相应中断服务程序的跳转。上述这些工作一般是安排在中断响应周期中,由 CPU 执行一条中断响应隐指令来实现。所谓隐指令,是指在指令系统中找不到该指令,是条特殊的指令。

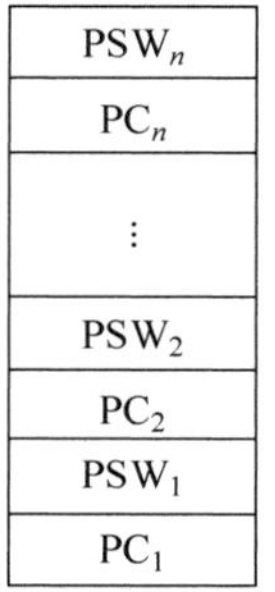

图 13.15　中断向量表

向量中断法的特点是系统可以管理大量中断,并能快速地转向对应的中断服务程序,所以现代的计算机基本上都具有向量中断的功能。只是具体实现方法有所不同。

上述串行排队链和独立请求法均可采用向量中断法。

2) 非向量中断

非向量中断是指:当 CPU 响应中断时,只产生一个固定的地址——中断查询程序的入口地址,然后按此地址执行查询程序,通过软件找到该中断的中断服务程序的入口。最后,通过执行该中断服务程序,对中断进行处理。

中断查询程序的任务仅仅是确定发出中断请求的中断源,然后散转到相应的服务程序。查询方式可以是软件轮询,也可以通过硬件直接取得被批准中断源的设备码,然后通过对该设备码进行变换而获得相应中断服务程序的入口地址。

非向量中断与向量中断的主要区别在于它是用软件来确定中断服务程序的入口地址,而不像向量中断那样用硬件来确定。非向量中断方式可以减少硬件量,并能灵活地修改优先顺序。但相对来说,其响应速度比较慢。

13.4.4　中断响应与中断处理

图 13.16 是中断响应和处理过程的流程图。下面分别说明之。

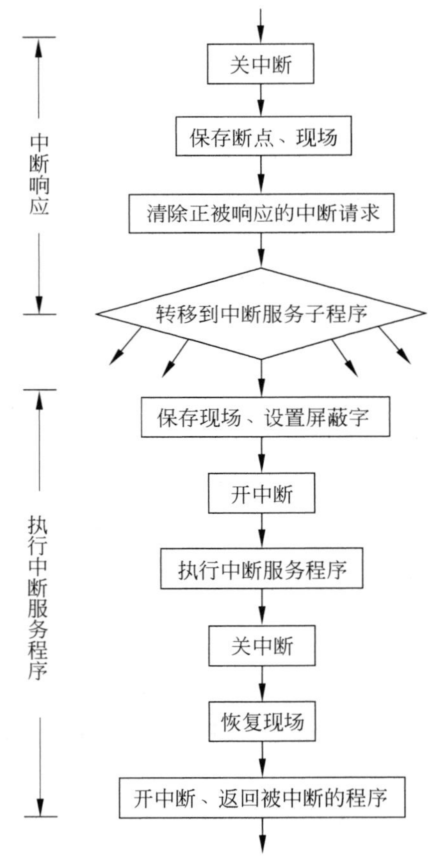

图 13.16　中断响应和处理过程的流程图

1. 中断响应

当 CPU 接到中断请求信号后，如果满足响应中断的条件，CPU 就会暂停现行程序的执行，保存程序状态字，然后转移到相应的中断处理程序。这一过程称为中断响应。

CPU 响应外部中断的条件如下。

(1) 一条指令执行结束。

(2) CPU 接收到了中断请求。

(3) CPU 允许响应中断，即处于开中断状态。

一般来说，CPU 响应外部中断的时间是在一条指令执行结束的时候。这时 CPU 会检查是否有等待处理的中断请求。如果有，且满足响应条件，则进入中断响应；否则就继续执行下一条指令。

不过，有些内部中断，如缺页中断，如果不及时处理，指令就无法执行下去，这就要求在指令执行过程中响应中断。

CPU 响应中断后即进入中断响应周期，完成以下操作。

(1) 关中断。这是为了保证 CPU 在保存现场的过程中不去响应新的中断，确保现场保存的正确性。

(2) 保存断点。保存程序计数器 PC 的内容。PC 指出了下一条要执行的指令的地址。这个地址称为断点。保存断点的目的是使 CPU 在处理完中断后能返回到被中断程序，从这个地址开始继续执行。

(3) 保存其他硬件现场。这一步主要是保存程序状态字的其他内容。程序状态字(Program Status Word，PSW)是指反映程序执行状态的一组信息字，通常包括该程序的程序计数器 PC 的值、中断屏蔽字、中断字、条件码、程序运行的状态标志等。它存放在 PSW 寄存器中。

一般是把上述现场信息压入堆栈。中断处理完后，再从堆栈弹出，恢复现场。

(4) 清除当前正在被响应的中断请求，以防止重复响应。

(5) 转入中断服务程序入口，以便下一步进行相应的中断服务。

上述响应中断的 5 项工作是直接由硬件完成的，通常把它们看成是 CPU 执行了一条特殊的指令——中断响应隐指令。之所以称为“隐”，是因为在指令集中找不到该指令。

进入相应的中断服务程序的方法有多种，前面已经介绍过了，参见 13.4.3 节。

2. 中断处理

中断处理的主要工作是由中断服务程序来完成的。其处理过程如图 13.16 的下面部分所示。具体来说，就是完成以下操作。

(1) 保护 CPU 现场。凡是中断服务程序会破坏其内容的寄存器都要保护起来，通常是将它们压入堆栈。

(2) 设置屏蔽字，屏蔽同级和低级中断。

(3) 开中断。即将中断允许触发器置“1”，以便在本次中断处理过程中能够响应更高优先级的中断。

(4) 进行相应的中断处理。这是中断服务程序的主体工作。

(5) 关中断。将中断允许触发器置"0",禁止响应任何中断。这是为了保证恢复现场的正确性。

(6) 恢复CPU现场。将(1)中保存的现场恢复起来。

(7) 开中断,即将中断允许触发器置"1"。

(8) 返回被暂停的程序继续执行。中断服务程序的最后一条是中断返回指令,它把原来压入堆栈的断点和PSW恢复,使CPU返回到被中断的程序。

13.4.5 多重中断与中断屏蔽

多重中断是指在CPU处理某一级中断的过程中,又出现了新的中断请求,CPU暂停原中断的处理,转去处理新的中断;处理完毕后,再恢复原来中断的处理。多重中断也称为中断嵌套。图13.17中给出了中断嵌套的一个例子。

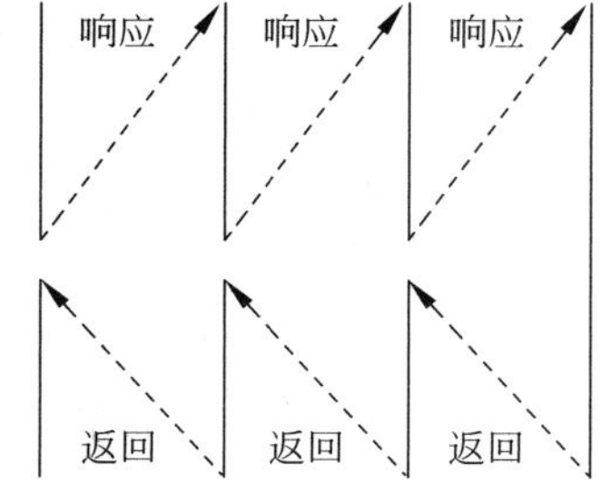

图13.17 多重中断

一般多重中断遵循以下原则:如果目前请求中断的优先级高于正在处理的中断的优先级,则CPU要响应这个中断请求,否则CPU就不予理睬,必须等正在进行的中断处理完成后,再响应该中断(如果没有更高优先级的中断请求的话)。

这是通过设置中断屏蔽码来实现的。屏蔽码由屏蔽位组成,每一个屏蔽位对应于一个中断级别,它控制相应的中断级是否被禁止参加排队。例如,屏蔽位为"1"表示禁止,为"0"表示通过。CPU每次总是从参加排队的中断请求中选择一个优先级最高的来处理。如果参加不了排队,CPU就不可能来响应它。

假设某计算机的中断系统分为4级,其中断响应和中断处理的优先次序相同,都是:1→2→3→4(按从高到低的次序),则其屏蔽码如表13.1所示。

表13.1 中断级屏蔽码举例

中断服务程序级别	中断级屏蔽位			
	1级	2级	3级	4级
第①级	1	1	1	1
第②级	0	1	1	1
第③级	0	0	1	1
第④级	0	0	0	1

如果按时间先后次序,依次发生了第②③级中断请求(同时)、第④级中断请求、第②级中断请求、第①级中断请求,则CPU响应并处理这些中断请求的过程如图13.18所示。现对该图说明如下。

(1) 最开始CPU是执行用户程序。其中断码为全0,因为它不能屏蔽任何中断请求。

(2) 在t_1时刻,第②、③级中断请求同时发生,它们都参加排队电路的排队。因为第②级的优先级别高,所以CPU先响应该中断请求,并将第②级的屏蔽码"0111"装入当前屏蔽

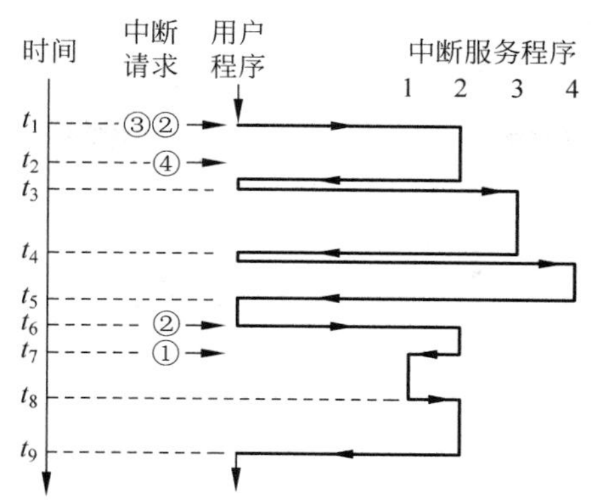

图 13.18　中断处理次序为 1→2→3→4 的情况

寄存器。该屏蔽码表示，除了第①级外，对其他各级别(包括第③级)的中断请求都不予以响应。注意：每当 CPU 响应一个中断请求时，都要将与之对应的屏蔽码装入屏蔽码寄存器。

(3) t_2 时刻：发生第④级中断请求，但由于当前的屏蔽码对第④级中断请求和前面的第③级中断请求都是屏蔽的，所以它们不参加排队，CPU 对它们都不予以响应。

(4) t_3 时刻：CPU 处理完第②级中断，返回用户程序。但因还有中断请求第③级和第④级没处理，所以马上转去响应和处理优先级别高的第③级中断请求。

(5) t_4 时刻：CPU 处理完第③级中断，返回用户程序。但因第④级中断请求还没有被响应，所以马上转去响应和处理该中断请求。

(6) t_5 时刻：CPU 处理完第④级中断，返回用户程序。因这时已没有待处理的中断请求，所以接下来是执行用户程序。

(7) t_6 时刻：发生第②级中断请求，CPU 马上转去响应和处理该中断请求。同时设置新的屏蔽码。

(8) t_7 时刻：发生第①级中断请求，由于当前的屏蔽码是“0111”，对第①级中断请求是不屏蔽的，所以 CPU 马上暂停正在执行的第②级中断服务程序，转去响应和处理第①级中断请求。

(9) t_8 时刻：处理完第①级中断，返回第②级中断服务程序继续执行。

(10) t_9 时刻：处理完第②级中断，返回用户程序。

在多重中断中，对各级中断请求的响应次序一般是由硬件确定的。但通过修改屏蔽码，可以改变对中断的处理次序。对于上述例子，如果想把中断的处理次序改为：1→4→3→2，那么，只需由操作系统将各中断级的屏蔽码改为表 13.2 即可。

表 13.2　中断级屏蔽码举例

中断服务程序级别	中断级屏蔽位			
	1 级	2 级	3 级	4 级
第①级	1	1	1	1
第②级	0	1	0	0
第③级	0	1	1	0
第④级	0	1	1	1

现假设在执行用户程序的过程中,同时发生了①②③④级中断请求,则对这些请求的响应和处理过程如图 13.19 所示。现对该图说明如下。

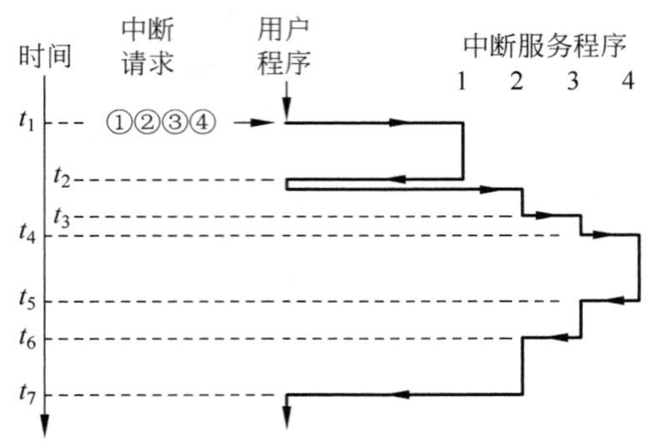

图 13.19　中断处理次序为 1→4→3→2 的情况

(1) 在 t_1 时刻,发生了①②③④级中断请求,CPU 先去响应优先级别最高的第①级中断请求,并设置新的屏蔽码"1111",即屏蔽所有的中断请求。所以 CPU 是执行第①级中断的服务程序。

(2) t_2 时刻:处理完第①级中断,返回用户程序。发现当前待处理的中断请求中优先级最高的是第②级中断,所以响应该中断请求,并设置新的屏蔽码"0100"。该屏蔽码表示:对③④级中断是开放的。

(3) t_3 时刻:CPU 暂停第②级中断服务程序的执行,转去响应第③级中断请求。

(4) t_4 时刻:CPU 暂停第③级中断服务程序的执行,转去响应并处理第④级中断请求。

(5) t_5 时刻:CPU 处理完第④级中断,返回第③级中断服务程序。

(6) t_6 时刻:CPU 处理完第③级中断,返回第②级中断服务程序。

(7) t_7 时刻:CPU 处理完第②级中断,返回用户程序。

13.5　程序中断 I/O 控制方式

程序中断方式的基本接口如图 13.20 所示。其中的 3 个触发器的作用如下。

(1) BS:工作标志触发器。其值为"1"表示设备正在工作。

(2) RD:准备就绪触发器。设备在做好一次数据的接收或发送后,便发出一个动作完成信号,将 RD 置"1"。该触发器用作中断源触发器。

(3) IM:中断屏蔽触发器。用于控制该设备是否可以向 CPU 发中断请求。为"1"表示屏蔽,为"0"表示开放。CPU 可以通过程序对它进行设置。

在图 13.20 中,①～⑨表示在程序中断方式下,从外设输入一个数据的工作过程。

① CPU 向该外设接口发 ST 信号,把该外设接口中的 BS 置"1",把 RD 置"0"。

② 接口向外设发出启动信号。

③ 外设将数据传送到数据缓冲寄存器。

④ 设备动作完成,向接口发一控制信号,将 RD 置"1"。

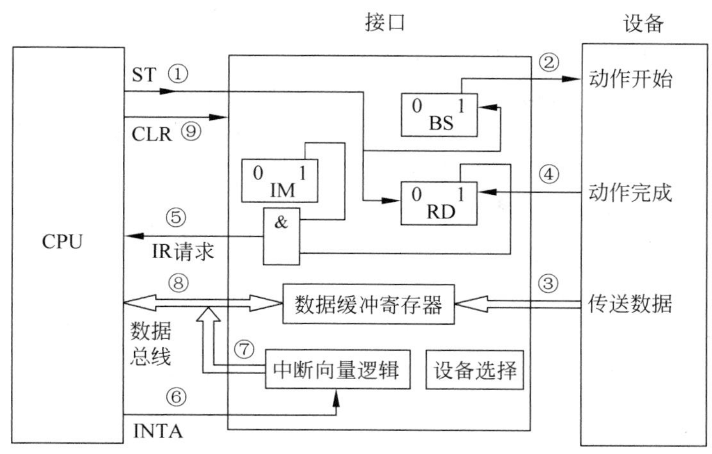

图 13.20　程序中断方式的接口

⑤ IM 为"1"时，接口向 CPU 发出中断请求信号 IR。

⑥ CPU 在当前指令执行完后，若没有更高优先级的中断请求，则向外设发出中断响应信号 INTA，同时关中断。

⑦ 根据本接口回送给 CPU 的中断向量，CPU 转向该外设的中断服务程序。

⑧ 中断服务程序把接口中数据缓冲寄存器中的数据读至 CPU 中的寄存器。

⑨ CPU 向外设接口发控制信号 CLR，将接口中的 BS 和 RD 标志复位。

13.6　直接存储器访问 DMA 方式

如前所述，程序中断方式能在一定程度上实现主机与外设操作的并行，但每交换一个数据都要中断主机一次，都要进行保护现场、开关中断、恢复现场等工作。这对于高速外设的大批量数据交换是很不利的。本节介绍的 DMA 方式能很好地解决这个问题。

13.6.1　DMA 的基本概念

DMA 是 Direct Memory Access 的缩写，是一种完全由硬件实现 I/O 数据传送的工作方式。它在外设和主存之间开辟一条直接的数据通路，使得外设能直接与主存进行数据交换，而不必经过 CPU。

DMA 的数据通路与程序中断传送的数据通路完全不同。程序中断传送时，传送的数据都要到 CPU 的寄存器中周转一下，而且需要由 CPU 执行指令来实现。例如，当要输出一个数据时，该数据要先被取数指令从存储器读到 CPU 的一个寄存器中，然后再由输出指令送到外设。输入的情况与此类似，只是数据的流向相反。因此程序中断方式是以 CPU 为中心的。而 DMA 传送则是以主存为中心的，而且完全由硬件实现。

DMA 方式的主要优点是速度快。由于 CPU 根本不参加传送操作，因此就省去了 CPU 取指令、取数、送数等操作。在数据传送过程中，也不需要进行保存现场、恢复现场之类的工作。内存地址修改、传送字个数的计数等,都是用硬件线路直接实现的。所以DMA方式能满足高速I/O设备的要求,也有利于CPU效率的发挥。正因为如此,DMA方式被广泛采用。

DMA方式中,DMA控制器可以通过发请求而从CPU那里把总线控制权接管过来,然后通过总线实现外设与存储器的数据交换。

13.6.2 DMA的传送方式

DMA控制器(DMAC)与CPU是共享系统总线的使用权的。如果两者都要使用总线,出现了冲突怎么办?显然,它们应该分时使用总线。具体的方法有以下3种。

1. CPU暂停方式

当外设要求传送一批数据时,DMA控制器(DMAC)发一个信号给CPU,请求CPU让出其对地址总线、数据总线及有关控制线的使用权。DMAC获得总线控制权后,开始数据传送。只有当这批数据传送完后,DMAC才通知CPU可以使用总线和内存,把总线控制权交还给CPU,使CPU又能正常执行。而在上述DMA传送的过程中,CPU是不能通过总线访问主存的。图13.21(a)是这种传送方式的时间示意图。

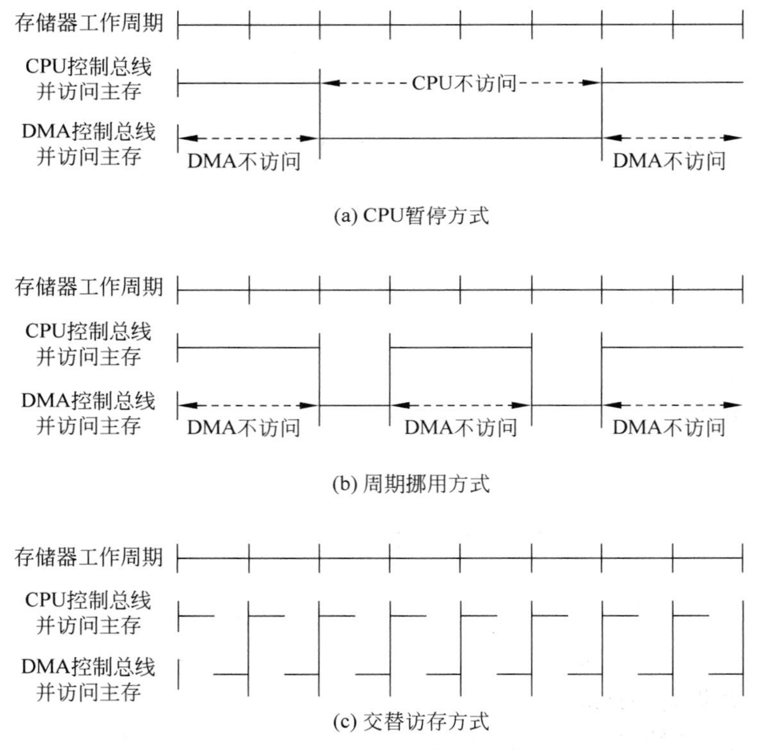

图13.21　DMA的传送方式

这种传送方式的优点是控制简单。它适用于数据传输率很高的设备进行成组传送。但在DMA传送期间,主存不是充分忙碌的。由于外设准备相邻两个数据的时间间隔一般总是大于存储周期(即使是高速外设也是如此),因此,总有一部分内存工作周期是空闲的,浪费了存储器的部分带宽。解决该问题的办法是在 DMAC 接口中设置一个速度较快的数据缓冲器,外设先与该缓冲器交换数据,然后该缓冲器再与主存交换数据(输入的情况),或者反之(输出)。这样就能够减少由于进行 DMA 传送而占用系统总线的时间,从而减少 CPU 暂停的时间。

2. 周期挪用方式

这种方式也称为周期窃取方式。在这种方式中,当外设需要使用系统总线传送数据时,不管 CPU 正在做什么,都要尽早地设法挪出一个总线周期给 DMAC 使用。DMAC 传输完一个数据后,就立即把总线交还给 CPU。图 13.21(b)是周期挪用方式的时间示意图。

这种方式需要考虑以下 3 种情况。

(1) 当 DMA 要求访存时,CPU 正在执行的指令也要求访存,即产生了访存冲突。这时 DMA 的优先权高于 CPU,CPU 立即挪出一个总线周期给 DMAC 使用。当然,这延缓了 CPU 指令的执行,因在该指令的执行过程中插入一个 DMA 周期。

(2) 当 DMA 要求访存时,CPU 不需要访存(如正在执行除法指令),那么这时 DMA 挪用 1～2 个存储周期对 CPU 执行程序没有影响。

(3) 当 DMA 要求访存时,CPU 正在访存,此时须等待 CPU 访存结束,DMA 才能占用总线访存。

3. 交替访存方式

如果 CPU 相邻两次访存的时间间隔比主存的存储周期长得多,那么就可以采用 CPU 和 DMA 交替访存的方式,如图 13.21(c)所示。例如,假设主存的存储周期为 Δt,而 CPU 每隔 $2\Delta t$ 才产生一次访存请求,那么就可以将一个 Δt 分配给 CPU 访存,另一个分配给 DMA 访存。这样 CPU 和 DMAC 就可以在时间上错开,交叉轮流地使用总线。

这种方式是按事先约定的规则让 CPU 和 DMAC 在时间上错开轮流地使用总线,不需要总线使用权的申请、建立和归还过程。所以对 DMA 传送来说效率是很高的。由于此时 DMA 传送对 CPU 执行指令没任何影响,CPU 感觉不到它的出现,所以这种方式又称为“透明的 DMA”方式。

13.6.3　DMA 控制器的组成

DMA 控制器的基本组成如图 13.22 所示。它由若干寄存器、DMA 控制逻辑以及中断控制逻辑组成。

1. 寄存器

(1) 主存地址寄存器(Memory Address Register,MAR):存放当前数据交换的主存地址。它的初始值为主存缓冲区的首地址,每次数据传送后都要修改 MAR 中的地址(如加 1)。

(2) 字数计数器(Word CounT,WCT):记录已完成传送的数据的个数。一般采用补码

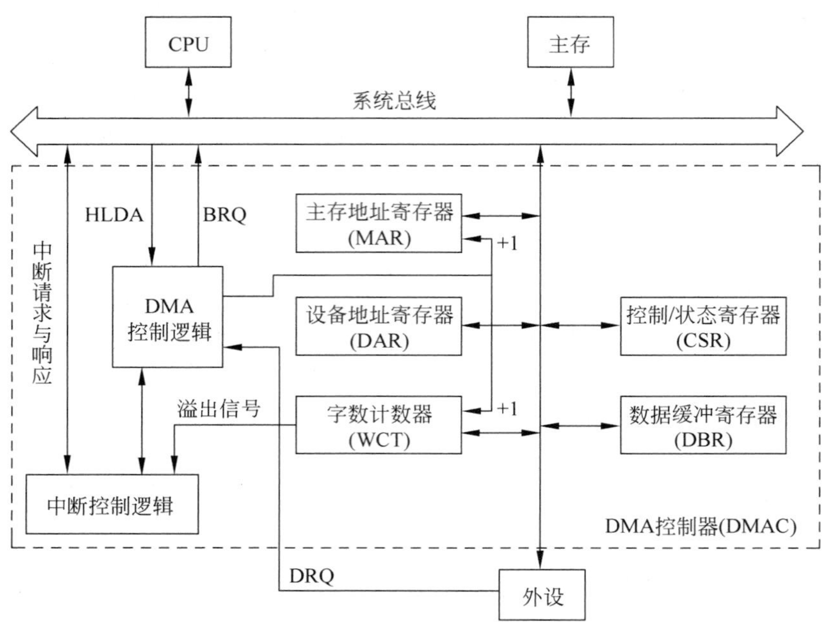

图 13.22 DMA 控制器的基本组成

形式表示,每传送一个数据,WCT 就加 1。当 WCT 溢出时,表示数据已全部传送完毕。这将使 DMA 控制器向 CPU 发中断请求。

(3) 数据缓冲寄存器(Data Buffer Register,DBR):用来暂存当前传送的数据,相当于一个"中转站"。进行输入操作时,由设备送来的数据送到 DBR,再由 DBR 通过总线送到 MAR 所指出的内存单元;进行输出操作时,则相反,内存的数据经 DBR 中转后,被送到外设。

(4) 控制/状态寄存器(Control/Status Register,CSR):存放控制字和状态字。控制字反映了 CPU 对 DMA 及设备的控制命令,而状态字则反映了设备的当前状态。有的接口使用两个寄存器分别存放控制字和状态字。

(5) 设备地址寄存器(Device Address Register,DAR):存放外设的设备码或者表示设备内部地址的信息,如磁盘数据所在的柱面号、盘面号、扇区号。具体内容取决于外设接口的设计。

2. DMA 控制逻辑

DMA 控制逻辑负责管理 DMA 的数据传送过程,包括 DMA 的预处理、接收设备控制器送来的 DMA 请求信号、向设备控制器回答 DMA 允许信号、向系统申请总线以及控制总线实现 DMA 传送控制等。

3. 中断控制逻辑

DMA 中断控制逻辑负责在 DMA 完成后向 CPU 发出中断请求,申请 CPU 进行后处理和进行下一次 DMA 传送的预处理(如果需要)。

4. 数据线、地址线和控制信号线

DMA 控制器中设置了与主机和与外设两个方向的数据线、地址线、控制信号线以及有关的收发与驱动电路。

13.6.4 DMA 的数据传送过程

DMA 的数据传送过程可分为 3 个阶段：DMA 传送前预处理、数据传送和传送后处理，如图 13.23 所示。

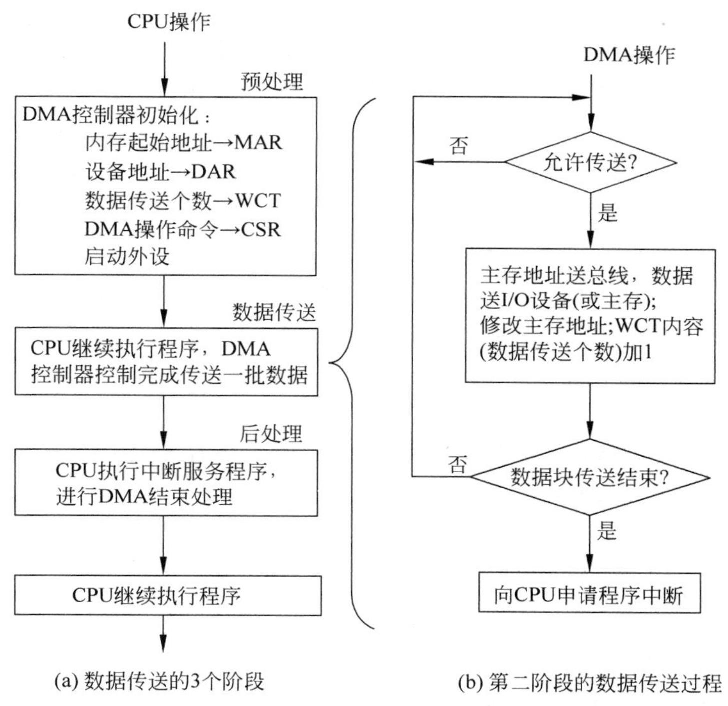

图 13.23　DMA 的数据传送过程

1. DMA 传送前预处理

在进行 DMA 数据传送之前，要用程序做一些必要的准备工作。CPU 首先要测试设备的状态，在确认其状态是良好和空闲后，就把设备地址送入 DMAC 中的设备地址寄存器，并启动设备。把主存起始地址写入 MAR，把要传送的数据个数写入 WCT，最后将 DMA 操作命令写入 CSR。在完成这些工作后，CPU 可以继续执行原来的程序。

2. 数据传送

(1) I/O 设备启动后，若为输入数据，则具体操作过程如下。

① 从输入设备读入一个字到数据缓冲寄存器 DBR 中，如果 I/O 设备是面向字符的，也就是一次读入的数据为 1 字节，则组成一个字需要经过装配。

② 外设向 DMAC 发请求 DRQ,然后 DMAC 向 CPU 发申请总线控制权信号 BRQ。

③ CPU 向 DMAC 发 HLDA 信号,表示 DMAC 已经获得总线控制权。

④ 把 DMAC 中 MAR 中的主存地址经地址总线送到主存的地址寄存器 MAR,把 DBR 中的数据经数据总线送到主存的数据缓冲器,并向主存发"写"操作信号,将数据写入主存。

⑤ 把接口的 MAR 中的内容加 1(或减 1),使其指向下一个交换数据在主存中的地址。将字数计数器 WCT 中的内容加 1。

⑥ 判断字数计数器 WCT 是否为溢出(高位有进位)状态。若不是,说明还有数据要传送,准备下一个的输入。如果 WCT 溢出,则表明一批数据已交换完毕,置 DMA 操作结束标志,向 CPU 发中断请求。

(2) I/O 设备启动后,若为输出数据,则操作过程如下。

① DMAC 的 DBR 中的数据已经被外设取走,表示设备又准备就绪,可以接收新的数据。于是外设向 DMAC 发请求 DRQ,DMAC 向 CPU 发申请总线控制权信号 HRQ。

② CPU 向 DMAC 发 HLDA 信号,表示 DMAC 已经获得总线控制权。

③ 把 DMAC 中 MAR 中的主存地址经地址总线送到主存的地址寄存器 MAR,并向主存发"读"操作信号。

④ 主存把读出的数据送入主存的 MBR。

⑤ 把主存 MBR 中的数据经数据总线送到 DMA 接口中的 DBR。

⑥ 把接口的 MAR 中的内容加 1(或减 1),使其指向下一个交换数据在主存中的地址。将字数计数器 WCT 中的内容加 1。同时把 DBR 的内容写到外设中。如果外设是面向字符的设备,则需要将 DBR 的内容拆分成字符。

⑦ 判断字数计数器 WCT 是否溢出。若不是,说明还有数据要传送,准备接收下一个数据。如果 WCT 溢出,则表明一批数据已交换完毕,置 DMA 操作结束标志,向 CPU 发中断请求。

3. DMA 后处理

CPU 响应 DMA 的中断请求,暂停现行程序,转去执行相应的中断服务程序。该中断服务程序从 DMA 接口中的控制/状态寄存器 CSR 中取出状态,并判断是出错还是传送完成?或是继续传送?若当前的中断是由于传送出错而引起的,则转入相应的错误诊断与处理程序。若需要继续传送,则 CPU 再次对 DMA 接口进行初始化。若不需要再传送数据,则停止外设。

习题 13

13.1 简述 I/O 接口的基本功能。

13.2 外围设备的 I/O 数据传送控制方式分哪几类?各具什么特点?

13.3 什么叫中断?简述中断的处理过程。

13.4 简单叙述中断的开放与屏蔽的含义。

13.5 简述获取中断服务程序入口地址的两种方法。

13.6　CPU 响应外部中断的条件是什么？进入中断响应周期要完成什么操作？这些操作由谁完成？

13.7　设有 A、B、C 3 个中断源，其中 A 的优先级最高，B 的优先级次之，C 的优先级最低，分别用串行排队链和独立请求方式设计判优电路。

13.8　某计算机有 5 级中断，优先级从高到低为：1→2→3→4→5。现希望将优先级改为 1→3→5→4→2，请写出各级中断屏蔽码。

13.9　设某计算机有 4 级中断，其硬件排队优先次序从高到低为：1→2→3→4，各级中断程序的屏蔽码设置如题表 13.9 所示，其中“0”表示开放，“1”表示屏蔽。

题表　13.9

中断服务程序级别	中断级屏蔽码			
	1 级	2 级	3 级	4 级
第 1 级	1	1	0	1
第 2 级	0	1	0	0
第 3 级	1	1	1	1
第 4 级	0	1	0	1

(1) 写出中断处理次序。

(2) 设 1、2、3、4 同时请求中断，画出 CPU 对这些请求的响应和处理过程。

13.10　比较中断方式和 DMA 方式的异同点。

13.11　DMA 方式有何特点？什么样的 I/O 设备与主机交换信息时采用 DMA 方式？举例说明。

13.12　DMA 有哪 3 种传送方式？解释其含义。

13.13　简要描述外设进行 DMA 操作的过程及 DMA 方式的主要优点。

13.14　简述 DMA 控制器有哪些主要的设备寄存器。

参考文献

[1] Patterson D A, Hennessy J L. Computer Organization & Design[M]. Fifth Edition. Morgan Kaufmann, 2011.

[2] Hennessy J L. Patterson D A. Computer Architecture: A Quantitative Approach[M]. Fifth Edition. Morgan Kaufmann, 2011.

[3] Carpinelli J D. Computer Systems Organization & Architecture[M]. Addison Wesley, 2001.

[4] 白中英.数字逻辑与数字系统[M].北京:科学出版社,2007.

[5] 刘真,等.数字逻辑原理与工程设计[M].2版.北京:高等教育出版社,2013.

[6] 白中英.计算机组成原理[M].5版.北京:科学出版社,2013.

[7] 徐福培.计算机组成与结构[M].3版.北京:电子工业出版社,2013.

[8] 王诚,等.计算机组成与体系结构[M].2版.北京:清华大学出版社,2011.

[9] 王爱英.计算机组成与结构[M].5版.北京:清华大学出版社,2013.

[10] 石磊,等.计算机组成原理[M].3版.北京:清华大学出版社,2012.

[11] 胡越明.计算机组成与设计[M].北京:科学出版社,2006.

[12] 唐锐,等.计算机组成与结构[M].北京:人民邮电出版社,2006.

图书资源支持

感谢您一直以来对清华版图书的支持和爱护。为了配合本书的使用，本书提供配套的资源，有需求的读者请扫描下方的“书圈”微信公众号二维码，在图书专区下载，也可以拨打电话或发送电子邮件咨询。

如果您在使用本书的过程中遇到了什么问题，或者有相关图书出版计划，也请您发邮件告诉我们，以便我们更好地为您服务。

我们的联系方式：

清华大学出版社计算机与信息分社网站：https://www.shuimushuhui.com/

地　　址：北京市海淀区双清路学研大厦 A 座 714

邮　　编：100084

电　　话：010-83470236　010-83470237

客服邮箱：2301891038@qq.com

QQ：2301891038（请写明您的单位和姓名）

资源下载：关注公众号“书圈”下载配套资源。

资源下载、样书申请

书圈

图书案例

清华计算机学堂

观看课程直播